钱学森文集
中文著作系列

Engineering
·
Cybernetics

工程控制论

（典藏版）

Hsue-shen Tsien
钱学森 著
戴汝为
何善埫 译

上海交通大學出版社
SHANGHAI JIAO TONG UNIVERSITY PRESS

内容提要

本书的目的是把一般性概括性的理论和实际工程经验很好地结合起来，对工程技术各个系统的自动控制和自动调节理论做一个全面的探讨。它一方面奠定了工程控制论这门技术科学的理论基础，另一方面指出这门新学科今后的几个研究方向。

本书最初是用英文写的。现在的中文版是在钱学森先生的指导下，翻译英文版并且参照俄文译本略加修改和补充而成。

本书曾荣获中国科学院1956年度一等科学奖金。

图书在版编目(CIP)数据

工程控制论/钱学森著；戴汝为，何善堉译. —上海：上海交通大学出版社，2023.1(2024.12重印)

ISBN 978-7-313-27232-4

Ⅰ.①工… Ⅱ.①钱… ②戴… ③何… Ⅲ.①工程控制论 Ⅳ.①TB114.2

中国版本图书馆CIP数据核字(2022)第144664号

工程控制论(典藏版)

GONGCHENG KONGZHILUN (DIANCANGBAN)

著　者：钱学森　　译　者：戴汝为　何善堉

出版发行：上海交通大学出版社　　地　址：上海市番禺路951号

邮政编码：200030　　电　话：021-64071208

印　制：苏州市越洋印刷有限公司　　经　销：全国新华书店

开　本：787 mm×1092 mm　1/16　　印　张：20

字　数：422千字

版　次：2023年1月第1版　　印　次：2024年12月第3次印刷

书　号：ISBN 978-7-313-27232-4

定　价：98.00元

中文版序

本书原来是用英文写的，当时我尚在美国，生活不安定，所以写得很粗糙，也没有能够引入非常重要的苏联文献。理当重写一遍，补正这些缺点，但是现在工作忙，尚无暇及此。可是祖国的自动化事业在党的领导下正飞速发展，工程控制论这门学科还是需要介绍。解决这样一个矛盾的办法是：请戴汝为同何善堉两位同志根据我1956年春季在中国科学院力学研究所讲工程控制论的笔记，在译英文版的基础上加以补充。今年工程控制论的俄译本也出版了，俄译本编校人费尔德包姆（A. A. Фельдбаум）很耐心地收集了有关的苏联文献，加注到译文里。中文译者就利用了这些文献，在适当的地方用参阅文献[…]来加注，其中数字相当于书后俄文文献的号数。作者和译者希望就这样初步地补正英文版的一些缺点。

钱学森

1957年8月于北京

原 序

著名的法国物理学家和数学家安培(A.M. Ampère)曾经给关于国务管理的科学取了一个名字——控制论(Cybernétique)[安培著:"论科学的哲学"(*Essai sur la philosophie des sciences*)第二部,1845 年,巴黎出版]。安培企图建立这样一门政治科学的庞大计划并没有得到结果,而且,恐怕永远也不会有结果。可是,在这些年中,各国之间的战争却大大地促进了另一个科学部门的发展,这就是关于机械系统与电气系统的控制与操纵的科学。维纳(N. Wiener)就借用安培所创造的名称"控制论"来称呼这门新的科学,然而,这门科学却是对于现代化战争非常重要的。这真是有些讽刺意味的。维纳的控制论(Cybernetics)["控制论——关于动物体和机器的控制与联系的科学"(*Cybernetics, or Control and Communication in the Animal and the Machine*, John Wiley & Sons, Inc., New York, 1948)]是关于怎样把机械元件与电气元件组合成稳定的并且具有特定性能的系统的科学。这门新科学的一个非常突出的特点就是完全不考虑能量、热量和效率等因素,可是在其他各门自然科学中这些因素却是十分重要的。控制论所讨论的主要问题是一个系统的各个不同部分之间的相互作用的定性性质,以及整个系统的总的运动状态。

工程控制论的目的是研究控制论这门科学中能够直接用在工程上设计被控制系统或被操纵系统的那些部分。因此,通常在关于伺服系统的书里所讨论的那些问题当然都包括在工程控制论的范围之内。但是,工程控制论比伺服系统工程内容更为广泛这一事实,只是二者之间的一个表面的区别。一个更深刻的,因而也是更重要的区别在于:工程控制论是一门技术科学,而伺服系统工程却是一种工程实践。技术科学的目的是把工程实际中所用的许多设计原则加以整理与总结,使之成为理论,因而也就把工程实际的各个不同领域的共同性显示出来,而且也有力地说明一些基本概念的重大作用。简单地说,理论分析是技术科学的主要内容,而且,它常常用到比较高深的数学工具。只要把本书稍微浏览一下就对这个事实更加清楚了。关于系统部件的详细构造和设计问题(也就是把理论付诸实践的具体问题)在这本书里几乎是不予讨论的。关于元件的具体问题更是根本不谈的。

能不能把理论从工程实践分出来研究呢?其实,只要看到目前已经存在的各门技术科学以及它们的飞速发展,就会发现这个怀疑简直是完全不必要的。举一个特别的例子来说：流体力学就是一门技术科学，它与空气动力学工程师，水力学工程师，气象学家以及其他在工作中经常利用流体力学研究结果的人的实践是“分割”开来的。可是，如果没有流体力学家的话，对于超声速流动的了解和利用至少也要大大地推迟。因此，把工程控制论建成一门技术科学的好处就是：工程控制论使我们可能有更广阔的眼界用更系统的方法来观察有关的问题，因而往往可以得到解决旧问题的更有成效的新方法，而且工程控制论还可能揭示新的以前没有看到过的前景。最近若干年以来，控制与导航技术已经有了多方面的发展，所以，确实也很有必要设法用这样一种统观全局的方法来充分地了解与发挥这种新技术的潜在力量。

因此，关于工程控制论的讨论，应该合理地包括科学中对于工程实践可能有用的所有方面。尤其是不应该仅仅由于数学的困难而逃避任何一个问题，其实，深入地考虑一下就会发觉，任何一个问题在数学上的困难常常带有很大的人为的性质。只要把问题的提法稍微加以改变，往往就可以使问题的数学困难减轻到进行研究工作的工程师所能处理的程度。因此，本书的数学水平也就是读过数学分析课程的大学生的水平。关于复变数积分，变分法和常微分方程的基本知识是研读这本书所预先需要的。此外，只要比较直观的讲法能够达到目的，我们就不用严密的精巧的数学方法来讨论；所以，以一个专门做具体工作的电子工程师的眼光来看，我们这种做法一定是太“学究气”了；可是，从一个对这门科学有兴趣的数学家的眼光来看，这种做法可能是太“不郑重”了。如果真的只有这两种批评的话，作者一方面愿意承担这种责任，另一方面也会感到一些满意，因为他将认为他在原来要做的事业里没有完全失败。

在编写本书期间，作者从和他的两位同事的多次交谈中得益很多，因为，这些谈话常常使一些含混之处突然明确起来。这两位先生就是美国加利福尼亚州理工学院(California Institute of Technology)的马勃尔(Frank E. Marble)博士和德普利马(Charles R. Deprima)博士。由于塞尔登杰克梯(Sedat Serdengecti)和温克耳(Ruth L. Winkel)给予的有效帮助，大大地减轻了书稿的准备工作。对于以上提到的各位先生，作者谨表示衷心的感谢。

钱学森

目 录

第一章 引言

如果我们所考虑的系统的自由度是一，因此，只用一个变数 y 就可以记录或描述这个系统的物理状态。把变数 y 取作时间 t 的函数，也就可以描写这个系统在时间过程中的运动状态。为了确定这个运动状态——也就是函数 $y(t)$，我们就必须知道这个系统的构造以及它的各个组成部件的特性。具备了关于系统的这些知识之后，再根据物理学的基本定律把这些知识"翻译"成数学的语言，这样我们就得到一个为了计算 $y(t)$ 而建立的方程。这个方程可能是一个积分方程，也可能是一个积分微分方程，但是在绝大多数的情况下，它是一个微分方程，而且是一个常微分方程，因为只有时间 t 是唯一的自变数。

如果微分方程的每一项中最多只含有因变数 y 或者 y 的各阶时间导数的一次方幂，不包含 y 或者它的各阶时间导数的高次方幂，也不包含这些函数的乘积，我们就说这个方程是线性的，同时，也就把这个方程所描述的系统称为线性系统。反之，我们就说，这个方程是非线性的，同时，把它所描述的系统称为非线性系统。更进一步，还可以把所有线性系统分为常系数线性系统和变系数线性系统两类。如果描述系统状态的线性微分方程的每一项的系数都是常数，我们就把这个系统称为"常系数线性系统"。如果这些系数不全是常数而是时间 t 的函数，我们就把这个系统称为"变系数线性系统"。

从各类微分方程的解的特性来看，以上的分类方法是有道理的。因为，每个系统的运动状态的特性与描述这个系统的微分方程的类型是有密切关系的。不但如此，微分方程的类型还能确定我们可以对系统提出的合理问题的性质。换句话说，微分方程的类型确定了解决系统工程问题的正确做法。现在我们就来看一看这种情况。

1.1 常系数线性系统

让我们来讨论一个最简单的系统——一阶系统。也就是说，微分方程是一个一阶的常系数线性方程。如果假定系统本身的特性不受外界影响，并且不受驱动函数（也就是外力）的作用，那么，微分方程就可以写成下列形式：

$$\frac{\mathrm{d}y}{\mathrm{d}t}+ky=0。\tag{1.1}$$

其中，k 是一个实常数，可以叫作弹簧常数。当 y 不随时间变化时，$\mathrm{d}y/\mathrm{d}t$ 等于零。根据方程(1.1)必定要有 $y=0$。因此，系统的平稳状态，或者平衡状态，就相当于 $y=0$ 的状态。

方程(1.1)的解是

$$y=y_0\mathrm{e}^{-kt},\tag{1.2}$$

这里，y_0 是 y 的初始值，或者说

$$y(0)=y_0,\tag{1.3}$$

这样，y_0 也就是系统离开平衡状态的初始扰动。对于正的 k 值和负的 k 值，在图 1.1 里画出了系统在 $t>0$ 时的运动状态。我们看到，在 $k>0$ 的情况下，y 随着时间的增加而逐渐减小。当时间无限增大时，$y\to 0$。因此，对于 $k>0$ 的情形，系统的扰动就会最后消失。于是我们就可以说，系统是稳定的。在 $k<0$ 的情况下，系统的运动随着时间的增加而不断增大，而且不论初始的扰动位移多么微小，系统的扰动都会逐渐增长到非常大的数值，这也就是说，一旦受到扰动，系统就永远不能再回到平衡状态。这样的系统就是不稳定的。

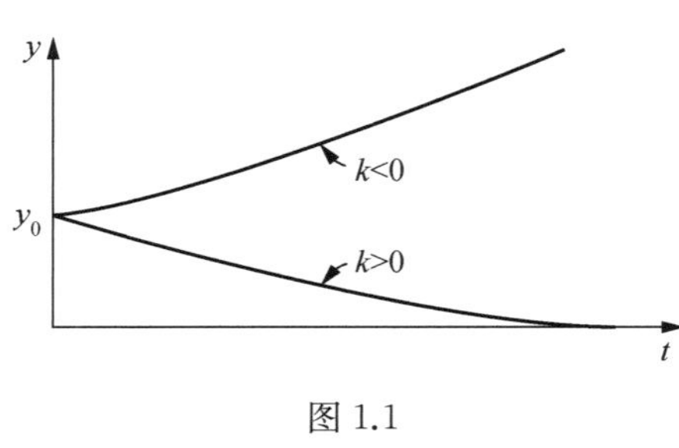

图 1.1

对于阶数更高的系统来说，微分方程里含有更高阶的导数。n 阶系统的微分方程就是

$$\frac{\mathrm{d}^n y}{\mathrm{d}t^n}+a_{n-1}\frac{\mathrm{d}^{n-1}y}{\mathrm{d}t^{n-1}}+\cdots+a_0 y=0。\tag{1.4}$$

对于实际的物理系统而言，各个系数 a_{n-1}，…，a_0 都是实数。在这种情况下，方程(1.4)的解可以写成

$$y=\sum_{i=1}^{n}y_0^{(i)}\mathrm{e}^{\alpha_i t}\sin(\beta_i t+\varphi_i),\tag{1.5}$$

其中，α_i，β_i 都是实数并且和系数 a_{n-1}，…，a_0 有关。各个 φ_i 都是相角，而且也和系数 a_{n-1}，…，a_0 有关。这样一来就可以看出：只有当所有的 α_i 都是负数时，系统的运动才是稳定的。如果某一个 α_i 是正数，扰动就会越来越大，因而系统也就是不稳定的。

从以上的一些例子可以看到：关于常系数线性系统的运动状态，我们可以问一个严格的问题——系统的稳定性问题。不言而喻，在一个工程设计中，通常的要求就是稳定性。只要确定了微分方程的系数，我们就可以答复系统是否稳定的问题。在由方程(1.1)所描述的简单的一阶系统中，k 的符号是唯一的有决定性意义的资料。

1.2　变系数线性系统

如果在所研究的系统中有一个可变化的参数，变动这个参数就可以使系统的平稳状态或平衡状态相应地改变。很自然地就可以想到：描述系统运动状态的微分方程的系数也是这个参数的函数。例如，作用在飞机上的空气动力就是飞机速率的函数，如果飞机的速率由于加速度或减速度而发生改变的话，那么，即使飞机本身的惯性性质保持不变，作用在飞机上的空气动力也还是要改变的。由于这个缘故，如果我们想计算飞机离开水平飞行路线的扰动运动的话，基本的微分方程就会是一个变系数的方程。

让我们再回到方程(1.1)所描述的一阶系统的简单例子上去。如果弹簧系数 k 是飞机速率的函数，而且假定飞机有一个不变的加速度 a，那么，k 就是速率 $u=at$ 的函数。因此，微分方程就可以写成以下的形式：

$$\frac{\mathrm{d}y}{\mathrm{d}t}+k(at)y=0。\tag{1.6}$$

这个方程的解就是

$$\log\frac{y}{y_0}=-\frac{1}{a}\int_0^{at}k(\xi)\mathrm{d}\xi,\tag{1.7}$$

其中，y_0 是初始扰动。如果 k 总是正数，那么，$\log(y/y_0)$ 就总是负数。而且当时间增大的时候，$\log(y/y_0)$ 这个负数的绝对值也就会越来越大。因此，y 就永远小于 y_0，而且最后趋于消失。所以系统是稳定的。如果 k 总是负数，$\log(y/y_0)$ 就是一个随着时间增大的正数。即使初始扰动 y_0 非常微小，y 的数值最后也会变成很大，所以系统就是不稳定的。这样一些系数不改变符号的变系数系统的特性和常系数系统的特性是非常相近的。

然而，有趣的是 k 既有正值也有负值的情形。我们假定 $k(at)$ 先取正值，然后取负值，最后又再取正值。如果以 $u_1=at_1$ 表示 k 的第一个零点，以 $u_2=at_2$ 表示第二个零点，那么，依照我们以前的观念来看，在 u_1 到 u_2 的速度范围之内，系统是不稳定的(见图 1.2)。设 $y_{\min}$ 是 y 的极小值，$y_{\max}$ 是 y 的极大值。根据方程(1.7)就有

$$\log\frac{y_{\min}}{y_0}=-\frac{1}{a}\int_0^{u_1}k(\xi)\mathrm{d}\xi\tag{1.8}$$

以及

$$\log\frac{y_{\max}}{y_0}=-\frac{1}{a}\int_0^{u_2}k(\xi)\mathrm{d}\xi。\tag{1.9}$$

从工程的观点来看，首要的问题就是 $y_{\max}$ 多大？是不是它已经大到使系统不能正常运转的程度？我们注意到这样一个事实：为了回答以上的问题，除了 k 和 u 的函数关系

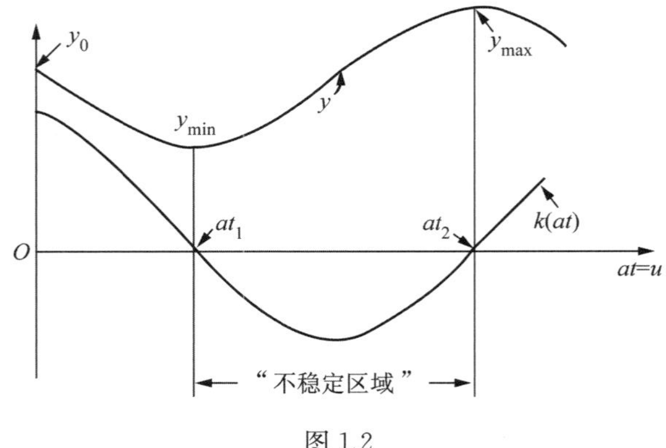

图 1.2

之外,我们还需要知道两件事。这两件事就是:加速度 a 多大?初始扰动 y_0 的大小是多少?因为对于固定的 a 值来说,y_{max}和 y_0 成比例。但是更重要的情况是:对于固定的初始扰动来说,我们可以用增大加速度 a 的办法使偏差的极大值 y_{max}大大地减小。这个事实可以从方程(1.9)看出来。这个事实的实际意义就是:如果尽可能迅速地通过“不稳定区域”,就可以使不利的效果减少到最低的程度。

由以上的讨论我们知道,对于一般的变系数线性系统来说,简单地提出这些系统是否稳定的问题是没有明确的意义的。更有意义的问题的提法是:在给定的扰动和给定的外界条件之下,对于一个确定的准则(判断标准)来说,这个系统的运行状态是否使人满意?在我们的简单一阶系统例子里,正常运行的确定判断准则就是 y_{max};给定的扰动就是 y_0;给定的外界条件就是加速度 a。因此,由于从常系数系统进展到变系数系统,问题的特点就已经大大地改变了。

为了避免发生误解,必须指出:以上的讨论只是为了说明常系数线性系统和变系数系统在基本的数学性质上的区别而已,并不是说,在实际的工程问题中对于常系数线性系统只要求它们稳定就够了,而对于这些系统的其他方面的性能(例如,过渡过程中的状态、可能发生的最大偏差 y_{max},等等),还是要加以考虑的。同样地,在实际的工程问题里对变系数线性系统提出的问题也可以是多方面的。总之,希望读者不要把实际的工程问题和理论的说明混淆起来。

1.3 非线性系统

如果在方程(1.1)所描述的简单的一阶系统里,弹簧系数 k 是扰动量 y 本身的函数,那么微分方程就成为

$$\frac{\mathrm{d}y}{\mathrm{d}t}+f(y)=0, \tag{1.10}$$

其中，$f(y)=k(y)y$。我们看到这个方程是非线性的。方程(1.10)所描述的系统也就是非线性系统的最简单例子。把方程(1.10)积分，就可以用下列的关系式算出方程的解 $y(t)$：

$$t=-\int_{y_0}^{y}\frac{\mathrm{d}\eta}{f(\eta)}, \tag{1.11}$$

这里的 y_0 仍然是初始扰动。

另外一方面，把方程(1.10)逐次地求导数就得出：

$$\left.\begin{aligned}&\frac{\mathrm{d}^2y}{\mathrm{d}t^2}+\frac{\mathrm{d}f}{\mathrm{d}y}\frac{\mathrm{d}y}{\mathrm{d}t}=0,\\&\frac{\mathrm{d}^3y}{\mathrm{d}t^3}+\frac{\mathrm{d}^2f}{\mathrm{d}y^2}\left(\frac{\mathrm{d}y}{\mathrm{d}t}\right)^2+\frac{\mathrm{d}f}{\mathrm{d}y}\frac{\mathrm{d}^2y}{\mathrm{d}t^2}=0,\\&\qquad\cdots\cdots。\end{aligned}\right\} \tag{1.12}$$

因此，如果 y_1 是函数 $f(y)$的零点，并且 $f(y)$在 y_1 点是正则的，则，$f(y)$对于 y 的所有阶的导数在 y_1 点都是有限值。我们还可以假定 $f(y)$在 y_1 点附近可以写成

$$f(y)=(y-y_1)^m[c_m+c_{m+1}(y-y_1)+\cdots]$$

的形状，其中 $m\geqslant 1$，而且 $c_m\neq 0$。因此，根据方程(1.10)和方程(1.12)就得出：

$$在\ y=y_1\ 处，\frac{\mathrm{d}y}{\mathrm{d}t}=\frac{\mathrm{d}^2y}{\mathrm{d}t^2}=\frac{\mathrm{d}^3y}{\mathrm{d}t^3}=\cdots=0。 \tag{1.13}$$

这个事实的意思就是：y 渐近地趋近于 y_1。事实上，如果 $y_0>y_1$，而且 $f(y_0)>0$，那么，y 最后就会变成 y_1。如果 $y_0<y_1$ 而 $f(y_0)<0$，那么当 $t\to\infty$ 时，y 还是变为 y_1。在 $f(y)$的其他的零点附近，y 的运动状态也还是这种形式的(见图 1.3)。

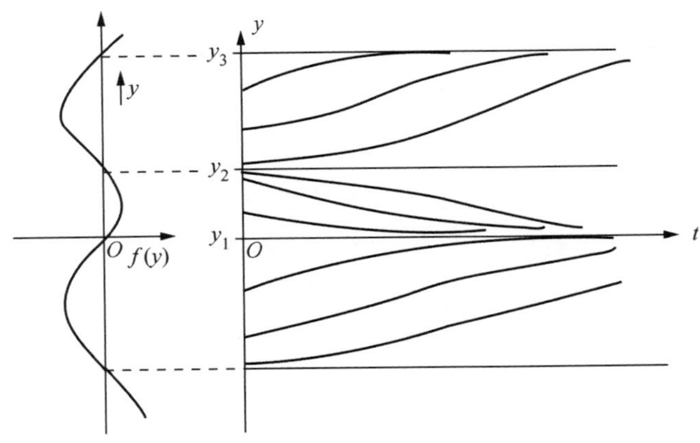

图 1.3

如果初始扰动 y_0 与 $f(y)$的某一个零点相重合的话，那么，以后 y 就保持着这个数值，并不随时间变化。因此，$f(y)$的各个零点都是平衡位置。如果在某一个零点上 $\mathrm{d}f/\mathrm{d}y>0$，就像 y_1 点的情形，离开这个平衡位置的微小偏离必定会逐渐消失，因而系统最后还会回到初始状态。这样，我们就可以说，对于微小扰动而言，在 y_1 点系统是稳定的。可是，如果在某一个零点上 $\mathrm{d}f/\mathrm{d}y<0$，就像 y_2 点的那种情形，离开这个平衡点的任何一个微小扰动都会使得系统变动到相邻的平衡位置 y_1 或 y_3 上。因此，y_2 是一个不稳定的平衡状态。

我们已经看到，甚至于像方程(1.10)所描述的这样一个非常简单的非线性系统，它的运动状态已经是很复杂的了。这样的系统可以同时具有稳定性和不稳定性，因此，对于这一类系统一般地提出是否稳定的问题是毫无意义的。与其这样，倒不如对每一个特殊的问题进行个别的考虑。不过，这里应该指出：我们也可以在某种确定的意义下讨论非线性系统的稳定性问题，譬如，系统在李雅普诺夫(A. M. Ляпунов)意义下或其他与此类似的意义下的稳定性问题[2-4]。

关于非线性系统运动状态的稳定性问题，读者可以参阅有关的专门文献①。

1.4 工程近似的问题

几乎可以肯定地这样说：只要加以足够精密的分析，任何一个物理系统都是非线性的。我们说某一个实际的物理系统是线性系统，其意思只是说它可以充分精确地用一个线性系统加以近似地代表而已，并且，所谓“充分精确”的意思是指实际系统与理想化了的线性系统的差别，对于具体研究的问题来说，已经小到无关紧要的程度。只有当具体的条件和具体的要求明确地给定以后，我们才能把一个实际的系统看作线性系统或是非线性系统。在这个问题上并不存在一般所谓的绝对判断准则。举例来说，如果我们只想研究一个非线性系统在它的某一个稳定平衡点附近的微小扰动运动的最后状态的话，那么，根据李雅普诺夫的关于运动稳定性的第一近似定理[2-4]，在一定的条件下，原来的系统就可以用一个线性系统很好地近似；但是，如果我们的问题是想研究系统的自激振荡的话，那么，就不能把系统的非线性的性质忽略掉，因为那样一来就会把产生自激振荡的物理根源(和数学根源)丢掉了。

以上所说的处理分类问题的原则，对于把线性系统分为常系数系统和变系数系统两类的情形也是适用的。以方程(1.1)和方程(1.6)所描述的两个简单的系统为例，如果加速度 a 非常小，也就是说飞行的速度几乎不变，由方程(1.8)就可以看出来 $y_{\min}$ 比初始扰动 y_0 小得多，而且这样的 $y_{\min}$ 发生在 t 数值很大的一个时刻。在一个有限的时间间隔之内，系统(1.6)的运动状态和 k 是正值的系统(1.1)的运动状态是十分相近的。因此，在一定

① 参阅文献[1]，第 4 章，第 5 章，第 6 章。

的场合之下，也可以用常系数系统很准确地近似一个变系数系统。

很明显，常系数系统是最容易研究的。很幸运的是，为数很多的工程系统经过工程近似的手续之后，都可以看作常系数系统。这也就是为什么在控制与调节的理论中，关于稳定性的这一部分理论特别发达。事实上，目前的伺服系统理论所处理的基本上就是这一类系统①。因此，我们也就先从常系数线性系统开始讨论。

① 应当指出，近年来也对非线性调节系统和非线性伺服系统进行了大量的研究。参阅文献[5]～[9]。

第二章
拉氏变换法

对于那些以时间 t 为自变数的常系数线性微分方程来说，用拉氏变换（拉普拉斯变换）求解的方法是非常有用的。当然也可以用其他的一些方法求这类方程的解，可是，技术科学家们之所以最乐于采用拉氏变换法，就是因为这个方法能够把所有的问题归结到一个一致的基础上去。这样一来求解的过程就被标准化了，同时，对于问题也就可能有一个普遍适用的处理方法。在很多教科书①里都讨论了拉氏变换的理论和实际的用法，这些工作并不是这一章的目的。这一章的目的只是为了查阅的便利而简要地给出一些结果，这些结果都是我们在以后各章中讨论所必需的。至于详细的叙述和证明，读者可以去参考注解里所提出来的那些书籍。

2.1 拉氏变换和反转公式

如果 $y(t)$ 是一个时间变数 t 的函数，它的定义区域是 $t>0$。那么，$y(t)$ 的拉氏变换 $Y(s)$ 的定义就是②

$$Y(s)=\int_0^\infty e^{-st}y(t)\mathrm{d}t, \tag{2.1}$$

这里的 s 是一个具有正实数部分的复变数：$\Re s>0$（$\Re s$ 表示 s 的实数部分）。对于其他的 s 值，我们用**解析拓展**的方法来定义函数 $Y(s)$。$Y(s)$ 的量纲是 y 的量纲和时间的量纲的乘积。s 的量纲是时间量纲的负一次方幂。

如果 $Y(s)$ 是已知的，那么，拉氏变换 $Y(s)$ 的原函数（也就是原来的函数）$y(t)$ 总是可以由下面的**反转公式**计算出来：

$$y(t)=\frac{1}{2\pi i}\int_{\gamma-i\infty}^{\gamma+i\infty}e^{st}Y(s)\mathrm{d}s, \tag{2.2}$$

---

① 例如：H.S. Carslaw and J.C. Jaeger，*Operational Methods in Applied Mathematics*，Oxford University Press，New York，(1941)；或者 R. V. Churchill，*Modern Operational Methods in Engineering*，McGraw-Hill Book Company，Inc.，New York，(1944)；如果想知道详细的理论，可以参阅 G. Doetsch，*Theorie und Anwendung der Laplace-Transformation*，Verlag Julius Springer，Berlin，(1937)；或者 D. V. Widder，*The Laplace Transform*，Princeton University Press，Princeton，N. J.，(1946)；或者参阅[9]-[15]。

② 在本书，我们总是用大写字母表示相应小写字母所代表的变数的拉氏变换。

其中,γ 是任意的一个实数,只要它比所有 $Y(s)$的奇点的实数部分都大就可以了。在实际计算 $y(t)$时,我们可以按照 $Y(s)$的特点适当地变化积分的路线。从$Y(s)$求 $y(t)$的步骤称为拉氏反变换。

2.2　用拉氏变换法解常系数线性微分方程

既然拉氏变换是用对一个函数所作的一个积分运算所定义的,而这个函数又是只在 $t>0$ 的时间间隔内定义的,所以拉氏变换法对于初值问题是特别适用的。所谓"初值问题"就是这样一个问题:如果系统的初始状态(也就是 $t=0$ 时的状态)和 $t>0$ 时的驱动函数都是给定的,求在 $t>0$ 的时间间隔中系统的运动情况。我们来考虑一个 n 阶的系统,假定 a_n, a_{n-1}, …, a_0 是各阶导数的系数,而且对于这个系统有一个以非齐次项所表示的驱动函数 $x(t)$。于是,系统的微分方程就是

$$a_n\frac{\mathrm{d}^n y}{\mathrm{d}t^n}+a_{n-1}\frac{\mathrm{d}^{n-1}y}{\mathrm{d}t^{n-1}}+\cdots+a_0 y=x(t)。\tag{2.3}$$

各个初始条件通常写作:

$$\left.\begin{aligned}&\left(\frac{\mathrm{d}^{n-1}y}{\mathrm{d}t^{n-1}}\right)_{t=0}=y_0^{(n-1)},\\&\cdots\\&(y)_{t=0}=y_0。\end{aligned}\right\}\tag{2.4}$$

考虑到条件方程(2.4),微分方程(2.3)就能够把系统在 $t\geqslant 0$ 时的运动状态唯一地确定下来。

为了用拉氏变换法来解这个问题,我们把方程(2.3)的两端,同时乘以 e^{-st},然后再从 $t=0$ 积分到 $t=\infty$。既然规定

$$\int_0^\infty \mathrm{e}^{-st}y(t)\mathrm{d}t=Y(s),\tag{2.1a}$$

我们就可以用部分积分的方法求出 $y(t)$的各阶导数的拉氏变换:

$$\left.\begin{aligned}&\int_0^\infty \mathrm{e}^{-st}\frac{\mathrm{d}y}{\mathrm{d}t}\mathrm{d}t=-y_0+s\int_0^\infty \mathrm{e}^{-st}y(t)\mathrm{d}t=-y_0+sY(s),\\&\int_0^\infty \mathrm{e}^{-st}\frac{\mathrm{d}^2y}{\mathrm{d}t^2}\mathrm{d}t=-y_0^{(1)}-sy_0+s^2Y(s),\\&\cdots\\&\text{最后,}\quad\int_0^\infty \mathrm{e}^{-st}\frac{\mathrm{d}^n y}{\mathrm{d}t^n}\mathrm{d}t=-y_0^{(n-1)}-sy_0^{(n-2)}-\cdots-s^{n-1}y_0+s^nY(s)。\end{aligned}\right\}\tag{2.5}$$

根据这些结果,如果再把驱动函数 $x(t)$的拉氏变换写成 $X(s)$,也就是说

$$X(s)=\int_0^{\infty}\mathrm{e}^{-st}x(t)\mathrm{d}t, \tag{2.6}$$

那么,考虑到初始条件方程(2.4),方程(2.3)就可以写成:

$$\begin{aligned}&(a_n s^n+a_{n-1}s^{n-1}+\cdots+a_1 s+a_0)Y(s)\\&=a_n y_0 s^{n-1}+(a_n y_0^{(1)}+a_{n-1}y_0)s^{n-2}+(a_n y_0^{(2)}+a_{n-1}y_0^{(1)}+a_{n-2}y_0)s^{n-3}+\\&\quad\cdots+(a_n y_0^{(n-1)}+a_{n-1}y_0^{(n-2)}+\cdots+a_1 y_0)+X(s)。\end{aligned} \tag{2.7}$$

如果我们再规定 $D(s)$和 $N_0(s)$分别是下列的两个多项式:

$$D(s)=a_n s^n+a_{n-1}s^{n-1}+\cdots+a_1 s+a_0 \tag{2.8}$$

和

$$\begin{aligned}N_0(s)=a_n y_0 s^{n-1}+[a_n y_0^{(1)}+a_{n-1}y_0]s^{n-2}+\cdots+\\ [a_n y_0^{(n-1)}+a_{n-1}y_0^{(n-2)}+\cdots+a_0 y_0],\end{aligned} \tag{2.9}$$

于是方程(2.7)又可以写作

$$Y(s)=\frac{N_0(s)}{D(s)}+\frac{X(s)}{D(s)}。 \tag{2.10}$$

根据方程(2.9)我们看到,方程(2.10)的第一项 $N_0(s)/D(s)$ 是与初始条件有关的。我们把这一项写作 $Y_c(s)=N_0(s)/D(s)$。多项式 $N_0(s)$的次数最多也不会超过 $n-1$ 次,因而它的次数总是比 $D(s)$的次数低。如果方程(2.4)所表示的初始条件全都等于零,$N_0(s)$也就随之等于零了。在这种情形下,$Y(s)$就只由第二项 $X(s)/D(s)$ 确定。第二项是与驱动函数有关的。我们把这一项写作 $Y_i(s)=X(s)/D(s)$。和普通的微分方程理论中所用的术语一样,可以把第一项 $N_0(s)/D(s)$ 称为**补充函数**,把第二项 $X(s)/D(s)$ 称为**特解**。应用反转公式(2.2),就可以由方程(2.10)所表示的 $Y(s)=Y_c(s)+Y_i(s)$ 得出真正的解 $y(t)$。

从以上的讨论,我们可以看出,拉氏变换本身只是一个“翻译”的手续,它把一个用时间变数 t 所描述的物理过程翻译成用变数 s 所描述的过程,这样的手续并不影响物理过程本身的性质,只不过是把这个过程的描述从“t 的语言”翻译成“s 的语言”而已。在 t 的语言里用分析运算(微分或积分)所描述的过程,用 s 的语言来叙述就只要用简单的代数运算(乘或除)就可以了;t 的语言中的微分方程,用 s 的语言来表示就简化为代数方程,从而也就可以简化计算的手续和表达的方式。

2.3 拉氏变换的“字典”(拉氏变换表)

当我们用拉氏变换法处理问题时,常常需要根据已知的拉氏变换函数 $Y(s)$求出原函

数 $y(t)$。我们当然可以利用反转公式进行这项工作，可是反转公式(2.2)中的积分运算常常是很繁复，很花费时间；因此，对于那些常用的和典型的 $y(t)$ 和 $Y(s)$，人们已经编制了一些字典式的表格①。利用这种变换表我们就可以根据已知的 $Y(s)$ 查出相应的 $y(t)$，也可以从已知的 $y(t)$ 查出相应的 $Y(s)$，这样就大大地减轻了计算手续。下面我们也给出一个最最简略的拉氏变换的"字典"——一个很小的拉氏变换表(见表 2-1)。

表 2.1　拉氏变换的小"字典"

$Y(s)$	$y(t)$
$1/s$	1
$1/s^n$	$t^{n-1}/\Gamma(n)$
$1/(s-a)$	e^{at}
$a/(s^2+a^2)$	$\sin at$
$s/(s^2+a^2)$	$\cos at$
$a/(s^2-a^2)$	$\sinh at$
$s/(s^2-a^2)$	$\cosh at$
$s/(s^2+a^2)^2$	$\dfrac{t}{2a}\sin at$
$1/(s^2+a^2)^2$	$\dfrac{1}{2a^3}(\sin at-at\cos at)$

在最常遇到的情形里，驱动函数 $x(t)$ 的拉氏变换 $X(s)$ 的形式都是 s 的两个多项式的比值，因此，由方程(2.10)所给出的完全解 $Y(s)$ 也是 s 的两个多项式的比值。这样一来，用求部分分式的方法就可以把 $Y(s)$ 的表达式分解为若干个简单分式的和数。对于每一个分式都可以用反转公式(实际上很少这样作)或者用比较好的查表方法求出原函数来。

2.4　关于正弦式的驱动函数的讨论

多项式的比值 $N_0(s)/D(s)$ 可以分解成部分分式。如果多项式 $D(s)$ 的 n 个根 s_1，s_2，…，s_n 都是互不相等的，换句话说，$D(s)$ 没有重根，那么这个部分分式就是

$$\frac{N_0(s)}{D(s)}=\sum_{r=1}^{n}\frac{N_0(s_r)}{D'(s_r)}\frac{1}{(s-s_r)}, \tag{*}$$

其中的 $D'(s)$ 表示 $D(s)$ 对于 s 的导数。根据上一节里的"字典"，把这个和数逐项地"翻译"出来，就得到解 $y(t)$ 中由于初始条件而产生的 $y_c(t)$ 部分[这一部分称为"补充函数"，

① 例如文献[12]以及第 6 页注解中所提出的各本书中都有比较简短的表。

它也就是方程(2.3)在 $x(t)=0$ 而初始条件仍然是式(2.4)的情形的解]：

$$y_c(t)=\sum_{r=1}^{n}\frac{N_0(s_r)}{D'(s_r)}e^{s_r t}。\tag{2.11}$$

一般说来，$D(s)$的根 s_r 是复数。对于实际的物理系统来说，微分方程(2.3)的系数 a_0，a_1，a_2，…，a_n 都是实数。根据方程(2.8)$D(s)$的各个复数根 s_r 必然是成复共轭对出现的。这也就是说，如果 $D(s)$有一个复数根是 $\alpha+i\beta(\beta\neq 0)$ 的话，那么 $\alpha-i\beta$ 也必然是 $D(s)$的根。如果所有的根 s_r 的实数部分都是负数，那么 $y_c(t)$就会随着时间的增加按照指数律减小，最后 $y_c(t)\rightarrow 0$。因此，系统就是稳定的。

如果表示外力的驱动函数 $x(t)$是正弦式的，为了计算的方便，我们就把它写成下列的复数形式(真正的外力只是这个表示式的实数部分或者虚数部分)：

$$x(t)=x_m e^{i\omega t},\tag{2.12}$$

其中的 x_m 是振幅，ω 是频率(角频率)。根据拉氏变换的“字典”，就有

$$X(s)=x_m\frac{1}{s-i\omega}。$$

因此，方程(2.10)的第二项在现在的情形下就是：

$$Y_i(s)=\frac{x_m}{(s-i\omega)D(s)}。$$

在这里，我们可以把得到的结果推广到更一般的情形中去。如果所考虑的系统不是只由一个微分方程所描述(像以前讨论过的那样)，而是用一个微分方程组所描述的。举例来说，描述系统状态的是这样一个方程组：

$$\left.\begin{aligned}&a_{12}\frac{d^2y}{dt^2}+a_{11}\frac{dy}{dt}+a_{10}y+b_{12}\frac{d^2z}{dt^2}+b_{11}\frac{dz}{dt}+b_{10}z=x(t),\\&a_{22}\frac{d^2y}{dt^2}+a_{21}\frac{dy}{dt}+a_{20}y+b_{22}\frac{d^2z}{dt^2}+b_{21}\frac{dz}{dt}+b_{20}z=0\end{aligned}\right\}$$

(其中的系数 a_{ij}，b_{ij} 都是常数)。

让 y 的初始条件全都等于零(这样做的意义就是把 y 用 y_i 来代替)，对系统的微分方程组进行拉氏变换，就得到一个代数方程组，然后再用代数方法把除 $Y_i(s)$以外的其余未知函数[例如，上面例子里的 $Z(s)$]消去，最后，特解 $Y_i(s)$的拉氏变换就可以表示为下列的形式：

$$Y_i(s)=F(s)X(s)\equiv\frac{N(s)}{D(s)}X(s)=\frac{x_m N(s)}{(s-i\omega)D(s)},\tag{2.13}$$

其中，$N(s)$的次数小于 $D(s)$的次数，当 $N(s)=1$ 时，问题就简化为式(2.10)所表示的比

较简单的情形。在推广了的情况下，部分分式的法则(∗)仍旧是适用的。但是，现在的分母多项式是 $(s-\mathrm{i}\omega)D(s)$，这个多项式的根是 s_1，s_2，…，s_n 和 $\mathrm{i}\omega$。因而就有

$$Y_{\mathrm{i}}(s)=x_m\left[\frac{N(\mathrm{i}\omega)}{D(\mathrm{i}\omega)}\frac{1}{s-\mathrm{i}\omega}+\sum_{r=1}^{n}\frac{N(s_r)}{(s_r-\mathrm{i}\omega)D'(s_r)}\frac{1}{s-s_r}\right]。\tag{2.14}$$

所以由于正弦式的驱动函数(2.12)所产生的特解就是

$$y_{\mathrm{i}}(t)=x_m\left[\frac{N(\mathrm{i}\omega)}{D(\mathrm{i}\omega)}\mathrm{e}^{\mathrm{i}\omega t}+\sum_{r=1}^{n}\frac{N(s_r)}{(s_r-\mathrm{i}\omega)D'(s_r)}\mathrm{e}^{s_r t}\right]。\tag{2.15}$$

对于稳定的系统来说，所有的 s_r 的实数部分都是负数，所以当 $t\rightarrow\infty$ 的时候，$y_i(t)$的第二部分就等于零。这时的状态称为**稳态**。剩下的第一部分就是系统的**稳态解** $[y_{\mathrm{i}}(t)]_{\mathrm{st.}}$：

$$[y_{\mathrm{i}}(t)]_{\mathrm{st.}}=x_m\frac{N(\mathrm{i}\omega)}{D(\mathrm{i}\omega)}\mathrm{e}^{\mathrm{i}\omega t},$$

稳态解与驱动函数的比值也就可以用下列简单的关系式表示出来：

$$\frac{[y_{\mathrm{i}}(t)]_{\mathrm{st.}}}{x(t)}=\frac{N(\mathrm{i}\omega)}{D(\mathrm{i}\omega)}=F(\mathrm{i}\omega)。\tag{2.16}$$

这个公式使我们能够十分简捷地计算出正弦驱动函数所产生的稳态解。ω 的函数 $F(\mathrm{i}\omega)$ 称为系统的**频率特性**。

当驱动函数的角频率 ω 趋近于零的时候，驱动函数就趋近于一个不随时间改变的常数 x_m。方程(2.16)表明，$F(0)$就是当 x 是常数的情况下 y 的稳态值与 x 的比值。这就是 $F(s)$在 $s=0$ 的值的物理意义。在以后的讨论中，我们还要经常用到这个物理解释。我们把 $F(0)$的绝对值 $K=|F(0)|$ 称为系统的**放大**或**增益**。

2.5 关于单位冲量驱动函数的讨论

驱动函数 $x(t)$并不必须是连续函数。现在我们假定驱动函数 $x(t)$是作用在 $t=0$ 这一瞬间的一个**单位冲量**，也就是，

如果 $t\neq 0$，　$x(t)=0$；

如果 $t=0$，　$x(t)\rightarrow\infty$，

而且

$$\int_0^{\infty}x(t)\mathrm{d}t=1。$$

这样规定的 t 的函数称为狄拉克(Dirac)冲量函数，通常用 $\delta(t)$表示。不难证明，这样一个单位冲量驱动函数的拉氏变换 $X(s)$就等于 1。如果把单位冲量驱动函数作用到一般

的系统上去,那么,由于这个冲量而引起的系统的反应,按照方程(2.13)就是

$$Y_{\mathrm{i}}(s)=\frac{N(s)}{D(s)}\cdot 1=F(s)。\tag{2.17}$$

由于这个冲量而产生的解 $y(t)$,通常是用 $h(t)$ 来表示的。根据反转公式(2.2),

$$h(t)=\frac{1}{2\pi\mathrm{i}}\int_{\gamma-\mathrm{i}\infty}^{\gamma+\mathrm{i}\infty}\mathrm{e}^{st}F(s)\mathrm{d}s。\tag{2.18}$$

如果系统是稳定的,所有的根 s_r 的实数部分都是负的,这也就是说,在复数平面上 $F(s)$ 的所有的奇点都位于虚轴的左边。因此,在表示 $h(t)$ 的积分式(2.18)里,我们就可以用虚轴作为积分的路线,这也就是说,方程(2.18)里的 γ 可以取作零,即 $\gamma=0$。

第三章 输入、输出和传递函数

在前一章里我们已经看到，在用拉氏变换法处理问题的时候，常系数线性系统(2.3)的运动状态和多项式 $D(s)$有着本质的关联。$D(s)$是由方程(2.8)规定的，而且它的系数也就是微分方程的系数。不仅如此，就是在一般的情形里，如果初值问题里的 $y(t)$的初始值和各个初始导数值都等于零，那么，系统的运动状态也是由两个多项式的比值 $N(s)/D(s)$ 所完全确定的。我们是用 $F(s)$表示这个比值的。如果驱动函数的拉氏变换是 $X(s)$，而特解的拉氏变换是 $Y_i(s)$的话，式(2.13)就给出

$$Y_i(s) = F(s)X(s)。 \tag{3.1}$$

可以把这个方程看作是一个运算子方程：$X(s)$受到运算子 $F(s)$的作用之后就变成 $Y_i(s)$，或者说，$F(s)$把 $X(s)$转变为 $Y_i(s)$。因此我们就把函数 $F(s)$称为系统的传递函数。$x(t)$和它的拉氏变换 $X(s)$都称为系统的输入，$y_i(t)$和它的拉氏变换 $Y_i(s)$都称为系统的输出。为了特别表明 $y_i(t)$只是系统的特解，而不是由于初始条件而产生的补充函数，我们把 $y_i(t)$称为由于输入而产生的输出，把 $y_c(t)$称为由于初始条件而产生的输出。

拉氏变换的优点就在于把解微分方程的问题简化为代数的运算。从 $Y(s)$变回 $y(t)$ 的这个步骤实际上是很少需要的。理由是这样的，既然系统的运动状态$y(t)$可以由 $Y(s)$完全确定，那么，也就可能把对 $y(t)$所提出的技术要求“翻译”成对$Y(s)$所提出的某些要求。或者说，如果已经给定了输入的特性，那么，对 $y(t)$所提出的要求，也就可以变为对传递函数 $F(s)$所提出的某些要求。例如，如果要求系统(2.3)是稳定系统的话，我们并不需要先把方程(2.10)中的 $N_0(s)/D(s) = Y_c(s)$ 变回方程(2.11)，然后再要求 $y_c(t)$随着时间的增大而趋于消失，实际上，我们只要要求传递函数 $1/D(s)$的极点都位于 s 平面的左半部也就足够了。这种做法显然可以减少许多计算手续。

根据传递函数来研究或者设计一个系统是伺服系统工程中的基本方法。在这一章里，我们将要用一系列的实例来说明这个方法。

3.1 一阶系统

作为第一个例子,我们来研究一个悬臂弹簧(见图 3.1)。弹簧的一个端点连接在一个阻尼器上,另外一端点可以在一根直杆上做滑动运动。阻尼器上的那一个端点的位置用 $y(t)$ 来表示,滑动端点的位置用 $x(t)$ 来表示。由于有阻尼器的缘故,$y(t)$ 就不会和 $x(t)$ 相等,$y(t)$ 的运动落后于 $x(t)$。如果我们让滑动端点按照规定好了的规律 $x(t)$ 运动,这里的问题就是要研究 $y(t)$ 的情况。$x(t)$ 就是系统的输入,$y(t)$ 是系统的输出。

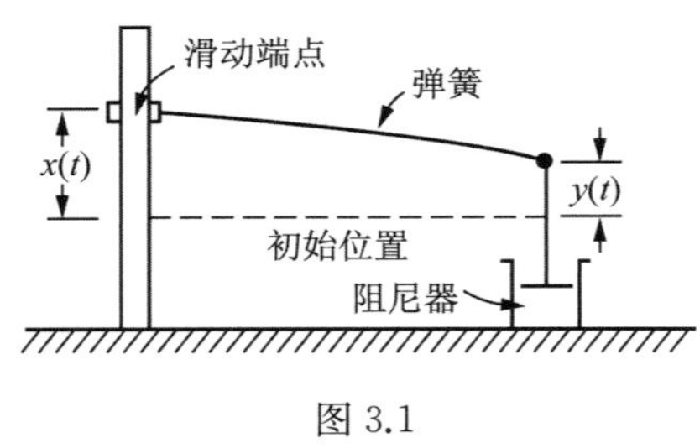

图 3.1

设系统的弹簧常数是 k,阻尼器的阻尼系数(也就是阻力与速度的比值)是 c。如果再假定运动的加速度相当小,以至于惯性力可以忽略掉①。由力的平衡条件就可以得到系统的运动方程:

$$c\frac{\mathrm{d}y}{\mathrm{d}t}+k(y-x)=0,$$

c 与 k 的比值 c/k 的量纲是时间。这个数量是系统的一个特性时间(或特征时间),我们把这个比值

$$\tau_1=\frac{c}{k} \tag{3.2}$$

称为系统的时间常数。

运动方程可以改写为

$$\tau_1\frac{\mathrm{d}y}{\mathrm{d}t}+y=x。 \tag{3.3}$$

初始条件只是

$$y(0)=y_0。 \tag{3.4}$$

用 e^{-st} 乘方程(3.3)的两端,然后再从 $t=0$ 到 $t=\infty$ 积分。我们就得到作过拉氏变换的方程

$$(\tau_1 s+1)Y(s)=X(s)+\tau_1 y_0。$$

于是

$$Y(s)=\frac{X(s)}{\tau_1 s+1}+\frac{\tau_1 y_0}{\tau_1 s+1}。 \tag{3.5}$$

---

① 可以参阅文献[1]第 49 页第 5 章。

因此，由于输入而产生的输出就是

$$Y_i(s)=\frac{1}{\tau_1 s+1}X(s), \tag{3.6}$$

而由于初始条件产生的输出就是

$$Y_c(s)=\frac{\tau_1 y_0}{\tau_1 s+1}。 \tag{3.7}$$

系统的传递函数 $F(s)$ 就是

$$F(s)=\frac{1}{\tau_1 s+1}。 \tag{3.8}$$

方程(3.6)可以用图形表示出来，如图 3.2 所示。这样一个简单的形象化的表示法很能帮助我们想象或分析系统的情况。通常把这样的表示法称为方块图。

让我们对于输入 $x(t)$ 的几个特别情形来研究一下输出 $y(t)$ 的情况。

首先，我们来考虑输入 $x(t)$ 是**单位阶跃函数** $1(t)$ 的情形(参见图 3.3)。

$$x(t)=1(t)=\begin{cases}0, 如果\ t<0, \\ 1, 如果\ t\geqslant 0。\end{cases}$$

这时，

$$X(s)=\int_0^{\infty}1(t)e^{-st}dt=\int_0^{\infty}e^{-st}dt=\frac{1}{s},$$

而且，

$$Y_i(s)=\frac{1}{s(\tau_1 s+1)}=\frac{1}{s}-\frac{1}{s+(1/\tau_1)}。$$

因此，根据我们的"字典"(见表 2.1)，由于输入而产生的输出就是

$$y_i(t)=1-e^{-t/\tau_1}。 \tag{3.9}$$

根据方程(3.7)，由于初始条件而产生的输出就是

$$y_c(t)=y_0 e^{-t/\tau_1}。 \tag{3.10}$$

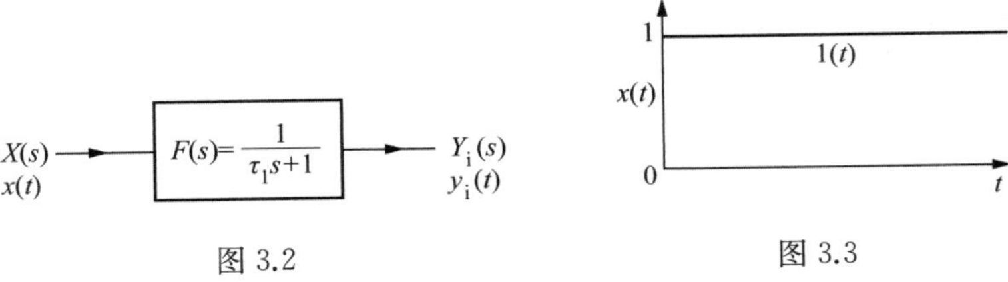

图 3.2　　图 3.3

图 3.4

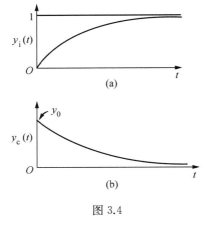

图 3.4 表示输出的特征。由于初始条件而产生的输出 $y_c(t)$是一个单纯的衰减函数，这个衰减函数的时间常数就是 τ_1[见图 3.4(b)]。由于输入而产生的输出 $y_i(t)$按照指数律趋近于水平渐近线，时间常数也是 τ_1。事实上，当 $t=\tau_1$ 的时候，输出 $y_i(t)$的数值就达到了最后渐近值的 63%。

我们把输入 $x(t)$ 与输出 $y_i(t)$ 的差数 $e(t)=x(t)-y_i(t)$ 称为偏差信号，在现在所考虑的情形里，

$$e(t)=x(t)-y_i(t)=\mathrm{e}^{-t/\tau_1}。\tag{3.11}$$

所以，当 $t\to\infty$ 时，偏差信号趋于零。

现在，我们再来考虑另外一种输入的情形。假定输入是正弦式的，或者，更具体些

$$x(t)=x_m\mathrm{e}^{\mathrm{i}\omega t},$$

其中 x_m 是振幅，ω 是频率。这时

$$X(s)=\frac{x_m}{s-\mathrm{i}\omega}。\tag{3.12}$$

由于初始条件而产生的输出 $Y_c(s)$和前一种情形一样，也是方程(3.7)或方程(3.10)。由于输入而产生的输出就是

$$Y_i(s)=x_m\frac{1}{(s-\mathrm{i}\omega)(\tau_1 s+1)}=\frac{x_m}{1+\mathrm{i}\omega\tau_1}\left(-\frac{1}{s+(1/\tau_1)}+\frac{1}{s-\mathrm{i}\omega}\right)。$$

因此，根据我们的“字典”(见表 2.1)，输出 $y_i(t)$就是

$$y_i(t)=-\frac{x_m}{1+\mathrm{i}\omega\tau_1}\mathrm{e}^{-t/\tau_1}+\frac{x_m}{1+\mathrm{i}\omega\tau_1}\mathrm{e}^{\mathrm{i}\omega t}。$$

这个表示式中的第一项是一个单纯的衰减函数。第二项表示稳态输出$[y(t)]_{\mathrm{st.}}$。因而就有

$$\frac{[y(t)]_{\mathrm{st.}}}{x(t)}=\frac{1}{1+\mathrm{i}\omega\tau_1}=F(\mathrm{i}\omega)。$$

这个关系和我们在方程(2.16)中所表达的普遍结果是完全一致的。由于

$$\frac{1}{1+\mathrm{i}\omega\tau_1}=\frac{1}{\sqrt{1+\omega^2\tau_1^2}}\mathrm{e}^{-\mathrm{i}\tan^{-1}\omega\tau_1},\tag{3.13}$$

稳态输出就可以表示为

$$[y(t)]_{\text{st.}}=\frac{x_m}{\sqrt{1+\omega^2\tau_1^2}}\,\mathrm{e}^{\mathrm{i}(\omega t-\tan^{-1}\omega\tau_1)}。$$

因此,稳态输出的振幅就被减少到输入振幅的 $1/\sqrt{1+\omega^2\tau_1^2}$,而且输出的相角比输入的相角落后的数量是 $\tan^{-1}\omega\tau_1$。如果输入的频率 ω 相当低,$\omega\tau_1\ll 1$,因而 $\tan^{-1}\omega\tau_1\approx\omega\tau_1$,这时也就有

$$[y(t)]_{\text{st.}}\approx x_m\mathrm{e}^{\mathrm{i}\omega(t-\tau_1)}\quad(\tau_1\omega\ll 1)。\tag{3.14}$$

这也就是说,振幅没有改变,但是有一个**时滞**(时间上的落后),这个时滞也就等于传递函数的时间常数 τ_1。如果输入的频率 ω 相当高,$\tau_1\omega\gg 1$,则 $\tan^{-1}\omega\tau_1\approx\frac{\pi}{2}$,$\frac{1}{\sqrt{1+\omega^2\tau_1^2}}\approx\frac{1}{\omega\tau_1}$,这时就有

$$[y(t)]_{\text{st.}}\approx\frac{x_m}{\omega\tau_1}\mathrm{e}^{\mathrm{i}[\omega t-(\pi/2)]}\quad(\tau_1\omega\gg 1)。\tag{3.15}$$

在这种情形中,振幅被减少到 $1/\omega\tau_1$,而相角落后的数量是 $\pi/2$。我们把以上所讨论的两种极端的输出情形表示在图 3.5 中。

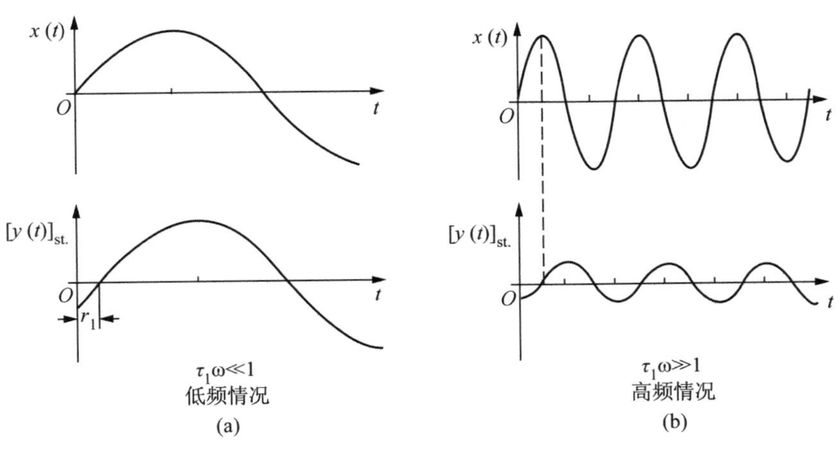

图 3.5

3.2　传递函数的表示法

传递函数 $F(s)$是复变数 s 的函数。因为在普通的情形下,它是两个 s 的多项式的比值,所以函数 $F(s)$除了一个常数因数之外,可以由它的零点和极点所确定。如果对于某一个特别的 s 值,$F(s)$的值是已知的话,也就可以把常数因数确定下来,这时函数

$F(s)$就完全确定了,这里,最方便的就是考虑 s 在原点的值 $s=0$,因为 $F(0)$有具体的物理意义:

$$|F(0)|=K \tag{3.16}$$

是系统的放大,也就是系统在常数输入的情况下输出的稳态值与输入的比值。又因为对于大多数的实际情形,$F(0)$常常是正数,因而 $F(0)=K$。所以,传递函数$F(s)$就可以由零点、极点和放大唯一地确定。这也就是传递函数的一种可能的表示方法。举例来说,我们可以这样来表示方程(3.8)所给的传递函数,它的放大是1;在 $-1/\tau_1$ 有一个单极点;没有零点。

根据复变数函数论的结果,如果在 s 平面的虚轴上,$F(s)$的实数部分和虚数部分都已经完全给定的话,那么,用解析开拓的方法[14]就可以把 s 平面上其他部分的 $F(s)$值也确定下来。因此,我们也可以用复函数 $F(\mathrm{i}\omega)$ (ω 是实数,$-\infty<\omega<+\infty$) 来代表函数 $F(s)$。这就是传递函数的另外一种表示方法。对于实际的物理系统来说,$F(s)=N(s)/D(s)$ 的分子多项式 $N(s)$和分母多项式 $D(s)$的系数都是实数,所以,如果我们用 $\bar{F}$ 表示 F 的复共轭数的话,就有

$$F(-\mathrm{i}\omega)=\overline{F(\mathrm{i}\omega)}。\tag{3.17}$$

因此,对于实际的物理系统,只要知道 $\omega\geqslant0$ 的$F(\mathrm{i}\omega)$值,就可以知道 $\omega\leqslant0$ 的$F(\mathrm{i}\omega)$值,从而也就可以定出对于任意 s 的 $F(s)$的值。从方程(2.16)我们已经知道函数 $F(\mathrm{i}\omega)$是频率 ω 的稳态输出与正弦输入之比,$F(\mathrm{i}\omega)(-\infty<\omega<+\infty)$ 就是系统的频率特性,所以,频率特性也是传递函数 $F(s)$的一种表示方法。例如,方程(3.13)就是简单的一阶系统(3.3)的频率特性。

伯德(H.W. Bode)创造了一种表示频率特性的方法,这种方法就称为**伯德图**。假定复数 $F(\mathrm{i}\omega)$的绝对值是 M,相角是 θ(M 和 θ 当然都是 ω 的函数),也就是说

$$F(\mathrm{i}\omega)=M\mathrm{e}^{\mathrm{i}\theta}。\tag{3.18}$$

把 $\log\omega$ 取作自变数,然后再把因变数 $\log M$ 和 θ 对 $\log\omega$ 的函数关系画在两张图上,这样得出的图就是**伯德图**。($\log M$ 对 $\log\omega$ 的函数关系通常称为系统的**对数振幅特性**,而 θ 对 $\log\omega$ 的函数关系称为系统的**对数相特性**)。至于为什么在这里 M 取了对数尺度而 θ 并不取对数尺度,这个道理可以在以后的讨论中看出来。以方程(3.13)所表示的简单系统为例,

$$\left.\begin{aligned} M&=\frac{1}{\sqrt{1+\omega^2\tau_1^2}}=\frac{1}{\sqrt{1+u^2}}\\ \theta&=-\tan^{-1}\omega\tau_1=-\tan^{-1}u \end{aligned}\right\}u=\omega\tau_1 \tag{3.19}$$

其中，$u=\omega\tau_1$ 是无量纲频率[9,16]。这个系统的伯德图就是图 3.6。频率特性在低频率和高频率时的情况已经用方程(3.14)和(3.15)表示出来了。当 $u\to\infty$ 时，$\log_{10}M$ 对 $\log_{10}u$ 的图线的斜率是 -1，对于很小的 u 值来说，斜率差不多是 0。因此，一个一阶系统的 $M\sim u$ 图可以用两条直线来近似地代替，这两条直线就是图 3.6 中的虚折线。这条虚折线称为渐近对数振幅特性或者梯形对数振幅特性[9]。

在声学和电学的文献里，为了把振幅的度量单位化为分贝(deciBel，简写为 dB)，常常改用 $20\log_{10}M$ 作为 $M\sim u$ 图中的因变数。频率增加一倍就称为一个倍频程(octave，简写为 oct)。因此，图 3.6 中斜率等于 -1 的部分，用分贝和倍频程作单位，这部分的斜率就是 $-20\log_{10}2=-6.02$ 分贝 / 倍频程(dB/oct)。在图 3.6 里我们还看到这样一个事实，近似于 $\log_{10}M$ 的虚线在 $u=1$ 点，也就是 $\omega=1/\tau_1$ 处通过 0 值。因此，我们就可以用实验方法测量一个一阶系统的频率特性，把测量的结果按照上述的方式画成伯德图。只要记下伯德图上 $\log_{10}M$ 的近似直线穿过横轴时的角频率 ω_c 就可以简单地估计出系统的时间常数，$\tau_1\approx 1/\omega_c$。

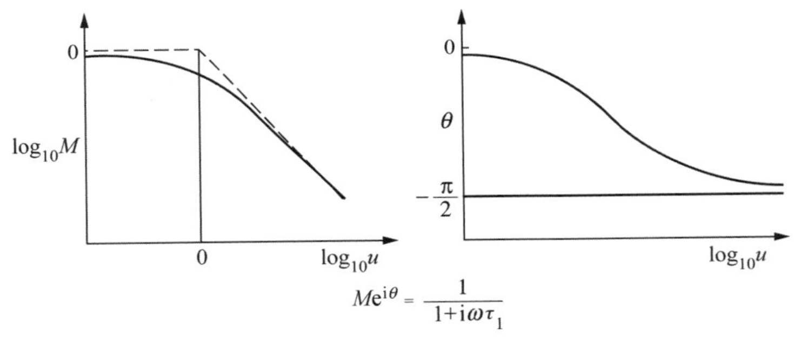

图 3.6

另外一个表示频率特性的方法是乃奎斯特(H. Nyquist)①所创始的，称为乃氏图②。这种方法是把复数 $F(i\omega)$ 或 $1/F(i\omega)$ 直接画到 F 平面或 $1/F$ 平面上去，曲线的参数就是角频率 ω。函数 $1/F$ 有时候称为反振幅相角特性。F 平面上的图线 $F(i\omega)$ 就称为振幅相角特性。对于一个简单的一阶系统来说，$F(i\omega)=1/(1+i\omega\tau_1)$ 的图线是一个半圆，在 $\omega=0$ 时，图线从 1 点出发；在 $\omega\tau_1=u=1$ 时，图线通过 $1/(1+i)=(1/2)(1-i)$ 点；当 $\omega\to\infty$ 时，图线趋向于原点，并且以原点为终点。在这种情形里，$1/F$ 图线比 F 图线还要简单得多：$1/F=1+i\omega\tau_1$。所以，在 $1/F$ 平面上，这条图线就是从 1 点出发的一条与虚轴平行的直线。图 3.7 就是一阶系统的两种乃氏图。

① 现译为尼奎斯特。
② 现译为尼氏图。

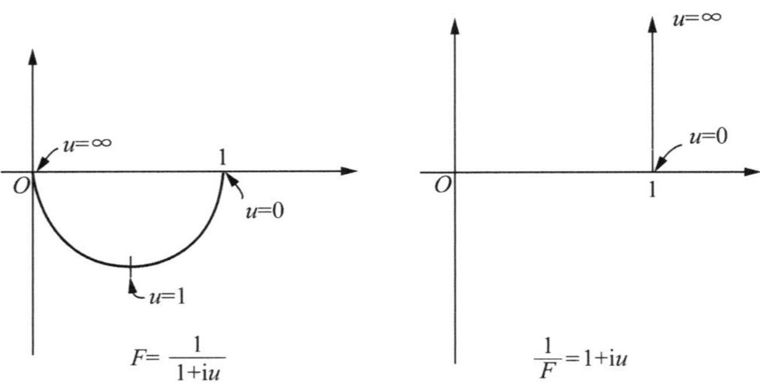

图 3.7

3.3 一阶系统的一些例子

在一个复合系统里，常常有很多元件可以用一阶的传递函数来近似地表示。在这一节里，我们将要简略地讨论这类元件的几个例子。并且把它们特有的频率特性用伯德图或乃氏图表示出来。

积分元件。一个电动机的转速 $\mathrm{d}\phi/\mathrm{d}t$ 与输入电压 v 成比例，用微分方程来表示就是

$$\frac{\mathrm{d}\phi}{\mathrm{d}t}=Kv, \tag{3.20}$$

其中，K 是与所采用的度量单位有关的常数。电动机的转子的角位置 ϕ 与下列积分成比例，

$$\int_0^t v\,\mathrm{d}t\,。$$

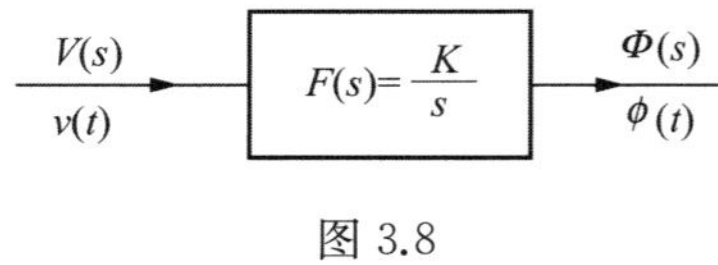

图 3.8

这个关系可以用方块图 3.8 表示出来，假设 $V(s)$ 和 $\Phi(s)$ 分别是 v 和 ϕ 的拉氏变换。这个系统的传递函数 $F(s)=K/s$ 是函数 $1/(\tau_1 s+1)$ 当 $\tau_1\to\infty$ 时的极限情形，它在原点 $s=0$ 有一个极点。为了把这里的 K 还看作系统的放大，我们就必须把以前规定的放大的定义修改一下，以前的那一个定义适用于原点不是传递函数的零点或极点的情形。对于一个积分系统，即对传送函数 $F(s)$ 在原点 $s=0$ 有一个单极点的系统来说，放大 K 就应该定义为

$$K=\lim_{s\to 0}|\,sF(s)\,|\,。\tag{3.21}$$

系统(3.20)的频率特性是

$$F(\mathrm{i}\omega)=\frac{K}{\mathrm{i}\omega}=\left(\frac{K}{\omega}\right)\mathrm{e}^{-\mathrm{i}(\pi/2)}\,。$$

因此,按照方程(3.18),

$$M=\frac{K}{\omega},\quad \theta=-\frac{\pi}{2}。\tag{3.22}$$

图 3.9 就是伯氏图,图 3.10 是乃氏图。

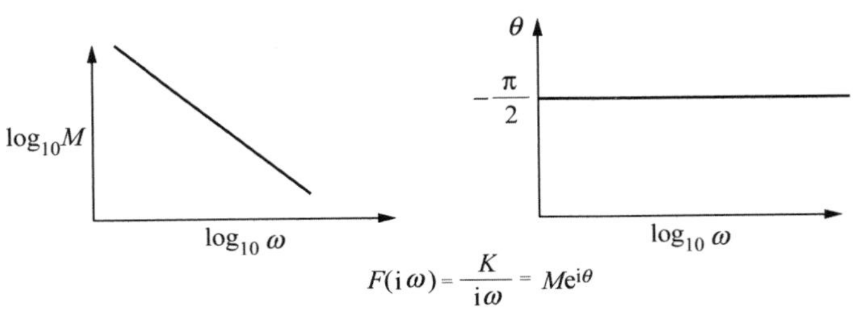

图 3.9

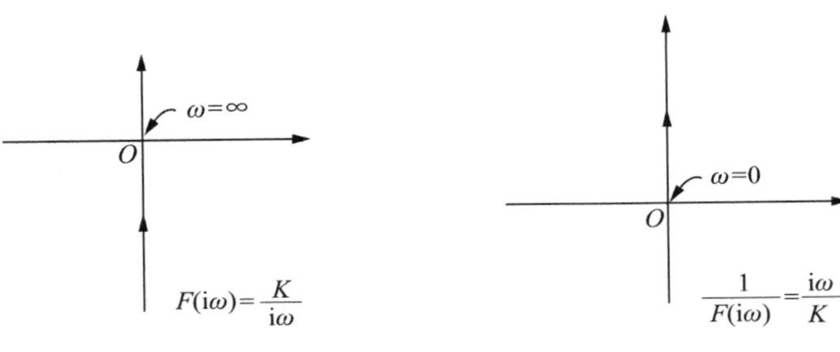

图 3.10

微分元件。一个回转测速计(测速陀螺)的输出电压 v 和进动轴的角速度 $\mathrm{d}\phi/\mathrm{d}t$ 成比例,即

$$v=K\frac{\mathrm{d}\phi}{\mathrm{d}t},$$

其中,K 是比例常数。这个情形和前面讨论的电动机的情形恰好相反。传递函数 $F(s)=Ks$ 在原点有一个零点。因此,对于一个微分系统,即对传递函数 $F(s)$在原点 $s=0$ 有一个单零点的系统来说,放大 K 的定义应该改为

$$K=\lim_{s\to 0}\left|\frac{F(s)}{s}\right|。\tag{3.23}$$

图 3.11 是这个系统的方块图,图 3.12 是伯德图,图 3.13 是乃氏图。

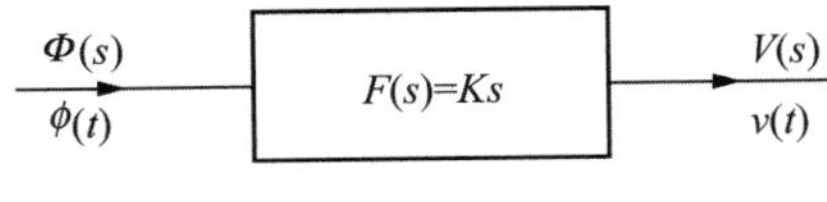

图 3.11

简单的相角落后电路。考虑图 3.14 的包含电阻

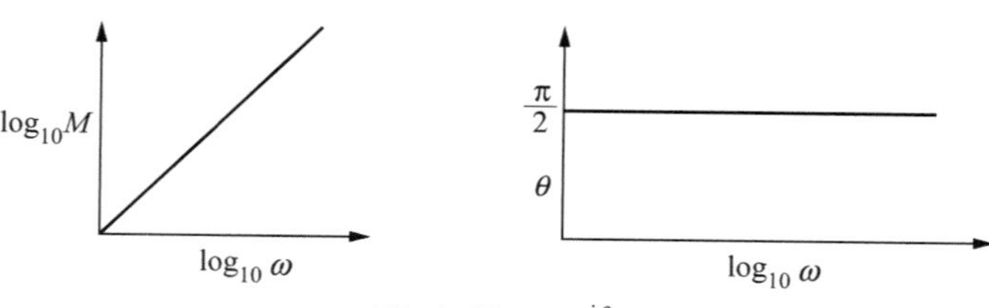

图 3.12

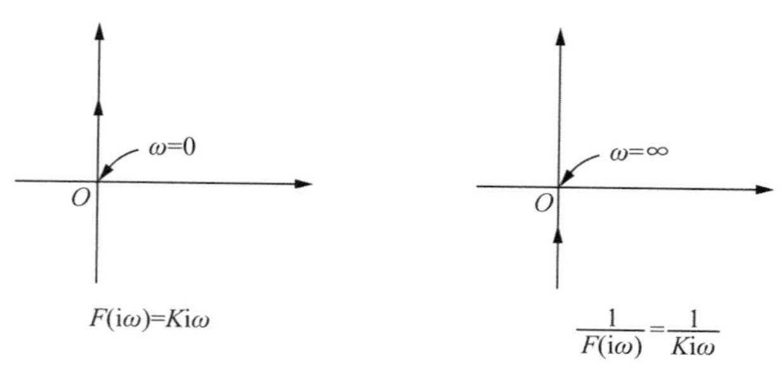

图 3.13

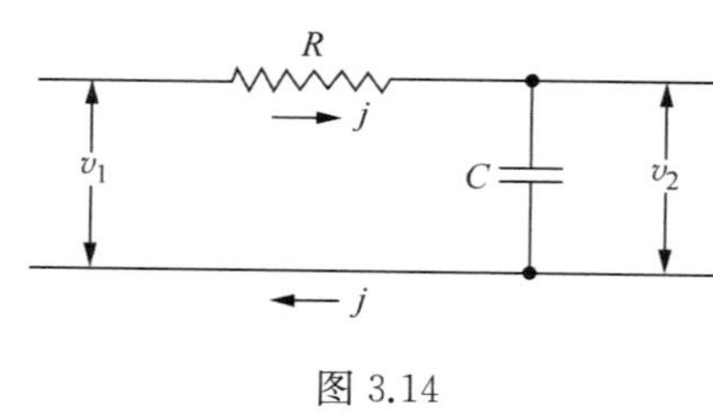

图 3.14

R 和电容 C 的电路。v_1 和 v_2 分别是输入电压和输出电压。假设 $j=j(t)$ 是流入电阻 R 和电容 C 的电流,如果在 $t=0$ 的时候,电容 C 上没有电荷。那么

$$jR+\frac{1}{C}\int_0^t j(t)\mathrm{d}t=v_1,$$

$$\frac{1}{C}\int_0^t j(t)\mathrm{d}t=v_2。$$

先用 e^{-st} 乘这两个方程,然后再从 $t=0$ 到 $t=\infty$ 积分,就得到这两个方程的拉氏变换,

$$\left(R+\frac{1}{Cs}\right)J(s)=V_1(s),$$

$$\frac{1}{Cs}J(s)=V_2(s)。$$

因此

$$\frac{V_2(s)}{V_1(s)}=F(s)=\frac{1}{1+RCs}。\tag{3.24}$$

从方程(3.24)可以看出,这个电阻电容电路的传递函数和有阻尼器的悬臂弹簧的传递函数(3.8)是相同的,这个电路系统的时间常数就是 $\tau_1=RC$。这个系统的伯德图和乃氏图就是图 3.6 和图 3.7。这个电路常常用来产生系统的**相角落后**。

可以在这里附带提一下，虽然上述的悬臂弹簧系统和这一个电路系统的动态特性是相同的，但是我们知道，在实际工程中改变和调整那个系统的参数 c 和 k 往往是比较困难的，而且 c 和 k 的可能的变动范围也很有限，可是在这个电路里改变和调整 R 和 C 的数值就比较容易。而且 R 和 C 的变动范围也可以很大。从这个具体例子就可以看出用电学方法进行调节或控制常常比用机械方法方便得多。

相角超前电路。图 3.15 表示一个更复杂的电路，这个电路的方程是

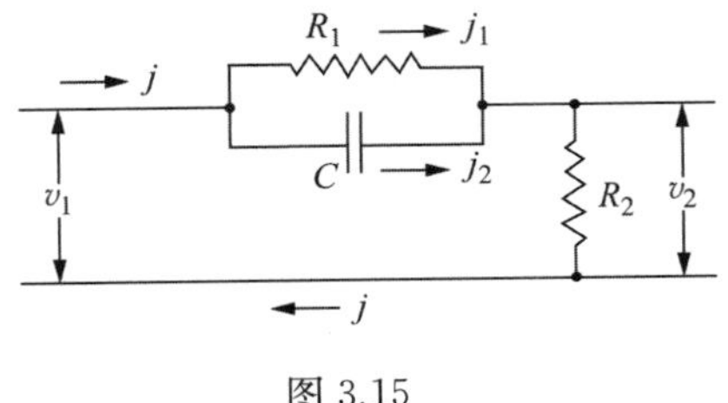

图 3.15

$$j = j_1 + j_2,$$

$$R_1 j_1 = \frac{1}{C}\int_0^t j_2(t)\mathrm{d}t,$$

以及

$$v_1 = R_1 j_1 + R_2 j,$$

$$v_2 = R_2 j。$$

相当的拉氏变换的方程就是

$$J = J_1 + J_2,$$

$$R_1 J_1 = \frac{1}{Cs} J_2,$$

以及

$$V_1 = R_1 J_1 + R_2 J,$$

$$V_2 = R_2 J。$$

因此

$$\frac{V_2(s)}{V_1(s)} = F(s) = \frac{R_2 + R_1 R_2 Cs}{(R_1 + R_2) + R_1 R_2 Cs}。$$

放大就是

$$K = \frac{R_2}{R_1 + R_2} = r, \tag{3.25}$$

K 当然是小于 1 的，通常是在 0.1 和 1 之间。如果我们引进符号 ω_1，

$$\omega_1 = \frac{R_1 + R_2}{R_1 R_2 C}, \tag{3.26}$$

那么，传递函数就可以改写成

$$F(s) = r\frac{1+(s/r\omega_1)}{1+(s/\omega_1)}。 \tag{3.27}$$

因此,传递函数在$-r\omega_1$有一个零点,在$-\omega_1$有一个极点。

频率特性就是

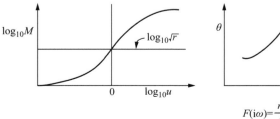

$$F(\mathrm{i}\omega) = \frac{r\omega_1 + \mathrm{i}\omega}{\omega_1 + \mathrm{i}\omega}。 \tag{3.28}$$

如果我们引进无量纲频率

$$u = \frac{1}{\sqrt{r}}\frac{\omega}{\omega_1}, \tag{3.29}$$

那么

$$M = \sqrt{r}\sqrt{\frac{1+(u^2/r)}{(1/r)+u^2}}, \quad \theta = \tan^{-1}\frac{u}{\sqrt{r}} - \tan^{-1}(\sqrt{r}u)。 \tag{3.30}$$

于是有

$$\begin{aligned}\log_{10}M(u) &= \log_{10}\sqrt{r} + \log_{10}\sqrt{\frac{1+(u^2/r)}{(1/r)+u^2}} \\ &= \log_{10}\sqrt{r} - \log_{10}\sqrt{\frac{1+(1/ru^2)}{(1/r)+(1/u^2)}},\end{aligned}$$

而且

$$\theta(u) = \theta\left(\frac{1}{u}\right)。$$

因此,就像图 3.16 所表示的那样,伯德图的图线对于$u=1$(也就是$\log_{10}u=0$)有着对称性。θ的极大值$\theta_{\max.}$是在$u=1$点,并且等于

$$\theta_{\max.} = \tan^{-1}\frac{1}{\sqrt{r}} - \tan^{-1}\sqrt{r} = \frac{\pi}{2} - 2\tan^{-1}\sqrt{r}。 \tag{3.31}$$

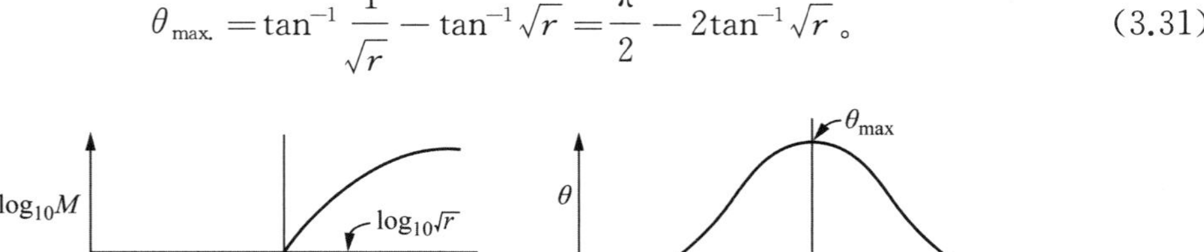

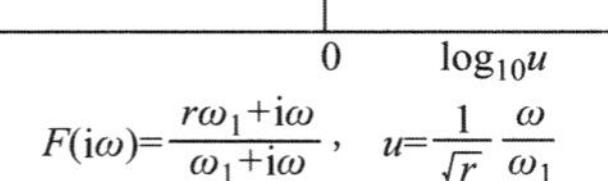

图 3.16

因此，这个电路在一个频带(频率范围)上给出相当大的相角超前。对于非常大的 ω 值，$M=1$；对于非常小的 ω 值，$M=r$。

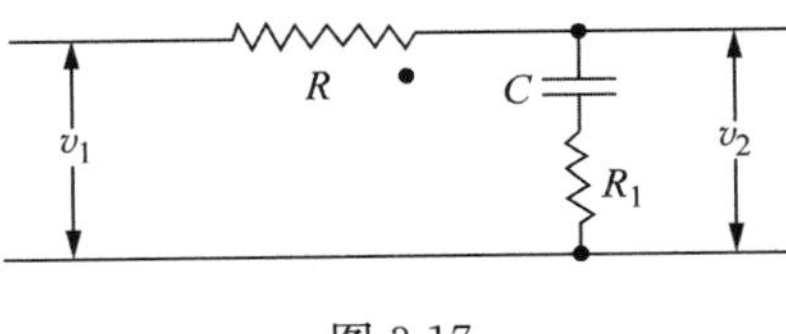

图 3.17

频带的相角落后电路。图 3.17 所表示的电阻电容电路的传递函数是

$$\frac{V_2(s)}{V_1(s)}=F(s)=\frac{1+R_1Cs}{1+(R_1+R)Cs}。$$

所以，这个系统的放大是 1。如果我们引进这样定义的两个参数 ω_1 和 r：

$$\omega_1=\frac{1}{R_1C},\quad r=\frac{R_1}{R+R_1},\tag{3.32}$$

那么，传递函数就可以改写成

$$F(s)=\frac{1+(s/\omega_1)}{1+(s/r\omega_1)}。\tag{3.33}$$

把这个方程和相角超前电路的方程(3.27)加以比较，我们就可以看到这两个电路的传递函数(除了一个常数的因数之外)是互为倒数的。其实，目前这个电路的频率特性也可以写成：

$$F(\mathrm{i}\omega)=\frac{1+\mathrm{i}(\omega/\omega_1)}{1+\mathrm{i}(\omega/r\omega_1)}=\frac{1+\mathrm{i}\sqrt{r}u}{1+\mathrm{i}(1/\sqrt{r})u},$$

其中，u 是无量纲频率

$$u=\frac{1\omega}{\sqrt{r}\omega_1}。\tag{3.34}$$

因此，

$$M=\sqrt{r}\sqrt{\frac{(1/r)+u^2}{1+(u^2/r)}},\quad \theta=\tan^{-1}(\sqrt{r}u)-\tan^{-1}\frac{u}{\sqrt{r}}。\tag{3.35}$$

图 3.18 就是这个系统的伯德图。从图 3.18 中我们可以看出，在 $u=1$ 附近的一个频率上有着显著的相角落后。极大的相角落后发生在 $u=1$ 点，也就是频率 $\omega=\sqrt{r}\omega_1$ 的时候，它的大小也还是方程(3.31)所给的 $\theta_{\max}$。

简化的飞机的横滚运动。假设飞机对于纵轴的转动惯量是 I，ϕ 是滚动角，L_p 是关于滚动的空气动力阻尼系数，δ 是副翼的倾斜度，$k\delta$ 是由于副翼倾斜而引起的力偶矩。滚动角 ϕ 的微分方程就是

$$I\frac{\mathrm{d}^2\phi}{\mathrm{d}t^2}+L_p\frac{\mathrm{d}\phi}{\mathrm{d}t}=k\delta。$$

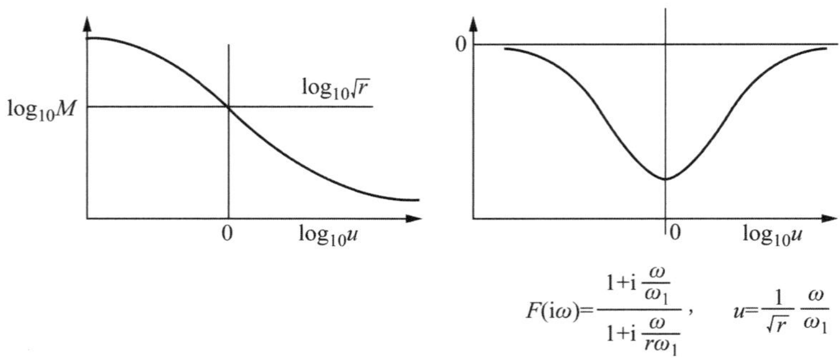

图 3.18

设 $p=\mathrm{d}\phi/\mathrm{d}t$ 是滚动速度;以上的微分方程就变成

$$I\frac{\mathrm{d}p}{\mathrm{d}t}+L_p p=k\delta,$$

如果 $t=0$ 时的滚动速度是 0,那么,作过拉氏变换的方程就是

$$(Is+L_p)P(s)=k\Delta(s),$$

因此,传递函数 $F(s)$就是

$$\frac{P(s)}{\Delta(s)}=F(s)=\frac{k}{Is+L_p}=\frac{k}{L_p}\frac{1}{1+(I/L_p)s}。\tag{3.36}$$

正如方程(3.36)所示,这个系统的运动状态和具有阻尼器的悬臂弹簧以及简单的相角落后电路的运动状态是相似的。在这里,时间常数 τ_1 是 I/L_p,如果阻尼系数 L_p 非常小,时间常数 τ_1 就接近于∞,系统的运动状态就和简单的积分元件的情况一样了。

3.4 二阶系统

我们再回到具有阻尼器的悬臂弹簧的情形(见图 3.1)。不过,现在我们在阻尼器这一端加上一个质量 m。这个质量引起一个惯性力 $m\mathrm{d}^2y/\mathrm{d}t^2$,因而运动方程就变为

$$m\frac{\mathrm{d}^2y}{\mathrm{d}t^2}+c\frac{\mathrm{d}y}{\mathrm{d}t}+ky=kx,$$

假定初始条件是

$$\left.\begin{aligned}&y(0)=y_0,\\&\left(\frac{\mathrm{d}y}{\mathrm{d}t}\right)_{t=0}=y_0^{(1)}。\end{aligned}\right\}\tag{3.37}$$

引进下列两个参数以后,就可以把微分方程改写为更方便的形式:

$$\omega_0^2 = \frac{k}{m},$$
$$\zeta = \frac{c/m}{2\omega_0}, \tag{3.38}$$

ω_0 就是当阻尼器不存在时的质量弹簧系统的自然频率。ζ 就是实际的阻尼和临界阻尼的比值。这一无量纲的参数的物理意义在以下的讨论中可以说明得更加清楚。这样一来，运动方程就变成

$$\frac{\mathrm{d}^2 y}{\mathrm{d}t^2} + 2\zeta\omega_0 \frac{\mathrm{d}y}{\mathrm{d}t} + \omega_0^2 y = \omega_0^2 x 。\tag{3.39}$$

方程(3.39)连同它的初始条件方程(3.37)用拉氏变换的方式就可以表示为下列的方程：

$$(s^2 + 2\zeta\omega_0 s + \omega_0^2)Y(s) = \omega_0^2 X(s) + y_0^{(1)} + (s + 2\zeta\omega_0)y_0 。$$

由于初始条件而产生的输出就是

$$Y_c(s) = \frac{y_0 s + [y_0^{(1)} + 2\zeta\omega_0 y_0]}{s^2 + 2\zeta\omega_0 s + \omega_0^2}。\tag{3.40}$$

而传递函数就是

$$F(s) = \frac{Y_i(s)}{X(s)} = \frac{1}{(s/\omega_0)^2 + 2\zeta(s/\omega_0) + 1}。\tag{3.41}$$

因此，系统的放大 $K=1$，而且传递函数没有零点。但是它有两个单极点 s_1 和 s_2。在 $\zeta^2 > 1$ 时，s_1 和 s_2 就是

$$\left.\begin{aligned} \frac{s_1}{\omega_0} &= -\zeta + \sqrt{\zeta^2 - 1}, \\ \frac{s_2}{\omega_0} &= -\zeta - \sqrt{\zeta^2 - 1}, \end{aligned}\right\} \quad \zeta^2 > 1。\tag{3.42}$$

当阻尼器的阻尼系数 c 比临界阻尼 $2\sqrt{mk}$ 小的时候，ζ 的数值就会比 1 小。在那种情况下，极点 s_1 与 s_2 是复共轭的，它们的实数部分和虚数部分分别是 λ 和 ν：

$$\left.\begin{aligned} s_1/\omega_0 &= -\zeta + \mathrm{i}\sqrt{1-\zeta^2} = (\lambda + \mathrm{i}\nu)/\omega_0 = \mathrm{e}^{\mathrm{i}\varphi_1}, \\ s_2/\omega_0 &= -\zeta - \mathrm{i}\sqrt{1-\zeta^2} = (\lambda - \mathrm{i}\nu)/\omega_0 = \mathrm{e}^{-\mathrm{i}\varphi_1}, \end{aligned}\right\} \quad \zeta^2 < 1, \tag{3.43}$$

因为 s_1/ω_0 和 s_2/ω_0 的绝对值都是 1，所以可以写成 $\mathrm{e}^{\pm\mathrm{i}\varphi_1}$ 的形式。如果阻尼系数 c 是正的，λ 就是一个负数。

由方程(3.40)很容易就可以确定由于初始条件而产生的输出 $y_c(t)$。对于 $\zeta^2 < 1$ 的情形，传递函数的极点是由方程(3.43)所确定的，我们就有

$$y_c(t)=\frac{y_0^{(1)}}{\nu}e^{\lambda t}\sin\nu t+y_0e^{\lambda t}\cos\nu t+\frac{-\lambda}{\nu}y_0e^{\lambda t}\sin\nu t。\tag{3.44}$$

既然 λ 是一个负数,输出 $y_c(t)$ 就是衰减的,不过它是一个衰减的正弦式的函数,也就是说它是一个衰减的振荡。但是,对于 $\zeta^2>1$ 的情形来说,输出 $y_c(t)$就是一个单纯的衰减,因此,如果阻尼系数 c 大于临界阻尼 $2\sqrt{mk}$ 的话,输出 $y_c(t)$就没有振荡,这就是临界阻尼的物理意义。

现在,我们假定输入 $x(t)$是图 3.3 所表示的单位阶跃函数 $1(t)$。这时 $X(s)=1/s$,对于 $\zeta^2<1$ 的情形,

$$Y_i(s)=\frac{\omega_0^2}{s[(s-\lambda)^2+\nu^2]}。$$

因此,由于输入而产生的输出 $y_i(t)$就是

$$y_i(t)=1-\left[\cos\nu t+\left(\frac{-\lambda}{\nu}\right)\sin\nu t\right]e^{\lambda t}。\tag{3.45}$$

对于 $\zeta^2>1$ 的情形,输出 $y_i(t)$就不是振荡的,并且由下式表示:

$$y_i(t)=1-\frac{1}{2\sqrt{\zeta^2-1}}\left[\frac{e^{s_1t}}{\zeta-\sqrt{\zeta^2-1}}-\frac{e^{s_2t}}{\zeta+\sqrt{\zeta^2-1}}\right],\tag{3.46}$$

其中的 s_1 和 s_2 是由方程(3.42)所给定的。在图 3.19 中,对于若干不同的阻尼比值 ζ,画出了输出 $y_i(t)$的运动状态。可以看出来,如果希望输出 $y_i(t)$最快地接近于稳态值,ζ 的

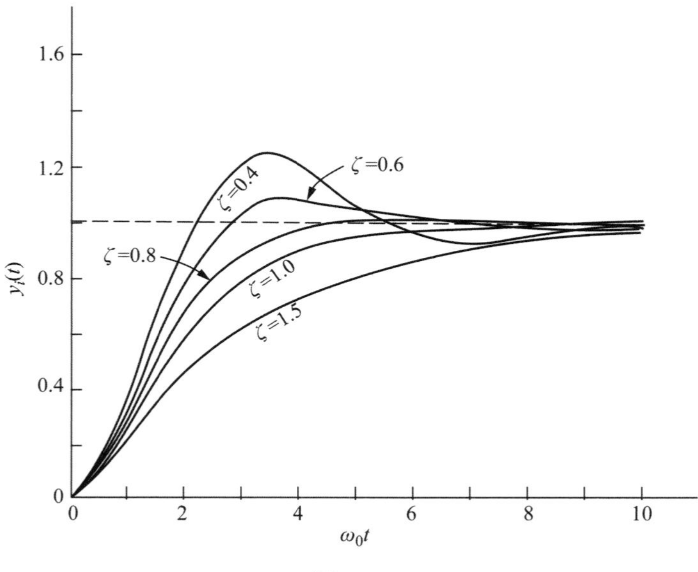

图 3.19

值就不应该太大。可是，从另外一方面来说，如果 ζ 太小，就会发生持续较久的振荡，而且超过稳态值的超调量也会变得相当大。因此，在实际工程问题中就必有一个折中的办法，在普通的工程实践里。总是把 ζ 的值取在 0.4 和 1 之间。

如果输入是一个正弦式的振荡，和方程(3.11)所表示的一样，振幅是 x_m，角频率是 ω，那么，

$$Y_i(s)=\frac{x_m}{s-\mathrm{i}\omega}F(s)=\frac{x_m}{s-\mathrm{i}\omega}\frac{\omega_0^2}{s^2+2\zeta\omega_0 s+\omega_0^2}。$$

因此，在 $\zeta^2<1$ 的情形里，输出 $y_i(t)$ 就是

$$y_i(t)=x_mF(\mathrm{i}\omega)\mathrm{e}^{\mathrm{i}\omega t}+\frac{x_m}{2i\nu}\frac{\omega_0^2}{\lambda+\mathrm{i}(\nu-\omega)}\mathrm{e}^{(\lambda+\mathrm{i}\nu)t}-\frac{x_m}{2\mathrm{i}\nu}\frac{\omega_0^2}{\lambda-\mathrm{i}(\nu-\omega)}\mathrm{e}^{(\lambda-\mathrm{i}\nu)t}, \tag{3.47}$$

这里的 λ 和 ν 是由方程(3.43)所给定的。既然对于正的阻尼，λ 是负数，所以，稳态的输出也还是方程(3.47)的第一项。这个事实和我们的普遍性的结果——方程(2.16)是相符合的。

根据方程(3.41)，这个二阶系统的频率特性就是

$$F(\mathrm{i}\omega)=M\mathrm{e}^{\mathrm{i}\theta}=\frac{1}{[1-(\omega/\omega_0)^2]+2\mathrm{i}\zeta(\omega/\omega_0)}。$$

因此[①]，

$$\left.\begin{aligned}M&=\frac{1}{\sqrt{[1-(\omega/\omega_0)^2]^2+[2\zeta(\omega/\omega_0)]^2}},\\ \text{而}\quad \tan\theta&=-\frac{2\zeta(\omega/\omega_0)}{1-(\omega/\omega_0)^2}。\end{aligned}\right\} \tag{3.48}$$

这个系统的伯德图就是图 3.20。M 的极大值发生在 $\omega/\omega_0=1$ 附近，这时 $M\approx\frac{1}{2}\zeta$，而 $\theta\approx-\pi/2$。当 $\omega/\omega_0\to\infty$ 时，$\theta\to-\pi$，而 $M\sim 1/(\omega/\omega_0)^2$，也可以说 $\log M\sim-2\log(\omega/\omega_0)$。用声学工程师的术语来说也就是：对于高频率，斜率是每个倍频程 -12.04 分贝(-12.04 dB/oct)。

① 利用 M 和 θ 估计系统性质的问题可以参阅文献[9]，[16]。

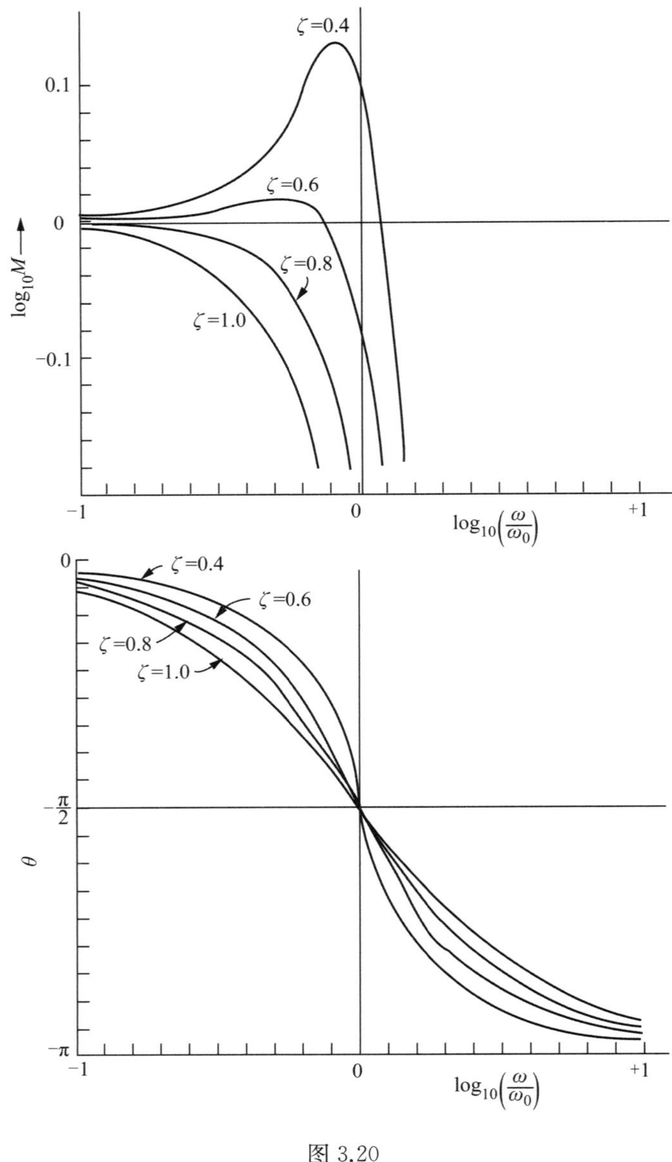

图 3.20

图 3.21 就是这个二阶系统的乃氏图。

其他的物理系统往往也可以近似地看作是二阶系统。液压伺服马达就是一个例子。3.3 节里讨论过的回转测速计的更近似于实际运动状态的传递函数就是

$$F(s)=\frac{Ks}{(s/\omega_0)^2+2\zeta(s/\omega_0)+1},$$

应该把这个更精确的传递函数和那个在图 3.11 中所表示的传递函数比较一下。加速度计的传递函数就是

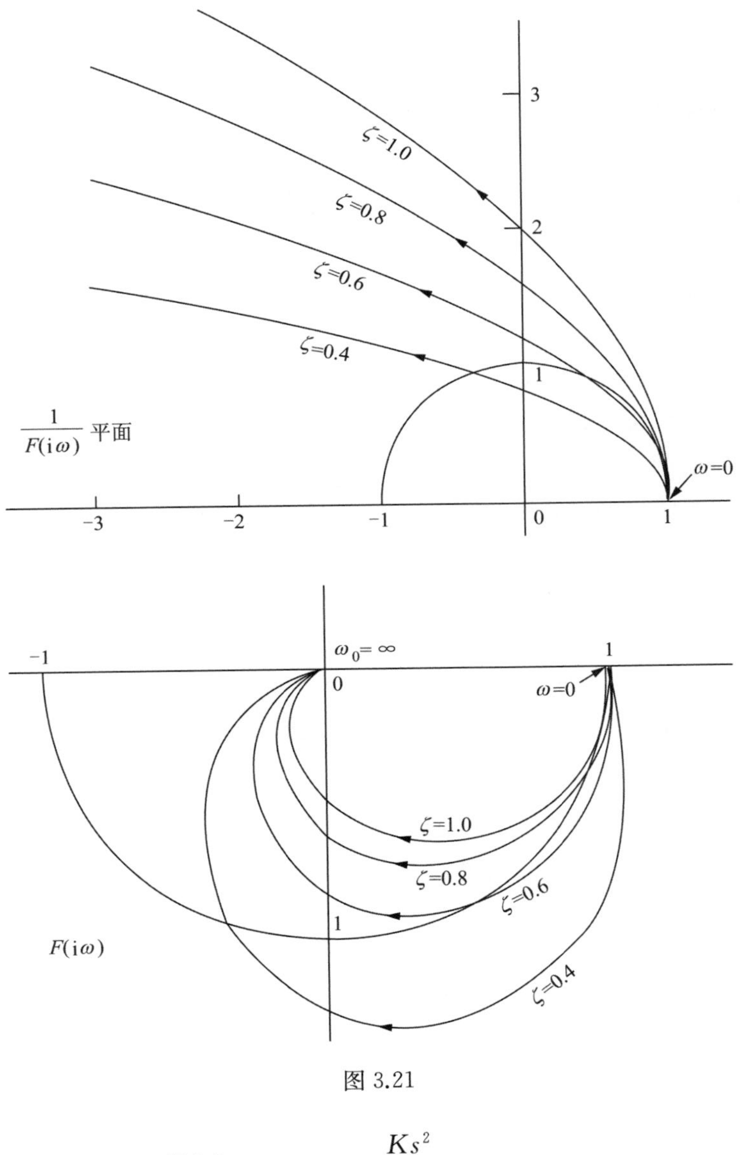

图 3.21

$$F(s)=\frac{Ks^2}{(s/\omega_0)^2+2\zeta(s/\omega_0)+1}。$$

如果把一个电动机当作一个积分元件看待的话(这也就是说,把电压 v 看作输入,把电动机转子的转角 ϕ 看作输出量,而不是把转子的速度 $\mathrm{d}\phi/\mathrm{d}t$ 看作输出),更精确的传递函数就是

$$F(s)=\frac{K}{s(\tau_1 s+1)},$$

也应该把这个传递函数和以前在图 3.8 中所表示的那个粗略的近似的传递函数比较一下。以上这些传递函数的分母都是一个二次多项式。这个多项式的各个常数系数的意义

和前面讨论过的例子里的系数的意义是类似的。

3.5 确定频率特性的方法

在以前各节的讨论里,我们所考虑的问题的性质都是这样的:假定已经知道一个系统的详细的构造,根据这些知识和基本的物理定律算出系统的传递函数$F(s)$和频率特性$F(\mathrm{i}\omega)$。不难看出,这种确定频率特性的方法是一种理论的方法,它的结果的精确度完全依赖于我们对于系统了解的精确程度。可是,在工程实践中,我们往往对于系统的详细构造知道得很不完备;也有时候,虽然对系统的详细构造知道得很清楚,但是系统过于复杂,以至于使频率特性的理论计算做起来也过分繁重。在这样一些情况中,我们常常用实验方法来确定系统的频率特性。我们最容易想到的方法就是利用方程(2.16)所表示的这样一个事实:在频率是ω的正弦式的输入下,稳态输出和输入的比值就是频率特性$F(\mathrm{i}\omega)$。输出的振幅和输入的振幅的比值就是M。输出和输入的相角差就是θ。因此,如果用实验方法来确定频率特性就必须在所需用的频率范围之内。对于若干特殊的频率值ω测量振幅比值和相角差。事实上,确实也曾经把这个方法用到某些系统上去过。例如,比较简单的油泵系统[1]和相当复杂的整个飞机的纵向运动的系统[2]。这个方法的缺点是,对于一个比较宽的频率范围就常常需要对很多不同的频率ω的值做很多的测量,并且有时候也很难测量输出和输入的相角差。

另外一个更有效的方法就是,同时激发起所有的频率,而不是对各个频率进行个别的激发。为了达到这个目的,最好的办法就是用一个单位冲量做输入。这时,根据方程(2.18),对于稳定系统($\gamma=0$)来说,

$$\begin{aligned} h(t) &= \frac{1}{2\pi}\int_{-\infty}^{+\infty} F(\mathrm{i}\omega)\mathrm{e}^{\mathrm{i}\omega t}\,\mathrm{d}\omega \\ &= \frac{1}{\pi}\int_{0}^{\infty}[\Re F(\mathrm{i}\omega)\cos\omega t - \Im F(\mathrm{i}\omega)\sin\omega t]\,\mathrm{d}\omega, \end{aligned} \tag{3.49}$$

其中,$\Re$和$\Im$分别表示实数部分和虚数部分的符号。这个方程的第二个等式可能是由于有关系式(3.17)的缘故。方程(3.49)表明,输入的单位冲量**均等地**激起了所有的频率(这也就是说,各个频率的振幅都是同一数量级的)。当系统对单位冲量的反应$h(t)$已经知道的时候[我们只要做一次实验就可以测出$h(t)$],我们就可以用下列公式计算频率特性:

$$F(\mathrm{i}\omega) = \int_{0}^{\infty} h(t)\mathrm{e}^{-\mathrm{i}\omega t}\,\mathrm{d}t。 \tag{3.50}$$

---

① H. Shames, S. C. Himmel, D. Blivas, *NACA TN*, 2109(1950)。

② W. F. Milliken, *J. Aeronaut. Sci.*, 14, 493(1947);也可以参阅文献[17]-[21]。

对于任何一个固定的 ω 值，我们都可以用数值积分的方法算出这个积分。

然而，实际上，一个理想的冲量是很难真正做出来的。比较实际可行的输入是矩形的脉冲和三角形的脉冲，就像图 3.22 所表示的那样。这样一些脉冲当然不能均等地激起所有的频率。但是，如果我们把脉冲的长度 τ 作得相当小的话，也就可以认为，已经相当理想地达到了均匀地激起所有频率的目的。西门斯(R.C. Seamans)和他的同事们就曾经用这种冲量激发的方法去确定一架飞机的频率特性[①]。他们还提出一种根据测量到的输出 $y(t)$ 计算 $F(i\omega)$ 的近似方法。克尔夫曼(H. J. Curfman)[②]和格第内尔(R. A. Gardiner)[③]把这种处理实验数据的方法又推广到输入是任意形式的情形中去[④]。

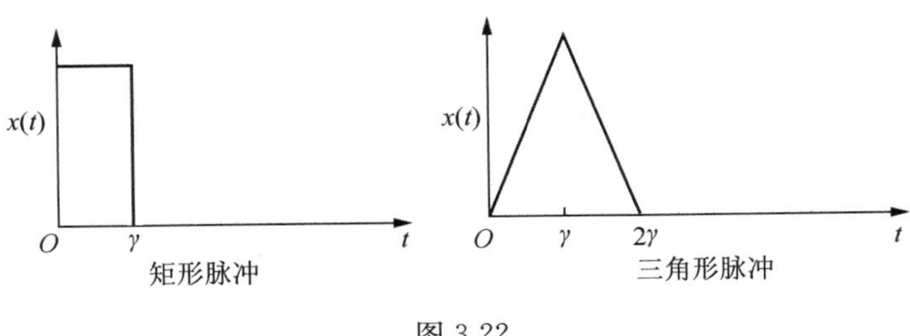

图 3.22

3.6　由多个部件组成的系统

在 3.1 节、3.3 节和 3.4 节所讨论过的那些系统实际上只不过是某些更复杂的系统的部件而已。实际工程中，稳定装置和控制装置所需要的却常常是这种复杂的系统。以飞机的横滚运动为例，它通常是用电流作控制副翼转动的信号。这个电流信号就是一个包含放大器和计算装置的部件的输入，在这个部件里当然包含某种电路，也还可能包含一些电子管。这个由放大器和计算装置所组成的部件的运动状态是由它的传递函数 $F_1(s)$所确定的。再把这个部件的输出取作转动副翼的液压伺服马达的输入。液压伺服马达的运动状态是由传递函数 $F_2(s)$所描述的。最后，把伺服马达的输出，也就是副翼的转动，取作那个代表飞机的横滚动力特性的系统的输入；假设飞机的动力特性用传递函数 $F_3(s)$来表示；那么，横滚动力特性系统的输出就是飞机的横滚运动了。这里，从滚动的控制信号到滚动运动，在系统的各个部件之间有着一系列的联系。如果用 $x(t)$表示控制滚动的信号，用 $\phi(t)$表示飞机的横滚角的话，那么，相当的拉氏变换的关系就是

$$\Phi_i(s)=F_3(s)F_2(s)F_1(s)X(s)。$$

---

① R.C. Seamans, B.P. Blasingame, G.C. Clementson, *J. Aeronaut. Sci.*, 17, 22(1950)。

② 现译为柯夫曼。

③ 现译为加德纳。

④ H.J. Curfman and R.A. Gardiner, *NACA TR*, 984(1950)。

因此,整个横滚控制系统的传递函数就是乘积 $F_3(s)F_2(s)F_1(s)$。从这个例子也还能很清楚地看到这样一个事实:一般说来,传递函数是有量纲的,因为它是两个不同量纲的物理量的比值。在现在的这个例子里,作为输入的滚动信号是一个电流,可是作为输出的横滚角却是一个角度,电流的量纲和角度的量纲当然是不同的。

一般说来,如果一个系统是由 n 个个别的部件串联组成的(见图 3.23)。并且假设这些部件的传递函数分别是 $F_1(s)$, $F_2(s)$, …, $F_r(s)$, …, $F_n(s)$,而放大分别是 K_1, K_2, …, K_r, …, K_n,那么,整个系统的传递函数 $F(s)$就是

$$F(s)=F_1(s)F_2(s)\cdots F_r(s)\cdots F_n(s)。\tag{3.51}$$

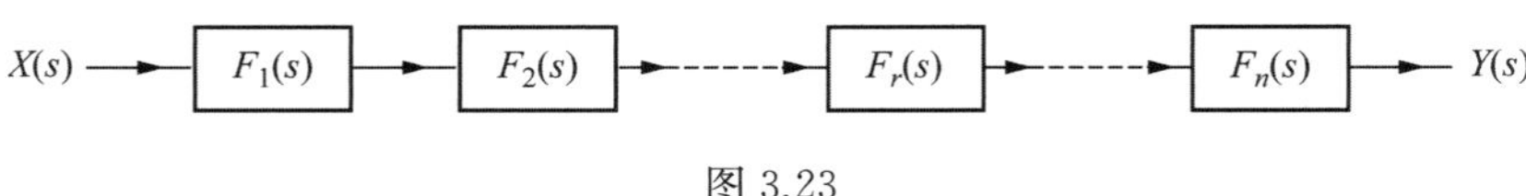

图 3.23

整个系统的放大 K 就是

$$K=K_1K_2\cdots K_r\cdots K_n。\tag{3.52}$$

从方程(3.51)很明显地看出,在一个系统里传递函数 $F(s)$的零点和极点也就是各个个别部件的零点和极点的全体(当然也可能有某一个部件的零点和另外一个部件的极点互相抵消的情形)。因此,如果再用方程(3.52)算出整个系统的放大 K。传递函数 $F(s)$就完全被确定了。

系统的频率特性是 $F(\mathrm{i}\omega)=M\mathrm{e}^{\mathrm{i}\theta}$。如果第 r 个部件的频率特性是$M_r\mathrm{e}^{\mathrm{i}\theta_r}$ 的话,那么,根据方程(3.51)就有

$$\begin{aligned}M\mathrm{e}^{\mathrm{i}\theta}&=(M_1\mathrm{e}^{\mathrm{i}\theta_1})(M_2\mathrm{e}^{\mathrm{i}\theta_2})\cdots(M_r\mathrm{e}^{\mathrm{i}\theta_r})\cdots(M_n\mathrm{e}^{\mathrm{i}\theta_n})\\&=(M_1M_2\cdots M_r\cdots M_n)\mathrm{e}^{\mathrm{i}(\theta_1+\theta_2+\cdots+\theta_r+\cdots+\theta_n)}。\end{aligned}$$

所以,

$$\left.\begin{aligned}&\log_{10}M=\log_{10}M_1+\log_{10}M_2+\cdots+\log_{10}M_r+\cdots+\log_{10}M_n,\\ \text{而}\quad&\\&\theta=\theta_1+\theta_2+\cdots+\theta_r+\cdots+\theta_n。\end{aligned}\right\}\tag{3.53}$$

由方程(3.53)就可以理解在伯德图中为什么要采用对数尺度的理由。采用了对数尺度以后,就可以使寻求系统特性的工作大大地简化了,因为只要把各个组成部件的伯德图线的坐标简单地叠加起来就行了。

3.7 超越的传递函数

不只是常系数线性常微分方程的初值问题可以用拉氏变换法来解,对于线性偏微分

方程的情况①(具有分布参数的控制系统的微分方程就常常是偏微分方程),只要方程的系数与时间自变数 t 无关,而且边界条件中关于 t 的部分可以用对时间变数 t 而言的初值条件来叙述,那么,拉氏变换法还是可用的。作过拉氏变换以后,原来的偏微分方程中的时间自变数 t 就被消去了,同时也就出现了一个新的参数 s。原来的方程就变成一个对于其余的自变数的微分方程(因为 s 并不是新微分方程的自变数)。然后,就可以用其余的边界条件把这个微分方程解出来。这样得到的解里,当然包含了参数 s。把这个解进行拉氏反变换就可以得到原来的偏微分方程的解了。这种解法的过程显然是比第二章讨论过的常微分方程的解法复杂得多。但是,从另一方面来看,如果在变换后的方程的解里把任意两个特定的量加以比较,我们可以看到,它们之间的关系仍然是线性的。如果把其中的一个看作是输入,把另外一个看作是输出的话,那么,它们的比值还是一个 s 的函数,我们也还把这个函数看作是传递函数 $F(s)$。不过,有一点是不同的,这个传递函数不再是两个 s 的多项式的比值了,一般地说,它是一个 s 的超越函数。

现在我们来举两个例子。

首先,我们考虑这样一个传热问题:有一座墙壁(例如炉壁)(见图 3.24),它的厚度是 l,宽度和高度都可以认为是无限大的。墙的导热系数是 k。热容量(也就是密度和比热容的乘积)是 c。墙的左面(也就是坐标 $x=0$ 的地方)的温度是一个已知的时间函数 $u=u(t)$,墙的右面(也就是 $x\geqslant l$ 的区域)是热绝缘的。假定墙的初始温度是 0。很明显,墙内各点的温度 θ 必然是坐标 x 和时间 t 的函数 $\theta=\theta(x, t)$。θ 的微分方程是

$$k\frac{\partial^2\theta}{\partial x^2}=c\frac{\partial\theta}{\partial t}, \tag{3.54}$$

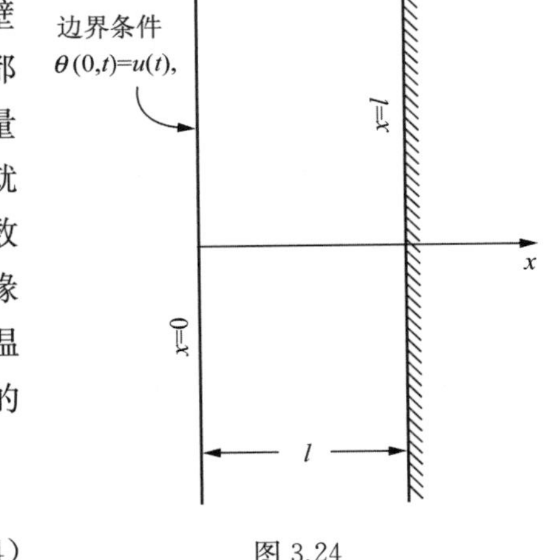

图 3.24

初始条件是

$$\theta(x, 0)=0, \tag{3.55}$$

边界条件是

$$\theta(0, t)=u(t), \tag{3.56}$$

$$\left.\frac{\partial\theta}{\partial x}\right|_{x=l}=0。 \tag{3.57}$$

---

① 可以参考 H.S. Carslaw and J.C. Jaeger, *Operational Methods in Applied Mathema-tics*, Oxford University Press, New York, (1941);或 R. V. Churchill, *Modern Operational Methods in Engineering*, McGraw-Hill Book Company, Inc., New York, (1944)。

现在我们用拉氏变换法解这个问题,θ 的拉氏变换是

$$\Theta(x,s)=\int_0^{\infty} e^{-st}\theta(x,t)\mathrm{d}t。\tag{3.58}$$

u 的拉氏变换是

$$U(s)=\int_0^{\infty} e^{-st}u(t)\mathrm{d}t。$$

把方程(3.58)对 x 微分两次,就得出 $\dfrac{\partial^2\theta}{\partial x^2}$ 的拉氏变换:

$$\frac{\partial^2\Theta}{\partial x^2}=\int_0^{\infty} e^{-st}\frac{\partial^2\theta}{\partial x^2}\mathrm{d}t。\tag{3.59}$$

$\dfrac{\partial\theta}{\partial t}$ 的拉氏变换就是

$$\int_0^{\infty}\frac{\partial\theta}{\partial t}e^{-st}\mathrm{d}t=[\theta e^{-st}]_{t=0}^{t=\infty}+s\int_0^{\infty}\theta e^{-st}\mathrm{d}t=[\theta e^{-st}]_{t=0}^{t=\infty}+s\Theta。$$

因为 $t\to\infty$ 时,$e^{-st}\to 0$,而 $t=0$ 时,$\theta=\theta(x,0)=0$,所以 $\dfrac{\partial\theta}{\partial t}$ 的拉氏变换是

$$\int_0^{\infty}\frac{\partial\theta}{\partial t}e^{-st}\mathrm{d}t=s\Theta。\tag{3.60}$$

因此,把方程(3.54)对变数 t 作拉氏变换就得

$$k\frac{\partial^2\Theta}{\partial x^2}=cs\Theta。\tag{3.61}$$

把边界条件(3.56)和(3.57)也加以变换,就得到:

$$当\ x=0\ 时,\Theta=\Theta(0,s)=U(s),\tag{3.62}$$

$$当\ x=l\ 时,\frac{\partial\Theta}{\partial x}=\left.\frac{\partial\Theta}{\partial x}\right|_{x=l}=0,\tag{3.63}$$

把 s 看作参数,方程(3.61)就成为常微分方程

$$k\frac{\mathrm{d}^2\Theta}{\mathrm{d}x^2}=cs\Theta。$$

也就是

$$\frac{\mathrm{d}^2\Theta}{\mathrm{d}x^2}-\frac{cs}{k}\Theta=0。\tag{3.64}$$

设

$$\beta^2 = \frac{cs}{k},$$

那么，考虑到边界条件方程(3.62)和方程(3.63)，方程(3.64)的解就是

$$\Theta = \Theta(x, s) = U(s)\frac{\operatorname{ch}\beta(l-x)}{\operatorname{ch}\beta l}。\tag{3.65}$$

对于具体的函数 $U(s)$，我们就可以把方程(3.65)进行拉氏反变换而最后得到原来问题的解 $\theta = \theta(x, t)$。

如果把墙的左面的温度 $U(s)$ 看作这个系统的输入，把墙的右面的温度 $\Theta(l, s)$ 看作系统的输出，那么，根据方程(3.65)，系统的传递函数就是

$$F(s) = \frac{\Theta(l,s)}{U(s)} = \frac{1}{\operatorname{ch}\beta l} = \frac{1}{\operatorname{ch}\sqrt{\frac{cs}{k}}l}。\tag{3.66}$$

这个传递函数就是 s 的超越函数。

其次，我们再来考虑一个二维机翼理论的问题[①]。在以均匀的水平速度 U 流动的气流里，有一个弦长是 c 的机翼(见图 3.25)。假定气流又在铅直方向上发生了一个扰动速度 v。如果 v 对于水平坐标以及对于时间 t 都是正弦函数的话，v 就可以表示为

$$v(x, t) = \alpha_m U e^{i\omega[t-(x/U)]},\tag{3.67}$$

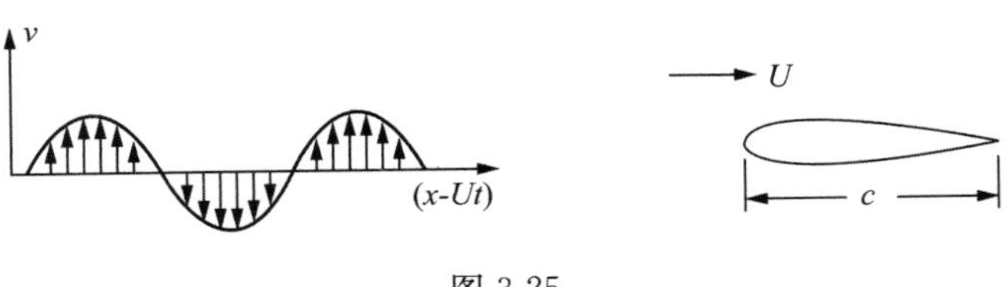

图 3.25

这里，α_m 是振幅，ω 是"频率"。西尔思(W. R. Sears)[②]曾经考虑了这样一个扰动速度 v。对于举力系数 C_l 的影响("举力系数"就是机翼上每单位面积所受到的平均举力被"动力压力" $\frac{1}{2}\rho U^2$ 除所得到的商数，这里的 ρ 是气体的密度)。他证明

$$C_l = 2\pi\alpha_m e^{i\omega t}\varphi(k),\tag{3.68}$$

其中，

---

① W. R. Sears, *J. Aeronaut. Sci.*, 8, 104(1941)。

② 现译为西尔斯。

$$k = \frac{\omega c}{2U}, \tag{3.69}$$

而

$$\varphi(k) = \frac{J_0(k)K_1(\mathrm{i}k) + \mathrm{i}J_1(k)K_0(\mathrm{i}k)}{K_1(\mathrm{i}k) + K_0(\mathrm{i}k)}。 \tag{3.70}$$

这里的 J_0 和 J_1 表示第一种贝塞尔(Bessel)函数,K_0 和 K_1 表示第二种变态的贝塞尔函数。因此,如果把 $v(0, t)$ 的拉氏变换 $X(s)$ 取作输入,把 $C_l(t)$ 的拉氏变换 $Y(s)$ 取作输出,那么,传递函数 $F(s)$ 就是

$$\frac{Y(s)}{X(s)} = F(s),$$

而频率特性 $F(\mathrm{i}\omega)$ 就是

$$F(\mathrm{i}\omega) = \frac{2\pi}{U}\varphi(k)。 \tag{3.71}$$

所以,频率特性是 ω 的超越函数。

此外,如果系统中包含有时滞(参阅第八章)的部件[13-22],那么,系统的传递函数也会是超越函数。

都根基(J. Dugundji)曾经把超越传递函数和超越频率特性的概念应用到飞机的机翼颤震问题的研究上去①。

① J. Dugundji, *J. Aeronaut. Sci.*, 19, 422(1952)。

第四章 反馈伺服系统

在这一章里，我们将要介绍近代的调节技术和控制技术中最重要的一个概念，即**反馈**的概念。我们将要借助最简单的系统——常系数线性系统的讨论来引进这个概念。同时，我们还要说明，为什么采用反馈方法就能够使系统大大地增加控制的准确度，并且显著地提高对于控制信号的反应速度。最后，我们还要讲解一下保证**反馈伺服系统**的稳定性，并且使它具有最好的运转性能的设计原则。

4.1 反馈的概念

让我们来考虑控制涡轮发电机的转速的问题。在这里，最重要的要求就是使转速非常接近额定的固定数值，而不要发生较大的偏差。对于这个问题来说，最初等的处理方式就是所谓**开路控制**的方法，采用这种控制方法的时候，我们就必须随时设法使汽涡轮机所产生的转矩、发电机本身所需要的转矩和负载转矩处于平衡状态，具体地说，我们可以这样做，即随时用仪表测量负载的数值，并且随时根据测量的结果调节汽涡轮机的阀门。但是，可以想象到，这种平衡的方法不可能是完全精确的，总会存在一个偏差转矩 $x(t)$。这个偏差转矩的存在就要使发电机的转动产生加速度。如果我们用 $y(t)$ 表示实际转速和额定转速之间的偏差，用 I 表示发电机的转动部分的转动惯量，用 c 表示摩擦损失的阻尼系数。那么，微分方程就是

$$I\frac{\mathrm{d}y}{\mathrm{d}t}+cy=x(t)。\tag{4.1}$$

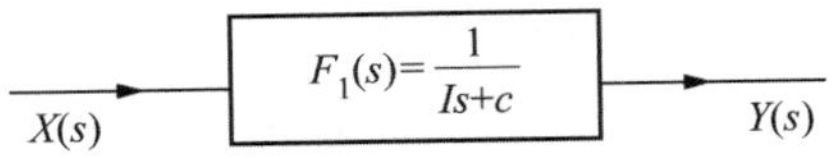

图 4.1 就是这个开路控制系统的方块图。我们看到，这个系统与第三章研究过的一阶系统是相似的。这个系统的时间常数是 I/c，偏差转速的稳态值和偏差转矩的比值是 $1/c$。因为涡轮发电机的转子质量很大，所以 I 是一个很大的数值，但是，因为摩擦损失相当小，所以 c 也就是一个很小的数值。由此可见，时间常数 I/c 就是一个非常大的数值，这也就意味着，任意一个转速的偏差都要保持很久的时间，而且很

$X(s)$ → $F_1(s)=\frac{1}{Is+c}$ → $Y(s)$

图 4.1

难使它迅速地消失掉。不仅如此,由于系统的放大,$1/c$ 很大,因此,如果希望偏差转速相当小,就必须要求偏差转矩极端地微小。不言而喻,这样一个目的在于维持发电机转速不变的开路控制系统,在实际工程中是十分无用的。

现在,我们再来看一看,把开路系统改为具有反馈作用的所谓闭路控制系统以后,系统的运转性能发生怎样的变化。进行闭路控制的时候,我们使对系统起控制作用的力矩与被控制的变数发生关系。这也就是说,蒸气阀门的调节不仅要依据负载的情况,而且也还要和偏差速度 y 有关系。假定控制转矩的第二个组成部分与 y 成比例,比例常数是 $-k(k>0)$。当转速过高,也就是 $y>0$ 的时候,就把阀门关闭起来,同时,使发电机加速的转矩减少 ky。如果转速过低,也就是 $y<0$ 的时候,使发电机加速的力矩就会增加 ky。因此,现在 y 的微分方程就变为

$$I\frac{\mathrm{d}y}{\mathrm{d}t}+cy=x-ky,$$

也就是

$$I\frac{\mathrm{d}y}{\mathrm{d}t}+(c+k)y=x(t)。\tag{4.2}$$

方程(4.2)与方程(4.1)唯一的不同之点就是把 c 换成了和数 $c+k$。现在,时间常数就变为 $I/(c+k)$,而偏差转速的稳态值与不变的偏差转矩的比值就变成 $1/(c+k)$。因此,与开路控制系统相比较,只要我们使 k 比 c 大得很多的话,就可以使时间常数和偏差转速大大地减小。因为 c 很小,所以,实际上使 $k\gg c$ 也是很容易的。从这个例子可以看到,其余的条件都不必加以改变,只要把开路控制系统加上一个反馈线路使它变为闭路控制系统的话,系统的反应速度和控制的精确度就可以提高很多,因而也就可以大大地改进控制系统的性能。

图 4.2 就是上述的闭路控制系统的方块图。图中代表汽轮发电机的原有的传递函数 $F_1(s)$ 和图 4.1 里的 $F_1(s)$ 还是相同的。在图 4.2 里,我们还引进了伺服控制工程中的一个规定:在表示混合器(也有时称为比较元件)的符号"⊗"旁边必须用加号或者减号注明混合器对于相当的输入信号的作用。例如图 4.2 中的混合器的输入信号是 $X(s)$ 和 $kY(s)$,根据图上标明的作用符号,混合器的输出信号就是 $X(s)-kY(s)$。如果在两条线路的接合点上只画了一个圆点,就表示对那里的信号只有"测量"作用,并没有相加或相减的作用(在这一点上表示控制系统的构造的方块图和普通的电路图是不相同的)。因此,图 4.2 表示偏差转速 y 在系统的输出部分上被测量了,而且用测量的结果产生出控制转矩 ky。从图 4.2 可以看出,闭路控制系统中包含了一个反馈线路[$F_2(s)$ 所在的线路]。因此,把整个控制系统称为反馈伺服系统是很恰当的。

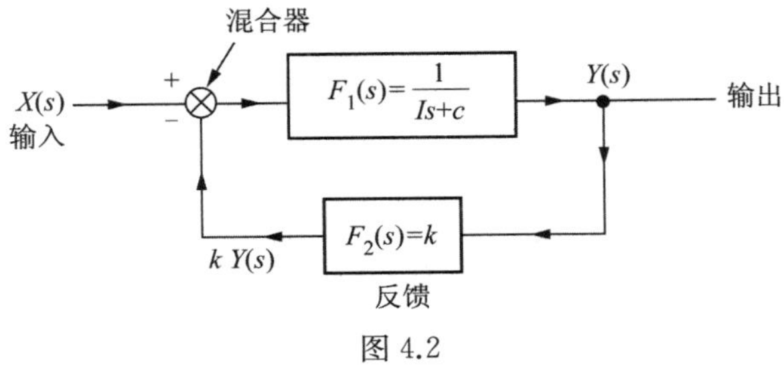

图 4.2

虽然在上面所分析的这个简单的例子里，我们是用把方程(4.1)和方程(4.2)加以比较的方法来说明反馈伺服控制系统的优点。可是，对于更复杂的系统，只用到传递函数概念的分析方法也是很方便的，在以下各节中，我们就来说明这种分析方法。

4.2　反馈伺服系统的设计准则

我们来考虑一个一般的反馈伺服系统，这个系统的构造和图 4.2 所表示的系统相同，但是 $F_1(s)$和 $F_2(s)$这两个传递函数是任意的。$F_1(s)$称为前向线路的传递函数，$F_2(s)$称为反馈线路的传递函数。在一般的情况下，输出 $Y(s)$与输入$X(s)$之间的关系就是

$$Y(s)=F_1(s)[X(s)-F_2(s)Y(s)]。$$

把 $Y(s)$从这个方程解出来，就得

$$\frac{Y(s)}{X(s)}=\frac{F_1(s)}{1+F_1(s)F_2(s)}=F_s(s), \tag{4.3}$$

这里，$F_s(s)$就是系统的传递函数，也就是整个系统的输出与输入的比值。

为了以后讨论的便利，把 $F_1(s)$和 $F_2(s)$的放大 K_1 和 K_2 也明显地表示出来，我们把 $F_1(s)$和 $F_2(s)$写作：

$$\left.\begin{aligned} F_1(s)&=K_1G_1(s), \\ F_2(s)&=K_2G_2(s)。\end{aligned}\right\} \tag{4.4}$$

因为放大 K 的量纲和传递函数 $F(s)$的量纲相同，所以，这里的 $G(s)$显然是无量纲的函数。因为$G(s)$的零点和极点也就是 $F(s)$的零点和极点，所以，所有关于$F(s)$的“构造”的知识都包含在 $G(s)$里面了。非常明显，相当于 $G(s)$的放大都是 1：$|G(0)|=1$。由于这样的做法，在以后的讨论中，我们常常把传递函数对系统所起的作用看作是两个分别的作用的结果：一个是放大 K 的大小所起的作用，另外一个是零点和极点的位置所起的作用，也就是 $G(s)$所起的作用。把作用进行这种划分的理由，还因为有以下的事实：如果在一个系统 $F(s)$中包含由放大器和计算器组成的计算部件，那么，$G(s)$只与计算器有关，而与放大器无关；系统的放大却是只决定于放大器的。此外，在系统的设计里，这两种不同的

控制作用几乎是完全互不相关的。因此,$G(s)$和 K 可以分别加以改变,同时也可以给予分别考虑。

利用方程(4.4),方程(4.3)就可以写作

$$\frac{Y(s)}{X(s)}=F_s(s)=\frac{K_1G_1(s)}{1+K_1G_1(s)K_2G_2(s)}=\frac{1}{[1/K_1G_1(s)]+K_2G_2(s)}。\tag{4.5}$$

假定由方程(3.11)所定义的偏差信号 $e(t)$的拉氏变换是 $E(s)$,就有

$$\frac{E(s)}{Y(s)}=\frac{X(s)-Y(s)}{Y(s)}=\frac{1}{F_s(s)}-1=\frac{1}{K_1G_1(s)}-[1-K_2G_2(s)]。\tag{4.6}$$

对于图 4.3 所表示的那种简单的反馈伺服系统来说,反馈线路的传递函数 $F_2(s)$就是 1,这也就是说,在进行反馈控制的时候,仅仅对输出做了测量,并且直接把测量的结果用作反馈信号,并没有把测量结果加以任何改变。在这种简单的情况下,方程(4.5)和方程(4.6)就简化为

$$\frac{Y(s)}{X(s)}=F_s(s)=\frac{KG(s)}{1+KG(s)}=\frac{1}{[1/KG(s)]+1}\tag{4.7}$$

和

$$\frac{E(s)}{Y(s)}=\frac{1}{KG(s)}。\tag{4.8}$$

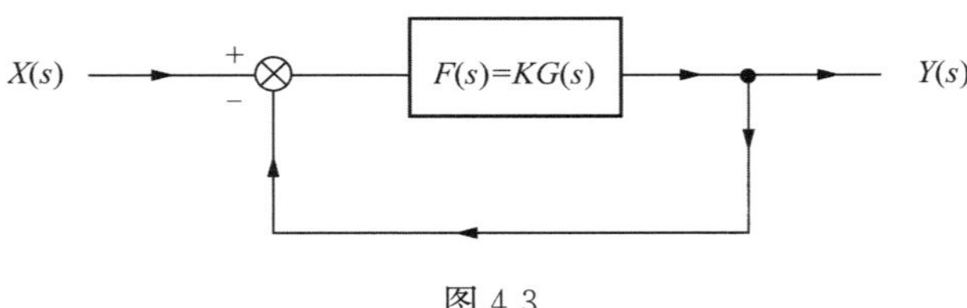

图 4.3

对反馈伺服系统的第一个要求就是稳定性。这也就是说,在输出运动 $y(t)$中,除了正弦式的组成部分之外,其他的成分都应当被阻尼掉。然而,2.4 节的分析表明,系统的稳定性条件用数学的方式来说就相当于函数 $F_s(s)$在 s 平面的右半部(也就是 s 的实数部分是正数的部分)没有极点。对于一般的反馈伺服系统来说,根据方程(4.5),$F_s(s)$的极点就是

$$\frac{1}{F_s(s)}=\frac{1}{K_1G_1(s)}+K_2G_2(s)\tag{4.9}$$

的零点。对于简单的反馈伺服系统来说,根据方程(4.7),$F_s(s)$的极点就是

$$\frac{1}{F_s(s)}=\frac{1}{KG(s)}+1\tag{4.10}$$

的零点。因此，反馈伺服系统的第一个设计准则就是：

(1) 由方程(4.9)或方程(4.10)所给定的函数 $1/F_s(s)$ 在右半个 s 平面上不应该有零点。

对反馈伺服系统的第二个要求就是迅速的反应，如果 s_r 是 $F_s(s)$ 的一个极点，2.4 节的分析表明，输出运动中就包含有 $e^{s_r t}$ 这样一个成分。所以，系统的反应速度决定于 s_r 的大小。s_r 的数值越大，时间的尺度就越小，所以，反应就越迅速。因此，反馈伺服系统的第二个设计准则就是：

(2) 由方程(4.9)或方程(4.10)所给定的函数 $1/F_s(s)$ 的所有零点都应该具有相当大的数值，而且在 s 平面上所有这些零点都应该在左半平面离开虚轴相当远的地方①。

如果我们所设计的系统是一个为了进行位置控制而用的反馈伺服系统(所谓“位置控制”的意思就是希望系统的输出信号本身总是随着输入信号本身的变化而变化，我们常常把这种系统称为随动系统)。在过渡过程结束以后的输出稳态值就应该和输入值尽可能地相近，这也就是说，要求偏差的稳态值和输出的稳态值的比值 $E(0)/Y(0)$ 越小越好。利用方程(4.6)和方程(4.8)，可以把这样一个要求换成对传递函数的放大的要求。这也就是：

(3) 在位置控制的情况下，为了控制的精确度，对于一般的反馈伺服系统(4.6)就应该要求

$$\frac{1}{K_1}-[1-K_2]\sim 0, \tag{4.11}$$

对于简单的反馈伺服系统(4.8)就应该要求

$$K\gg 1。 \tag{4.12}$$

以上给出的三个条件(1)，(2)，(3)就是反馈伺服系统的设计准则。但是，实际上(2)，(3)两个条件是很难得到十分理想的满足的，这也就是说系统的稳定性和反应速度之间经常是有矛盾的，所以，为了实际的工程目的就不能够无限制地提高系统的稳定性和反应速度，在以下各节的讨论里，我们就可以看到一些处理这种矛盾的折中办法。

4.3 乃氏(Nyquist)法

既然，正如前面所提到过的那样，普通的传递函数都是两个 s 的多项式的比值，所以上一节中的第(1)准则也就相当于要求某一个多项式的零点全都在 s 的左半平面。这是一个古典的问题。路斯(E. J. Routh)②利用了所谓的“路斯不等式”解决了这个问题，路斯

① 关于这个准则的更严格的叙述可以参阅文献[23]。

② 现译为劳斯。

不等式里所包含的只是被考虑的多项式的系数①。但是控制工程师并不喜欢用这个方法,因为当多项式的系数有变化的时候,路斯不等式的变化情况是很难捉摸的。由于传递函数是比较原始比较直接的资料,而且它也能被工程师所"物理地"了解,所以工程师们宁愿采用一种直接从方程(4.9)或方程(4.10)的传递函数下手的分析方法,而不愿意把传递函数再加以变化。

乃奎斯特(H. Nyquist)发明了一个这样的方法。我们把这个方法称为乃氏法。乃氏法的数学基础是一个关于解析函数 $f(s)$ 的定理,这里的 s 是一个复变数。这个定理是柯西(Cauchy)所发现的②:

如果 $f(s)$ 在一条闭路线 C 的内部有 n 个单零点和 m 个单极点(每一个 k 重零点或 k 重极点就分别算作 k 个单零点或 k 个单极点)的话,那么,当 s 以顺时针方向沿着 C 转动一圈的时候,向量 $f(s)$ 也就以顺时针方向围绕原点转动 $n-m$ 圈。

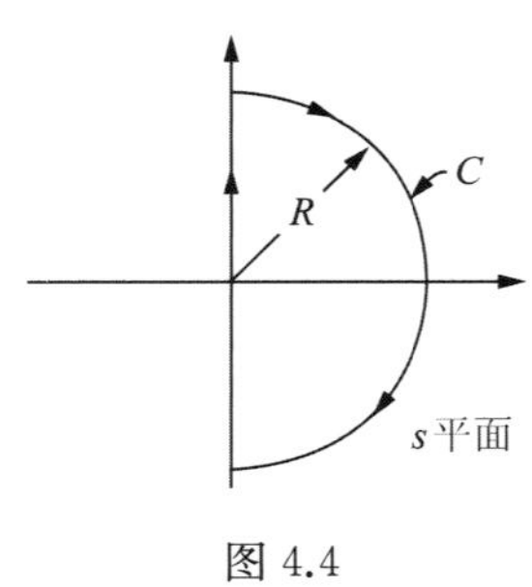

图 4.4

为了把这个很强有力的定理应用到我们的问题上去,我们所选取的路线 C 就包含了整个的右半平面。因为实数部分是正数的零点只能在这一个区域里。图 4.4 所表示的就是这样一条路线,这条路线包括了虚轴和一个在虚轴右边的半径是 $R\to\infty$ 的半圆。首先,我们来研究比较简单的情形,也就是简单的反馈伺服系统的情形。由方程(4.10)我们可以看到,$1/F_s(s)$ 的极点就是 $G(s)$ 的零点。如果 $G(s)$ 在 s 平面的右半部的零点的个数是 m,那么,$1/F_s(s)$ 在 C 的内部就有 m 个极点。因此,如果希望 $1/F_s(s)$ 在 s 平面的右半部没有零点,那么,当 s 沿着图 4.4 里的 $C(R\to\infty)$ 走一圈的时候,就必须要求 $1/F_s(s)$ 围绕原点以反时针方向转 m 圈。但是,根据方程(4.10)很容易看出来,这也就相当于要求 $1/KG(s)$ 以反时针方向围绕 -1 点转 m 圈。然而,又因为 K 是一个常数,所以上面这个判据也相当于要求 $1/G(s)$ 以反时针方向围绕 $-K$ 点绕 m 圈。不言而喻,当 $G(s)$ 在 s 平面右半部没有零点,或者 $m=0$,那么,乃氏稳定准则要求向量 $1/G(s)$ 不围绕 $-K$ 点转动。

现在,让我们用下列的简单的传递函数来说明这个方法的应用:

$$\left.\begin{aligned} G(s) &= \frac{1}{s(1+\tau_1 s)(1+\tau_2 s)}, \\ \text{也就是,}\quad 1/G(s) &= s(1+\tau_1 s)(1+\tau_2 s), \end{aligned}\right\} \tag{4.13}$$

① 路斯不等式常常被称为劳斯-赫尔维茨(Hurwitz)不等式。这个稳定性的判定方法的详细情况在关于运动稳定性的教科书以及一般的调节理论教科书中都可以找到。这个方法的证明可以参阅文献[3],[24],[25]。

② 关于这个定理的证明,可参阅 Wnittaker and Watson, *Modern Analysis* (Cambridge-Macmillan, 1943)的第 6.31 节,第 119 页;或其他的关于复变数函数论的教科书。

首先来考虑图 4.4 的路线 C 的沿虚轴的部分，在这一部分上

$$\frac{1}{G(s)}=\frac{1}{G(\mathrm{i}\omega)}=\mathrm{i}\omega(1+\mathrm{i}\tau_1\omega)(1+\mathrm{i}\tau_2\omega)。$$

在 $\omega=0$ 点，$1/G(\mathrm{i}\omega)=\mathrm{i}0$。当 $\omega\to+\infty$，$1/G(\mathrm{i}\omega)\to-\mathrm{i}\infty$。因此，在 ω 从 0 增加到 $+\infty$ 的过程中，向量 $1/G(\mathrm{i}\omega)$ 的大小也随之增加，并且相角从 $\pi/2$ 增加到 $3\pi/2$。根据方程(3.17)。相当于负 ω 值 $(-\infty<\omega<0)$ 的 $1/G(\mathrm{i}\omega)$ 的端点所描画出的曲线也就是相当于正 ω 值的 $1/G(\mathrm{i}\omega)$ 曲线对于实轴所作的“反射”。所以，当 s 在虚轴上从 $-\mathrm{i}\infty$ 走到 $+\mathrm{i}\infty$ 的时候，$1/G(\mathrm{i}\omega)$ 在图 4.5 上就描画出曲线 $abOc$。

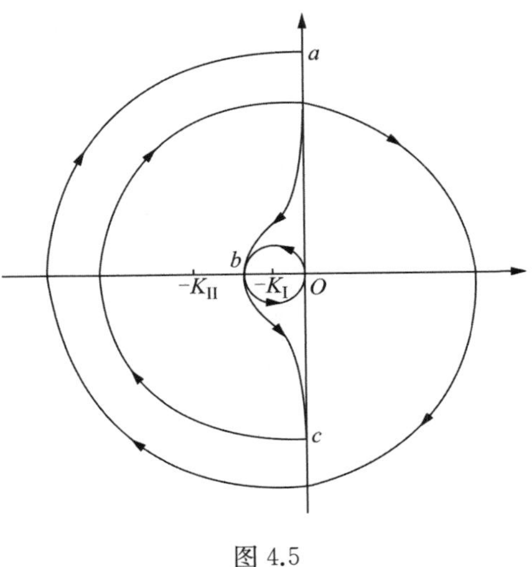

图 4.5

当 s 走过图 4.4 上所表示的半圆的时候，$1/G(s)\sim s^3$。所以，当 s 从 $+\mathrm{i}\infty$ 沿着半圆以顺时针方向转到 $-\mathrm{i}\infty$ 时，$1/G(s)$ 也是顺时针转动的，不过 $1/G(s)$ 所转过的角度 3 倍于 s 所转过的角度。在图 4.5 里，这一部分曲线是以从 c 到 a 的那一部分所表示的。根据这个图形来看，如果 $K=K_I$ 像图形所画出的那样，那么，向量 $1/G(s)$ 围绕 $-K_I$ 点转动的总圈数等于零(因为顺时针方向旋转的一圈半 ca 和反时针方向旋转的一圈半 $abOc$ 恰恰互相抵消了)。既然方程(4.13)所给的这个函数 $G(s)$ 根本没有零点，而 $1/G(s)$ 对 $-K_I$ 的转动圈数也是 0。所以反馈伺服系统是稳定的。如果，像图 4.5 所表示的那样，$K=K_{II}$，那么，向量 $1/G(s)$ 围绕 $-K_{II}$ 点就转动了两圈(曲线的 $abOc$ 部分对 $-K_{II}$ 点在顺时针方向转了半圈，ca 部分以顺时针方向转了一圈半)，由于转动圈数 2 不等于 $G(s)$ 在右半平面的零点个数 0，所以，$F_s(s)$ 在右半平面有两个极点，因而反馈伺服系统是不稳定的。从以上的讨论可以看出，如果放大 K 的值相当大就会使这个系统不稳定。系统的稳定放大值与不稳定放大值的分界点是 b。使系统稳定的放大值 K 必须在原点和这个点之间：$b<-K<0$。

对于一般的反馈伺服系统来说，关于稳定性的问题也就是方程(4.9)所表示的函数 $1/F_s(s)$ 在 s 平面在右半部有没有零点的问题。对这个函数直接应用柯西定理是很不方便的，因为如果这样做的话，我们就必须把向量 $1/K_1G_1(s)$ 和向量 $K_2G_2(s)$ 相加起来才行。现在，我们假设 $G_1(s)$ 和 $G_2(s)$ 在右半平面的零点的个数分别是 m_1 和 m_2，$G_1(s)$ 和 $G_2(s)$ 在右半平面的极点的个数分别是 n_1 和 n_2。并且假定所有这些零点和极点都互不相等，那么，$1/F_s(s)$ 在右半平面的极点的个数显然就是 m_1+n_2。现在，我们把 $1/F_s(s)$ 用 $K_2G_2(s)$ 除一下。这个演算就使表示式 $1/F_s(s)$ 增加了 m_2 个极点和 n_2 个零点，但是，还

有这样一种可能性：在作除法的时候，因为有些$1/F_s(s)$的极点或零点和$G_2(s)$的一些极点或零点是相同的，所以这些零点和极点就互相抵消掉了。假设这样抵消掉的零点或极点的个数是α，那么$1/F_s(s)K_2(s)$在右半平面的极点的个数就是$m_1+n_2+m_2-\alpha$。现在就有

$$\frac{1}{F_s(s)K_2G_2(s)}=\frac{1}{K_1K_2G_1(s)G_2(s)}+1 \tag{4.14}$$

根据方程(4.14)，$1/F_sK_2G_2(s)$在右半平面的极点的个数和$1/K_1K_2G_1(s)G_2(s)$在右半平面的极点的个数是相等的，所以也就等于m_1+m_2。既然$m_1+n_2+m_2-\alpha=m_1+m_2$，所以$n_2-\alpha=0$。我们假设反馈系统是稳定的，因此，$1/F_s(s)$在右半平面没有零点，因而$1/F_s(s)K_2G_2(s)$在右半平面的零点的个数就是$n_2-\alpha$，也就是0。所以$1/F_s(s)K_2G_2(s)$在右半平面也没有零点。为了清楚起见，我们把各个函数在右半平面的零点和极点的个数列在下列的表4.1中。因此，当s走过图4.4所表示的那条曲线C的时候，向量$1/F_s(s)K_2G_2(s)$就应该围绕原点以顺时针方向转动$-(m_1+m_2)$圈。根据方程(4.14)，这个稳定条件也就相当于要求向量$1/K_1K_2G_1(s)G_2(s)$围绕-1点以反时针方向转动m_1+m_2圈，或者要求向量$1/G_1(s)G_2(s)$围绕$(-K_1K_2)$点以反时针方向转动m_1+m_2圈。这就是一般的反馈伺服系统的稳定性的乃氏法。

表 4.1

函　数	在右半平面的零点个数	在右半平面的极点个数
$G_1(s)$	m_1	n_1
$G_2(s)$	m_2	n_2
$1/F_s(s)$	0	m_1+n_2
$1/F_s(s)K_2G_2(s)$	$n_2-\alpha$	$m_1+n_2+m_2-\alpha=m_1+m_2$

正如图4.5所表示的那个例子一样，乃氏法中所用的曲线的最重要的一部分就是相当于$s=\mathrm{i}\omega$的那一部分。因此，我们可以用前向线路和反馈线路的频率特性来直接解决系统的稳定性问题。系统部件的频率特性数据常常可以用实验方法确定，这种可以直接利用实验资料的方法是很有利的，这是乃氏法的优点。乃氏法的缺点在于它不能够确定稳定的程度，也就是说它不能回答这样一个问题：如果系统是稳定的，那么，它的阻尼到底有多么大呢？为了解答这个问题，我们可以把已有的准则改变成这样：要求$1/F_s(s)$在一条位于左半平面而平行于虚轴的直线的右方没有零点。这条直线和虚轴的距离$-\lambda$就表示最低限度的阻尼。所以只要把路线C适当地改换一下(沿着路线的s以及C内所包含的零点个数当然也随之改变了)，乃氏准则仍然是可用的，但是这样做的时候，我们必须

知道的是传递函数在直线 $s=-\lambda+\mathrm{i}\omega$ 上的值，而不是在 $s=\mathrm{i}\omega$ 上的值了。所以，关于频率特性的资料就不再能直接应用了，这样一来，乃氏法就失去了它的主要优点。但是，对于这个问题，艾文思(W. R. Evans)①发明了一个不同的处理方法，这个方法比乃氏法要好得多了。在下一节里，我们就来讨论这个方法。

4.4　艾文思(Evans)法

我们先来考虑简单的反馈伺服系统的情形。这时，基本的问题就是求出下列方程的根

$$0=\frac{1}{F_s(s)}=1+\frac{1}{KG(s)}。\tag{4.15}$$

其中的 $G(s)$ 是已知的函数。艾文思法的基本做法就是把这些根确定为放大 K 的函数，所以这个方法也称为根轨迹法。如果我们用艾文思法处理问题，那么，相应于对根所提出的任何要求，我们都可以找到合乎要求的放大 K 的数值。因此，用这个方法所能做到的事情比仅只满足 4.2 节中第(1)准则要多得多，并且对于 4.2 节中所提出的反馈伺服系统的所有三个设计准则来说，都可以用艾文思法把设计问题加以真正地解决。

必须假设 $G(s)$ 是由它的零点 $p_1, p_2, \cdots, p_m$ 和它的极点 $q_1, q_2, \cdots, q_n$ 所给定的。根据由方程(3.16)，方程(3.21)与方程(3.23)所给的放大的定义，

$$G(s)=A\frac{(s-p_1)(s-p_2)\cdots(s-p_m)}{(s-q_1)(s-q_2)\cdots(s-q_n)},\tag{4.16}$$

其中，

$$A=\frac{(-q_1)(-q_2)\cdots(-q_n)}{(-p_1)(-p_2)\cdots(-p_m)}。$$

对于实际的物理系统来说，$G(s)$ 的分子多项式和分母多项式的系数都是实数。所以，这些 p 或者是实数或者是成对出现的共轭复数，类似的，这些 q 或者是实数或者是成对出现的共轭复数。因此，A 必然是实数。不但如此，在安排普通的工程系统的时候，我们还经常使 A 是一个正数。因此，在以下的讨论里，我们就把 A 看作一个正实数。在普通情况下 $G(s)$ 的分母多项式的次数总是大于或者等于分子多项式的次数，也就是 $n\geqslant m$。现在，我们把方程(4.16)里的每一个因子都写成向量形式：

$$\left.\begin{aligned}s-p_1&=P_1\mathrm{e}^{\mathrm{i}\varphi_1},\\s-p_2&=P_2\mathrm{e}^{\mathrm{i}\varphi_2},\\&\cdots\\s-p_m&=P_m\mathrm{e}^{\mathrm{i}\varphi_m},\end{aligned}\right\}\tag{4.17}$$

① W. R. Evans, *Trans. AIEE*, 67, 547 - 551(1948)。

$$
\left.\begin{aligned}
s - q_1 &= Q_1 e^{i\theta_1}, \\
s - q_2 &= Q_2 e^{i\theta_2}, \\
&\cdots \\
s - q_n &= Q_n e^{i\theta_n}。
\end{aligned}\right\} \tag{4.18}
$$

$P_r e^{i\varphi_r}$ 就是从 p_r 点到 s 点的向量。$Q_r e^{i\theta_r}$ 就是从 q_r 点到 s 点的向量。s 是复 s 平面上的代表变数的点。利用方程(4.17)和方程(4.18),$G(s)$就可以写作

$$
G(s) = A \frac{(P_1 e^{i\varphi_1})(P_2 e^{i\varphi_2})\cdots(P_m e^{i\varphi_m})}{(Q_1 e^{i\theta_1})(Q_2 e^{i\theta_2})\cdots(Q_n e^{i\theta_n})}。 \tag{4.19}
$$

既然 A 是正实数,我们又可以把方程(4.19)写作

$$
G(s) = R e^{i\theta}, \tag{4.20}
$$

在这个表示式里,

$$
R = A \frac{(P_1 P_2 \cdots P_m)}{(Q_1 Q_2 \cdots Q_n)}, \tag{4.21}
$$

而

$$
\theta = (\varphi_1 + \varphi_2 + \cdots + \varphi_m) - (\theta_1 + \theta_2 + \cdots + \theta_n)。 \tag{4.22}
$$

因为这些 P 和 Q 都是方程(4.17)和方程(4.18)所规定的向量的长度,所以,它们都是正数。因此,R 是正数。这样一来,求传递函数的倒数的根的基本方程(4.15)就变为

$$
\frac{e^{i\theta}}{KR} = -1。
$$

不难看出,如果希望满足这个方程,就必须有

$$
KR = 1, \tag{4.23}
$$

和

$$
\theta = \pm \pi。 \tag{4.24}
$$

艾文思法包含两个步骤:首先,要找出所有满足适当的角度条件(4.24)的 s 来,这样我们得出所谓**根轨迹**的曲线。然后,对于根轨迹上的每一点我们都可以算出相当的 R 值,再用方程(4.23)我们就得出相当的 K 值。关于描画根轨迹的方法,艾文思提出了一些有用的法则。现在我们把这些法则说明一下:

法则 1。 如果 $K = 0$,根据方程(4.15)必然有 $G(s) \to \infty$。因此,在 $K = 0$ 时,$1/F_s(s)$ 的根都是 $G(s)$的极点,或者说,根轨迹都是从 $G(s)$的极点开始的。在 s 平面上

用小圆点表示$G(s)$的极点。

法则 2。　如果$K \to \infty$，就必然有$G(s) \to 0$。因此，根轨迹上相当于$K \to \infty$的点，可能是$G(s)$的零点。在s平面上我们用小圆圈表示$G(s)$的零点。但是，如果$n > m$，$G(s)$的零点的个数比$1/F_s(s)$的零点的个数少。但是，在这种情形中，当$s \to \infty$时，$G(s) \to 0$，所以，$s = \infty$就补充了那些缺少的根。此外，对于非常大的s，

$$G(s) \sim \frac{A}{s^{n-m}}。$$

因此，方程(4.15)可以近似地表示为

$$s^{n-m} \approx -KA。$$

所以，根轨迹的渐近线的相角就是

$$\frac{\pi}{n-m} + \frac{2k\pi}{n-m} \quad (k = 1,\ 2,\ 3,\ \cdots) \tag{4.25}$$

法则 3。　在实轴上的根轨迹是实轴上的一些交替的线段，这些线段的端点都是$G(s)$的实零点或$G(s)$的实极点，而且这些交替的线段从所有这些零点与极点中最右边的那一个点(可能是零点，也可能是极点)开始。

这个法则是很容易验证的。我们在实轴上随便取一个点s，从一对复共轭的零点到这个点的向量的角度就是$+\varphi$与$-\varphi$，从一对复共轭极点到这个点的向量的角度就是$+\theta$与$-\theta$(因为复共轭点对于实轴是对称的)。所以，相当于复共轭零点或复共轭极点的角度的总和等于零。如果实轴上的一个极点或是一个零点在s点的左面，那么，从这个极点或零点到s点的向量的角度就是0，如果这个点在s点的右面，那么，从这个点到s点的向量的角度就是π。因此，如果在s右面的零点与极点的总数是一个奇数，那么，角度的总和就是π(因为2π的整倍数对问题毫无影响)。

法则 4。　如果发生根轨迹从实轴上离开的情况，我们可以用这样一个条件来估计根轨迹在实轴上的离开点的位置：如果根轨迹上的一点离开实轴的距离是一个非常小的数$\Delta\omega$，那么，由于在右面的$G(s)$的零点与极点所引起的角度增加一定恰好被在左面的零点与极点所引起的角度减少所抵消。

例：考虑下列的传递函数，

$$G(s) = \frac{(0.001)(2)(6)}{(s+0.001)(s+2)(s+6)}。 \tag{4.26}$$

当$K = 0$时，根轨迹从实轴上的-0.001，-2和-6出发。在实轴上的根轨迹就是-0.001与-2之间的线段以及-6与$-\infty$之间的线段。在这个情形里，$m = 0$，$n = 3$。所以，按照方程(4.25)渐近线的相角就是$+\pi/3$，$-\pi/3$，π。假设根轨迹在实轴上的λ_1点(λ_1点当然要在-0.001与-2之间)处离开实轴。应用法则4就有

$$\frac{\Delta\omega}{\lambda_1+0.001}+\frac{\Delta\omega}{\lambda_1+2}+\frac{\Delta\omega}{\lambda_1+6}=0$$

或者

$$(\lambda_1+2)(\lambda_1+6)+(\lambda_1+0.001)(\lambda_1+6)+(\lambda_1+0.001)(\lambda_1+2)=0。$$

因而,

$$3\lambda_1^2+16.002\lambda_1+12.008=0。$$

所以,

$$\lambda_1=-\frac{16.002}{6}-\sqrt{\left(\frac{16.002}{6}\right)^2-\frac{12.008}{3}}=-0.904。$$

法则 5。 常常可以利用直角的某些性质来估计根轨迹从左半平面过渡到右半平面时与虚轴的交点。

例 让我们还是来考虑由方程(4.26)所表示的传递函数。除了原点 $s=0$ 之外,这个传递函数可以非常近似地用下列关系式表示:

$$G(s)\approx\frac{(0.001)(2)(6)}{s(s+2)(s+6)}。$$

正如图 4.6 所表示的那样,$\theta_1\approx\pi/2$,因此,方程(4.24)就给出

$$\theta=-\pi\approx-\theta_2-\theta_3-\frac{\pi}{2},$$

或者

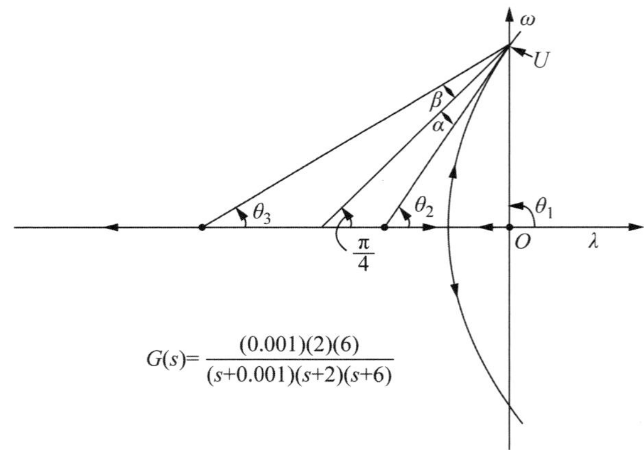

图 4.6

$$\theta_2+\theta_3\approx\frac{\pi}{2}。$$

但是，从图 4.6 可以看到有下列关系：

$$\frac{\pi}{4}=\theta_3+\beta,\quad \frac{\pi}{4}+\alpha=\theta_2,$$

因此，

$$\alpha\approx\beta。$$

这就是确定过渡点 U 的几何条件。

法则 6。　根轨迹离开一个极点(或趋近于一个零点)时的方向也可以计算出来，只要把平面上所有的零点与极点到这个被考虑的极点(或零点)的角度加以计算就可以了。

例　图 4.7 所表示的是相应于某一个传递函数 $G(s)$ 的根轨迹，$G(s)$ 在实轴上有两个极点和两个零点，同时，还有一对复共轭的极点。在根轨迹上取与极点 q_4 非常接近的一点 s。q_4 到 s 的向量的相角 θ_4 就是根轨迹离开 q_4 时的方向。从各个极点和各个零点到 s 点的向量的角度仍然可以看作是 $\varphi_1, \varphi_2, \theta_1, \theta_2$ 和 θ_3。所以，根据方程(4.24)，θ_4 就由下列方程所确定，

$$(\varphi_1+\varphi_2)-[(\theta_1+\theta_2+\theta_3)+\theta_4]=\pi。$$

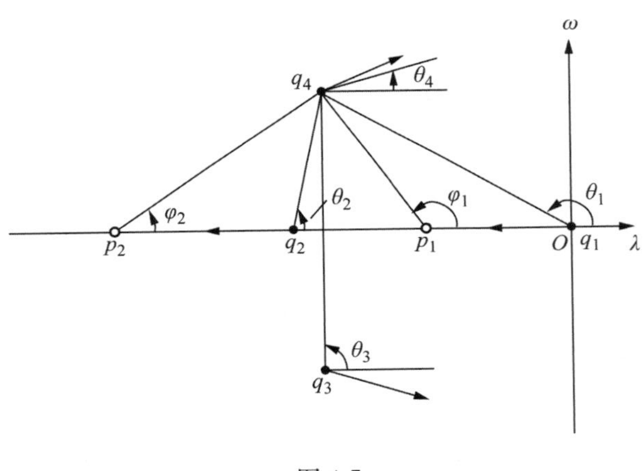

图 4.7

从这个方程就能算出 θ_4。

根据以上所讲的六条法则就能得出根轨迹的主要的特性。对于中间的情形(K 既不等于零，也不趋近于∞的情形)，我们可以先在平面上适当地选取一些点，然后用试算的方法对这些点加以检验，根据检查的结果把属于根轨迹的点保留下来。这样就可以逐步地把根轨迹完全描绘出来。沿着根轨迹曲线，我们可以算出相应于每一点的放大 K 的值。如果已经把符合设计要求的 $1/F_s(s)$ 的零点位置选择好了，那么相当的 K 值也就可以完全确定。这样一来，反馈系统的设计问题就得到了解决(一般说来实际的设计过程当然要比所讲的要复杂得多[5,9,27])。

4.5 根轨迹的流体力学比拟

把方程(4.15)和方程(4.16)合并起来,我们就得出

$$\frac{(s-q_1)(s-q_2)\cdots(s-q_n)}{(s-p_1)(s-p_2)\cdots(s-p_m)}=-KA。$$

如果,先取这个方程的对数,然后再用 2π 除一下,我们就有

$$W(s)=\frac{1}{2\pi}\sum_{i=1}^{n}\log(s-q_i)-\frac{1}{2\pi}\sum_{j=1}^{m}\log(s-p_j)=\frac{1}{2\pi}\log KA+\mathrm{i}\left(\frac{1}{2}\right)。\tag{4.27}$$

方程(4.27)这样一个数学表示式可以有很多种不同的物理解释。一个很明显的物理解释就是把 $W(s)$ 看作完全不可压缩流体的一个二维无旋运动的复势函数①。如果 $\phi(\lambda,\omega)$ 是势函数,$\psi(\lambda,\omega)$ 是流函数,那么就有

$$W(s)=\phi(\lambda,\omega)+\mathrm{i}\psi(\lambda,\omega),\tag{4.28}$$

其中,$s=\lambda+\mathrm{i}\omega$。因此,表示 $1/F_s(s)$ 的根轨迹的方程(4.27)可以这样解释:根轨迹就是流函数取常数值 $\frac{1}{2}$ 的那些曲线;所以,用流体力学的术语来说,根轨迹就是由 $\frac{1}{2}$ 流线的各个分支所组成的。沿着这条流线势函数的值是逐点改变的,它等于

$$\frac{1}{2\pi}\log KA。$$

方程(4.27)还表示这样一个事实:这个流动是由 n 个单位强度的源点 $q_1, q_2, \cdots, q_n$ 和 m 个单位强度的汇点 $p_1, p_2, \cdots, p_m$ 所构成的。在我们的图形表示法里是用小圆点表示源点,用小圆圈表示汇点。有了这样一个解释,我们就可以“理解”图 4.6 和图 4.7 中根轨迹的图形。

流体力学比拟还有另外一个很大的用处:它能够提示我们怎样把系统加以改变,使系统具有更好的性能。举例来说,假设有一个系统是由下列传递函数所代表的,

$$G(s)=\frac{q_1q_2}{s(s-q_1)(s-q_2)}\quad(|q_1|<|q_2|),$$

如果放大 K 的值太小,那么,在闭路控制的情形下,这个系统就可能是不稳定的,因而也就不能够满足第 4.2 节的第(3)准则。根轨迹的形状和图 4.6 中的根轨迹是相像的。这时,流体力学比拟立刻就提示我们这样做:只要在 q_1 附近增加一个汇点 p_c,并且在 q_2 附

① 可以参阅 V. L. Streeter, *Fluid Dynamics*, McGraw-Hill Book Company, Inc., New York, (1948)。也可以参阅文献[28],[29]。

近增加一个源点 q_c，就可以把 U 点附近的流线向左方推过一些距离，因而也就把过渡点 U 的位置加高一些。因此，修改后的传递函数就是

$$G(s)=\frac{q_c}{p_c}\frac{(s-p_c)}{(s-q_c)}\frac{q_1q_2}{s(s-q_1)(s-q_2)}。$$

图 4.8 所表示的就是相当的根轨迹。因为 $|p_c|<|q_c|$，所以与原来的传递函数串联的附加传递函数 $\frac{q_c}{p_c}\frac{(s-p_c)}{(s-q_c)}$ 一定是相角超前的，这个函数与 3.3 节中方程(3.27)所表示的相角超前电路的传递函数是同一类型的。

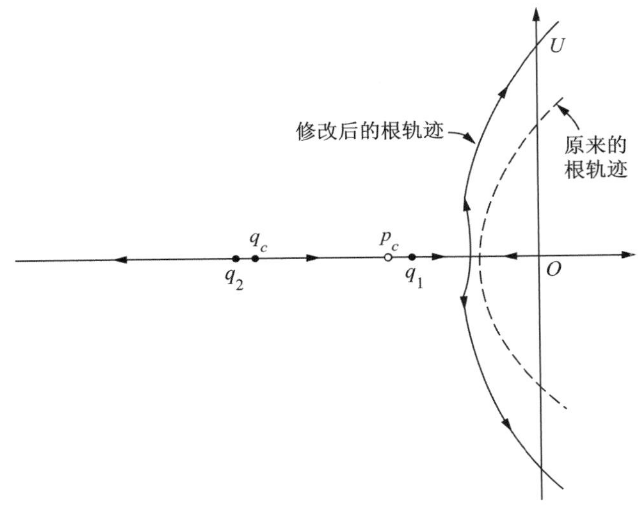

图 4.8

流体力学比拟还可以使我们了解用反馈线路使一个反应缓慢的机构增大反应速度的可能性。根据 4.2 节中的第(2)准则，如果希望反应迅速就必须要求根的数值相当大。现在，为了简单起见，假定我们有一个一阶的线性机械系统，这个系统的特性是用负实轴上的一个数值很小的 q_1 点来表示的。如果我们把这个系统与一个特性为相当大的负实数 q_2 表示的反应很快的电路串接起来，这个系统的反应速度并不能够改进，因为，我们仍然还有一个数值很小的根 q_1。但是，如果我们再把反馈线路连接起来，从流线的形状，或者说是根轨迹，可以看出，当放大 K 的值从 $K=0$ 开始增加时，根也就从 q_1 点开始向左方(也说是走向 q_2 的方向)移动。因此，对于一个适当地选取的放大 K 的值，我们就可以使得根的数值比 q_1 大一些，因而也就可以使系统的反应速度更加快一些。

以上讲过的一些描画根轨迹的办法，对于一般的反馈伺服系统也还可以应用。这时的问题就是要描画方程(4.19)所给的 $1/F_s(s)$ 的根轨迹，所以，表示根轨迹的条件就是

$$\frac{1}{K_1 G_1(s)} = -K_2 G_2(s)。$$

因为 $1/F_s(s)$ 的根和 $G_2(s)$ 的零点不会相同，所以我们可以用 $G_2(s)/K_1$ 把上面的方程除一下，因此就有

$$\frac{1}{G_1(s)G_2(s)} = -K_1 K_2。\tag{4.29}$$

所以，如果我们设

$$\left.\begin{aligned} G(s) &= G_1(s)G_2(s), \\ K &= K_1 K_2, \end{aligned}\right\}\tag{4.30}$$

然后，再把方程(4.29)和方程(4.15)比较一下，就可以看到，求一般的反馈伺服系统的根轨迹的问题就化为前面讨论过的求简单的反馈伺服系统的根轨迹的问题了。在4.3节里我们曾经比较谨慎地分析了把乃氏法应用到一般的反馈伺服系统上去的问题，事实上，对于那个问题也可以用现在的由方程(4.30)所表示的简化方法进行分析。因此，如果只就4.2节的(1)，(2)，(3)这三个准则来考虑系统的定性的运转性能的话，简单的反馈伺服系统和一般的反馈伺服系统并没有什么区别，只不过不要忘记方程(4.30)这一个关系就是了。只有在需要对系统的运转性能进行定量研究时，我们才必须对方程(4.3)和方程(4.7)所表示的这两个系统传递函数的区别给予应有的注意。

4.6 伯德(Bode)法

根轨迹在 U 点从左半 s 平面过渡到右半 s 平面，既然 U 点在虚轴上，所以它当然就代表一个纯虚数根 $\mathrm{i}\omega^*$。换句话说，方程(4.15)被 $s=\mathrm{i}\omega^*$ 所满足，也就是

$$KG(\mathrm{i}\omega^*) = F(\mathrm{i}\omega^*) = -1 = 1\cdot \mathrm{e}^{-\mathrm{i}\pi}。$$

因此，当频率特性 $F(\mathrm{i}\omega)$ 的振幅 M 等于1，同时相角 θ 等于 $-\pi$ 时，就发生了从稳定过渡到不稳定的临界情况。这个临界条件也可以由乃氏稳定准则推导出来，因为在 $1/F(\mathrm{i}\omega)$ 图上的 -1 点就是临界点。其实，只要研究一个典型的例子(例如图4.5)就可以看出来，在稳定的情形里，$1/F(\mathrm{i}\omega)$ 曲线总是把 -1 点包围在内的。因为，在一般情况下 $1/F(\mathrm{i}\omega)$ 的振幅总是随着 ω 的增加而增加的，所以如果希望 $1/F(\mathrm{i}\omega)$ 曲线把 -1 点包围在内，只要要求当 $1/F(\mathrm{i}\omega)$ 的相角 θ 等于 $-\pi$ 的时候，振幅 M 比1大就可以了，或者也可以这样说：当 θ 等于 $-\pi$ 时，M 必须小于1；或者，当 $M=1$ 的时候，θ 应该比 $-\pi$ 还要大。这个稳定条件就是伯德法的根据。我们把频率特性振幅等于1时的频率称为**放大分界点**。这时的相角 θ 与 $-\pi$ 的差数称为**相补角**。伯德稳定准则的叙述是这样的：在放大分界点处相补角应该在30°到50°之间。在一个伯德图里，$\log_{10}M=0$ 处的频率就是放大分界点。所以也

就不难检验伯德稳定准则是否满足了。

采用伯德法的时候，可以直接利用关于频率特性的资料，在这一点上伯德法与乃氏法是相似的。伯德法的优点是简单易行，但是它与艾文思的根轨迹法比较起来也还有一个很大的缺点，因为根据伯德法是不能知道稳定的程度的。为了补救这个缺点，奥斯本(R. M. Osborn)①给了一个半经验的公式，利用这个公式就可以计算相当于最危险的根（也就是离虚轴最近的根）的阻尼系数 ζ。他的公式是

$$\zeta \approx \frac{1}{60}\frac{\alpha}{m}, \tag{4.31}$$

其中，α 是在放大分界点处的相补角的数值，度量单位是"度"("°")，m 是在放大分界点处 $\log_{10} M$ 曲线对于 ω 而言的斜率。量度 ζ 时所用的时间单位和量度 ω 时所用的时间单位是相同的。譬如说，如果 $\alpha = 30^\circ$ 而 $m = 1.7$，那么 $\zeta \approx 1/(2 \times 1.7) = 0.3$。

4.7 传递函数的设计

以前各节里所讨论的确定系统的稳定性的各种方法主要是分析的方法（也就是对已有的系统或者已经设计好的系统加以分析的方法），其中也有一部分牵涉到综合的方法（也就是设计传递函数的方法），但是，关于综合方法所能做到的仅仅是怎样确定放大 K 的可能范围的问题。当然，这两种方法都能够提示我们如何变更传递函数的构造以改进系统的性能。根轨迹法在这一方面的作用是特别明显的。至于如何通过变更系统的实际部件的方法来改进系统的传递函数，使传递函数发生合乎要求的改变，这主要是伺服控制工程中的实际技术问题。

不像分析方法那样有一定的处理方法，综合方法还没有一个普遍适用的方法。综合方法的问题只在一种问题上已经有了完全的解决，这种问题就是如何设计一个包含电阻和电容的电路(RC 电路)，使得这个电路系统的传递函数具有事先指定的零点和极点。因为这种补偿电路有着很大的可变性，而且常常被用来"补偿"（也就是改进）系统中的其他部件的传递函数的特性，并且还因为我们确实也常常可以用增加一些零点和极点的方法使系统的传递函数得到合乎需要的改进，所以，这个问题的完全解决是十分重要的。基尔曼(E. A. Guillemin)②和外茵贝尔克(L. Weinberg)③④对于这个问题都做出了重要的贡献。在这里，我们并不讨论这个问题，我们要强调指出只是我们经常可能组成一个具有很复杂的规定性质的电阻电容电路。

---

① R. M. Osborn，1949 年 8 月在旧金山(San Francisco)举行的美国无线电工程师学会(IRE)的夏季年会上发表的论文。

② E. A. Guillemin，*J. Math. and Phys.*，28，22～44(1949)。

③ L. Weinberg，*J. Appl. Phys.*，24，207～216(1953)。

④ 如果想知道这方面比较详细的情况，可以参阅文献[25]。

4.8 多回路伺服系统

到目前为止,我们所讨论过的伺服系统都是单回路的(也就是说,伺服系统的方块图里只有一个闭合的路线)。但是,在实际的工程问题中往往需要更复杂的系统;例如,图4.9所表示的方块图就是一个典型的控制系统,这个系统是用来控制飞机对于一个轴的转动的①。图中的内回路(也就是 β 所在的回路)称为控制面位置的反馈(所谓"控制面"就是飞机表面的起控制作用的可动部分,例如舵,副翼等部分),或者称为硬式反馈。如果没有把内回路闭合起来,我们就得到普通的反馈控制系统,而且

$$\frac{Y(s)}{X(s)}=\frac{F_1(s)F_2(s)}{1+F_1(s)F_2(s)F_3(s)}。\tag{4.32}$$

如果把内回路和外回路[$F_3(s)$所在的回路]都闭合起来,就有

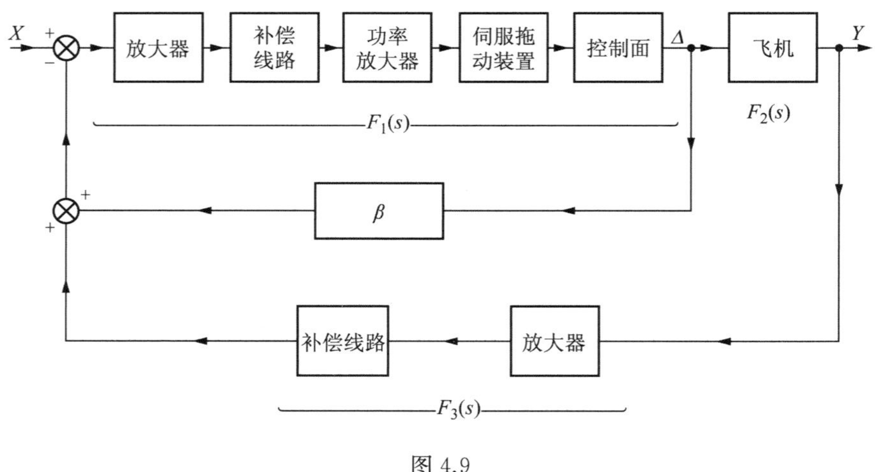

图 4.9

$$\Delta(s)=F_1(s)[X(s)-\beta\Delta(s)-F_3(s)Y(s)]$$

[这里的 $\Delta(s)$表示控制面的运动],以及

$$Y(s)=F_2(s)\Delta(s)。$$

因此,就得到

$$\frac{\Delta(s)}{X(s)}=\frac{F_1(s)}{1+\beta F_1(s)+F_1(s)F_2(s)F_3(s)}\tag{4.33}$$

和

① L. Becker, *Aeronaut. Eng. Pev.*, September, 17(1951)。

$$\frac{Y(s)}{X(s)}=\frac{F_1(s)F_2(s)}{1+\beta F_1(s)+F_1(s)F_2(s)F_3(s)}。\tag{4.34}$$

这个控制系统的稳定性与反应速度是由函数 $1+\beta F_1(s)+F_1(s)F_2(s)F_3(s)$ 所决定的。因为在这个系统中，补偿电路、放大器以及内回路的放大 β 都是很容易改变的，所以我们也就不难设计出一个特性相当理想的传递函数来，而且并不需要改变飞机的结构设计以及它的机械装置。

在设计一个良好的控制系统时，常常遇到这样一个困难：如何使系统不但能进行很准确的控制(也就是要求放大 K 的值相当大)，而且还有相当快的反应速度和合适的阻尼性质。这个问题就使人产生了把开路控制方法与闭路控制方法结合起来的想法，这个想法是莫尔(J. R. Moore)[①]最先提出来的[②]。我们来考虑图 4.10 所表示的系统，在这个系统中开路控制部分和闭路控制部分是平行安排的。因此，我们就有

$$\left.\begin{aligned}&F_4(s)X(s)=Y_1(s)\\&Y(s)=F_2(s)\{Y_1(s)+F_1(s)[X(s)-F_3(s)Y(s)]\}。\end{aligned}\right\}\tag{4.35}$$

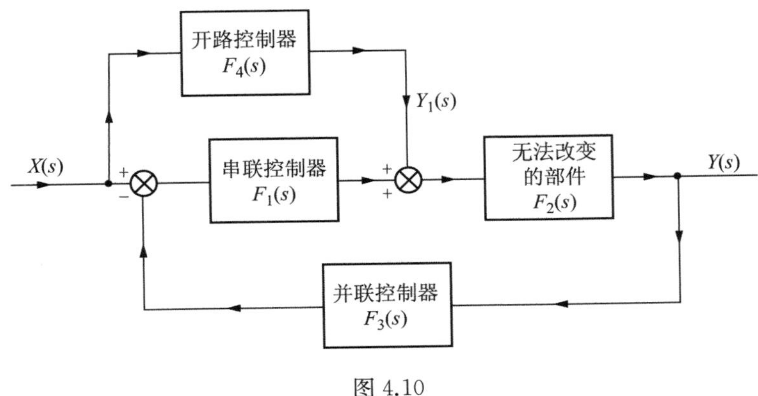

图 4.10

把输出 $Y(s)$ 解出来，就得

$$\frac{Y(s)}{X(s)}=\frac{F_2(s)F_4(s)+F_1(s)F_2(s)}{1+F_1(s)F_2(s)F_3(s)},\tag{4.36}$$

因此，系统的稳定性和反应速度的特性决定于 $1+F_1(s)F_2(s)F_3(s)$ 的零点，而与 $F_4(s)$ 无关。既然 $F_2(s)$ 是不能改变的，所以关于稳定性的设计问题就是要寻求适当的传递函数 $F_1(s)$ 和 $F_3(s)$。系统的放大 $K=\left|\dfrac{F_2(0)F_4(0)+F_1(0)F_2(0)}{1+F_1(0)F_2(0)F_3(0)}\right|$，实际的反应速度以及稳态误差不但与 $F_1(s)$，$F_2(s)$，$F_3(s)$ 有关，而且还与开路控制部分的传递函数 $F_4(s)$

① 现译为摩尔。
② J. R. Moore, *Proc. IRE*, 39, 1421－1432(1951)，可以参阅文献[30]。

有关。因此,反馈回路的设计可以完全决定系统的稳定性和反应的动力特性;至于系统的稳定状态或是“同步运转”的情况就与系统的开路控制部分有很密切的关系了。所以,只要适当地设计 $F_1(s)$, $F_3(s)$和 $F_4(s)$,就可以使系统不但稳定而且还具有相当好的控制性能。

如果系统中有许多需要同时加以控制的变数,而且这些变数之间也有关联的话(例如火力发电站的情形)。那么,系统的方块图也就是多回路的,而且其中的反馈关系也比较复杂[①]。这种复杂系统的一个极端的例子大概就是飞机的自动控制系统和导航系统了[②]。对于这样一个系统的分析工作,虽然也还是根据这一章对于简单的伺服系统所提出的同样的一些原则进行的,但是由于系统过分复杂,如果不依靠模拟计算机,这种分析工作简直是无法进行的,然而这不是我们这里所要讨论的问题,因为它只是一个“工程推演”的工作——把理论变成实践的工作。

---

① 例如,可以参阅 J. Hänny, *Regelung Theorie*, A. G. Gebr. Leemann Co., Zürich, (1946)。

② J. B. Rea, *Aeronaut. Eng. Rev.*, November, 39(1951)。

第五章
不互相影响的控制

如果在一个复杂系统中有若干个被控制量，而且在这些被控制量之间也还存在相互作用，那么，一般说来，对于这种系统就必须再增加一个新的设计准则，这就是不互相影响的准则。举例来说，一个有补充燃烧的涡轮喷气发动机的变数是压缩机的转速、燃烧室的喷油速率、补充燃烧室的喷油速率以及尾喷管开口面积。然而，发动机的运转状态可以设法只由压缩机的转速，燃烧室的喷油速率和补充燃烧室的喷油速率这三个量完全控制。但是，在一般的情况下，这三个量是互相有影响的。不难想到，在这个情况中，系统的伺服控制就有一个新的设计准则，也就是要求对这三个不同的量的控制是不互相影响的：补充燃烧室的喷油速率的改变不应该使压缩机的转速受到影响，而且改变压缩机转速的时候也不需要改变燃烧室的喷油速率。这也就是说，解决这个特殊的设计问题的关键就是，设法使尾喷管的开口随着其余的变数发生适当的变化，而且适当地设计自动控制机构。这一章的目的就是要给出一个设计这一类不互相影响的控制系统的普遍方法，这个方法对于不论多么复杂的系统都是适用的。这个方法最初是由勃克森包姆(A. S. Boksenbom)和胡德(R. Hood)所提出的①，后来卡瓦那(R. J. Kavanagh)用矩阵表示法把这类问题做了一般性的处理②。早在 1934 年苏联学者沃斯涅先斯基(И. И. Вознесенский)就提出过类似的方法[31]。

5.1 单变数系统的控制

我们先来考虑一个简单的系统，这个系统只有一个被控制的输出 $y(t)$ 和一个作为控制信号的输入 $x(t)$。$y(t)$ 和 $x(t)$ 的拉氏变换就是 $Y(s)$ 和 $X(s)$。我们来考虑按照图 5.1 所设计的控制系统。$E(s)$ 是"发动机"的传递函数，$L(s)$ 是测量仪器的传递函数(也就是反馈线路的传递函数)，$S(s)$ 是伺服马达的传递函数，$C(s)$ 是"控制"的传递函数。可以由设计者容易地加以改变的只有 $C(s)$ 这一个传递函数。这个系统与图 4.2 的反馈伺服系统

① A. S. Boksenbom and R. Hood, *NACA TR*, 980(1950)。
② R. J. Kavanagh, *J. Franklin Inst.*, 262, No.5, 349(1956)。

之间的一点很小的区别就是,在伺服马达与发动机之间加上了一个任意的扰动 $V(s)$,用这个扰动来表示某些意外的外界影响。

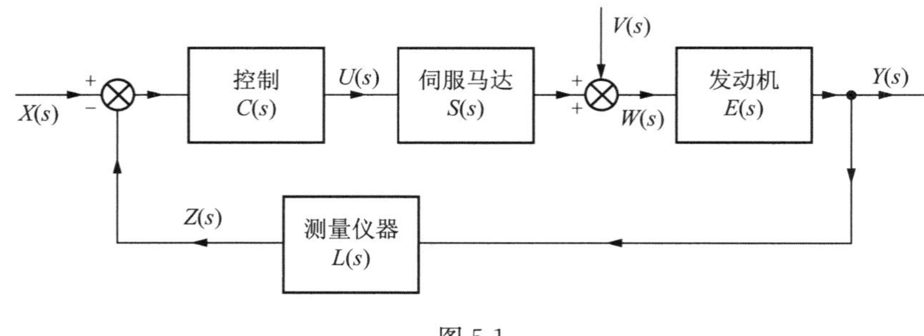

图 5.1

发动机的输入 $W(s)$ 与输出 $Y(s)$ 之间的关系是

$$Y(s)=E(s)W(s)=E(s)[S(s)U(s)+V(s)], \tag{5.1}$$

$U(s)$ 是控制传递函数的输出,并且又有下列关系:

$$U(s)=C(s)[X(s)-Z(s)]=C(s)[X(s)-L(s)Y(s)]。 \tag{5.2}$$

从方程(5.1)和方程(5.2)里把 $U(s)$ 消去,就有

$$Y(s)=\frac{E(s)S(s)C(s)}{E(s)S(s)C(s)L(s)+1}X(s)+\frac{E(s)}{E(s)S(s)C(s)L(s)+1}V(s)。 \tag{5.3}$$

这就是在 $x(t)$ 与 $y(t)$ 的适当的初始条件之下的输出的拉氏变换。如果不考虑包含扰动 $V(s)$ 的第二项,方程(5.3)就与以前关于一般的反馈伺服系统的方程(4.3)是相同的。系统性能的分析还可以按照与以前类似的办法来进行。然而,对于更复杂的系统来说,就必须把这个简单的情况加以推广。现在我们就来做这件事情。

5.2 多变数系统的控制

假定发动机的输出 $Y_1(s)$, $Y_2(s)$, …, $Y_\nu(s)$, …, $Y_i(s)$ 的个数是 i,输入 $W_1(s)$, $W_2(s)$, …, $W_k(s)$, …, $W_n(s)$ 的个数是 n。那么,方程(5.1)的推广就是

$$\left.\begin{aligned}
Y_1(s)&=E_{11}(s)W_1(s)+E_{12}(s)W_2(s)+\cdots+E_{1n}(s)W_n(s),\\
Y_2(s)&=E_{21}(s)W_1(s)+E_{22}(s)W_2(s)+\cdots+E_{2n}(s)W_n(s),\\
&\cdots\\
Y_i(s)&=E_{i1}(s)W_1(s)+E_{i2}(s)W_2(s)+\cdots+E_{in}(s)W_n(s)。
\end{aligned}\right\} \tag{5.4}$$

其中,每一个 E_{jk} 都是一个传递函数,当这个传递函数"作用"在输入 $W_k(s)$ 上的时候,就

得出输出 $Y_j(s)$ 的相应的组成部分。在普通情况下，$E_{jk}(s)$ 是两个 s 的多项式的比值，因此 $E_{jk}(s)$ 可以由发动机的特性的理论分析得到，也可以用实验的方法由频率特性确定。方程(5.4)可以简写为

$$Y_\nu(s)=\sum_{k=1}^{n}E_{\nu k}(s)W_k(s)\quad(\nu=1,\ 2,\ \cdots,\ i)。\tag{5.5}$$

所有的 $E_{jk}(s)$ 按照方程(5.4)中的位置所排成的矩形表格可以称为发动机的传递函数矩阵 E。我们可以这样想象，所有的输入 $W_k(s)$ 在纵方向上“进入”矩阵，所有的输出 $Y_\nu(s)$ 在横方向上“离开”矩阵[24]。图 5.2 所表示的就是这种情况。下面我们来考虑输入的个数大于(或等于)输出的个数的情形，也就是 $n\geqslant i$。因此，矩阵 E 就是一个纵行比横行多的矩形矩阵。为了以后的需要，我们把只由前 i 个纵行所组成的正方矩阵用 E^* 来表示。

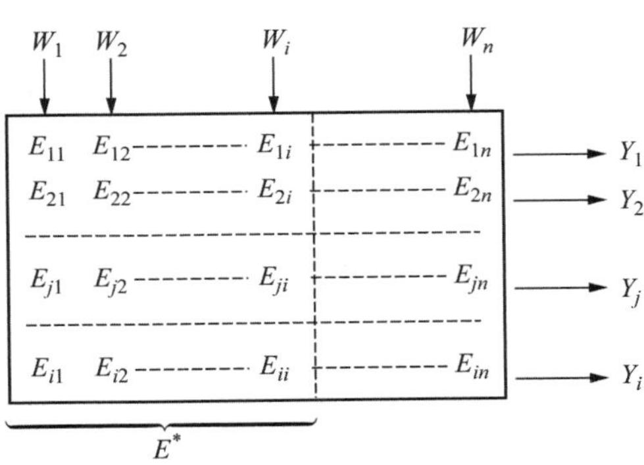

图 5.2

既然发动机的输入个数大于输出个数，所以，如果希望完全确定系统的运转状态，除了要设法使所有输出 $Y_\nu(s)$ 随预定的数值 $X_j(s)(j=1,\ 2,\ \cdots,\ i)$ 相应地变化之外，还要设法使变数 $W_\mu(s)(\mu=i+1,\ i+2,\ \cdots,\ n)$ 也取预定的数值 $\Xi_\mu(s)$。因此，被控制量就是 i 个输出 $Y_\nu(s)(\nu=1,\ 2,\ \cdots,\ i)$ 和 $n-i$ 个发动机输入 $W_\mu(s)$ $(\mu=i+1,\ i+2,\ \cdots,\ n)$。如果由测量仪器对 $W_\mu(s)$ 所测出来的值是 $\gamma_\mu(s)$，那么，误差就是 $\Xi_\mu(s)-\gamma_\mu(s)$。发动机的输出的偏差的定义是 $X_\nu(s)-Z_\nu(s)$，$Z_\nu(s)(\nu=1,\ 2,\ \cdots,\ i)$ 就是 $Y_v(s)$ 经过测量仪器所测量出的数值，就像图 5.1 的那种情形。控制的作用就在于把这些偏差当作输入来产生伺服马达的改正信号 $U_k(s)$。这就是系统的反馈作用。在我们所讨论的一般的系统(5.4)里，改正信号 $U_k(s)$ 与所有偏差的关系是线性的。既然有 n 个偏差信号，也就有 n 个改正信号，所以 $k=1,\ 2,\ \cdots,\ n$。因此就有

$$\left.\begin{aligned}U_1(s)=&C_{11}(X_1-Z_1)+C_{12}(X_2-Z_2)+\cdots+C_{1i}(X_i-Z_i)+\\&C'_{1,i+1}(\Xi_{i+1}-\gamma_{i+1})+\cdots+C'_{1n}(\Xi_n-\gamma_n),\\U_2(s)=&C_{21}(X_1-Z_1)+C_{22}(X_2-Z_2)+\cdots+C_{2i}(X_i-Z_i)+\\&C'_{2,\,i+1}(\Xi_{i+1}-\gamma_{i+1})+\cdots+C'_{2n}(\Xi_n-\gamma_n),\\&\cdots\\U_n(s)=&C_{n1}(X_1-Z_1)+C_{n2}(X_2-Z_2)+\cdots+C_{ni}(X_i-Z_i)+\\&C'_{n,\,i+1}(\Xi_{i+1}-\gamma_{i+1})+\cdots+C'_{nn}(\Xi_n-\gamma_n),\end{aligned}\right\}\tag{5.6}$$

在这个关系式中,我们已经把控制矩阵用不同的符号分成 C 和 C' 两部分,以便区别两种不同的误差信号。方程(5.6)可以简写成

$$U_k(s)=\sum_{\nu=1}^{i}C_{k\nu}(X_\nu-Z_\nu)+\sum_{\mu=i+1}^{n}C'_{k\mu}(\Xi_\mu-\gamma_\mu)\quad\begin{pmatrix}\nu=1,\ 2,\ \cdots,\ i\\ k=1,\ 2,\ \cdots,\ n\end{pmatrix}。\tag{5.7}$$

当然,每一个 $C_{k\nu}$ 和 $C'_{k\mu}$ 都是两个 s 的多项式的比值。方程(5.6)或方程(5.7)也可以用图5.3来表示。

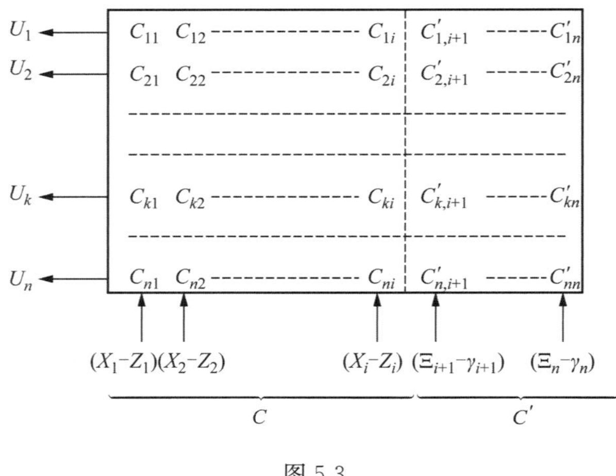

图 5.3

测量出的数值 $Z_\nu(s)$ 和 $\gamma_\mu(s)$ 与被测量的 $Y_\nu(s)$ 和 $W_\mu(s)$ 之间的关系,由测量仪器的传递函数 $L_{\nu\nu}(s)$ 和 $L_{\mu\mu}(s)$ 确定:

$$Z_\nu(s)=L_{\nu\nu}(s)Y_\nu(s),\tag{5.8}$$

$$\gamma_\mu(s)=L_{\mu\mu}(s)W_\mu(s)。\tag{5.9}$$

每一个改正信号都个别地作用在伺服马达上。伺服马达的输出与意外的外界扰动 $V_k(s)$ 合并在一起组成发动机的输入 $W_k(s)$。如果 $S_{kk}(s)$ 是伺服马达的传递函数,那么

$$W_k(s)=S_{kk}(s)U_k(s)+V_k(s)\quad(k=1,\ 2,\ \cdots,\ n)。\tag{5.10}$$

从方程(5.4)到方程(5.10)的所有方程就是描述多变数控制系统的完备方程组。图5.4是一个多变数控制系统的方块图,这个系统有三个发动机输出 $Y_1(s)$, $Y_2(s)$ 和 $Y_3(s)$,还有两个被控制的发动机输入 $W_4(s)$ 和 $W_5(s)$。除了规定的控制信号 $X_\nu(s)$, $\Xi_\mu(s)$ 与可以对系统起作用的外界扰动信号 $V_k(s)$ 以外,整个控制系统是闭合的。

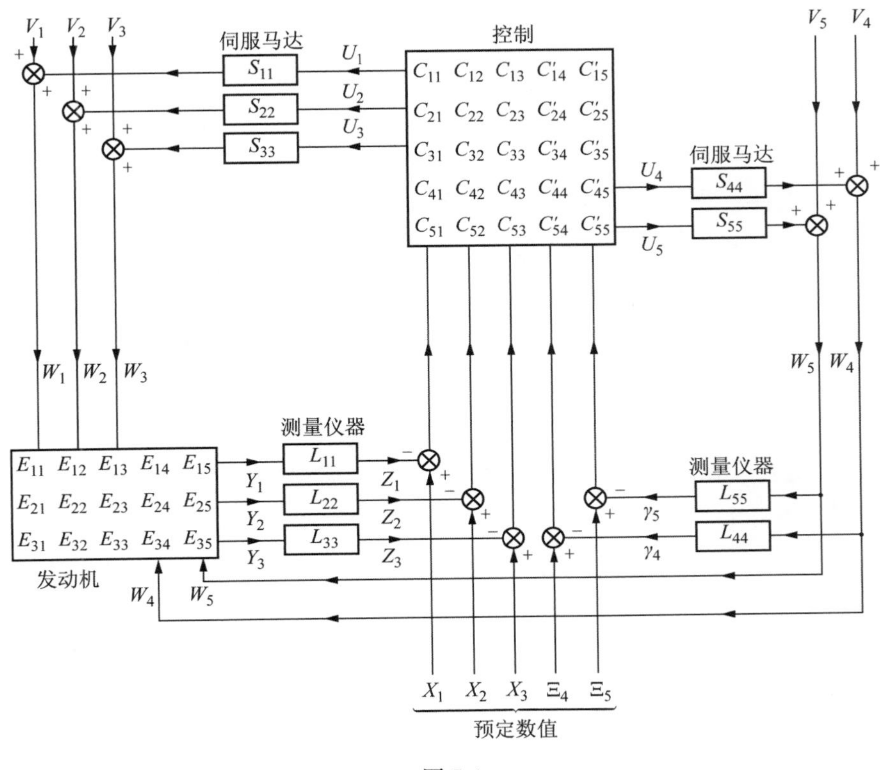

图 5.4

在以上的控制系统方程组中把 $U_k(s)$，$Z_\nu(s)$ 和 $\gamma_\mu(s)$ 消去，就得到

$$Y_j(s)=\sum_{k=1}^{n}\Big\{\sum_{\nu=1}^{i}E_{jk}(s)S_{kk}(s)C_{k\nu}(s)[X_\nu(s)-L_{\nu\nu}(s)Y_\nu(s)]+\sum_{\mu=i+1}^{n}E_{jk}(s)S_{kk}(s)C'_{k\mu}(s)[\varXi_\mu(s)-L_{\mu\mu}(s)W_\mu(s)]+E_{jk}(s)V_k(s)\Big\} \tag{5.11}$$

和

$$W_k(s)=\sum_{\nu=1}^{i}S_{kk}(s)C_{k\nu}(s)[X_\nu(s)-L_{\nu\nu}(s)Y_\nu(s)]+\sum_{\mu=i+1}^{n}S_{kk}(s)C'_{k\mu}(s)[\varXi_\mu(s)-L_{\mu\mu}(s)W_\mu(s)]+V_k(s)。 \tag{5.12}$$

根据方程(5.11)和(5.12)就可以把系统画成一个比图 5.4 更简单一些的方块图(见图 5.5)。在这个图里只有一个系统矩阵，这个矩阵的输入是那些被控制量的偏差，输出就是那些被控制量。在图 5.5 中的 ESC 矩阵中，位于第 j 横行与第 v 纵行的交点的元素是 $\sum_{k=1}^{n}E_{jk}S_{kk}C_{kv}$。同样，在 ESC' 矩阵中。第 j 横行与第 μ 纵行的交点处的元素是 $\sum_{k=1}^{n}E_{jk}S_{kk}C'_{k\mu}$。

也还是一样，SC 矩阵中的元素是 $S_{kk}C_{k\mu}$。SC'矩阵中的元素是 $S_{kk}C'_{k\mu}$。外界扰动是通过另外一个矩阵加进来的，那个矩阵主要是由发动机矩阵 E 所组成的。

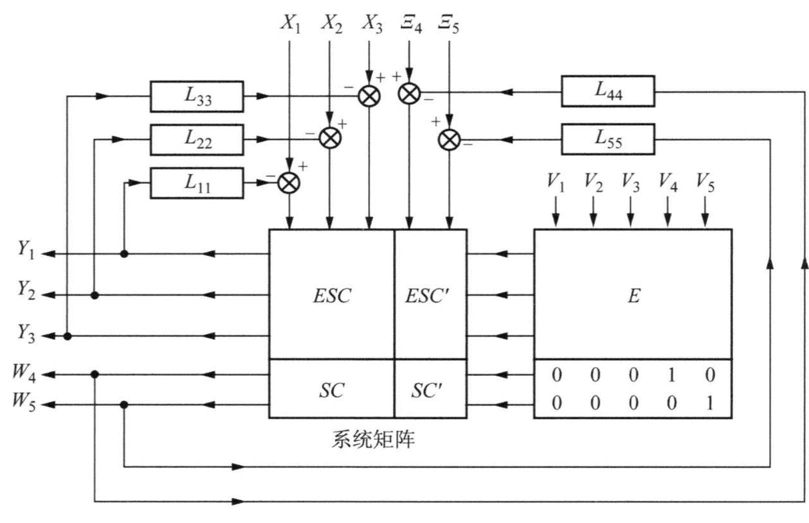

图 5.5

5.3 不互相影响的条件

以上我们所讨论的是多变数系统的控制作用机理，在这个基础上我们就可以把控制系统的不互相影响准则具体地表达出来。现在的问题就是设法确定控制矩阵的元素 $C_{kv}(s)$ 与 $C'_{k\mu}(s)$要满足什么条件才能使规定的控制信号 $X_j(s)$与 $\Xi_\mu(s)$只影响与它们相应的被控制量 $Y_j(s)$和 $W_\mu(s)$（这里，$j=1,\ 2,\ \cdots,\ i$ 而$\mu=i+1,\ i+2,\ \cdots,\ n$），而不影响其余的被控制量。譬如说，控制信号 $X_2(s)$只能影响 $Y_2(s)$，$\Xi_{i+1}(s)$ 只能影响 $W_{i+1}(s)$。这里的数学问题也就是如何把图 5.5 中的系统矩阵加以对角线化的问题。我们之所以要把设计条件放在控制矩阵 $\boldsymbol{C}$ 和 $\boldsymbol{C}'$ 上，是因为在整个系统中只有这一部分是最容易由设计者加以变动的。发动机的特性、伺服马达以及测量仪器都认为是已经固定的，它们也不能由控制工程师随意改变。

让我们来考虑一个特定的输出 $Y_g(s)$，g 是 $1,2,\cdots,i$ 这些数中的任意一个数。方程(5.11)和方程(5.12)可以写成

$$Y_j(s)=\sum_{k=1}^{n}\Big[\sum_{\nu=1,\ \nu\neq g}^{i}E_{jk}S_{kk}C_{k\nu}(X_\nu-L_{\nu\nu}Y_\nu)+$$

$$\sum_{\mu=i+1}^{n}E_{jk}S_{kk}C'_{k\mu}(\Xi_\mu-L_{\mu\mu}W_\mu)+E_{jk}V_k\Big]+$$

$$\sum_{k=1}^{n}E_{ik}S_{kk}C_{kg}(X_g-L_{gg}Y_g)$$

和

$$W_k(s)=\sum_{\nu=1,\ \nu\neq g}^{i}S_{kk}C_{k\nu}(X_\nu-L_{\nu\nu}Y_\nu)+\sum_{\mu=i+1}^{n}S_{kk}C'_{k\mu}(\Xi_\mu-L_{\mu\mu}W_\mu)+V_k+S_{kk}C_{kg}(X_g-L_{gg}X_g)。$$

现在为了使控制信号 X_g 除了 Y_g 之外不影响任何一个 Y_j 或 W_μ，所以，在 $j\neq g$ 与 $k>i$ 的情形下，以上两个方程的最后一项都必须等于零。因此，对于 1, 2, …, i 中的任意一个数 g 都有：

$$如果\ j\neq g,\ \sum_{k=1}^{n}E_{jk}S_{kk}C_{kg}=0, \tag{5.13}$$

以及

$$如果\ k>i, \quad C_{kg}=0。 \tag{5.14}$$

方程(5.14)使我们的控制矩阵立刻就得到简化。以图 5.4 所表示的系统为例，这时 $i=3,\ n=5$。在这个情形下，方程(5.14)就表示

$$C_{41}=C_{42}=C_{43}=C_{51}=C_{52}=C_{53}=0。$$

方程(5.14)也可以用来简化方程(5.13)，方程(5.13)也就是

$$\sum_{k=1}^{i}E_{jk}S_{kk}C_{kg}=\sum_{k=1}^{i}\delta_{jg}E_{gk}S_{kk}C_{kg}, \tag{5.15}$$

这里的 g 是 1, 2, …, i 中的任意一个数，δ_{jg} 是克隆内克符号(Kronecker delta)，它的定义是

$$\left.\begin{aligned}&如果\ j\neq g, \quad \delta_{jg}=0,\\&如果\ j=g, \quad \delta_{jg}=1。\end{aligned}\right\} \tag{5.16}$$

对于任意一个特定的 g 来说，方程(5.15)就是一个线性代数方程组，这个方程组包含 $i-1$ 个方程和 i 个未知数 $S_{kk}C_{kg}$(这里 $k=1, 2, \cdots, i$)。因此，我们只能确定这些未知数的比值，而不能确定这些未知数本身。然而，这正是我们所希望的，因为我们并不希望控制传递函数已经被完全确定，在现在这种情况下，我们的设计工作反而可以更加自由一些。

为了求出控制传递函数的这些比值，我们要利用行列式的一个性质：假设行列式 $|\boldsymbol{E}^*|$($|\boldsymbol{E}^*|$ 是正方矩阵 $\boldsymbol{E}^*$ 的行列式)中的元素 E_{jl} 的余因式是 $|E^*_{jl}|$，那么，下面的关系式成立[24]：

$$\left.\begin{aligned}&如果\ k\neq l, \quad \sum_{j=1}^{i}E_{jk}|E^*_{jl}|=0,\\&如果\ k=l, \quad \sum_{j=1}^{i}E_{jk}|E^*_{jl}|=|E^*|。\end{aligned}\right\} \tag{5.17}$$

把方程(5.15)先用$|E_{jl}^*|$乘一下,然后再对 j 求和,我们就得到

$$\sum_{k=1}^{i}\sum_{j=1}^{i} | E_{jl}^* | \delta_{jg}E_{gk}S_{kk}C_{kg} = \sum_{k=1}^{i}\sum_{j=1}^{i} | E_{jl}^* | E_{jk}S_{kk}C_{kg}。$$

因此,根据方程(5.17),就有

$$S_{ll}C_{lg} = | E_{gl}^* | \sum_{k=1}^{i} E_{gk}S_{kk}C_{kg} / | E^* | \quad (l = 1,\ 2,\ \cdots,\ i)。 \tag{5.18}$$

特别当 $l = g$ 时,有

$$S_{gg}C_{gg} = | E_{gg}^* | \sum_{k=1}^{i} E_{gk}S_{kk}C_{kg} / | E^* | 。$$

取方程(5.18)和上面这个方程的比值,我们就可以写

$$\frac{S_{jj}C_{j\nu}}{S_{\nu\nu}C_{\nu\nu}} = \left| \frac{E_{\nu j}^*}{E_{\nu\nu}^*} \right| \quad (j,\ \nu = 1,\ 2,\ \cdots,\ i)。 \tag{5.19}$$

利用这个方程就可以把 $\boldsymbol{SC}$ 矩阵中不在对角线上的元素用对角线上的元素表示出来。

方程(5.14)和方程(5.19)所表示的条件就是被控制量 Y_g 不互相影响的必要条件。这些条件最先是由勃克森包姆和胡德提出来的。他们两个人还进一步证明,这些条件也是不互相影响的充分条件。因此,设计一个合适的控制矩阵 $\boldsymbol{C}$ 的问题就完全解决了。

为了解决控制矩阵的另外一部分 $\boldsymbol{C}'$ 的设计问题,我们就必须考虑被控制量 W_μ($\mu = i+1,\ i+2,\ \cdots,\ n$)的不互相影响的条件,为了这个目的,我们把方程(5.11)和方程(5.12)改写为

$$\begin{aligned} Y_j(s) = \sum_{k=1}^{n}\Big[& \sum_{\nu=1}^{i} E_{jk}S_{kk}C_{k\nu}(X_\nu - L_{\nu\nu}Y_\nu) + \\ & \sum_{\substack{\mu=i+1\\ \mu\neq r}}^{n} E_{jk}S_{kk}C'_{k\mu}(\Xi_\mu - L_{\mu\mu}W_\mu) + E_{jk}V_k \Big] + \\ & \sum_{k=1}^{n} E_{jk}S_{kk}C'_{kr}(\Xi_r - L_{rr}W_r) \end{aligned} \tag{5.20}$$

和

$$\begin{aligned} W_k(s) = & \sum_{\nu=1}^{i} S_{kk}C_{k\nu}(X_\nu - L_{\nu\nu}Y_\nu) + \\ & \sum_{\substack{u=i+1\\ \mu\neq r}}^{n} S_{kk}C'_{k\mu}(\Xi_\mu - L_{\mu\mu}W_\mu) + V_k + \\ & S_{kk}C'_{kr}(\Xi_r - L_{rr}W_r), \end{aligned} \tag{5.21}$$

这里,r 是 $i+1,\ i+2,\ \cdots,\ n$ 中的任意一个数,而 $j = 1,\ 2,\ \cdots,\ i$。为了现在的目的,方程(5.21)中的 k 只是 $i+1,\ i+2,\ \cdots,\ n$ 中的任意一个数,因为只有这些 W_k 才是被控制量。

根据方程(5.20)和方程(5.21)显然可以看出，如果控制信号 Ξ_r 仅只影响被控制量 W_r，那么，这两个方程的最后一项就必须等于零。也就是

$$\sum_{k=1}^{n} E_{jk} S_{kk} C'_{kr} = 0 \quad (j = 1,\ 2,\ \cdots,\ i) \tag{5.22}$$

和

$$C'_{kr} = 0, \quad (k,\ r = i+1,\ i+2,\ \cdots,\ n;\ k \neq r)。 \tag{5.23}$$

和以前一样，方程(5.23)也使控制矩阵得到简化。以图 5.4 所表示的系统为例，$i=3$，$n=5$。就有

$$C'_{45} = C'_{54} = 0。$$

方程(5.23)也可以用来简化方程(5.22)。方程(5.22)化为

$$\sum_{k=1}^{i} E_{jk} S_{kk} C'_{kr} = -E_{jr} S_{rr} C'_{rr}。$$

把这个方程的两端先用 $|E^*_{jl}|$ 乘，然后再对 j 求和，就得

$$\sum_{k=1}^{i} \sum_{j=1}^{i} |E^*_{jl}| E_{jk} S_{kk} C'_{kr} = -S_{rr} C'_{rr} \sum_{j=1}^{i} |E^*_{jl}| E_{jr}。$$

根据方程(5.17)所表示的行列式的性质，就有

$$|E^*| S_{ll} C'_{lr} = -S_{rr} C'_{rr} \sum_{j=1}^{i} |E^*_{jl}| E_{jr}。$$

如果把这个方程里的 l 换成 j，j 换成 l，这个方程可以写成下列形式：

$$\frac{S_{jj} C'_{jr}}{S_{rr} C'_{rr}} = -\frac{1}{|E^*|} \sum_{l=1}^{i} |E^*_{lj}| E_{lr}, \quad \begin{pmatrix} j = 1,\ 2,\ \cdots,\ i, \\ r = i+1,\ i+2,\ \cdots,\ n \end{pmatrix}。 \tag{5.24}$$

利用这个方程就可以把 $\boldsymbol{SC}'$ 矩阵中不在对角线上的元素用对角线上的元素表示出来了。方程(5.23)和方程(5.24)是被控制量 $W_\mu(s)$($\mu = i+1,\ i+2,\ \cdots,\ n$) 的不互相影响的必要而且充分的条件。

如果希望全部被控制量都互相不影响，那么，就必须满足方程(5.14)，方程(5.19)，方程(5.23)和方程(5.24)所表示的条件。在整个的控制矩阵中，不在对角线上的元素或者等于零，或者可以由对角线上的元素表示。如果表示发动机的特性的发动机矩阵是已知的，那么，控制矩阵的对角线元素就完全确定了整个控制矩阵。

5.4 反应方程

如果不互相影响的条件已经全部被满足，那么，方程(5.11)和方程(5.12)就变简单得

多,例如,把方程(5.11)的求和的次序倒换一下,就有

$$Y_j(s)=\sum_{\nu=1}^{i}[X_\nu(s)-L_{\nu\nu}(s)Y_\nu(s)]\sum_{k=1}^{n}E_{jk}S_{kk}C_{k\nu}+$$
$$\sum_{\mu=i+1}^{n}[\Xi_\mu(s)-L_{\mu\mu}(s)W_\mu(s)]\sum_{k=1}^{n}E_{jk}S_{kk}C'_{k\mu}+\sum_{k=1}^{n}E_{jk}V_k\text{。}$$

按照方程(5.13)和方程(5.14),除了 $v=j$ 以外,第一项中对 k 所作的和数都等于零。按照方程(5.22)第二项也等于零。因此

$$Y_j(s)=[X_j(s)-L_{jj}(s)Y_j(s)]\sum_{k=1}^{i}E_{jk}S_{kk}C_{kj}+\sum_{k=1}^{n}E_{jk}V_k\text{。}$$

按照方程(5.19),$S_{kk}C_{kj}$ 既然可以用对角线元素 $S_{jj}C_{jj}$ 来表示,于是,利用方程(5.17)就有

$$\sum_{k=1}^{i}E_{jk}S_{kk}C_{kj}=\frac{S_{jj}C_{jj}}{|E_{jj}^*|}\sum_{k=1}^{i}E_{jk}\,|E_{jk}^*|=S_{jj}C_{jj}\,\frac{|E^*|}{|E_{jj}^*|}\text{。}$$

所以,最后就得到

$$Y_j(s)=\frac{|E^*|}{|E_{jj}^*|}S_{jj}C_{jj}[X_j(s)-L_{jj}(s)Y_j(s)]+\sum_{k=1}^{n}E_{jk}V_k\text{。}\tag{5.25}$$

根据不互相影响的条件,经过类似的计算,也可以把方程(5.12)简化为

$$W_\mu(s)=S_{\mu\mu}C'_{\mu\mu}[\Xi_\mu(s)-L_{\mu\mu}(s)W_\mu(s)]+V_\mu(s)$$
$$(\mu=i+1,\ i+2,\ \cdots,\ n)\text{。}\tag{5.26}$$

我们规定两个符号:

$$R_{jj}=\frac{|E^*|\,S_{jj}C_{jj}}{|E^*|\,S_{jj}C_{jj}L_{jj}+|E_{jj}^*|}\tag{5.27}$$

$$R'_{\mu\mu}=\frac{S_{\mu\mu}C'_{\mu\mu}}{S_{\mu\mu}C'_{\mu\mu}L_{\mu\mu}+1},\tag{5.28}$$

方程(5.25)和方程(5.26)的解就可以写作

$$Y_j(s)=R_{jj}(s)X_j(s)-[R_{jj}(s)L_{jj}(s)-1]\sum_{k=1}^{n}E_{jk}(s)V_k(s)\tag{5.29}$$

$$W_\mu(s)=R'_{\mu\mu}(s)\Xi_\mu(s)-[R'_{\mu\mu}(s)L_{\mu\mu}(s)-1]V_\mu(s)\text{。}\tag{5.30}$$

方程(5.29)和方程(5.30)给出了由控制信号和外界扰动来计算被控制量的关系,这两个方程就称为反应方程。这些关系式与只有一个被控制量的简单系统的关系式(5.3)是十分相像的。函数 $R_{jj}(s)$ 是从输入 $X_j(s)$ 到输出 $Y_j(s)$ 的总的传递函数。函数 $R'_{\mu\mu}(s)$ 是从输入 $\Xi_\mu(s)$ 到输出 $W_\mu(s)$ 的总的传递函数。按照方程(5.27)和方程(5.28),根据发动机、伺服马达、测量仪器和控制部分这四方面的特性就可以把这两个总的传递函数计算出来。实际的设计手续就是先按照第四章所讲的办法对于每一个 j 和 μ 确定合适的控制传递函

数 $C_{jj}(s)$ 和 $C'_{\mu\mu}(s)$，使它们具有满意的性能，然后，再按照方程(5.14)、方程(5.19)、方程(5.23)和方程(5.24)把不在对角线上的元素也确定下来。这样做了以后，对于复杂的多变数系统我们就得到一个性能良好的不互相影响的控制系统。

5.5　涡轮螺旋桨发动机的控制

作为不互相影响的控制普遍理论的一个简单例子，我们来考虑一个涡轮螺旋桨发动机的控制问题(见图 5.6)。这样一个发动机的运转状态的变数：转速、涡轮的进气温度、螺旋桨的桨叶角以及喷油速率。控制系统的设计要求是使发动机能够产生各种可能的正规稳态运转状态。对于每一种稳态运转状态，我们都必须研究在那个运转点附近的过渡状态之下的控制性能。假设 $W_1(s)$ 是螺旋桨桨叶角与正规值之间的偏差的拉氏变换，$W_2(s)$ 是喷油速率与正规值之间的偏差的拉氏变换。既然我们只对离正规运转点很近的过渡状态发生兴趣，所以涡轮转矩被压缩机与螺旋桨用掉一部分以后的剩余转矩、螺旋桨桨叶角、喷油速率这三者之间的关系可以线性化。因此，剩余转矩就可以表示为 $W_1(s)$ 与 $W_2(s)$ 的线性组合。假设转速与它的正规值之间的偏差的拉氏变换是 $Y_1(s)$，剩余转矩就可以用 $(1+\tau s)Y_1(s)$ 来表示，这里的 τ 是由于发动机的转动部分的惯性所产生的时间常数[可以参看方程(4.1)]。τ 的值与所考虑的正规运转点有关，因为方程(4.1)中的阻尼系数 c 与转速有关。因此，

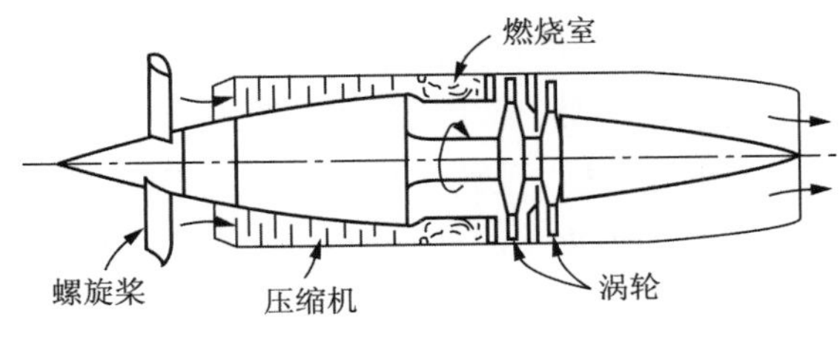

图 5.6

$$(1+\tau s)Y_1(s) = -aW_1(s) + bW_2(s), \tag{5.31}$$

其中的 a 和 b 都是正实常数，这两个常数都可以由正规运转点附近的发动机特性推算出来。a 和 b 的物理意义是这样的：如果喷油速率一直保持正规值，$W_2(s)\equiv 0$。由方程(5.31)就得出 $a=-Y_1(0)/W_1(0)$。但是 $s=0$ 相当于稳态状态，所以，a 就是当喷油速率保持常数时，发动机稳态转速的减少与螺旋桨桨叶角增加的比值。如果，对于有各种不同的常数喷油速率的稳态运转状态，把转速对于螺旋桨桨叶角画出图线来，那么，在图线上被选定的正规运转点处的斜率就是 a。同样地，如果螺旋桨桨叶角是常数，我们也可以把稳态状态的转速对于喷油速率画出图线来，在这种图线上被选定的正规运转点处的斜率就是 b[32-33]。所以，a 和 b 这两个常数可以由表示发动机的稳态状态的图线表达出来。

对于轴式压缩机来说，在给定的压缩机转速和一定的进口条件之下，经过压缩机的空气质量几乎是不变的。所以，在一个给定的进口条件之下，加到气体中去的热量与气体质量的比值就是发动机转速与喷油速率的函数。因而，发动机转速和喷油速率就确定了进口温度。假设涡轮的进口温度及它的正规值之间偏差的拉氏变换是 $Y_2(s)$，那么，在

$Y_2(s)$、$Y_1(s)$与$W_2(s)$之间也可以建立一个类似方程(5.31)的方程。然而气体达到热平衡状态的时间常数实际上等于零，所以，方程也比较简单些：

$$Y_2(s)=cW_2(s)-eY_1(s), \tag{5.32}$$

这里的 c 和 e 也还是正实常数。事实上，如果对于不变的发动机转速画出涡轮进口温度与喷油速率之间的关系图线，那么，在选定的正规稳态运转点处的斜率就是 c。同样地，如果，对于不变的喷油速率，画出涡轮进口温度与发动机转速之间的关系图线，那么，在选定的正规的稳态运转点处的斜率就是 e。

从方程(5.31)和方程(5.32)中把 $Y_1(s)$和 $Y_2(s)$解出来，我们就得到

$$\left.\begin{aligned} Y_1(s)&=\frac{-a}{1+\tau s}W_1(s)+\frac{b}{1+\tau s}W_2(s),\\ Y_2(s)&=\frac{ae}{1+\tau s}W_1(s)+\frac{(c-be)+c\tau s}{1+\tau s}W_2(s)。\end{aligned}\right\} \tag{5.33}$$

这个方程组就给出了我们在理论分析中所用的发动机矩阵 $\boldsymbol{E}$。我们注意到这样一个有趣的事实，在发动机矩阵里只包含一个时间常数 τ。只有这一个时间常数是发动机本身所固有的。当然，整个的控制系统中还有其他的时间常数，但是，那些时间常数是由控制部分、伺服马达以及测量仪器所引进来的，所以它们不包含在发动机矩阵里面。

让我们先来考虑控制发动机转速的喷油速率的情形。这时，被控制量就是$Y_1(s)$和$W_2(s)$。在这个情况下，我们只需要方程组(5.33)的第一个方程，并且 $i=1$，$n=2$。因而，发动机矩阵 $\boldsymbol{E}$ 只有两个元素：

$$E_{11}=\frac{-a}{1+\tau s},\quad E_{12}=\frac{b}{1+\tau s}, \tag{5.34}$$

而

$$|\boldsymbol{E}^*|=|E_{11}^*|E_{11}=E_{11},\quad |E_{11}^*|=1。 \tag{5.35}$$

控制系统是由下列方程组所表示的：

$$\left.\begin{aligned} U_1(s)&=C_{11}(s)[X_1(s)-L_{11}(s)Y_1(s)]+C'_{12}(s)[\Xi_2(s)-L_{22}(s)W_2(s)],\\ U_2(s)&=C_{21}(s)[X_1(s)-L_{11}(s)Y_1(s)]+C'_{22}(s)[\Xi_2(s)-L_{22}(s)W_2(s)]。\end{aligned}\right\} \tag{5.36}$$

不互相影响的条件要求有下列关系：

$$C_{21}(s)=0, \tag{5.37}$$

并且利用方程(5.35)，

$$\frac{S_{11}(s)C'_{12}(s)}{S_{22}(s)C'_{22}(s)}=\frac{-|E_{11}^{*}|E_{12}}{|\boldsymbol{E}^{*}|}=-\frac{E_{12}}{E_{11}}=\frac{b}{a}。\tag{5.38}$$

既然$-a$是发动机转速对于螺旋桨桨叶角的偏导数，而b是发动机转速对于喷油速率的偏导数，所以，比值b/a就是当发动机转速不变时，螺旋桨桨叶角对于喷油速率的变化率。很明显，这个比值是涡轮螺旋桨发动机的飞行状况的函数。譬如说，比值b/a是随着高度的增加而增大的。因此，一个设计得很好的控制系统就必须能够随时补偿由于飞行状态的变化和发动机运转状况的变化而引起的差异。

对于发动机转速的反应函数$R_{11}(s)$就是

$$R_{11}(s)=\frac{aS_{11}(s)C_{11}(s)}{aS_{11}(s)C_{11}(s)L_{11}(s)-(1+\tau s)},$$

对于喷油速率的反应函数$R'_{22}(s)$就是　　(5.39)

$$R'_{22}(s)=\frac{S_{22}(s)C'_{22}(s)}{S_{22}(s)C'_{22}(s)L_{22}(s)+1}。$$

这两个方程就确定了发动机转速与喷油速率在不互相影响的控制状态中的反应特性。现在的问题就归结为如何设计控制传递函数$C_{11}(s)$和$C'_{22}(s)$，使得系统在我们所需要的所有运转状态下都具有使人满意的性能。

现在，我们再来考虑控制涡轮螺旋桨发动机的第二种可能的办法。我们要来控制发动机转速和涡轮的进口温度，现在的被控制量就是$Y_1(s)$和$Y_2(s)$，所以在这个情形里，我们需要用到方程组(5.33)的两个方程，而$i=n=2$。由不互相影响的条件就有

$$\frac{S_{22}(s)C_{21}(s)}{S_{11}(s)C_{11}(s)}=-\frac{ae}{(c-be)+c\tau s},$$

和　　(5.40)

$$\frac{S_{11}(s)C_{12}(s)}{S_{22}(s)C_{22}(s)}=\frac{b}{a}。$$

对于发动机转速的反应函数就是

$$R_{11}(s)=\frac{S_{11}(s)C_{11}(s)}{S_{11}(s)C_{11}(s)L_{11}(s)-\dfrac{(c-be)+c\tau s}{ac}},$$

对于涡轮的进口温度的反应函数就是　　(5.41)

$$R_{22}(s)=\frac{S_{22}(s)C_{22}(s)}{S_{22}(s)C_{22}(s)L_{22}(s)+(1/c)}。$$

5.6 有补充燃烧的涡轮喷气发动机的控制

在这一章开始我们曾经谈到有补充燃烧的涡轮喷气发动机,现在我们来研究这种发动机的控制问题。图 5.7 就是这种发动机的简略构造图。我们还是只来研究在一个选定的正规稳态运转点附近的过渡状态的控制问题,所以,把各个变数之间的关系加以线性化还是合理的。

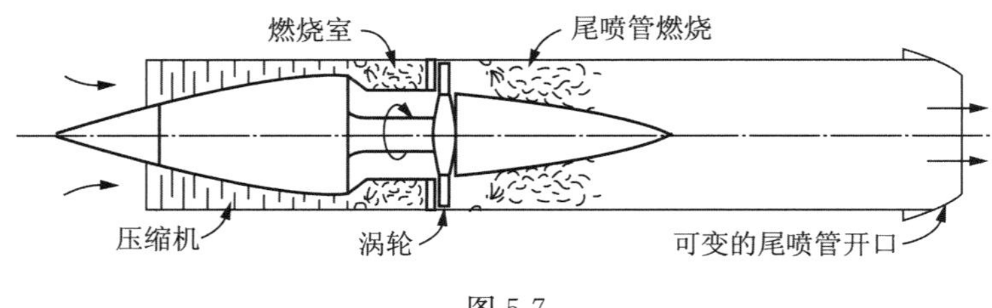

图 5.7

假设 $Y_1(s)$ 仍然是发动机转速与它的正规值之间偏差的拉氏变换,$W_1(s)$ 是尾喷管开口面积与正规值之间偏差的拉氏变换;$W_2(s)$ 是燃烧室的喷油速率与正规值之间偏差的拉氏变换;最后,$W_3(s)$ 是尾喷管的喷油速率与正规值之间的偏差的拉氏变换。与涡轮螺旋桨发动机的方程(5.31)类似,我们可以写出下列关系:

$$(1+\tau s)Y_1(s)=a_1W_1(s)+a_2W_2(s)+a_3W_3(s), \tag{5.42}$$

这里的 a_1, a_2 和 a_3 都是实常数。与涡轮螺旋桨发动机的情形相像,这些常数都是发动机稳态状态曲线的斜率。所以,当燃烧室的喷油速率和尾喷管的喷油速率都是常数的时候,发动机转速对于尾喷管开口面积的变化率就是 a_1。同样地,a_2 就是发动机转速对于燃烧室喷油速率的变化率;a_3 就是发动机转速对于尾喷管喷油速率的变化率。方程(5.42)里的 τ 也还是发动机的唯一的时间常数,它表示转动部件的惯性的影响。这一个关于发动机转速与其他的发动机输入之间的线性关系是费德尔(M. S. Feder)和胡德(R. Hood)推导出来的①。

如果发动机的压缩机是轴式压缩机的话,前一节的方程(5.32)在这里仍然是适用的。$Y_2(s)$ 所表示的是涡轮的进口温度,所以

$$Y_2(s)=-eY_1(s)+cW_2(s)。$$

从这个方程和方程(5.42)里把 $Y_1(s)$ 和 $Y_2(s)$ 解出来,就得到

① M. S. Feder and R. Hood, *NACA TN*, 2183(1950)。

$$
\left.\begin{aligned}
Y_1(s) &= \frac{a_1}{1+\tau s}W_1(s)+\frac{a_2}{1+\tau s}W_2(s)+\frac{a_3}{1+\tau s}W_3(s),\\
Y_2(s) &= -\frac{a_1 e}{1+\tau s}W_1(s)+\frac{(c-a_2 e)+c\tau s}{1+\tau s}W_2(s)\\
&\quad -\frac{a_3 e}{1+\tau s}W_3(s)。
\end{aligned}\right\} \tag{5.43}
$$

所以,发动机矩阵的元素就是

$$
\left.\begin{aligned}
&E_{11}=\frac{a_1}{1+\tau s},\quad E_{12}=\frac{a_2}{1+\tau s},\quad E_{13}=\frac{a_3}{1+\tau s},\\
&E_{21}=-\frac{a_1 e}{1+\tau s},\quad E_{22}=\frac{(c-a_2 e)+c\tau s}{1+\tau s},\quad E_{23}=-\frac{a_3 e}{1+\tau s}。
\end{aligned}\right\} \tag{5.44}
$$

我们来考虑控制发动机转速,涡轮的进口温度与尾喷管喷油速率的问题。这时的被控制量是 $Y_1(s)$,$Y_2(s)$和 $W_3(s)$。而控制方程就是

$$
\left.\begin{aligned}
U_1(s) &= C_{11}(s)[X_1(s)-L_{11}(s)Y_1(s)]+C_{12}(s)[X_2(s)-\\
&\quad L_{22}(s)Y_2(s)]+C'_{13}(s)[\Xi_3(s)-L_{33}(s)W_3(s)],\\
U_2(s) &= C_{21}(s)[X_1(s)-L_{11}(s)Y_1(s)]+C_{22}(s)[X_2(s)-\\
&\quad L_{22}(s)Y_2(s)]+C'_{23}(s)[\Xi_3(s)-L_{33}(s)W_3(s)],\\
U_3(s) &= C_{31}(s)[X_1(s)-L_{11}(s)Y_1(s)]+C_{32}(s)[X_2(s)-\\
&\quad L_{22}(s)Y_2(s)]+C'_{33}(s)[\Xi_3(s)-L_{33}(s)W_3(s)],
\end{aligned}\right\} \tag{5.45}
$$

这里的 $X_1(s)$, $X_2(s)$和 $\Xi_3(s)$分别是发动机转速,涡轮进口温度和尾喷管喷油速率的控制信号。

方程(5.14)的不互相影响条件要求

$$
C_{31}(s)=C_{32}(s)=0。 \tag{5.46}
$$

方程(5.19)的条件给出:

$$
\left.\begin{aligned}
\frac{S_{i1}(s)C_{12}(s)}{S_{22}(s)C_{22}(s)} &= -\frac{a_2}{a_1},\\
\frac{S_{22}(s)C_{21}(s)}{S_{11}(s)C_{11}(s)} &= \frac{a_1 e}{(c-a_2 e)+c\tau s}。
\end{aligned}\right\} \tag{5.47}
$$

方程(5.24)的不互相影响条件给出

$$
\frac{S_{11}(s)C'_{13}(s)}{S_{33}(s)C'_{33}(s)}=-\frac{a_3}{a_1}
$$

和

$$C'_{23}(s)=0。\tag{5.48}$$

以上这些方程里的比值 $-a_2/a_1$ 和 $-a_3/a_1$ 都有很简单的物理意义：当发动机转速和尾喷管喷油速率都是常数的时候，尾喷管的开口面积对于燃烧室喷油速率的变化率就是 $-a_2/a_1$。当发动机转速和燃烧室喷油速率都是常数的时候，尾喷管的开口面积对于尾喷管喷油速率的变化率就是 $-a_3/a_1$。

如果方程(5.46)、方程(5.47)和方程(5.48)都被满足了，我们就得到不互相影响的控制。这时，对于发动机转速的反应函数就是

$$R_{11}(s)=\frac{S_{11}(s)C_{11}(s)}{S_{11}(s)C_{11}(s)L_{11}(s)+\dfrac{(c-a_2e)+c\tau s}{a_1c}}。\tag{5.49}$$

对于涡轮进口温度的反应函数就是

$$R_{22}(s)=\frac{S_{22}(s)C_{22}(s)}{S_{22}(s)C_{22}(s)L_{22}(s)+(1/c)}。\tag{5.50}$$

对于尾喷管喷油速率的反应函数就是

$$R'_{33}(s)=\frac{S_{33}(s)C'_{33}(s)}{S_{33}(s)C'_{33}(s)L_{33}(s)+1}。\tag{5.51}$$

根据以上这些方程就可以适当地设计控制传递函数 $C_{11}(s)$，$C_{22}(s)$，$C'_{33}(s)$，因而也就可以确定 $C_{12}(s)$，$C_{21}(s)$ 和 $C'_{13}(s)$。

第六章 交流伺服系统与振荡控制伺服系统

在第二章和第三章里我们曾经讨论了关于普通的伺服系统的概念和方法，在这一章和以后的两章里，我们要把这些概念和方法推广到一些更复杂的线性系统上去，这些系统虽然比较复杂，可是它们都还是可以用以前的办法进行相当“近似”的处理。这个情况也就可以说明伺服系统的基本设计原则有很大的用处。这一章和下一章的内容基本上就是麦克柯尔(L. A. MacColl)在他的书①里所提出的方法。

6.1 交流系统

在以前各章的讨论中，凡是伺服系统中的电动机都假定是直流电动机。但是，在实际工程中希望用的还是交流电动机。因此，很明显，当我们在伺服系统中应用交流电动机的时候就必须把以前讨论中的某些部分加以重新考虑。

现在我们来考虑图 6.1 所示的伺服系统。这个系统的设计目的就是要求电动机的转

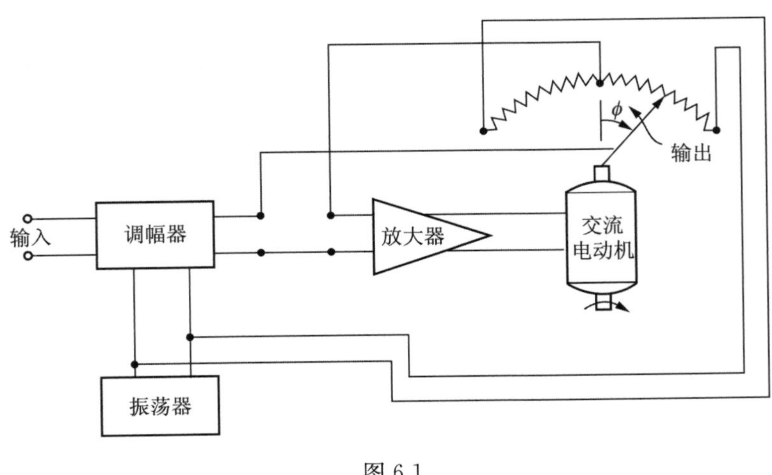

图 6.1

① L. A. MacColl, *Fundamental Theory of Servomechanisms*, D. Van Nostrand Company, Inc., New York, (1945), 可以参阅文献[34]。

角 ϕ 随着输入信号变化。系统的输出角度 ϕ 是用一个电位计来测量的。电位计上的电压就是反馈信号。在这个系统的电动机,放大器以及电位计上的电流和电压都是已调幅的正弦波,也就是说,它们都是频率不变而振幅随时间变化的正弦函数。假定它们的频率是 ω_0。基本的交流电流是由振荡器所供给的。这就是交流伺服系统的一个例子。在一定的条件之下(下面我们就要讨论到这些条件),以前的理论中有很大一部分也可以应用到这种系统上来。

我们先来考虑常系数线性系统在已调幅的正弦式的输入信号作用下的一般的稳态理论。这里所说的"稳态"是对于调幅信号是单纯的正弦式时间函数的情况而言的。假设未调幅的载波是 $\cos\omega_0 t$。在这里我们虽然把载波的相角取作零,但是并不影响讨论的普遍性。既然已经把载波写成实数形式,为了方便起见显然应该把调幅信号写成复数形式 $e^{i\omega t}$。这时已调幅的载波就是

$$x(t)=e^{i\omega t}\cos\omega_0 t=\frac{1}{2}[e^{i(\omega+\omega_0)t}+e^{i(\omega-\omega_0)t}],\tag{6.1}$$

如果系统的传递函数是 $F(s)$,按照方程(2.16)系统的稳态输出 $[y(t)]_{st.}$ 就应该是

$$[y(t)]_{st.}=\frac{1}{2}[F(i\omega+i\omega_0)e^{i\omega_0 t}+F(i\omega-i\omega_0)e^{-i\omega_0 t}]e^{i\omega t}。\tag{6.2}$$

对于实际的系统来说,函数 $F(s)$ 通常是 s 的两个实系数多项式的比值。所以,正如方程(3.17)所表示的那样,

$$F(-i\omega)=\overline{F(i\omega)},\tag{6.3}$$

这里,用符号上面的横线表示复共轭值。因此,方程(6.2)的右端就可以写作

$$\frac{1}{2}[F^*(i\omega)e^{i\omega_0 t}+\overline{F^*(-i\omega)}e^{-i\omega_0 t}]e^{i\omega t},\tag{6.4}$$

其中,

$$F^*(i\omega)=F(i\omega+i\omega_0)。\tag{6.5}$$

现在我们假设系统具有以下的性质:

$$F(i\omega_0+i\omega)=\overline{F(i\omega_0-i\omega)}。\tag{6.6}$$

这时,表示式(6.4)就可以写成下列形式:

$$F^*(i\omega)e^{i\omega t}\cos\omega_0 t。$$

这个结果表明:如果另外有一个对于频率是 ω 的输入,频率特性是 $F^*(i\omega)$ 的系统,当条件(6.6)被满足时,原来系统对于已调幅的载波方程(6.1)的振幅频率特性 $F^*(i\omega)$ 与那个系统的频率特性是完全相同的。利用线性系统的可叠加性,可以把以上的讨论结果推广

到更一般的输入函数上去，因为很多种输入函数都可以用富利埃级数或富利埃积分表示出来，如果在输入调幅信号 $x(t)$ 的富利埃谱的最重要的部分上，方程(6.6)至少都能近似地成立，那么，已调幅的输出信号的振幅对于输入信号而言的频率特性差不多就是 $F^*(\mathrm{i}\omega)$。在第四章中我们曾经证明，反馈伺服系统的性能可以完全由频率特性所决定，既然现在频率特性的近似值是 $F^*(\mathrm{i}\omega)$，所以，第四章中所有确定系统性能的方法完全可以应用到交流系统上来，唯一的区别只是在进行分析时把 $F(\mathrm{i}\omega)$ 用 $F^*(\mathrm{i}\omega)=F(\mathrm{i}\omega+\mathrm{i}\omega_0)$ 来代替。

6.2　把直流系统变为交流系统时传递函数的变化方法

如果我们不考虑某些过于简单的情形(例如单纯的电阻)，那么，根据方程(6.3)就有

$$F(\mathrm{i}\omega+\mathrm{i}\omega_0)=\overline{F(-\mathrm{i}\omega-\mathrm{i}\omega_0)}。$$

这个关系和条件方程(6.6)是不同的，所以，不可能对于所有的实 ω 值都能精确地满足条件方程(6.6)。或者，稍微改变一下我们的看法，可以这样说，如果两个物理系统的频率特性分别是 $F^*(\mathrm{i}\omega)$ 和 $F(\mathrm{i}\omega)$，那么，关系方程(6.5)不可能对于所有实 ω 值都严格地被满足。但是，对于特定的输入信号而言，在它的富利埃谱的主要部分上，完全可能有，而确实也往往有一个足够大的 ω 的范围，在这个范围之内，条件方程(6.5)可以近似地被满足。在以下的讨论中我们就会看到这种情况。

我们考虑一个频率是 ω' 时由电感 L 与电容 C 串联起来的阻抗 Z，

$$\begin{aligned}Z&=L\mathrm{i}\omega'+\frac{1}{C\mathrm{i}\omega'}\\&=L\mathrm{i}\omega'\left(1-\frac{1}{LC\omega'^2}\right)。\end{aligned}$$

如果我们使 L 和 C 的大小满足下列条件

$$\omega_0^2=\frac{1}{LC},\tag{6.7}$$

那么

$$Z=L\mathrm{i}\omega'\left(1-\frac{\omega_0^2}{\omega'^2}\right)=Li(\omega'-\omega_0)\left(1+\frac{\omega_0}{\omega'}\right)。$$

如果 $\omega'-\omega_0=\omega$ 相当小，或者说 $\omega+\omega_0$ 与 ω_0 相当接近，就有

$$Z\approx 2Li(\omega'-\omega_0)=2L\mathrm{i}\omega。$$

这个关系表明，当频率是 $\omega'=\omega_0+\omega$ 时，满足方程(6.7)的电感 L 与电容 C 的串联组合的

阻抗差不多就等于电感 $2L$ 在频率是 ω 时的阻抗。

类似地,如果满足条件方程(6.7),电感 L 与电容 C 的并联组合阻抗 Z 也就满足下列关系:

$$\begin{aligned}\frac{1}{Z}&=\frac{1}{Li\omega'}+Ci\omega\\&\approx 2Ci(\omega'-\omega_0)=2Ci\omega,\end{aligned}$$

因此,在频率是 $\omega'=\omega+\omega_0$ 时,L 与 C 的并联组合的阻抗差不多就等于电容 $2C$ 在频率是 ω 时的阻抗。

一个单纯电阻的阻抗当然是与频率没有关系的,所以它在频率是 $\omega+\omega_0$ 时的阻抗和它在频率是 ω 时的阻抗是相等的。因此,如果已经有了一个由电感、电容和电阻组成的物理系统,这个系统的传递函数是 $F^*(s)$。 我们把这个系统里的每一个电感 L 都用电感 $L_1=\frac{1}{2}L$ 与电容 $C_1=2/L\omega_0^2$ 的串联组合来代替;把系统中的每一个电容 C 都用电容 $C_2=\frac{1}{2}C$ 和电感 $L_2=2/C\omega_0^2$ 的并联组合来代替;所有电阻都不予变动;这样一来,我们就得到一个新的系统,这个系统的传递函数就是 $F(s)$,只要 ω 值足够小,方程(6.6)的关系就可以近似地满足。以上所讲的由 $F^*(s)$变到 $F(s)$的做法就称为把传递函数提高一个频率 ω_0。

如果 ω_0 是振荡器所供给的电流的频率,很显然,系统中各个电流和各个电压都是载波 $\cos\omega_0 t$ 的已调幅波。因此,根据以上的结果立刻就得出下列的方法,如果我们想为一个交流系统设计一个放大器,我们只要按照第四章的方法先为一个直流系统设计一个合适的放大器,然后再按照上述的方法把系统提高一个频率 ω_0 就可以了。

正如我们所提到的那样,以上的讨论中用到不少各种各样的近似方法,所以得到的结果也不是绝对精确的。如果想对于交流伺服系统作一个详尽严密的讨论,就必须把这些近似方法所引起的效果加以严密的分析。我们不来研究这个问题,因为这个问题的分析相当复杂繁重,而且对于伺服控制技术来说,这也不是一个很迫切需要解决的问题。

6.3 振荡控制伺服系统

现在我们来考虑另外一类系统,这类系统就是**振荡控制伺服系统**,与有交流电动机的**交流伺服系统**相似,振荡控制伺服系统的信号也是用来**调制**一个周期振荡的,不过,在振荡控制伺服系统中,信号调制的方法不再是普通的调幅方法。为了能够简单明了地介绍振荡控制伺服系统的概念,我们必须先提出一些预备知识。

我们来介绍一种很原始的但是也很普通的伺服系统。假如我们在系统里加一个包含一个继电器的电路,而且这个继电器的特性是这样的:如果输入电压$x(t)$的绝对值不超

过一个一定的阈限（也就是一个一定的常数）的话，输出端就没有电压，如果输入电压$x(t)$的绝对值$|x(t)|$超过那个阈限的话，输出就是一个常数电动势E。这个电动势是由一个电源所供给的，这个电动势的极性决定于偏差信号的符号，它总是倾向于使偏差信号的绝对值逐渐减少。这就是所谓开关伺服系统（也就是包含有继电器的伺服系统）的一个例子。

开关伺服系统有一个很大的优点，我们可以用相当简单的开关系统来操纵相当大的功率。这个优点对于其他类型的伺服系统来说往往是很难做到的。但是，从另外一方面来说，开关伺服系统当然是一个非线性系统，并且在第十章的讨论中我们还要看到，它们的运转性能也不如以前讨论过的各种系统好。简言之，振荡控制伺服系统是开关伺服系统的一种变形，它保持了线性性质的优点，可是还能够操纵相当大的功率。

在进行讨论振荡控制伺服系统之前，我们先提出一个理论的结果，所有这一类系统的理论都是以这个结果为基础的。让我们考虑一个具有下列性质的装置：如果输入$x(t)$是正数，输出就是$+A$，如果输入$x(t)$是负数，输出就是$-A$。A是一个固定的常数。我们可以把这样一个装置想象为一个理想的继电器（一个阈限是零的开关伺服系统）。假定继电器的输入信号是

$$x(t)=E_0\sin\omega_0 t+kE_0\sin\omega t, \tag{6.8}$$

这里E_0、k，ω_0和ω都是常数。在振荡控制伺服系统的情形中，$E_0\sin\omega_0 t$是系统中的持续振荡，$kE_0\sin\omega t$是所用的信号，也就是调制信号。现在我们来计算相应的输出$y(t)$。

6.4　继电器的频率特性

如果输入是由方程(6.8)所表示的，那么，继电器的输出就可以写成下列形状：

$$\sum_{m=0}^{\infty}\sum_{n=-\infty}^{\infty}a_{nm}\sin[(m\omega_0+n\omega)t], \tag{6.9}$$

这里的各个系数a都是与t无关的常数。当$m=0$时，内部的求和只对于正的n值进行。为了我们预定的目的，最有兴趣的系数就是a_{10}和a_{01}，因为振荡控制伺服系统在正规的运转状态之下，其他的系数或者是非常小，或者由于适当的滤波手续而被过滤掉。

当$k=0$时，也就是当继电器的输入是一个频率为ω_0的单纯的正弦函数时，继电器的输出就是正负交替的矩形波，这个矩形波的高度是A，而每一个矩形的长度都是π/ω_0。我们已经知道这样一个矩形波的富利埃[①]展开式的第一项的系数等于

$$a_{01}=\frac{4A}{\pi}。 \tag{6.10}$$

① 现译为傅里叶。

当 $k \neq 0$ 时,继电器的输出就是图 6.2 所表示的样子。$k \neq 0$ 时的输出与 $k=0$ 时的输出差别就是一系列高度是 $2A$ 的矩形,在图 6.2 里我们用阴影的区域表示这些矩形。当 $|k| \ll 1$ 时,开关点(也就是输出变换符号的时刻)与均匀分布的各点 $t_n = n\pi/\omega_0$ 之间的差别是十分微小的。因此,正如图 6.2 中所表示的样子,表示输出信号的修正量的那些矩形也是很狭窄的。这些矩形的宽度可以这样近似地计算:在 t_n 处的矩形宽度等于调制信号在 t_n 处的值被持续振荡在 t_n 处的斜率除得的商数。因此,这个宽度就是

$$\left|\frac{kE_0 \sin \omega t_n}{E_0 \omega_0 \cos \omega_0 t_n}\right| = \frac{K}{\omega_0} \mid \sin \omega t_n \mid$$

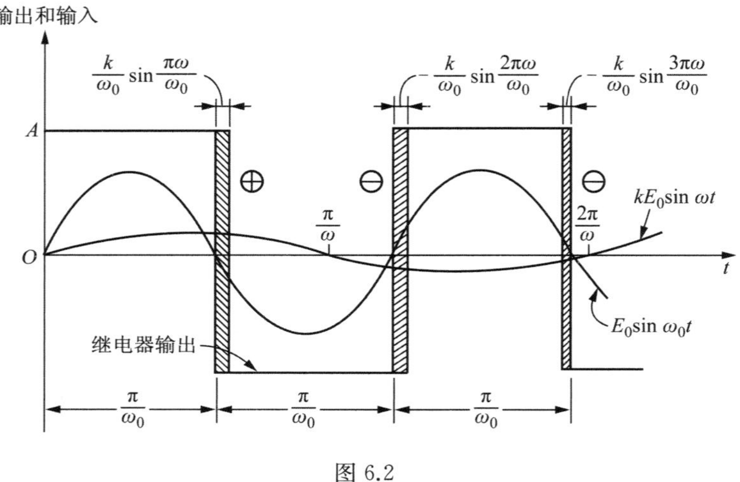

图 6.2

如果 $\sin \omega t_n$ 是正数,就要把矩形加到(+)未调制的输出上去,如果 $\sin \omega t_n$ 是负数,就要把矩形从未调制的输出上减去(−)。所以矩形的面积可以看作是

$$\frac{2Ak}{\omega_0} \sin \omega t_n 。$$

方程(6.9)里的系数 a_{10} 就是这一系列狭窄矩形波的富利埃展开式中的第一项 $\sin \omega t$ 的系数。因为 $\sin \omega t$ 在矩形区域中的值是 $\sin \omega t_n$,所以,如果取 N 个这类的"改正矩形"就有

$$a_{10} \int_0^{N\pi/\omega_0} \sin^2 \omega t \, dt = 2A \frac{k}{\omega_0} \sum_{n=0}^{N} \sin^2 \omega t_n 。$$

但是,

$$\int_0^{N\pi/\omega_0} \sin^2 \omega t \, dt = \frac{1}{2} \int_0^{N\pi/\omega_0} (1 - \cos 2\omega t) dt$$

$$= \frac{1}{2} \frac{N\pi}{\omega_0} - \frac{1}{4\omega} \sin\left(2N\pi \frac{\omega}{\omega_0}\right),$$

而

$$\sum_{n=0}^{N}\sin^2\omega t_n=\sum_{n=1}^{N}\sin^2\left(n\pi\frac{\omega}{\omega_0}\right)=\frac{1}{2}\sum_{n=1}^{N}\left[1-\cos\left(2n\pi\frac{\omega}{\omega_0}\right)\right]$$
$$=\frac{N}{2}-\frac{1}{2}\sum_{n=1}^{N}\cos\left(2n\pi\frac{\omega}{\omega_0}\right)。$$

当我们把 N 无限增大时，这个公式中的和数仍然保持有限，所以，让 N 很大，我们就有

$$a_{10}=2\frac{Ak}{\pi}。\tag{6.11}$$

方程(6.10)和方程(6.11)对于 k 很小的情况给出了两个重要的系数 a_{01} 与 a_{10}。对于一般的 k 值，卡尔普(R. M. Kalb)和本尼特(W. R. Bennett)①曾经计算了这两个系数。当 $0<k<1$ 时，

$$\left.\begin{aligned}a_{01}&=\frac{8A}{\pi^2}E(k),\\ a_{10}&=\frac{8A}{\pi^2 k}[E(k)-(1-k^2)K(k)],\end{aligned}\right\}\tag{6.12}$$

这里 $K(k)$ 和 $E(k)$ 分别表示第一类与第二类的完全椭圆积分。如果 k 相当小，椭圆积分是可以展开的，这时就有

$$\left.\begin{aligned}a_{01}&=\frac{4A}{\pi}\left(1-\frac{k^2}{4}-\cdots\right),\\ a_{10}&=\frac{2Ak}{\pi}\left(1+\frac{k^2}{8}+\cdots\right)。\end{aligned}\right\}\tag{6.13}$$

方程(6.13)表明，我们原来的简单计算方法在分析的准确度上是相当正确的。然而它也表明方程(6.10)与方程(6.11)所给的简单结果对于不是很小的 k 值也还能适用，因为方程组(6.13)与方程(6.10)、方程(6.11)的差别的数量级是 k^2。因此，输出中频率是 ω 的成分与输入中同样频率的成分的比，也就是频率特性 $F_l(\mathrm{i}\omega)$ 近似地等于

$$F_l(\mathrm{i}\omega)=\frac{2A}{\pi E_0}。\tag{6.14}$$

正如方程(6.10)与方程组(6.13)所表明的情况，当 k 相当小的时候，输出中频率是 ω_0 的成分的振幅差不多是一个常数，而这个常数是由继电器本身的特性所完全确定的。而且，输出中频率是 ω_0 的成分与输入中同频率的成分的比是 $4A/\pi E_0$。所以，继电器对于频率是 ω_0 的成分的放大率比对于频率是 ω 的成分的放大率多 6 分贝(db)。

不难看出，以上的讨论可以推广到这样的情形中去：输出不是 $kE_0\sin\omega t$ 而是 $x(t)$，

① *Bell System Tech. J.*, 14, 322-359(1935)。

$x(t)$是任意形状的函数,而且$x(t)$的大小比持续振荡的振幅E_0小得多。在这种情形下,主要的结果可以这样表述:如果调制信号中的高次项小到可以忽略不计的程度,或者可以用适当的滤波方法把它们最后过滤掉;如果继电器的输入是

$$E_0 \sin \omega_0 t + x(t),$$

而$x(t)$比E_0小得多,那么,对于信号$x(t)$的传递来说,继电器的性质就与一个线性系统一样,这时的频率特性就是方程(6.14)所表示的常数。

6.5 利用固有振荡的振荡控制伺服系统

现在我们来进一步讨论振荡控制伺服系统。我们已经看到,如果只从信号传递作用的角度来考虑问题,持续振荡的作用只是使继电器变成一个具有正实数频率特性的相当近似的线性元件。因此,从一开始我们就可以不必提到持续振荡$E_0 \sin \omega_0 t$,而把继电器看作是一个线性元件①,因而也就可以利用以前各章的各种概念和方法来处理这种系统。这个很巧妙的新方法是罗吉埃(J. C. Lozier)所提出的。

为了简单起见,我们一直假定伺服系统本身就具有滤波的性质,能够把继电器所产生的所有不需要的调制项过滤掉。其实,我们还是可以想到,在实际情形中为了达到滤波的目的,有时候也还需要附加一些滤波器。自然,不论系统中的滤波器是怎样的,它们都必须能够使有用的信号通过。把这一点和其他方面的考虑联系起来就得到这样的结论:频率ω_0必须大于信号的富利埃谱的主要部分的频率。

不论在系统采用哪一种滤波的方法,输出中总是包含一个频率是ω_0的振荡成分。特别应该注意,如果用滤波的方法把这个振荡成分的振幅降低到一定的数值以下,后果反而不好。因为在事实上,这个振荡能够起"动力滑润"的作用,它能够减少静力摩擦,松弛以及其他各种与系统有关的非线性作用的影响,而这些作用都是使伺服系统的运转性能变坏的。

我们一直还没有特别讨论用什么方法把持续振荡$E_0 \sin \omega_0 t$加到继电器上去的问题,我们仅只附带地提到过,可以用一个附加的振荡器来供给这个振荡。用振荡器供给持续振荡的系统在可变化性方面是有优点的,因为持续振荡的振幅E_0与频率ω_0都不难加以改变;可是这种系统总是需要一定数量的额外的设备,这是它们的一个重大缺点。以下我们将要简单地介绍一类振荡控制伺服系统,这类伺服系统本身就能够供给持续振荡而不需要额外的设备。

我们来看图6.3所表示的系统。假定这个系统被设计得具有这样的性能:当没有输入信号时,系统也能以某一个固定的频率ω_0振荡,这个ω_0的值是由反馈回路中线性元件的频率特性的相角偏移所确定的。正如我们已经看到的,对于持续振荡而言,继电器所起的作用就像一个线性元件一样,而且频率特性$4A/(\pi E_0)$是一个与振幅成反比的正实数。

① 借助强振荡使非线性系统线性化的数学根据可以参阅文献[35-37]。

正因为如此，振荡的振幅也能自行调整，使得由于回路中的继电器和线性元件而产生的放大率最后变为一。

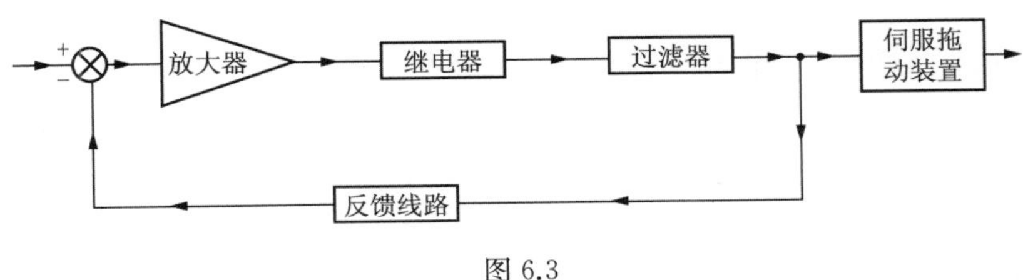

图 6.3

现在假定有一个信号加在系统上。如果在继电器的输入部分上相应的偏差信号相当小，那么，继电器对于持续振荡的放大率基本上就不受影响，因而还可以以原有的频率和振幅继续振荡。我们已经证明，继电器对于信号所起的作用也是线性的，继电器对于信号的放大比对于持续振荡的放大小 6 个分贝。很明显，在这种情况下，我们就得到一种振荡控制伺服系统。这种系统基本上与以前所讨论过的那种系统是相同的，唯一的区别在于这种系统的持续振荡 $E_0\sin\omega_0 t$ 的频率和振幅都是由系统本身所确定的（这种振荡称为**固有振荡**），然而在以前的那种情形中，我们实际上假设持续振荡是与系统无关的①。

如果把系统当作一个伺服系统来考虑，那么，在所有的讨论里，我们只需要考虑继电器对于信号的频率特性，也可以按照以前各章所提出的方法进行处理。并不需要顾虑持续振荡。但是，因为要维持系统的持续振荡，所以，从伺服系统的角度来说，性能的改善还是受到一定限制的。在以下的讨论里就可以看到这一点。

假设 $F(s)$ 是控制线路对于信号而言的传递函数，这个函数是按照方程(6.14)计算的。对于持续振荡而言的传递函数当然就是 $2F(s)$。既然系统有持续振荡，所以系统的传递函数 $1+[1/2F(s)]$ 有一个纯虚数零点 $s=\mathrm{i}\omega_0$。所以

$$2F(\mathrm{i}\omega_0)=-1。$$

因此，当 s 沿着虚轴变化时，乃氏图的 $1/F(s)$ 图线必须经过 −2 点。此外，当我们把系统看作伺服系统时，为了保证它具有满意的性能，$1/F(s)$ 图线就必须满足第四章所讨论过的那些条件，包括必须离开 −1 点相当远的条件在内；很明显，由于多了一个限制条件，就使得系统比没有这个限制条件的系统更难满足这些条件。在这个意义上，从可变化性的角度来看，这一类利用本身固有振荡的系统是不如那些利用外加振荡器供给持续振荡的振荡控制伺服系统的。所以，当系统能进行持续振荡时，$1/F(\mathrm{i}\omega)$ 图线必须经过 −2 点。为了避免图线经过 −1 点的附近，可以采取这样一个办法：设法使图线在 −2 点与实轴垂直地相交。这也就表示，在系统的固有频率 ω_0 处，向量 $1/F(\mathrm{i}\omega)$ 的长度变化得非常缓慢，而相角变化得比较快。

① 这是自持振荡系统的主要特性，由于系统里有继电器使得存在自持振荡，参阅文献[1,6,13,38,39]。

6.6 一般的振荡控制伺服系统

继电器是非线性装置。但是如果把一个高频率大振幅的正弦振荡加到信号上去，那么，对于信号而言，就可以使得输出与输入之间的关系变成线性的。所以，振荡控制伺服系统的基本概念就是把非线性系统线性化。罗埃布(J. M. Loeb)①已经证明，这个概念可以应用到任何非线性系统上去，并且他把这个方法称为非线性控制系统的一般线性化方法。因此，我们也就把利用这种方法的伺服系统称为一般的振荡控制伺服系统。

我们来考虑一个一般的函数 $y(x)$，这里的 y 是输出，x 是输入。如果把变数 x 换成 $x+\varepsilon$。而 ε 是一个比 x 小得多的数。如果 $y(x)$ 是一个正则函数，我们就可以把 $y(x+\varepsilon)$ 展开为泰勒(Taylor)级数：

$$y(x+\varepsilon)=y(x)+\varepsilon\left(\frac{\mathrm{d}y}{\mathrm{d}x}\right)_x+\varepsilon^2\frac{1}{2}\left(\frac{\mathrm{d}^2y}{\mathrm{d}x^2}\right)_x+\cdots。\tag{6.15}$$

现在我们假定输入 x 是一个时间 t 的周期函数，周期是 T，并且 ε 是一个常数。显然，$y(x)$ 也是时间 t 的周期函数，周期也还是 T。不难想到，$\mathrm{d}y/\mathrm{d}x$ 与 $\mathrm{d}^2y/\mathrm{d}x^2$ 也是时间 t 的周期函数，而且周期也是 T。周期函数可以展开为富利埃级数，所以，如果把 ε 的高于一次的方幂忽略不计，我们就得到

$$\begin{aligned}y(x+\varepsilon)\approx a_{00}+\sum_{n=1}^{\infty}(a_{0n}\cos n\omega t+b_{0n}\sin n\omega t)+\\ \varepsilon\left[a_{10}+\sum_{n=1}^{\infty}(a_{1n}\cos n\omega t+b_{1n}\sin n\omega t)\right],\end{aligned}\tag{6.16}$$

其中，$\omega=2\pi/T$ 是输入 x 的频率。

如果 ε 不是一个真正的常数，而是一个变化得相当缓慢的时间函数，它的基本频率比 ω 小得很多。这时，方程(6.16)仍然近似地正确。现在把 $y(x)$ 看作是非线性装置的输入与输出之间的关系，把 $\varepsilon(t)$ 看作是信号，把 $x(t)$ 看作是附加上去的高频率大振幅的持续振荡，这个持续振荡不必须是正弦振荡。在非线性元件的输出中表示信号的是方程(6.16)的第二项。既然频率 ω 比 $\varepsilon(t)$ 的频率高得多。所以，我们就可以把下列富利埃级数所表示的周期函数看作是载波，

$$a_{10}+\sum_{n=1}^{\infty}(a_{1n}\cos n\omega t+b_{1n}\sin n\omega t),$$

把 $\varepsilon(t)$ 看作是调幅信号。在以上的讨论中，我们都是假定非线性元件的输入 x 与输出 y 之间有直接的函数关系 $y(x)$。罗埃布(J. M. Loeb)曾经证明，即使 y 与 x 之间的关系是

① J. M. Loeb, *Ann. de Télécommunications*, 5, 65－71(1950)。

一般的泛函数关系(也就是说,y 在时刻 t 的值不仅与 x 在时刻 t 的瞬时值有关,而且也与在所有过去的时刻 x 值有关),方程(6.16)也还是成立的。这种更广泛的输入输出关系的概念就可以把例如齿轮松弛等的滞后现象包括在内,而且这种概念几乎对于所有的实际非线性装置都能适用。因此,对于一般的振荡控制伺服系统来说,输出中的信号形式是被调制的载波,而且对于信号而言,输入输出之间的关系是线性的。

现在,我们假定附加的持续振荡的波形是对称的,例如正弦波或图 6.4 所表示的锯齿波等。如果 $y(x)$是偶函数,或者说

$$\left.\begin{aligned} &y(x)=y(-x),\\ &\left(\frac{\mathrm{d}y}{\mathrm{d}x}\right)_x=-\left(\frac{\mathrm{d}y}{\mathrm{d}x}\right)_{-x},\end{aligned}\right\}\tag{6.17}$$

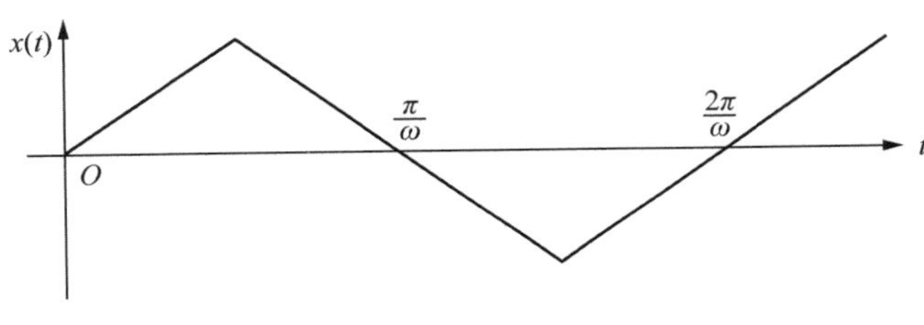

图 6.4

那么,对于周期函数 $y(x)$与 $\mathrm{d}y/\mathrm{d}x$ 就有下列关系:

$$\left.\begin{aligned} &y(x)_t=y(x)_{t+\frac{T}{2}},\\ &\left(\frac{\mathrm{d}y}{\mathrm{d}x}\right)_t=-\left(\frac{\mathrm{d}y}{\mathrm{d}x}\right)_{t+\frac{T}{2}}。\end{aligned}\right\}\tag{6.18}$$

从这两个条件就推导出

$$a_{01}=b_{01}=0,\quad a_{10}=0\quad [y(x)\text{ 是偶函数时}]。\tag{6.19}$$

因此,如果把高次谐波忽略不计,载波就是一个频率是 ω 的正弦振荡。这也就是前一节所讨论过的交流伺服系统的情形。在那里所提出的设计方法仍然可以用到这类一般的振荡控制伺服系统上来。如果 $y(x)$是奇函数,或者说 $y(x)=-y(-x)$,我们也还可以写出一组类似于方程(6.17)和方程(6.18)的条件,而且可以导出下列条件:

$$a_{00}=0,\quad a_{11}=b_{11}=0\quad [y(x)\text{ 是奇函数时}]。\tag{6.20}$$

如果忽略掉高次谐波,这个情形与第 6.4 节所讨论过的振荡控制伺服系统是完全相同的。

以上的讨论表明,如果伺服系统中包含非线性元件,我们就可以用在输入信号上附加持续振荡的方法使非线性元件的特性线性化,同时把原来的系统变为性能较好的振荡控制伺服系统。而且,完全可以用这一章所讲的各种方法来设计这一类伺服系统。

第七章
采样伺服系统

直到现在，在我们所讨论的各种伺服系统中，被处理的信号都是连续的时间变数 t 的函数。可是，实际上会碰到这种情况：伺服系统所需要处理的信号是以离散变数的函数所给定的。举例来说，一个输入信号只是由某一个函数 $x(t)$ 在间隔相等的各个时刻 0，t_0，$2t_0$，…的值所确定，而在这些所谓采样时刻之间的时间间隔中，输入是没有被确定的。这就是信号是离散变数的一种情况。

如果遇到刚才所讲的那种情形，我们自然对在各个采样时刻的输出信号值产生兴趣。同时也希望伺服系统具有这样一种性质：伺服系统只根据这些输出值对输出信号进行改正，在采样间隔之内的输出值并不影响改正作用。如果一个伺服系统具有这种性质，我们就把它叫作采样伺服系统。在这一章里，我们将要简单地讲一讲线性采样伺服系统的理论，我们所要采取的观点和做法与以前各章关于连续作用的伺服系统的讨论是十分相像的。

7.1　一个采样线路的输出

图 7.1 所画的是我们将要讨论的采样伺服系统的简图。这个系统也包含普通的前向控制线路和反馈线路，这个系统的主要不同之处是在反馈线路上有一个做周期性运动的开关，这个开关只在等间隔的各个采样时刻 0，t_0，$2t_0$，…上闭合很短的时间，在其余时间这个开关总是开断的。如果在系统中还包含能够储藏能量的元件或者具有频率选择性的元件，那么，理论的叙述只在细节上有所不同，而没有根本的改变。既然如此，我们就可以假定前向控制线路的传递函数与频率无关，因而使得叙述可以简单一些。至于前向线路是一个 s 的有理分式的情形，也可以类似地加以处理，齐普金[41]（Я. З. Цыпкин）以及拉格基尼（J. R. Ragazzini）和扎第①（L. A. Zadeh）曾经在这方面进行过较详细的分析。开关被安装在如图 7.1 所表示的部位上也是一件很有影响的事实。

以下的分析都是根据这样一个假设的：开关闭合的时间非常短，以至于我们可以认

① J. R. Ragazzini and L. A. Zadeh，*Trans. AIEE*，71，Part Ⅱ，228(1952)。

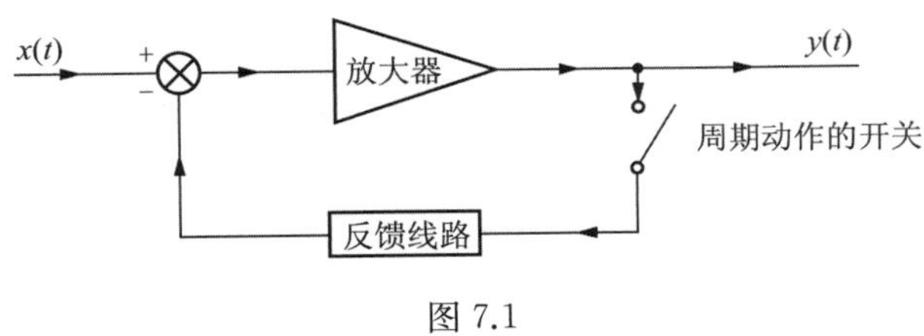

图 7.1

为反馈线路所受到的是一系列的冲量。我们还假定，反馈线路对于单位冲量的反应$h_2(t)$是时间的连续函数，这也就是说，对于小的t值，$h_2(t)$的变化情况与t^n的变化情况是相像的。这里$n \geqslant 1$。这时$h_2(t)$在$t=0$处没有跳跃。如果反馈线路的传递函数是$F_2(s)$，根据一般的公式，方程(2.18)，

$$h_2(t)=\frac{1}{2\pi \mathrm{i}}\int_{\gamma-\mathrm{i}\infty}^{\gamma+\mathrm{i}\infty} F_2(s)\mathrm{e}^{st}\,\mathrm{d}s, \tag{7.1}$$

这里，γ是一个比$F_2(s)$的所有极点的实数部分都大的一个实常数。如果对于很大的s值，$F_2(s)$的变化情况与$1/s^m$的变化情况相像，按照拉氏变换表(见表2.1)，对于很小的t值，$h_2(t)$的变化情况与t^{m-1}的变化情况相像。我们所假设的$h_2(t)$在$t=0$处的连续条件，要求m至少要等于2。所以，对于趋近于无限大的s值来说，$F_2(s)$趋近于零的速度至少要和$1/s^2$趋近于零的速度一样快。

这样一来就很清楚了，如果在$t<0$时，输入信号$x(t)$恒等于零，那么，在一个一般的采样时刻nt_0时，输出信号的值$y(nt_0)$就是以以前所有的冲量的影响和总和来计算的，它可以用下列公式给出：

$$y(nt_0)=F_1\left[x(nt_0)-\theta t_0\sum_{k=0}^{n} y(kt_0)h_2(nt_0-kt_0)\right], \tag{7.2}$$

这里的F_1表示前向控制线路的传递函数(也就是放大器的放大)，它是一个常数。θ表示开关每一次闭合的时间与采样周期t_0的比值，$\theta<1$。因此，$\theta t_0 y(kt_0)$是在$t=kt_0$时反馈线路的输入冲量。

如果在各个采样时刻$x(t)$与$h_2(t)$的值都是已知的，我们就可以根据公式(7.2)用初等方法把$y(0)$，$y(t_0)$，$y(2t_0)$，… 依次计算出来；但是，我们所要采用的不是这种方法，而是另外一种更清楚的计算方法，利用这个新方法我们就能够把采样伺服系统的理论化为与第四章所讨论的普通伺服系统的理论相似的形式。这个方法是施梯必茨(G. R. Stibitz)与申南(C. E. Shannon)创始的。

7.2　施梯必茨-申南(Stibitz - Shannon)理论

我们先来规定下列三个函数：

$$X^{*}(s)=\sum_{n=0}^{\infty}x(nt_0)\mathrm{e}^{-nt_0 s}, \tag{7.3}$$

$$Y^{*}(s)=\sum_{n=0}^{\infty}y(nt_0)\mathrm{e}^{-nt_0 s}, \tag{7.4}$$

$$F_2^{*}(s)=t_0\sum_{n=0}^{\infty}h_2(nt_0)\mathrm{e}^{-nt_0 s}。 \tag{7.5}$$

这些函数都是 s 的周期函数,它们的周期都是虚数 $2\pi\mathrm{i}/t_0$。在以上三个公式中,nt_0 的函数就是富利埃系数。从 $x(t)$, $y(t)$, $h_2(t)$ 变为 $X^{*}(s)$, $Y^{*}(s)$ 和 $F_2^{*}(s)$ 的步骤与方程(2.1)所表示的求相当的拉氏变换 $X(s)$, $Y(s)$, $F_2(s)$ 的步骤是非常相像的。在那里被考虑的是连续的时间变数 t,但是现在所考虑的是离散的时刻 nt_0。所以,那里的积分符号也就被换为求和符号。不难看出,方程(7.3),方程(7.4)和方程(7.5)所表示的是拉氏变换的一种变形,这种变形自然适用于采样伺服系统的情形。

我们暂时先来考虑 $F_2(s)$的所有极点都在虚轴左方的情形。在这种情况下,当 t 趋向于无限大的时候,$h_2(t)$就按指数规律衰减下去,而且对于实数部分大于某一个负常数的所有 s 值,公式(7.5)的级数都是收敛的。当然,方程(7.3)和方程(7.4)的级数的收敛性是与输入信号的性质有关的。我们只限于考虑这样一类输入信号,它们使得方程(7.3)和方程(7.4)的级数的收敛状态与方程(7.5)的级数相同。其实,对于$x(t)$来说,这个限制是很微弱的,在过渡过程理论中,我们也常常引进这个限制。

把方程(7.2)先用 $\mathrm{e}^{-nt_0 s}$ 乘,然后再对所有的 n 值求和,我们就得到

$$Y^{*}(s)=F_1\left[X^{*}(s)-\theta t_0\sum_{n=0}^{\infty}\mathrm{e}^{-nt_0 s}\sum_{k=0}^{n}y(kt_0)h_2(nt_0-kt_0)\right]。$$

但是,

$$\begin{aligned}&\theta t_0\sum_{n=0}^{\infty}\mathrm{e}^{-nt_0 s}\sum_{k=0}^{n}y(kt_0)h_2(nt_0-kt_0)\\=&\theta t_0\sum_{n=0}^{\infty}\sum_{k=0}^{n}y(kt_0)\mathrm{e}^{-kt_0 s}\mathrm{e}^{-(n-k)t_0 s}h_2(nt_0-kt_0)\\=&\theta t_0\sum_{m=0}^{\infty}\sum_{k=0}^{\infty}y(kt_0)\mathrm{e}^{-kt_0 s}\mathrm{e}^{-mt_0 s}h_2(mt_0)\\=&\theta F_2^{*}(s)Y^{*}(s)。\end{aligned}$$

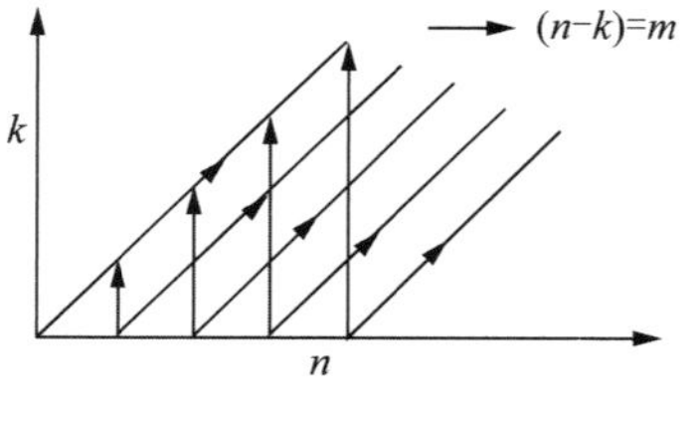

图 7.2

在以上的数学计算中,我们把对于 n 与 k 的求和换成对于 k 与 $m=n-k$ 的求和。这个数学的变换可以用图 7.2 来说明。图中用矢线表示求和的顺序和求和的区域。根据这个计算结果,就得到

$$Y^{*}(s)=F_1[X^{*}(s)-\theta F_2^{*}(s)Y^{*}(s)]$$

或

$$\frac{Y^*(s)}{X^*(s)}=\frac{F_1}{1+\theta F_1F^{*2}(s)}。\tag{7.6}$$

方程(7.6)与以前讨论过的反馈伺服系统的基本方程(4.3)是类似的。这两种情况的区别在于所牵涉到的函数的解析性质是不同的。以后我们还要讨论这个问题。

现在我们假设 $y(nt_0)$具有这样的特性：只要 s 的实数部分不是负数，$Y^*(s)$的级数就是收敛的。对于纯虚数的 s 值，级数当然也是收敛的。假设 $s=\mathrm{i}\omega$，就有

$$Y^*(\mathrm{i}\omega)\mathrm{e}^{\mathrm{i}nt_0\omega}=\sum_{m=0}^{\infty}y(mt_0)\mathrm{e}^{-\mathrm{i}t_0\omega(m-n)}。$$

因而有

$$\int_{\omega_0}^{\omega_0+(2\pi/t_0)}Y^*(\mathrm{i}\omega)\mathrm{e}^{\mathrm{i}nt_0\omega}\mathrm{d}\omega=y(nt_0)\frac{2\pi}{t_0}$$

或者

$$y(nt_0)=\frac{t_0}{2\pi\mathrm{i}}\int_{\omega_0}^{\omega_0+(2\pi/t_0)}Y^*(\mathrm{i}\omega)\mathrm{e}^{\mathrm{i}nt_0\omega}i\,\mathrm{d}\omega。$$

设 $\mathrm{i}\omega=s$，并且 $\mathrm{i}\omega_0=s_0$，最后就得到

$$y(nt_0)=\frac{t_0}{2\pi\mathrm{i}}\int_{s_0}^{s_0+(2\pi\mathrm{i}/t_0)}Y^*(s)\mathrm{e}^{nt_0s}\mathrm{d}s。$$

根据关于复变函数积分的柯西(Cauchy)定理，

$$y(nt_0)=\frac{t_0}{2\pi\mathrm{i}}\int_{\Gamma}Y^*(s)\mathrm{e}^{nt_0s}\mathrm{d}s=\frac{t_0}{2\pi\mathrm{i}}\int_{\Gamma}\frac{F_1X^*(s)\mathrm{e}^{nt_0s}}{1+\theta F_1F_2^*(s)}\mathrm{d}s,\tag{7.7}$$

正如图 7.3 所表示的那样，Γ 是连接 s 平面的虚轴上距离为 $2\pi/t_0$ 的两点的一条积分路线，而且被积函数的所有奇点都必须在 Γ 的左方。以上所讲的是 $Y^*(s)$ 的奇点都在左半 s 平面的情形。但是如果按照同样的条件规定积分路线 Γ，那么，即使 $Y^*(s)$在右半 s 平面上有极点。方程(7.7)也还是成立的。

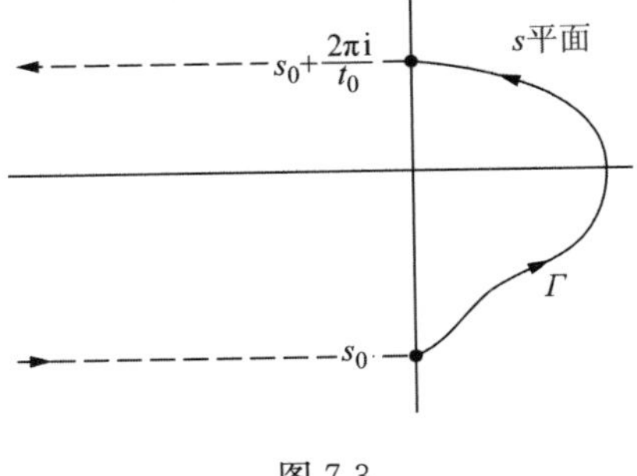

图 7.3

根据 $X^*(s)$和 $F_2^*(s)$的周期性，我们可以在积分路线 Γ 上再增加两条与实轴平行的虚直线，而不会影响积分(7.7)的值(见图 7.3)。这样一来，被积函数的全部极点都被包含在新的积分路线之内了。可以证明，对于合理的输入信号来说，$X^*(s)$不会有实数部分是正数的极点。因此，使输出不稳定的原因只可能是这样的：方程(7.7)的被积函数的分母有实数部分是正数的零点。所以，与普通的伺服控制系统非常相似，稳定性的必要而且充分的条件就是

$$1+\theta F_1F_2^*(s)=0, \tag{7.8}$$

在右半 s 平面没有零点。下面我们就来讲一讲如何把第 4.3 节的乃氏准则适当地加以修改，使得这个准则也能应用在目前的稳定条件上。

7.3 采样伺服系统的乃氏准则

因为 $F_2^*(s)$是周期函数，所以，如果希望知道方程(7.8)在右半平面有没有零点，我们只要看一看在一个宽度是 $2\pi/t_0$ 从虚轴开始向右方无限延展的条形区域里有没有方程(7.8)的零点就足够了(见图 7.4)。假定 $F_2^*(s)$ 在虚轴上和虚轴的右方没有奇点，并且假定 $1+\theta F_1F_2^*(s)$ 在虚轴上没有零点，我们就能够(而且实际上也是这样做的)把条形区域在铅直方向适当地移动一下，使得条形区域的水平边上没有 $1+\theta F_1F_2^*(s)$ 的零点。现在我们让 s 点在图 7.4 所表示的闭合曲线 $ABCDA$ 上转动一周。这时，向量 $\theta F_1F_2^*(s)$ 的顶点也就相应地描绘出某一条闭合曲线 $A'B'C'D'A'$，就像图 7.5 所表示的那种情形一样。我们并不想把这条向量 $\theta F_1F_2^*(s)$ 的顶点曲线真正画出来。当 s 走过 AB 时，我们就得到 $A'B'$弧。当 s 走过 BC 时，我们又得到一个弧线 $B'C'$；因为 $F_2^*(s)$的周期性，所以 $B'C'$是一条闭合曲线。当 s 走过 CD 时，我们就得到 $C'D'$弧；同样，由于 $F_2^*(s)$ 的周期性，$C'D'$与 $A'B'$相重合但是方向相反。最后，当 s 走过 DA 时，我们就得到 $D'A'$弧，不难看出 $D'A'$也是一条闭合曲线。

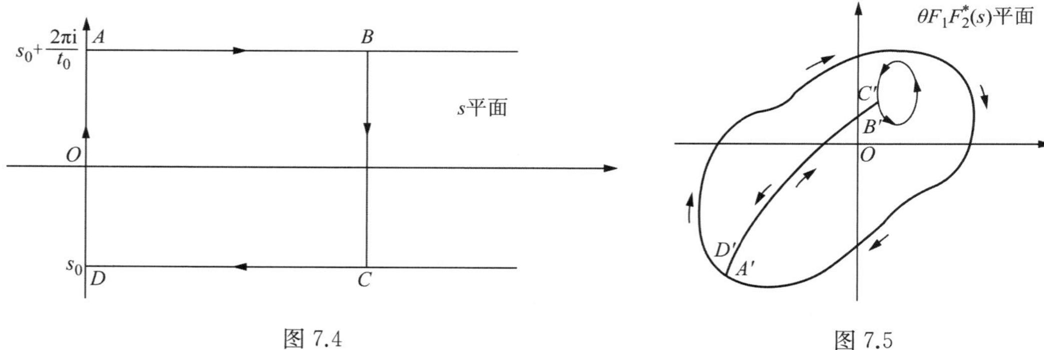

图 7.4　　图 7.5

根据柯西定理，如果想知道在矩形区域 $ABCDA$ 内有没有方程(7.8)的零点，我们只需要研究一下当动点 $\theta F_1F_2^*(s)$ 在闭曲线 $A'B'C'D'A'$上走一周时，从 -1 到 $\theta F_1F_2^*(s)$ 点的向量是否围绕 -1 点转动了不等于零的总圈数就够了。现在我们来考虑一下，当图 7.4 中矩形的 BC 边无限地向右移动时的情况。由方程(7.5)很容易看出，图 7.5 中的闭合曲线弧 $B'C'$必然要逐渐收缩成一个点。所以，实际上起作用的只是闭合曲线弧 $D'A'$。很明显，方程(7.8)在条形区域内是否有零点的问题就化为这样一个问题，即当动点 $\theta F_1F_2^*(s)$ 在 $D'A'$上转动一周时，从 -1 点到动点的向量是否围绕 -1 点转动了不等于零的总圈数。这就是简单的采样伺服系统(见图 7.2)的乃氏准则[5]。

以上我们所讲的就是关于采样伺服系统的施梯必茨-申南理论的基本内容，这个理论不论在观点上还是在形式上，都与连续作用的伺服系统的理论十分相像。

7.4　稳态误差

如果输入是单位阶跃函数 $1(t)$，

$$X^*(s)=\sum_{n=0}^{\infty}\mathrm{e}^{-nt_0 s}=\sum_{n=0}^{\infty}(\mathrm{e}^{-t_0 s})^n=\frac{1}{1-\mathrm{e}^{-t_0 s}},$$

根据方程(7.7)就有

$$y(nt_0)=\frac{t_0F_1}{2\pi\mathrm{i}}\int_{\Gamma}\frac{\mathrm{e}^{nt_0 s}\,\mathrm{d}s}{(1-\mathrm{e}^{-t_0 s})[1+\theta F_1F_2^*(s)]}。$$

当 $n\to\infty$ 时，只有原点是有重要作用的极点，

$$\lim_{n\to\infty}y(nt_0)=\frac{F_1}{1+\theta F_1F_2^*(0)}。\tag{7.9}$$

如果输入是一个常数 $1(t)$，这个方程就给出输出的稳态值。因此，稳态误差相当小的条件就是

$$F_1\approx 1+\theta F_1F_2^*(0)$$

或者

$$F_1\approx\frac{1}{1-\theta F_2^*(0)}。\tag{7.10}$$

如果要求输出与输入的差数相当微小，我们就必须按照条件方程(7.10)来规定前向控制线路的放大 F_1 的近似值。采样伺服系统的条件方程(7.10)与连续作用伺服系统的条件方程(4.11)是类似的。

7.5　$F_2^*(s)$的计算

为了使以上的采样伺服系统理论更加切合实际，我们还必须做进一步的讨论。

$F_2(s)$与 $F_2^*(s)$这两个函数都是用来表示反馈线路的特性的：当反馈线路是连续作用的伺服的组成部分时，$F_2(s)$就是很重要的特性。但是，当反馈线路用在采样伺服系统上时，$F_2^*(s)$就成为重要的特性了。从数学上来看，$F_2(s)$比 $F_2^*(s)$简单得多，而且，我们也常常把 $F_2(s)$直接用到设计线路的方法上去。因此，找出 $F_2^*(s)$与 $F_2(s)$的关系，就是

很重要的事情了,而且我们还希望这个关系越直接越好。再重复一次,$F_2^*(s)$是 s 的周期函数,周期是虚数 $i2\pi/t_0$。并且,当我们用乃氏准则分析系统性能时,只需要在 $-\pi/t_0<\omega<\pi/t_0$ 的范围内研究频率特性 $F_2^*(i\omega)$ 就够了。

假定 s 的实数部分比 γ 大,按照以前的假设,γ 是一个负数,根据方程(7.1)和方程(7.5)我们就得到

$$\begin{aligned}F_2^*(s)&=\frac{t_0}{2\pi i}\sum_{n=0}^{\infty}e^{-nt_0 s}\int_{\gamma-i\infty}^{\gamma+i\infty}F_2(q)e^{nt_0 q}dq\\&=\frac{t_0}{2\pi i}\int_{\gamma-i\infty}^{\gamma+i\infty}F_2(q)dq\sum_{n=0}^{\infty}e^{-nt_0(s-q)}\\&=\frac{t_0}{2\pi i}\int_{\gamma-i\infty}^{\gamma+i\infty}\frac{F_2(q)dq}{1-e^{-t_0(s-q)}}。\end{aligned}\tag{7.11}$$

以下我们就用**留数**方法(**残数**方法)来计算方程(7.11)右端的积分。

被积函数有若干个极点:$F_2(s)$的极点都在积分路线的左方;但是那些由方程 $1-e^{-t_0(s-q)}=0$ 的零点所构成的极点都在积分路线的右方。不难看出,沿着从 $\gamma-i\infty$ 到 $\gamma+i\infty$ 的直线的积分值等于在顺时针方向上沿着这样一条闭合积分路线上的积分值,这条闭合路线是由原来的直线和右半平面上以那条直线为直径的一个无限大的半圆周所组成的。因此,方程(7.11)右端的积分值等于$-t_0$ 与被积函数在方程 $1-e^{-t_0(s-q)}=0$ 的各个零点的留数的和的乘积。

方程 $1-e^{-t_0(s-q)}=0$ 的零点的一般形式是 $q=s+(2\pi im/t_0)$,m 是任何整数。被积函数在这样一个极点处的留数是 $-(1/t_0)F_2[s+(2\pi im/t_0)]$。所以,就得出

$$F_2^*(s)=\sum_{m=-\infty}^{m=\infty}F_2\left(s+\frac{2\pi im}{t_0}\right)。\tag{7.12}$$

这个公式使我们能够相当深刻地看出 $F_2^*(s)$的性质,有时候也可以利用这个公式进行近似计算。但是,我们还可以用相当简单的有限形式把 $F_2^*(s)$精确地表示出来。

函数 $F_2(s)$可以写成有限多个部分分式的和,

$$F_2(s)=\sum_{k=1}^{n}\frac{a_k}{s-s_k},\tag{7.13}$$

这里的各个 a_k 和 s_k 都是常数,n 是 $F_2(s)$的分母多项式的次数。这样一来,利用方程(7.12)就有

$$\begin{aligned}F_2^*(s)&=\sum_{k=1}^{n}a_k\left\{\frac{1}{s-s_k}+\sum_{m=1}^{\infty}\left[\frac{1}{(2\pi im/t_0)+(s-s_k)}-\frac{1}{(2\pi im/t_0)-(s-s_k)}\right]\right\}\\&=\sum_{k=1}^{n}a_k\left[\frac{1}{s-s_k}+\sum_{m=1}^{\infty}\frac{2(s-s_k)}{(4\pi^2m^2/t_0^2)+(s-s_k)^2}\right]。\end{aligned}\tag{7.14}$$

但是,我们知道 $\coth z$ 有如下的展开式:

$$\coth z = \frac{1}{z} + 2z\sum_{m=1}^{\infty}\frac{1}{m^2\pi^2 + z^2}。$$

所以,方程(7.14)中对 m 所求的和数可以计算出来,因此就得出

$$F_2^*(s) = \frac{t_0}{2}\sum_{k=1}^{n} a_k \coth\left[\frac{(s - s_k)t_0}{2}\right]。\tag{7.15}$$

利用这个公式,对于任意的 s 值,都可以把 $F_2^*(s)$准确地计算出来。

如果 t_0 很小,$F_2(\mathrm{i}\omega)$的值在 $-\pi/t_0 < \omega < \pi/t_0$ 间隔之外小到略去不计的程度,那么,根据方程(7.12)就可以很清楚地看出 $F_2^*(s)$的定性的性质。事实上,在间隔 $-\pi/t_0 < \omega < \pi/t_0$ 里,$F_2^*(\mathrm{i}\omega)$差不多就等于 $F_2(\mathrm{i}\omega)$。我们将要看到,如果 t_0 相当大,我们也还可以得到一个相当简单的 $F_2^*(\mathrm{i}\omega)$的近似表示式。把各个零点 s_k 写作

$$s_k = -\lambda_k + \mathrm{i}\omega_k,\tag{7.16}$$

这些 λ_k 和 ω_k 都是实数。根据我们的假设,所有的 λ_k 都是正数。按照方程(7.15),现在就得出:

$$\begin{aligned}F_2^*(\mathrm{i}\omega) &= \frac{t_0}{2}\sum_{k=1}^{n} a_k \coth\left\{\frac{t_0}{2}[\lambda_k + \mathrm{i}(\omega - \omega_k)]\right\}\\ &= \frac{t_0}{2}\sum_{k=1}^{n} a_k \frac{1 + \mathrm{e}^{-t_0[\lambda_k + \mathrm{i}(\omega-\omega_k)]}}{1 - \mathrm{e}^{-t_0[\lambda_k + \mathrm{i}(\omega-\omega_k)]}}。\end{aligned}$$

因此,对于大的 t_0 值就有

$$F_2^*(\mathrm{i}\omega) \approx \frac{t_0}{2}\sum_{k=1}^{n} a_k\{1 + 2\mathrm{e}^{-t_0[\lambda_k + \mathrm{i}(\omega-\omega_k)]}\}。\tag{7.17}$$

当 s 很大的时候,方程(7.13)可以写作

$$F_2(s) = \frac{1}{s}\sum_{k=1}^{n} a_k + \frac{1}{s^2}\sum_{k=1}^{n} a_k s_k + \cdots。$$

但是我们曾经假定:反馈线路对于冲量的反应是连续的,所以,当 s 很大时,$F_2(s) \sim 1/s^2$,因此

$$\sum_{k=1}^{n} a_k = 0。\tag{7.18}$$

这样一来,方程(7.17)就变成

$$F_2^*(\mathrm{i}\omega) \approx t_0 \mathrm{e}^{-\mathrm{i}t_0\omega}\sum_{k=1}^{n} a_k \mathrm{e}^{t_0 s_k}。\tag{7.19}$$

对于实际的物理系统来说,s_k 或者是实数,或者成复共轭对出现,所以方程(7.19)中的和数一定是实数。因此,当 ω 从 $-\pi/t_0$ 变到 π/t_0 时,$F_2^*(\mathrm{i}\omega)$ 的图线是一个圆,这个圆的半径是

$$\left| t_0 \sum_{k=1}^{n} a_k \mathrm{e}^{t_0 s_k} \right|。\tag{7.20}$$

7.6 连续作用伺服系统与采样伺服系统的比较

我们已经看到,如果 t_0 的值很小,$F_2^*(\mathrm{i}\omega)$ 差不多就等于 $F_2(\mathrm{i}\omega)$。对于连续作用伺服系统来说,稳定性的判断准则就是 $F_1F_2(\mathrm{i}\omega)$ 图线应该不绕过-1点。对于采样伺服系统来说,$\theta F_1F_2^*(\mathrm{i}\omega)$ 图线应该不绕过-1点,或者说,$F_1F_2(\mathrm{i}\omega)$ 图线应该不绕过 $1/\theta$ 点。因此,如果只考虑系统的稳定性,采样伺服系统的放大 F_1 就可以比普通的连续作用伺服系统大得多。

如果 t_0 的值很大,根据方程(7.19)和(7.20)乃氏准则就变为

$$\theta F_1 \left| t_0 \sum_{k=1}^{n} a_k \mathrm{e}^{t_0 s_k} \right| < 1。$$

既然 s_k 的实数部分都是负数,$F_2^*(\mathrm{i}\omega)$ 图线的半径就很小,又因为开关闭合时间与采样周期的比值 θ 也是一个很小的数,所以,我们可以使放大 F_1 相当大而不会引起系统的不稳定。

由此可见,不论采样周期 t_0 大小如何,采样伺服系统的稳定运转的条件总是比普通的反馈伺服系统的稳定运转条件宽松得多。这个事实也许是可以预料到的,因为只在很小的一部分时间之内,系统才具有反馈作用,所以,除了采样时刻的值以外,对于输出并没有任何限制,因此,稳定性条件当然也就可以弱一些。

7.7 $F_2(s)$在原点有极点的情形

在实际情况中,$F_2(s)$很可能在 $s=0$ 处有一个极点。为了避免某些不必要的麻烦,以前我们并没有考虑这种情形,现在,我们把这种情形简短地讨论一下。

首先,我们可以看到,如果 $s=0$ 是 $F_2(s)$ 的一个极点,那么常数 γ 就必须是正数,而且 $F_2^*(s)$ 的无穷级数表示式(7.12)只在 s 的实数部分是正数时成立。其次,系统的乃氏图也要发生变化,最显著的变化就是,乃氏图不再是闭合曲线,而是一条开放的曲线了。我们也可以认为这条曲线在无限远处的两个端点是被一个顺时针方向的无限大的半圆周所连接起来的。然而,在这种情形中,$F_2^*(s)$ 的有限表示式(7.15)仍然成立。如果,设 $s_1=0$,那么,方程(7.15)就变为

$$F_2^*(\mathrm{i}\omega)=\frac{t_0}{2}\left[-\mathrm{i}a_1\cot\frac{\omega t_0}{2}+\sum_{k=2}^{n}a_k\coth\frac{t_0[\lambda_k+\mathrm{i}(\omega-\omega_k)]}{2}\right]。$$

如果 t_0 的值很大，我们就得到一个类似于方程(7.17)的公式，

$$F_2^*(\mathrm{i}\omega)=\frac{t_0}{2}\left[-\mathrm{i}a_1\cot\frac{\omega t_0}{2}+\sum_{k=2}^{n}a_k\{1+2\mathrm{e}^{-t_0[\lambda_k+\mathrm{i}(\omega-\omega_k)]}\}\right]。$$

但是按照方程(7.18)，

$$a_2+a_3+\cdots+a_n=-a_1,$$

所以，

$$F_2^*(\mathrm{i}\omega)=-\frac{a_1t_0}{2}\left[1+\mathrm{i}\cot\frac{\omega t_0}{2}\right]+t_0\mathrm{e}^{-\mathrm{i}t_0\omega}\sum_{k=2}^{n}a_k\mathrm{e}^{t_0s_k}。\tag{7.21}$$

常数 a_1 当然是一个正实数。当 ω 从 $-\pi/t_0$ 变化到 π/t_0 时，方程(7.21)的第一项就给出一条平行于虚轴的直线。第二项是一个正弦函数。因此，乃氏图就是一条被变为正弦波形状的直线。

第八章 有时滞的线性系统[13,22]

在这一章里，我们将要在常系数线性系统里再引进一种新的因素，这就是时滞。时滞 τ 的意义是，系统的各个变数之间的关系不能够用这些变数在同一时刻 t 的值的关系来表示，相反地，这个关系牵涉到某些变数在时刻 t 的值，同时也牵涉到某些变数在时刻 $t-\tau$ 的值。那些在时刻 $t-\tau$ 取数值的变数与那些在时刻 t 取数值的变数比较，在时间上的滞后（时滞）就是 τ。因此，时滞 τ 与第 3.1 节所讲的一阶线性系统的时间常数是十分不同的。时滞系统（有时滞作用的系统）的运动状态是用常系数的微分差分方程描述的，这当然比以前所讨论过的只用微分方程描述的系统要复杂得多。曾有很多科学家研究过有时滞的系统，如卡兰德尔（A. Callander），哈尔垂（D. Hartree）与波特尔（A. Porter）①以及米诺尔斯基（N. Minorsky）②。但是，我们要讨论的问题的范围是更狭小的。我们只希望知道，如果反馈伺服系统有一个固有的时滞 τ，那么，应该怎样分析这个系统的运动状态。我们特别希望把第 4.3 节的乃氏方法加以修改，使这个方法也能应用到时滞系统上来。

以下我们要通过时滞系统的一个特例的处理来说明这种理论。这个特例就是用反馈控制方法使火箭发动机中的燃烧过程稳定。很多学者研究过火箭发动机中燃烧过程的不稳定现象，但是下面所讲的关于燃烧的时滞现象的分析只是根据克洛克（L. Crocco）的研究结果③。为了使计算简单④，我们只考虑火箭发动机的“低频率振荡”的情况，并且假设只用一种液体燃料。

8.1 燃烧中的时滞

假设 $\dot{m}_{\mathrm{b}}(t)$ 是时刻 t 时由于燃烧而产生的热燃气的质量速率（质量速率就是按照质量来计算的时间变化率）。$\dot{m}_{\mathrm{i}}(t)$ 是在时刻 t 时喷入燃料的质量速率。$\tau(t)$是在时刻 t 开始燃烧的那些燃料的时滞。所以，在从 t 到 $t+\mathrm{d}t$ 这一段时间间隔内，燃烧的燃料是在从

① A. Callander, D. Hartree and A. Porter, *Trans. Roy. Soc. London* (A), 235, 415 - 444(1935)。

② N. Minorsky, *J. Appl. Mechanics* (ASME)., 9, 67 - 71(1942)。

③ L. Crocco, *J. Am. Rocket Soc.*, 21, 163 - 178(1951)。

④ 以下的讨论是根据下列文章的：*J. Am. Rocket Soc.*, 22, 256 - 262(1952)。

$t-\tau$ 到 $t-\tau+\mathrm{d}(t-\tau)$ 这一段时间间隔内喷射进来的。因此，

$$\dot{m}_{\mathrm{b}}(t)\mathrm{d}t=\dot{m}_{\mathrm{i}}(t-\tau)\mathrm{d}(t-\tau)。 \tag{8.1}$$

产生出来的热燃气，有一部分被用来充加在燃烧室中，从而提高燃烧室中的压力 $p(t)$，另外一部分通过喷口被喷射出去。如果燃烧室中可能发生的振荡的频率相当低，因此，就可以把燃烧室内的压力看作是均匀的，而且，作为第一次的近似①，我们也可以把流过喷口的气流看作是似稳的（“似稳”的意思就是，在任何一段不太长的时间间隔内都可以看作是平稳的）。所以，经过喷口的喷气的质量速率与火箭发动机中热燃气的密度成正比。但是，对于“单一燃料”（也就是只用一种燃料）的火箭发动机来说，热燃气的温度几乎与燃烧压力无关，而热燃气的密度只与压力成正比。所以，如果 $\overline{\dot{m}}$ 是流过整个系统的稳态质量速率，$\overline{M}_g$ 是发动机中的热燃气的平均质量，$\overline{p}$ 是燃烧室中的压力的稳态值，如果把尚未燃烧的液体燃料在燃烧室中所占据的容积忽略不计，我们就有

$$\dot{m}_{\mathrm{b}}\mathrm{d}t=\overline{\dot{m}}\left(\frac{p}{\overline{p}}\right)\mathrm{d}t+\mathrm{d}\left(\overline{M}_g\ \frac{p}{\overline{p}}\right)。 \tag{8.2}$$

现在，对于燃烧室压力与燃料喷入速率，我们分别引进两个无量纲变数 φ 和 μ，它们的定义是

$$\varphi=\frac{p-\overline{p}}{\overline{p}},\quad \mu=\frac{\dot{m}_{\mathrm{i}}-\overline{\dot{m}}}{\overline{\dot{m}}}, \tag{8.3}$$

所以，φ 和 μ 就是压力和喷入速率与稳态平均值的偏差的相对偏差。利用方程(8.3)，并且把 $\dot{m}_{\mathrm{b}}$ 从方程(8.1)和方程(8.2)消去，就得到

$$\frac{\overline{M}_g}{\overline{\dot{m}}}\ \frac{\mathrm{d}\varphi}{\mathrm{d}t}+\varphi+1=\left(1-\frac{\mathrm{d}\tau}{\mathrm{d}t}\right)[\mu(t-\tau)+1]。 \tag{8.4}$$

为了计算 $\mathrm{d}\tau/\mathrm{d}t$，就必须引进克洛克的**压力与时滞**相关的概念。液体燃料从射入燃烧室到即将燃烧的临界状态需要一段加热的时间（也就是时滞），然后就迅速地燃烧而变为热燃气。假定液体燃料达到燃烧临界状态的质量速率是 $f(p)$，那么，时滞 τ 就由下列公式确定：

$$\int_{t-\tau}^{t} f(p)\mathrm{d}t=\mathrm{const}。 \tag{8.5}$$

可以把常数看作是为了把单位质量的喷入的冷燃料变到即将燃烧的状态所必须加进去的热量。$f(p)$ 的物理意义就是从热燃气到喷入的液体燃料的传热速率。把方程(8.5)对 t

---

① H. S. Tsien（钱学森），*J. Am. Rocket Soc.*，22，139－143(1952)。

微分就得

$$[f(p)]_t-[f(p)]_{t-\tau}\left(1-\frac{\mathrm{d}\tau}{\mathrm{d}t}\right)=0。\tag{8.6}$$

现在我们就可以明确地引进离开均匀稳定状态的微小扰动的概念。假设压力 p 与稳态值 $\bar{p}$ 之间的偏差相当小。那么 $f(p)$在时刻 t 的值以及 $f(p)$在时刻 $t-\tau$ 的值都可以用 $\bar{p}$ 附近的泰勒级数表示。如果不考虑级数中二次以上的方幂,就有

$$[f(p)]_t=f(\bar{p})+\bar{p}\left(\frac{\mathrm{d}f}{\mathrm{d}p}\right)_{p=\bar{p}}\varphi(t),\tag{8.7}$$

$$[f(p)]_{t-\tau}=f(\bar{p})+\bar{p}\left(\frac{\mathrm{d}f}{\mathrm{d}p}\right)_{p=\bar{p}}\varphi(t-\tau)。\tag{8.8}$$

以上方程中的 τ 是相当于平均压力 $\bar{p}$ 的时滞,所以是一个常数。把方程(8.7)、方程(8.8)的两个关系式相除,再利用方程(8.6)的关系就得出下列近似公式:

$$1-\frac{\mathrm{d}\tau}{\mathrm{d}t}=1+\left(\frac{\mathrm{dlog}f}{\mathrm{dlog}p}\right)_{p=\bar{p}}[\varphi(t)-\varphi(t-\tau)]。\tag{8.9}$$

把方程(8.4)和方程(8.9)合并起来,并且略去二次项,就得出下列方程:

$$\frac{\mathrm{d}\varphi}{\mathrm{d}z}+\varphi=\mu(z-\delta)+n[\varphi(z)-\varphi(z-\delta)],\tag{8.10}$$

在这个方程里,

$$n=\left(\frac{\mathrm{dlog}\,f}{\mathrm{dlog}\,p}\right)_{p=\bar{p}},\tag{8.11}$$

而,

$$\theta_g=\frac{\overline{M}_g}{\overline{\dot{m}}},\quad z=\frac{t}{\theta_g},\quad \delta=\frac{\tau}{\theta_g},\tag{8.12}$$

θ_g 是发动机内的燃气的质量的平均值与流过发动机的燃气的平均质量速率的比值,因此它也就是热燃气从被燃烧产生到经过喷口喷射出去的平均时间,所以 θ_g 就称为“燃气通过时间”。在以下的计算中,我们就用这个基本的时间常数作为测量时间的单位。z 是无量纲的时间变数。δ 是燃烧的无量纲的时滞常数。

如果 n 是一个与 $\bar{p}$ 无关的常数,那么,$f(p)$就与 p^n 成正比。这就是克洛克所假设的 $f(p)$的形状。现在,我们要把问题提得稍微更普遍一些:$f(p)$是任意的;n 是由方程(8.11)计算的,因而也就是 $\bar{p}$ 的函数。如果把 $f(p)$看作是从热燃气到雾状的液体燃料的传热速率,那么,关于传热的物理定律指出,n 的值在$\frac{1}{2}$与 1 之间。

8.2　萨奇(Satche)图

克洛克把燃料喷入速率是常数时的燃烧不稳定性称为**固有不稳定性**。如果喷入速率是一个与燃烧室压力 p 无关的常数，那么，$\mu\equiv 0$。因此，根据方程(8.10)，稳定性问题就是由下列的简单方程所限定的：

$$\frac{\mathrm{d}\varphi}{\mathrm{d}z}+(1-n)\varphi(z)+n\varphi(z-\delta)=0。\tag{8.13}$$

也可以用拉氏变换的方法来处理方程(8.13)，做法和以前各章中处理没有时滞的方程的方法是相同的。事实上，安索夫(H. I. Ansoff)也用过这个方法①。然而，在目前的燃烧的稳定性问题里，基本方程没有驱动项，所以，就可以用一个比较直接的解法，这个解法就是解线性微分差分方程的古典方法，做法是这样的：设

$$\varphi(z)\sim \mathrm{e}^{sz},$$

于是，

$$s+(1-n)+n\mathrm{e}^{-\delta s}=0。\tag{8.14}$$

这是一个 s 的方程。燃烧的稳定性的条件就是 s 的实数部分是负数。

也可以应用拉氏变换方法从方程(8.13)得出方程(8.14)来。把方程(8.13)先用 e^{-sz} 乘，然后，从 $z=0$ 到 $z=\infty$ 对变数 z 积分，再假定 $\varphi(z)$ 的拉氏变换是 $\Phi(s)$，我们就得到

$$s\Phi(s)-\varphi(0)+(1-n)\Phi(s)+n\int_0^\infty \varphi(z-\delta)\mathrm{e}^{-sz}\,\mathrm{d}z=0,$$

然而，

$$\begin{aligned}\int_0^\infty \varphi(z-\delta)\mathrm{e}^{-sz}\,\mathrm{d}z&=\mathrm{e}^{-s\delta}\int_0^\infty \varphi(z-\delta)\mathrm{e}^{-s(z-\delta)}\,\mathrm{d}z\\&=\mathrm{e}^{-s\delta}\left[\Phi(s)+\int_{-\delta}^0\varphi(z')\mathrm{e}^{-sz'}\,\mathrm{d}z'\right]。\end{aligned}$$

因此，如果 $\varphi(z)$ 的初始条件是所谓的**零初始条件**，也就是说，$z\leqslant 0$ 时，$\varphi(z)=0$。那么，就有

$$[s+(1-n)+n\mathrm{e}^{-s\delta}]\Phi(s)=0。$$

于是，我们就得到方程(8.14)。这里的 s 和以前各章中的变数 s 具有相同的意义。这两者之间的唯一的区别就是，这里的 s 已经被通过时间 θ_g 变为无量纲量了。也可以看到这样一个有兴趣的事实：如果方程(8.13)是一个在方程右端有驱动项的非齐次方程，那么，对

---

① H. I. Ansoff, *J. Appl. Mechanics* (ASME), 16, 158 - 164(1949)。

这个方程施行拉氏变换法以后,所得到的方程仍然是非齐次的。如果把 $\varphi(z)$ 看作是系统的输出,系统的传递函数就会是

$$F(s)=\frac{1}{s+(1-n)+n\mathrm{e}^{-s\delta}},$$

这个 $F(s)$ 又是一个超越的传递函数的例子。

克洛克把方程(8.14)的实数部分和虚数部分分离开来得到两个方程,根据这两个方程他解出方程(8.14)的复数根 s。然而,如果只对系统是否稳定的问题有兴趣,那么,我们仍然可以成功地利用第 4.3 节的柯西定理。设

$$G(s)=\mathrm{e}^{-\delta s}-\left(-\frac{1-n}{n}-\frac{s}{n}\right)。\tag{8.15}$$

于是,系统的稳定性问题就归结为 $G(s)$ 在复 s 平面的右半部有没有零点的问题。当 s 在一条包围右半平面的闭合曲线(就像图 4.4 所画的那样)上转动一周时,我们只要把向量 $G(s)$ 的相应变化情况加以考察,就能够回答系统是否稳定的问题。如果向量 $G(s)$ 旋转的总圈数是某一个数,按照柯西定理这个数就是 $G(s)$ 在右半 s 平面上的零点个数与极点个数的差。既然,在全 s 平面上 $G(s)$ 显然没有极点,所以,$G(s)$ 旋转的总圈数就是零点的个数。因此,如果系统是稳定的,那么,当 s 在上述的闭合曲线上转动一周时,$G(s)$ 旋转的总圈数一定是零。所以,可以用描述乃氏图的办法来回答稳定性的问题。

但是,对方程(8.15)所表示的 $G(s)$ 直接应用上述的方法是很不方便的,因为时滞项 $\mathrm{e}^{-\delta s}$ 的存在,这个表示式是比较复杂的。对于这样一些有时滞的系统,萨奇(M. Satche)提出了一个富有创造性的巧妙处理方法①:不直接处理 $G(s)$ 本身,而把它分成两部分:

$$G(s)=g_1(s)-g_2(s),\tag{8.16}$$

其中,

$$\left.\begin{aligned}g_1(s)&=\mathrm{e}^{-\delta s},\\ g_2(s)&=-\frac{1-n}{n}-\frac{s}{n},\end{aligned}\right\}\tag{8.17}$$

这样一来,向量 $G(s)$ 就是一个顶点在 $g_1(s)$ 而起点在 $g_2(s)$ 的向量了。如果 s 在虚轴上变动,$g_1(s)$ 的图线就是一个单位圆。如果 s 在大的半圆周上,$g_1(s)$ 就在单位圆的内部。当 s 在虚轴上变动的时候,$g_2(s)$ 就是一条与虚轴平行的直线(见图 8.1)。当 s 在大的半圆周上变动时,$g_2(s)$ 就在左方描画成一个大的半圆周,这个半圆周与 s 所在的那个半圆周恰好组成一个圆周。只要稍微考虑一下,就可以想到,如果希望对于任何时滞 δ 的值,$G(s)$ 旋转的总圈数都是零,那么,$g_2(s)$ 图线就必须完全在 $g_1(s)$ 图线的外面。这也就是

① M. Satche, *J. Appl. Mechanics* (ASME), 16, 419-420(1949)。

说，对于无条件的本质上的稳定系统，也就是绝对稳定系统[①]来说，必须有

$$\frac{1-n}{n}>1,\text{或者}\quad \frac{1}{2}>n>0。\tag{8.18}$$

现在，很容易看出把 $G(s)$ 分解为 $g_1(s)$ 和 $g_2(s)$ 两部分的做法可以使得相当的两条图线都比原来的 $G(s)$ 图线简单得很多。$g_1(s)$ 的图线与 $g_2(s)$ 的图线组成的图线就称为萨奇图。

如果 $n>\frac{1}{2}$，$g_1(s)$ 的图线就与 $g_2(s)$ 的图线相交，因而有一部分 $g_2(s)$ 点在图 8.2 的单位圆的内部，但是，只要相当于这些 $g_2(s)$ 的 $g_1(s)$ 点都在 $g_2(s)$ 点的右方，系统仍然

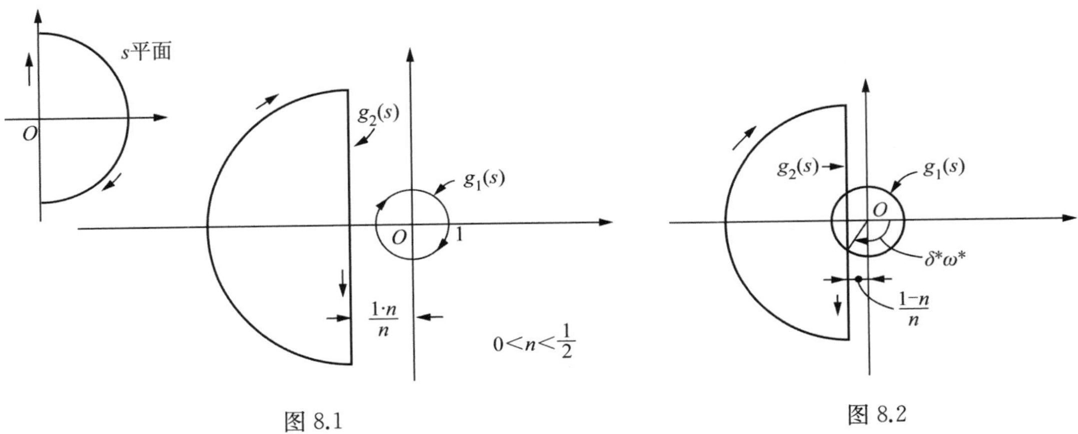

图 8.1　　　　图 8.2

是稳定的。如果以下的关系式成立，以上的条件就得到满足：

$$\cos(\delta\sqrt{2n-1})>-\frac{1-n}{n},$$

或者

$$\delta<\delta^*,$$

这里，

$$\delta^*=\frac{\cos^{-1}\left(-\frac{1-n}{n}\right)}{\sqrt{2n-1}}=\frac{1}{\sqrt{2n-1}}\left[\pi-\cos^{-1}\left(\frac{1-n}{n}\right)\right]。\tag{8.19}$$

当 $\delta=\delta^*$ 时，再假设

$$\omega^*=\sqrt{2n-1},\tag{8.20}$$

① 这也就是说，对于任何 δ 值，系统都是稳定的。

就有 $G(\mathrm{i}\omega^*)=0$。因此,当 $\delta=\delta^*$ 时,$\varphi(z)$ 有一个频率是 ω^* 的振荡解。所以,δ^* 是无量纲的临界时滞,而 ω^* 是无量纲的临界频率。

8.3 有反馈伺服机构的火箭发动机的系统动力学性质

现在我们来考虑图 8.3 所画的火箭发动机系统,这个系统中包含供应燃料的馈送机构(燃料泵和附属的传导装置)。为了近似地表示出实在的导管的弹性效应,我们可以假想在刚硬的导管中点(燃料泵与燃料喷嘴之间)有一个附有弹簧活塞的容器,在喷嘴附近还有另外一个由伺服机构控制的容器。传感器(测量仪器)测量了燃烧室的压力,测量的结果经过一个放大器而成为伺服机构的输入信号。如果设计者已经把燃料的馈送机构和火箭发动机本身的设计完全确定,不允许再加以更改,现在的问题就是,是否可以设计一个使整个系统稳定的合适的放大器。因为关于燃烧的时滞还没有确切的知识,所以,在进行实际设计的时候,我们就必须设法使系统无条件地稳定,也就是说,对于任何的时滞 δ 的值,系统都是稳定的。

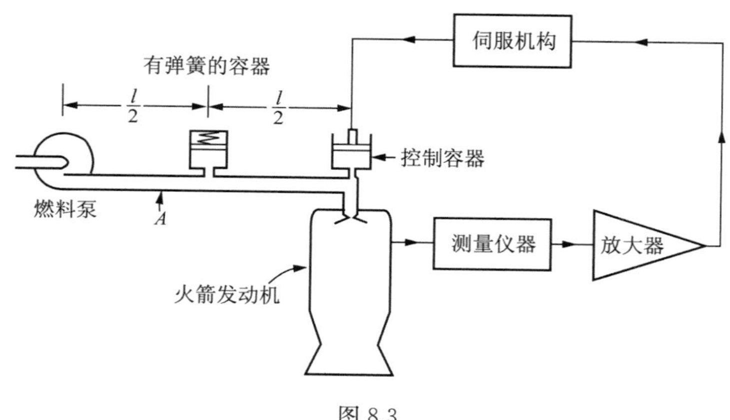

图 8.3

假定 $\dot{m}_0$ 是流出燃料泵燃料的瞬时质量速率;p_0 是燃料泵出口处的瞬时压力,燃料流动的平均速率一定是 $\overline{\dot{m}}$,平均压力是 $\overline{p}_0$。燃料泵的特性可以用下列方程表示:

$$\frac{p_0-\overline{p}_0}{\overline{p}_0}=-\alpha\frac{\dot{m}_0-\overline{\dot{m}}}{\overline{\dot{m}}}。\tag{8.21}$$

如果质量流动变化的时间速率比弹性波在液体中的传播速度小,但是比燃料泵转速缓慢的时间变化率大,那么,相当于常数转速的情况,燃料泵的压力-体积曲线在稳态工作点的斜率就是 α(这里所说的“体积”就是流出燃料泵的燃料按照体积计算的速率)。对于普通的离心泵来说,α 差不多等于 1。对于传输泵(输出的流量几乎是不变的泵)来说,α 非常大。对于等压泵或者简单的增压装置来说,α 等于零。

假设 $\dot{m}_1$ 是喷嘴与弹簧容器口之间的燃料流动的瞬时质量速率；χ 是容器的弹簧常数，p_1 是作用在容器上的瞬时压力。于是就有

$$\dot{m}_0 - \dot{m}_1 = \rho\chi \frac{\mathrm{d}p_1}{\mathrm{d}t}, \tag{8.22}$$

这里的 ρ 是燃料的密度，它是一个常数。

在以下的计算里，由于摩擦力而在导管上引起的压力降落是被忽略不计的。因此，压力差 $p_0 - p_1$ 只是由流动的加速度引起的，也就是说

$$p_0 - p_1 = \frac{l}{2A} \frac{\mathrm{d}\dot{m}_0}{\mathrm{d}t}, \tag{8.23}$$

这里的常数 A 是导管的横截面的面积；常数 l 是导管的总长度。与此类似，如果 p_2 是控制容器上的瞬时压力，也就有

$$p_1 - p_2 = \frac{l}{2A} \frac{\mathrm{d}\dot{m}_1}{\mathrm{d}t}。 \tag{8.24}$$

如果控制容器中所容纳的质量是 C，那么

$$\dot{m}_1 - \dot{m}_i = \frac{\mathrm{d}C}{\mathrm{d}t}。 \tag{8.25}$$

因为控制容器与燃料喷嘴非常接近，所以，在燃料从控制容器流到燃料喷嘴的过程中，由于质量而引起的惯性效应是可以忽略的。因此，

$$p_2 - p = \frac{1}{2} \frac{\dot{m}_i^2}{\rho A_i^2}, \tag{8.26}$$

其中的 A_i 是燃料喷嘴的有效开口面积。因为在稳定状态下压力 $\bar{p}_0$ 与 $\bar{p}$ 的差 $\Delta\bar{p}$ 是

$$\bar{p}_0 - \bar{p} = \Delta\bar{p} = \frac{1}{2} \frac{\overline{\dot{m}}^2}{\rho A_i^2}, \tag{8.27}$$

所以在计算中可以把 A_i 消去。方程(8.21)和方程(8.27)就描述了燃料馈送系统的动力学性质。直接利用消去某些变数的计算方法，就得出 $\dot{m}_i$，p 与 C 之间的关系式。为了把这个关系写成无量纲的形式，我们引进下列几个参数：

$$P = \frac{\bar{p}}{2\Delta\bar{p}}, \quad E = \frac{2\Delta\bar{p}}{\overline{\dot{m}}\theta_g}\rho\chi, \quad J = \frac{l\overline{\dot{m}}}{2\Delta\bar{p}A\theta_g}, \tag{8.28}$$

以及

$$\kappa = \frac{C}{\dot{\bar{m}}\theta_g}, \tag{8.29}$$

这里的 θ_g 就是方程(8.12)所给的燃气通过时间。这样一来,联系 φ,μ 与 κ 的无量纲方程就是

$$\begin{aligned}
&P\left\{1+\alpha E\left(P+\frac{1}{2}\right)\frac{\mathrm{d}}{\mathrm{d}z}+\frac{1}{2}JE\,\frac{\mathrm{d}^2}{\mathrm{d}z^2}\right\}\varphi+\left\{\left[1+\alpha\left(P+\frac{1}{2}\right)\right]+\right.\\
&\left[\alpha E\left(P+\frac{1}{2}\right)+J\right]\frac{\mathrm{d}}{\mathrm{d}z}+\left[\frac{1}{2}\alpha JE\left(P+\frac{1}{2}\right)+\frac{1}{2}JE\right]\frac{\mathrm{d}^2}{\mathrm{d}z^2}+\left.\frac{1}{4}J^2E\,\frac{\mathrm{d}^3}{\mathrm{d}z^3}\right\}\mu+\\
&\left\{\alpha\left(P+\frac{1}{2}\right)\frac{\mathrm{d}}{\mathrm{d}z}+J\,\frac{\mathrm{d}^2}{\mathrm{d}z^2}+\frac{1}{2}\alpha JE\left(P+\frac{1}{2}\right)\frac{\mathrm{d}^3}{\mathrm{d}z^3}+\frac{1}{4}J^2E\,\frac{\mathrm{d}^4}{\mathrm{d}z^4}\right\}\kappa=0,
\end{aligned} \tag{8.30}$$

这里的 z 就是方程(8.12)所定义的无量纲时间变数。

伺服控制的动力学性质是由下列各种因素的综合所确定的:测量压力仪器的特性,放大器的反应性能以及伺服机构的特性。伺服控制的总动力学性质是由下列运算子方程所表示的:

$$F\left(\frac{\mathrm{d}}{\mathrm{d}z}\right)\varphi=\kappa, \tag{8.31}$$

这里的 F 是两个多项式的比值,而且分母的次数高于分子的次数。

方程(8.10),方程(8.30)与方程(8.31)是三个变数 φ, μ, κ 的三个方程。既然它们都是常系数的方程,这些变数的适当的形式就是

$$\varphi=a\mathrm{e}^{sz},\quad \mu=b\mathrm{e}^{sz},\quad \kappa=c\mathrm{e}^{sz}。 \tag{8.32}$$

把方程(8.32)代入方程(8.10),方程(8.30)和方程(8.31),就得到 a, b, c 的三个齐次方程。所以有

$$\begin{aligned}
&a[s+(1-n)+n\mathrm{e}^{-\delta s}]-b\mathrm{e}^{-\delta s}=0,\\
&P\left[1+\alpha E\left(P+\frac{1}{2}\right)s+\frac{1}{2}JEs^2\right]a+\left\{\left[1+\alpha\left(P+\frac{1}{2}\right)\right]+\right.\\
&\left[\alpha E\left(P+\frac{1}{2}\right)+J\right]s+\left[\frac{1}{2}\alpha JE\left(P+\frac{1}{2}\right)+\frac{1}{2}JE\right]s^2+\left.\frac{1}{4}J^2Es^3\right\}b+\\
&s\left[\alpha\left(P+\frac{1}{2}\right)+Js+\frac{1}{2}\alpha JE\left(P+\frac{1}{2}\right)s^2+\frac{1}{4}J^2Es^3\right]c=0,\\
&F(s)a-c=0。
\end{aligned}$$

为了使 a, b, c 三个数不全是零,它们的系数所组成的行列式就必须等于零。这个条件可以写在下面:

$$
\begin{aligned}
&\left[s+(1-n)\right]\left\{\frac{1}{4}J^2Es^3+\frac{1}{2}JE\left[1+\alpha\left(P+\frac{1}{2}\right)\right]s^2+\right.\\
&\left.\left[\alpha E\left(P+\frac{1}{2}\right)+J\right]s+\left[1+\alpha\left(P+\frac{1}{2}\right)\right]\right\}+\\
&\mathrm{e}^{-\delta s}\left[\frac{1}{4}nJ^2Es^3+\left\{\frac{1}{2}nJE\left[1+\alpha\left(P+\frac{1}{2}\right)\right]+\frac{1}{2}JEP\right\}s^2+\right.\\
&\left\{n\left[\alpha E\left(P+\frac{1}{2}\right)+J\right]+\alpha EP\left(P+\frac{1}{2}\right)\right\}s+\\
&\left\{n\left[n+\alpha\left(P+\frac{1}{2}\right)\right]+P\right\}+\\
&\left.sF(s)\left\{\frac{1}{4}J^2Es^3+\frac{1}{2}\alpha JE\left(P+\frac{1}{2}\right)s^2+Js+\alpha\left(P+\frac{1}{2}\right)\right\}\right]=0。
\end{aligned}
\tag{8.33}
$$

这就是用来确定指数 s 的方程。现在 $F(s)$ 就被认为是反馈部分的总传递函数。整个系统是否稳定的问题就决定于方程(8.33)有没有实数部分是正数的根。

8.4 没有反馈伺服机构时的不稳定性

如果没有反馈伺服机构,那么,只要在基本方程(8.33)中使 $F(s)=0$,就得出系统的特性方程。和通常的情况一样,我们假设方程(8.33)中与 $\mathrm{e}^{-\delta s}$ 相乘的那个多项式在右半 s 平面没有零点。因此,就可以用那个多项式除方程(8.33)而不会使除得的商数在右半 s 平面上有极点。这样一来,就又得到描画萨奇图所需要的表示式:

$$
G(s)=g_1(s)-g_2(s),\quad g_1(s)=\mathrm{e}^{-\delta s},
$$

所以 $g_1(s)$ 的图线仍然是一个"单位圆",然而 $g_2(s)$ 就复杂得多了。

$$
\begin{aligned}
g_2(s)=&\left(\frac{s}{n}+\frac{1-n}{n}\right)\left\{\frac{1}{4}J^2Es^3+\frac{1}{2}JE\left[1+\alpha\left(P+\frac{1}{2}\right)\right]s^2+\right.\\
&\left.\left[\alpha E\left(P+\frac{1}{2}\right)+J\right]s+\left[1+\alpha\left(P+\frac{1}{2}\right)\right]\right\}\div\\
&\left[\frac{1}{4}J^2Es^3-\frac{1}{2}JE\left\{1+\alpha\left(P+\frac{1}{2}\right)+\frac{P}{n}\right\}s^2+\right.\\
&\left\{\alpha E\left(P+\frac{1}{2}\right)\left[1+\frac{P}{n}\right]+J\right\}s+\\
&\left.\left\{1+\alpha\left(P+\frac{1}{2}\right)+\frac{P}{n}\right\}\right]。
\end{aligned}
\tag{8.34}
$$

如果 s 是纯虚数,$s=\mathrm{i}\omega$,那么,$g_2(s)$ 的图线在 x 轴上的"截距"的坐标就是方程(8.34)在

$s=0$ 时的值。也就是

$$g_2(0)=-\frac{1-n}{n}\frac{1+\alpha\left(P+\frac{1}{2}\right)}{1+\alpha\left(P+\frac{1}{2}\right)+\frac{P}{n}}。\tag{8.35}$$

因为 n，α 和 P 这三个参数都是正数，所以现在的 $g_2(0)$的绝对值小于方程(8.17)所给的 $g_2(0)$的绝对值，我们已经知道那个 $g_2(0)$的值是与系统的无条件稳定性有关系的。现在我们就看到，由于有了燃料馈送系统，结果就使得萨奇图的 $g_2(s)$图线更接近于 $g_1(s)$的单位圆图线。譬如说，如果不考虑馈送系统，那么，当 $n=\frac{1}{2}$ 时，$g_2(s)$图线就刚好与相当于发动机本身的单位圆图线相切。但是，如果把馈送系统也考虑进去，$g_2(s)$图线就与单位圆相交了，而且，当时滞 δ 超过某一个有限的数值时，系统就失去稳定性。因此，馈送系统的影响总是不利于系统的稳定性的。从方程(8.34)可得出对于 s 的大的虚数值的渐近表示式(8.36)，考虑了这个表示式就会使我们更加确信上述的事实，

$$g_2(\mathrm{i}\omega)\approx-\left[\frac{\mathrm{i}\omega}{n}+\left(\frac{1+n}{n}-\frac{2P}{Jn^2}\right)+\cdots\right]\quad(|\omega|\gg 1)。\tag{8.36}$$

因此，对于 s 的大虚数值来说，$g_2(s)$渐近地趋近于一条平行于虚轴的直线，这条直线在虚轴的左方，与虚轴的距离是

$$\frac{1-n}{n}-\frac{2P}{Jn^2}。$$

所以，还是可以看到，馈送系统的作用是使 $g_2(s)$图线更接近单位圆。

这样就很明显，如果参数 n 差不多等于$\frac{1}{2}$，或者大于$\frac{1}{2}$，就不可能把系统设计成无条件稳定的，因为在没有反馈伺服机构的情况下，$g_1(s)$图线与 $g_2(s)$图线总是相交的。

8.5 有反馈伺服机构时的系统的稳定性

设 $H(s)$是方程(8.33)中与 $\mathrm{e}^{-\delta s}$ 相乘的那个多项式，

$$\begin{aligned}H(s)=&\frac{1}{4}J^2Es^3+\left\{\frac{1}{4}JE\left[1+\alpha\left(P+\frac{1}{2}\right)\right]+\frac{JEP}{2n}\right\}s^2+\\&\left[\alpha E\left(P+\frac{1}{2}\right)+\frac{\alpha EP}{n}\left(P+\frac{1}{2}\right)\right]s+\left[1+\alpha\left(P+\frac{1}{2}\right)+\frac{P}{n}\right]+\\&\frac{sF(s)}{n}\left[\frac{1}{4}J^2Es^3+\frac{1}{2}\alpha JE\left(P+\frac{1}{2}\right)s^2+Js+\alpha\left(P+\frac{1}{2}\right)\right],\end{aligned}\tag{8.37}$$

如果 $H(s)$在右半 s 平面没有零点或极点，只要使

$$g_1(s)=e^{-\delta s}$$

和

$$g_2(s)=-\left(\frac{s}{n}+\frac{1-n}{n}\right)\left\{\frac{1}{4}J^2Es^3+\frac{1}{2}JE\left[1+\alpha\left(P+\frac{1}{2}\right)\right]s^2+\left[\alpha E\left(P+\frac{1}{2}\right)+J\right]s+\left[1+\alpha\left(P+\frac{1}{2}\right)\right]\right\}\div H(s)。\tag{8.38}$$

那么，从这时的萨奇图就可以判断方程(8.33)在右半 s 平面有没有零点。

当 s 在图 4.4 所示的路线上转动的时候，$g_1(s)$的图线仍然是一个单位圆。因此，如果相应的 $g_2(s)$图线完全在单位圆的外面，方程(8.33)就不会在右半 s 平面上有根。换句话说，如果在设计伺服控制部分的传递函数 $F(s)$的时候，使 $g_2(s)$图线完全在单位圆的外面(见图 8.4)，那么，对于任何的时滞值，系统都是稳定的。

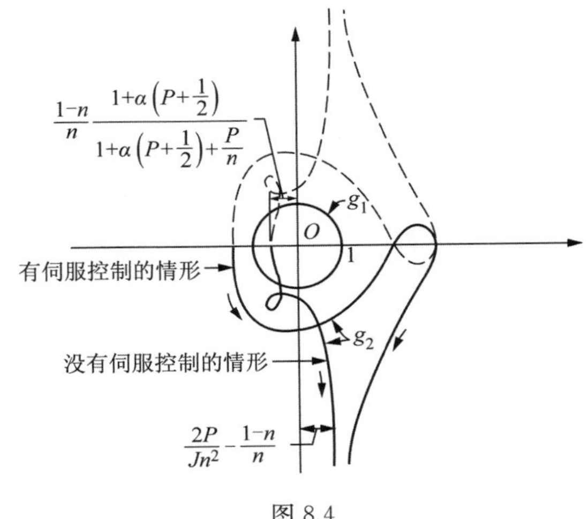

图 8.4

作为一个例子，我们取

$$n=\frac{1}{2},\quad P=\frac{3}{2},\quad J=4,\quad E=\frac{1}{4},\quad \alpha=1。$$

α 的数值相当于燃料泵是一个离心泵的情形。如果没有伺服控制，$g_2(s)$就是

$$g_2(s)=-\frac{1}{2}\frac{(2s+1)(2s^3+3s^2+9s+6)}{s^3+3s^2+6s+6}。$$

主要的兴趣在于 s 取纯虚数 $\mathrm{i}\omega$(ω 是实数)时的 $g_2(s)$的变化情况。因而

$$g_2(\mathrm{i}\omega)=-\frac{1}{2}\frac{(6-21\omega^2+4\omega^4)(6-3\omega^2)+\omega^2(21-8\omega^2)(6-\omega^2)}{(6-3\omega^2)^2+\omega^2(6-\omega^2)^2}-\frac{1}{2}\mathrm{i}\omega\frac{(21-8\omega^2)(6-3\omega^2)-(6-21\omega^2+4\omega^4)(6-\omega^2)}{(6-3\omega^2)^2+\omega^2(6-\omega^2)^2}。$$

图 8.5 示出这条图线的 $\omega>0$ 的部分。可以明显地看到，如果时滞的值足够大，系统就会不稳定。从另一方面来看，如果考虑了伺服控制，而且假设 $g_2(s)$能够相应地变为

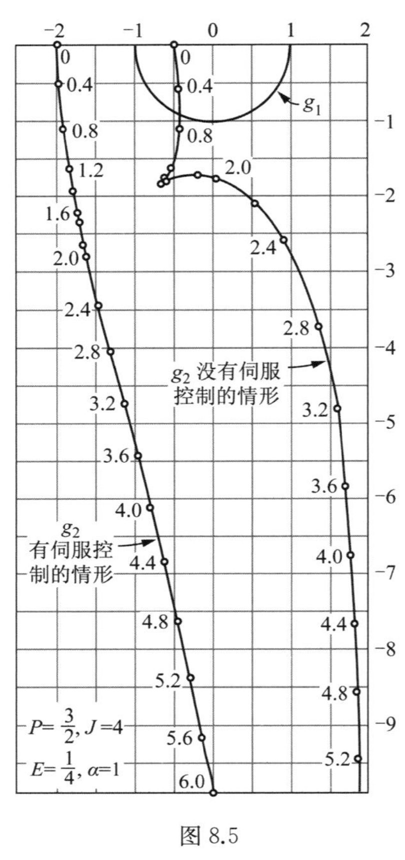

图 8.5

$$g_2(s)=-2\frac{(s+2)(s+3)}{(s+6)},$$

那么,正如图 8.5 所示的那样,新的 $g_2(s)$图线就完全在 $g_1(s)$的单位圆图线的外面,因而,现在的系统就是无条件稳定的。根据方程(8.34)和方程(8.38)直接加以计算,就知道反馈部分的传递函数 $F(s)$应当是

$$F(s)=-4.875\frac{(s+1.0528)(s^2+0.7164s+2.6304)}{s(s+2)(s+3)(s+0.5332)(s^2+0.4668s+3.7511)},$$

所以,反馈部分具有 3.3 节讨论过的积分线路的那种特性。如果测量燃烧室压力传感器的反应性能和带动控制容器的伺服机构的特性都已经给定了,那么,我们就可能设计出一个放大器,使得总的传递函数接近上面提到的传递函数$F(s)$,用这个伺服控制系统就可以使燃烧过程得到稳定。

作为第二个例子,我们取

$$n=\frac{1}{2},\quad P=\frac{3}{2},\quad J=4,\quad E=\frac{1}{4},\quad \alpha=0。$$

因为 $\alpha=0$,所以燃料泵的出口压力 p_0 是一个常数,即使燃料流出速率变化时,p_0 也不会变动,这就相当于简单的增压装置。如果没有反馈伺服机构

$$g_2(s)=-\frac{1}{2}\frac{(2s+1)(2s^3+s^2+8s+2)}{s^3+2s^2+4s+4}。$$

当 s 是纯虚数时,

$$g_2(\mathrm{i}\omega)=-\frac{1}{2}\frac{(4-2\omega^2)(2-17\omega^2+4\omega^4)+\omega^2(4-\omega^2)(12-4\omega^2)}{(4-2\omega^2)^2+\omega^2(4-\omega^2)^2}-\frac{1}{2}\mathrm{i}\omega\frac{(4-2\omega^2)(12-4\omega^2)-(4-\omega^2)(2-17\omega^2+4\omega^4)}{(4-2\omega^2)^2+\omega^2(4-\omega^2)^2}。$$

这条 g_2 的图线被画在图 8.6 上。很明显,如果没有伺服控制,而且时滞 δ 的值也足够大,燃烧就会是不稳定的。事实上,这个系统的稳定性能还不如前一个例子的系统好,也就是说,对于比较小的时滞值,这个系统就会变为不稳定的。g_2 图线在 $\omega=2$ 点附近的部分是特别有趣味的。在 $\omega=2$ 附近 g_2 图线与 g_1 的单位圆图线非常接近,如果时滞 δ 的值又能使得在$\omega\sim2$ 时,$g_1(\mathrm{i}\omega)$与 $g_2(\mathrm{i}\omega)$也相当接近 $g_1(\mathrm{i}\omega)\sim g_2(\mathrm{i}\omega)$,那么,在 $\omega\sim2$ 处就会发

生一个几乎不衰减的振荡。这个临界的 δ 值显然小于那个由 g_2 与单位圆在 $\omega \sim 0.65$ 的实在的交点所确定的时滞 δ 的临界值。

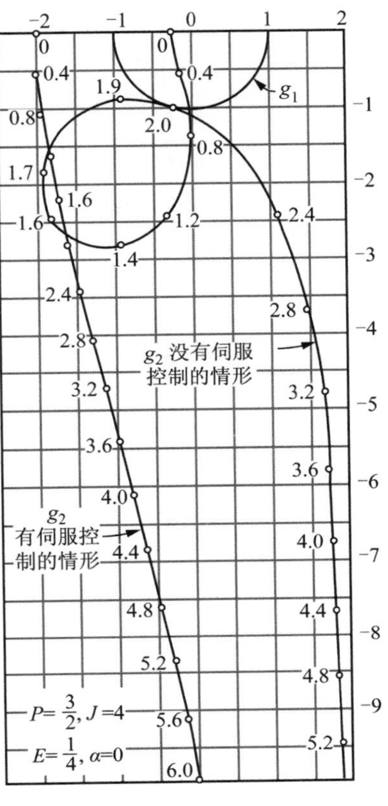

图 8.6

为了实现无条件的稳定性，必须把 g_2 图线移出单位圆，譬如说，如果希望把 g_2 也变为与第一个例子中的那个图线完全相同的“稳定”的图线，

$$g_2(s)=-2\frac{(s+2)(s+3)}{s+6}。$$

计算的结果表明，传递函数 $F(s)$ 就必须是

$$F(s)=-4.875\frac{(s+0.8126)(s^2-0.04337s+2.6506)}{s^2(s+2)(s+3)(s^2+4)}。$$

所以，反馈部分必须具有二重积分线路那样的特性。而且，传递函数在 $\pm 2i$ 有两个纯虚数的极点。因为我们在原有的系统中忽略了导管的摩擦阻尼作用，所以在这里才对放大器发生了这个不现实的要求。在任何一个实际的系统中，导管的摩擦阻尼作用必然会把所需要的传递函数 $F(s)$ 中的这两个纯虚数极点消除掉。并且把它们变为两个复共轭的极点。

必须强调指出，利用反馈伺服机构来稳定燃烧过程的优点就是，由于反馈伺服机构的可变化性很大，对于任何的时滞 δ 或 τ 的值，我们都可以使系统无条件地稳定。既然我们没有关于时滞的准确数据，所以，这个实现无条件稳定性的可能性对于工程实际来说确实是十分重要的。不但如此，如果要求在参数 n 发生任何的变化的情况下系统都是稳定的，我们也可以用以上这种伺服稳定的方法进行设计。由于物理学的理由，n 可以取 $\frac{1}{2}$ 与 1 之间的一个值。我们来处理最坏的可能性 $n \approx 1$，并且在这种情形下进行设计，使系统是无条件稳定的。这样设计出来的系统对于所有可能的 n 的值，当然都是稳定的。因此，即使不知道系统的确切参数值，我们也还能保证反馈伺服机构的稳定作用。

8.6　时滞系统稳定性的一般判断准则

在以前的伺服稳定作用的讨论中，我们都假定方程(8.37)的多项式 $H(s)$ 在右半 s 平面上没有零点和极点。然而，事实并不一定是这样的。所以，首先我们应该研究 $H(s)$ 在

右半 s 平面的零点和极点的个数。为了这个目的,我们应该先承认方程(8.37)中 $F(s)$ 的乘积前面的那个多项式在右半 s 平面上通常是没有零点的。因此,我们就可以研究 $H(s)$ 与那个多项式的比值,而不去直接研究 $H(s)$ 本身。这也就是说,$H(s)$ 在右半 s 平面上的零点和极点的个数与下列函数在右半 s 平面的零点和极点的个数是相同的:

$$\begin{aligned} H(s) \div \Bigg(\frac{1}{4}J^2Es^3 + \left\{ \frac{1}{2}JE\left[1+\alpha\left(P+\frac{1}{2}\right)\right] + \frac{JEP}{2n} \right\} s^2 + \\ \left\{ \alpha E\left(P+\frac{1}{2}\right) + \frac{\alpha EP}{n}\left(P+\frac{1}{2}\right) \right\} s + \\ \left\{ 1+\alpha\left(P+\frac{1}{2}\right) + \frac{P}{n} \right\} \Bigg) = 1 + L(s), \end{aligned} \tag{8.39}$$

其中,

$$\begin{aligned} L(s) = \frac{1}{n}sF(s)\left[\frac{1}{4}J^2Es^3 + \frac{1}{2}\alpha JE\left(P+\frac{1}{2}\right)s^2 + Js + \alpha\left(P+\frac{1}{2}\right)\right] \div \\ \Bigg(\frac{1}{4}J^2Es^3 + \left\{ \frac{1}{2}JE\left[1+\alpha\left(P+\frac{1}{2}\right)\right] + \frac{JEP}{2n} \right\} s^2 + \\ \left\{ \alpha E\left(P+\frac{1}{2}\right) + \frac{\alpha EP}{n}\left(P+\frac{1}{2}\right) \right\} s + \\ \left\{ 1+\alpha\left(P+\frac{1}{2}\right) + \frac{P}{n} \right\} \Bigg)。 \end{aligned} \tag{8.40}$$

按照乃氏准则,让 s 沿着图 4.4 的曲线转动一周,画出相当于 $1+L(s)$ 的乃氏图,这样就可以确定 $1+L(s)$ 在右半 s 平面的零点和极点的个数。具体地说,如果 $1+L(s)$ 或 $H(s)$ 在右半 s 平面上有 r 个零点和 q 个极点,那么,当 s 沿着大半圆周转动一周的时候,$L(s)$ 围绕 -1 点转动的总圈数就是 $r-q$。所以,只要画出 $L(s)$ 的乃氏图就可以得到关于 $H(s)$ 的必要资料。

为了得到方程(8.38)所表示的 $g_1(s)$ 和 $g_2(s)$,就要用 $H(s)$ 去除方程(8.33),这样做的结果就在右半 s 平面上引进了 q 个零点和 r 个极点。因为方程(8.40)的分母多项式在右半 s 平面上没有零点。所以,$L(s)$ 的 q 个极点一定都是 $F(s)$ 的极点。于是,方程(8.33)中原来的表示式在右半 s 平面上也就有 q 个极点。因此,如果要求方程(8.33)中原来的表示式在右半 s 平面没有零点,$g_2(s)$ 就一定要围绕单位圆以顺时针方向旋转 $-q+(q-r)=-r$ 圈。如果要求系统无条件地稳定,也就是对于所有的时滞值都稳定,$g_2(s)$ 图线就永远不应该与单位圆相交。所以,无条件稳定的一般准则就是:当 s 在包围右半 s 平面的路线上转动一周时,第一,$g_2(s)$ 图线必须完全在单位圆的外面,第二,$g_2(s)$ 图线以逆时针方向围绕单位圆旋转 r 圈。这就是用萨奇图来表示的稳定性判断准则。为了确定 r,就必须用到方程(8.40)$L(s)$ 的乃氏图。所以,为了解决一般情况下的稳定性问题,萨奇图和乃氏图都是要用到的(见图 8.7)。

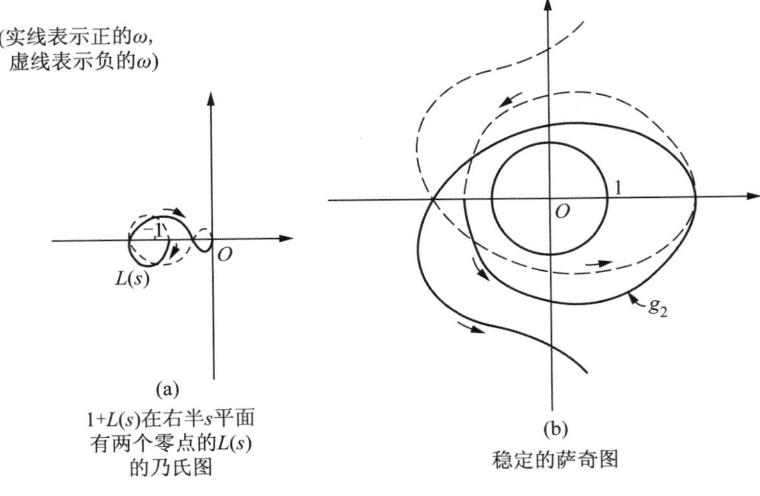

图 8.7

显然,这里所讲的把萨奇图和乃氏图结合起来的稳定性准则,对于任意一个有时滞 τ 的系统都是适用的。这一类系统的稳定性问题总是可以化为这样一个问题,即确定方程

$$M(s)=0$$

是否有实数部分是正数的根。这里的 $M(s)$ 中包含 $e^{-\tau s}$ 因数的项。正像以前的讨论中所看到的那样,做法的原则就是把 $M(s)$ 用 $M(s)$ 里的 $e^{-\tau s}$ 的系数除,从而得出

$$\frac{M(s)}{1+L(s)}=G(s)=g_1(s)-g_2(s),$$

而且,

$$g_1(s)=e^{-\tau s}。$$

当 s 在图 4.4 所示的右半圆路线上转动时,$g_1(s)$ 和 $g_2(s)$ 的图线就构成萨奇图,$g_1(s)$ 的图线是单位圆。用 $1+L(s)$ 除 $M(s)$ 的过程可能在萨奇图中引进若干个正实数部分的零点,为了判明这个情况,我们必须画出 $L(s)$ 的乃氏图。然后,根据柯西定理就可以确定 $M(s)=0$ 在右半 s 平面上的根的个数。

函数 $g_2(s)$ 中包含反馈部分的传递函数,反馈部分中的放大器是可以由设计者自由处理的。由于系统的其他部分的原因,$g_2(s)$ 中也可能包含 s 的超越函数。因为,反馈部分放大器的传递函数通常都是两个多项式的比值,所以很难把来源于超越函数损害稳定性的不良影响完全补偿掉。可是,在萨奇图中 $g_2(s)$ 图线上最危险的部分就是最接近 $g_1(s)$ 的单位圆图线的那一部分,然而,接近单位圆的 $g_2(s)$ 点通常都是对应小的 s 值的,

所以在 $g_2(s)$的危险的部分上超越函数可以展开为 s 的泰勒级数。我们可以只取级数的少数几项作为超越函数的近似值[①],并且根据这个近似的结果来设计反馈部分的放大器。这样一来系统在危险部分的损害稳定性的不良影响就可以被放大器补偿掉。不言而喻,最后还必须根据放大器的设计特性用已有的稳定性准则校验系统的性能。以上所讲的方法是马伯尔(F. E. Marble)和柯克司(D. W. Cox)所提出的。如果想知道详细的论述,读者可以去参阅原著[②]。

---

① 关于这种方法可以参阅文献[22]。
② F. E. Marble and D. W. Cox, *J. Am. Rocket Soc.*, 23, 75-81(1953)。

第九章 平稳随机输入下的线性系统

在以前各章里，系统的输入都被认为是可以确切知道的时间函数。但是，在很多关于常系数线性系统的工程问题中，关于输入信号的知识并不是十分确切肯定的。例如，由于空气的湍流而在飞机的机翼结构内引起的运动和应力问题就属于这一类工程问题。在这个例子里，可以把随时间变化的气流状态看作是系统的输入。这种气流状态不可能用一个确切的时间函数来描述，这类不能完全确切知道的过程称为随机过程，用来表示随机过程的时间函数就称为随机函数，这种随机函数只能用某些统计的特性加以描述。如果机翼的应力是系统的输出，那么，这个输出也一定是一个随机函数，而且也只能用统计的方式给予描述。

这一章的第一个目的就是要找出一个方便的计算方法，利用这个方法就可以根据输入的已知的统计性质算出输出的统计性质。这是从前郎日万(P. Langevin)①关于布朗运动研究工作的一个简单推广。

随机输入的另一个例子就是控制信号中的噪声。噪声是由设计者所无法控制的外界干扰和信号的微弱波动引起的。噪声问题是一个与通信工程相联系的范围很广的研究题目。它的中心问题是如何设计一个系统，使得无法避免的噪声的影响被减少到最低限度，而信号的有用信息不受到破坏。我们将要在第十六章中讨论这个特殊问题。在目前这一章里，问题的性质是有些不同的，在我们现在所要讨论的问题中，随机的输出是系统仅有的输出。我们对于系统设计，特别是对于反馈伺服系统的设计所提出的要求就是：对于给定的输入而言，输出应该具有使人满意的统计性质(概率性质)。我们将会看到，以前各章中所用的传递函数的方法对于解决这个问题仍然是有用的。

9.1 随机函数的统计描述方法

我们来考虑一个产生随机函数 $y_1(t)$的系统。现在，为了建立这样一个随机函数的统计描述的概念，我们必须考虑很多与第一个系统相同的系统。这些系统的总体称为一

① 现译为郎之万。

个系集,组成系集的每一个个别的系统称为一个元素。设系集的各个元素所产生的随机函数分别是 $y_1(t)$, $y_2(t)$, $y_3(t)$, …。虽然这些元素都是相同的系数,但是,某一个元素所产生的随机函数在任意一个确定的时刻 t 的值与其他元素在同一时刻的随机函数值一般说来是不同的,也就是说,$y_m(t) \neq y_n(t)(m \neq n)$。从这个事实就可以看出这些函数的统计性的性质。虽然如此,我们还是可以问这样一个问题:如果给定一个从 y 到 $y+\mathrm{d}y$ 的间隔(也就是在 y 和 $y+\mathrm{d}y$ 之间的所有实数),那么,函数值在这个间隔之内的 $y(t)$ 的个数占系集元素的总数的百分之几?这个百分数是与 y 和 t 有关的,而且当 $\mathrm{d}y$ 很小时,这个百分数与 $\mathrm{d}y$ 成正比。这个百分数也就是在时刻 t 时,$y(t)$ 在 y 和 $y+\mathrm{d}y$ 之间的概率,可以把这个概率写作 $W_1(y, t)\mathrm{d}y$。$W_1(y, t)$ 称为随机函数 $y(t)$ 的第一概率分布函数。现在我们再来考虑在两个给定的时刻 t_1 和 t_2 时 $y(t)$ 的值。t_1 时函数值在 y_1 与 $y_1+\mathrm{d}y_1$ 之间,以及 t_2 时函数值在 $y_2+\mathrm{d}y_2$ 之间的 $y(t)$ 的个数占 $y(t)$ 的总数(也就是系集的元素的个数)的百分数可以写作 $W_2(y_1, t_1; y_2, t_2)\mathrm{d}y_1\mathrm{d}y_2$。函数 $W_2(y_1, t_1; y_2, t_2)$ 称为随机函数 $y(t)$ 的第二概率分布函数,我们也可以用类似的方法定义次数更高的概率分布函数。

如果采用以上的方法,就必须先同时对大量的相同系统进行观测,然后才能利用观测的结果作出随机函数 $y(t)$ 的统计描述,因为进行这样的观测有很多实际的困难,所以,以上方法使人很不满意。但是,如果随机函数是一个平稳的随机函数,也就是说,随机函数的所有统计性质都是与时间无关的,那么,由数目庞大的相同系统所组成的系集就不是必需的了,我们只要对单独一个系统进行很长时间的观测,就可以得出所有必需的观测结果。这时,我们可以把观测的记录曲线分割成时间长度是 θ 的许多段落,θ 要比随机函数的特征时间大得多。这里的特征时间就是这样一个时间长度:在这样长的时间间隔中,随机过程的统计性质能够相当充分地表现出来。既然,对于平稳的随机过程来说,测量时间起点的选择对问题不起作用,所以,每一段记录都包含关于系统的运动状态的同样的统计资料。因此,这许多不同的段落就可以看作是在许多相同的系统上(也就是在一个系集上)所作的观测记录的总体。因而也就能够把各次的概率分布函数确定下来。不仅如此,这些概率分布函数也变得更简单了:W_1 就不再与时间 t 有关了;W_2 也只与 $\tau = t_2 - t_1$ 这个时间长度有关,而与 t_1, t_2 本身无关了。所以,对于平稳随机函数来说,$y(t)$ 在 y 与 $y+\mathrm{d}y$ 之间的概率是 $W_1(y)\mathrm{d}y$;$y(t)$ 在 y_1 与 $y_1+\mathrm{d}y_1$ 以及 $y(t+\tau)$ 在 y_2 与 $y_2+\mathrm{d}y_2$ 之间的概率就是 $W_2(y_1, y_2; \tau)\mathrm{d}y_1\mathrm{d}y_2$。因为,在工程问题中,随机函数常常可以看作是平稳的随机函数,所以,在以下的讨论中,我们只来考虑这种随机函数。

必须强调指出,关于一个随机函数统计性质的全部资料就是由各次概率分布函数具体表示出来的。我们也可以这样说,各次概率分布函数就“确定”一个随机函数。根据概率的一些基本性质,这些分布函数 W_n 当然不可能是任意的,它们必须满足以下的一些条件:

(a) $W_n \geqslant 0$;这是因为概率不可能是负数的缘故。

(b) 对于各个变数 y_i 来说,W_n 是对称的。例如,

$$W_2(y_1,\ y_2;\ \tau)=W_2(y_2,\ y_1;\ \tau)。 \tag{9.1}$$

W_2 是一个联合概率分布函数,根据 W_2 的意义来看,方程(9.1)是很明显的。

(c) 次数较高的概率分布函数能够导出次数较低的概率分布函数;例如

$$\int_{-\infty}^{\infty} W_2(y_1,\ y_2;\ \tau)\mathrm{d}y_2=W_1(y_1)=W_1(y), \tag{9.2}$$

这里的积分运算是对所有可能的 y_2 值进行的。值得注意的是,对 y_2 的积分把 τ 也消去了。方程(9.2)的第二个等式只是把 $W_1(y_1)$ 改写为普通的形式 $W_1(y)$而已。此外,还有

$$\int_{-\infty}^{\infty} W_1(y)\mathrm{d}y=1。 \tag{9.3}$$

这个方程只不过表示这样一个显然的事实:所有可能发生的情况的概率总和必须是 1。

9.2 平均值

根据第一概率分布函数 $W_1(y)$,可以求出 y 的平均值$\bar{y}$:

$$\bar{y}=\int_{-\infty}^{\infty} yW_1(y)\mathrm{d}y\Big/\int_{-\infty}^{\infty} W_1(y)\mathrm{d}y=\int_{-\infty}^{\infty} yW_1(y)\mathrm{d}y。 \tag{9.4}$$

既然,我们只限于考虑平稳随机函数,所以,也可以用取时间平均值的方法得出$\bar{y}$:

$$\bar{y}=\lim_{\theta\to\infty}\frac{1}{\theta}\int_{-\theta/2}^{\theta/2} y(t)\mathrm{d}t。 \tag{9.5}$$

用方程(9.4)求出的$\bar{y}$称为 y 的系集平均值(或数学期望)。系集平均值与时间平均值方程(9.5)相等是平稳随机函数的一个重要特性。在以后的计算中,我们将会经常用到这个性质。

可以把方程(9.4)推广到 y 的任意次方幂的情形上去,因而就有

$$m_n=\overline{y^n}=\int_{-\infty}^{\infty} y^n W_1(y)\mathrm{d}y, \tag{9.6}$$

m_n 称为第一概率分布函数的 n 阶矩。根据一阶矩和二阶矩,我们就可以算出所谓的平均偏差 σ,σ^2 称为方差:

$$\begin{aligned}\sigma^2&=\overline{(y-\bar{y})^2}=\int_{-\infty}^{\infty}(y-\bar{y})^2 W_1(y)\mathrm{d}y\\&=\int_{-\infty}^{\infty}[y^2-2y\,\bar{y}+(\bar{y})^2]W_1(y)\mathrm{d}y=\overline{y^2}-(\bar{y})^2,\end{aligned} \tag{9.7}$$

所以,平均偏差 σ 是概率分布函数的图线对于平均值$\bar{y}$点的“宽度”的一种量度。类似地,

三阶矩是概率分布函数 $W_1(y)$ 的图线的(对于 W_1 轴的)不对称性的一种量度。如果关于各阶矩的情形知道得更多一些,那么,关于 $W_1(y)$ 的知识也就会更增加一些。在某些情况下,关于各阶矩的知识就能够把分布函数完全确定。例如,如果已经知道

$$\left.\begin{aligned} &m_{2k-1}=0;\\ &m_{2k}=1\cdot 3\cdot 5\cdots(2k-1)\sigma^{2k}。\\ &(k=1,\ 2,\ \cdots) \end{aligned}\right\} \tag{9.8}$$

那么,第一概率分布函数 $W_1(y)$ 就是有名的高斯(Gauss)分布或**正态分布**:

$$W_1(y)=\frac{1}{\sigma\sqrt{2\pi}}\mathrm{e}^{-y^2/2\sigma^2}。 \tag{9.9}$$

我们总是可以适当地选取 y 坐标的原点使得 $\bar{y}$ 变为零,也就是说,可以使得原点是 y 的平均值。有时候,这种做法可以使问题的处理更加便利。这样做以后,我们就说概率分布函数已经被**标准化**了。这时,从方程(9.7)可以看出,方差 σ^2 就简单地等于二阶矩 $\overline{y^2}$。

由第二概率分布函数 $W_2(y_1,\ y_2;\ \tau)$ 导出的各种平均值中,最重要的就是**相关函数**(或称为关连函数) $R(\tau)$, $R(\tau)$ 的定义是

$$\begin{aligned} R(\tau)&=\overline{y_1y_2}=\overline{y(t)y(t+\tau)}\\ &=\int_{-\infty}^{\infty}\int_{-\infty}^{\infty}y_1y_2W_2(y_1,y_2;\tau)\mathrm{d}y_1\mathrm{d}y_2。 \end{aligned} \tag{9.10}$$

对于一个平稳随机函数来说,$R(\tau)$ 显然也可以用对时间取平均值的方法得到:

$$R(\tau)=\lim_{\theta\to\infty}\frac{1}{\theta}\int_{-\theta/2}^{\theta/2}y(t)y(t+\tau)\mathrm{d}t。 \tag{9.11}$$

所以,$R(\tau)$ 就是两个不同时刻的 y 值的相关程度的一个量度。不难想到,当两个时刻的间隔 τ 增大时,这个相关性或者"记忆力"就要相应地减弱。如果 τ 变得非常大,结果就会使 $y(t)$ 和 $y(t+\tau)$ 彼此无关了。在这种情况下,根据概率计算的原理,第二概率分布函数就等于 $W_1(y_1)$ 与 $W_2(y_2)$ 的乘积。所以,对于很大的 τ 来说,

$$R(\tau)=\int_{-\infty}^{\infty}\int_{-\infty}^{\infty}y_1y_2W_1(y_1)W_2(y_2)\mathrm{d}y_1\mathrm{d}y_2=(\bar{y})^2。 \tag{9.12}$$

如果 $\tau=0$, 由方程(9.11)显然有

$$R(0)=\overline{y^2}。 \tag{9.13}$$

既然,不论怎样移动测量时间的原点,$R(\tau)$ 都不会改变,所以就有

$$R(\tau)=\overline{y(t)y(t+\tau)}=\overline{y(t-\tau)y(t)}。$$

如果我们先把这个方程对 τ 微分,然后再设 $\tau=0$,就得出

$$R'(0)=\overline{y(t)y'(t)}=-\overline{y(t)y'(t)},$$

因此，

$$R'(0)=\overline{y(t)y'(t)}=0。\tag{9.14}$$

在这些方程中，撇号“′”表示对时间的微分。所以，一个平稳随机函数和它同一时刻导数的“相关度”是零。这也就表示，在 y 的记录曲线上，对于任意一个 y 值来说，斜率是正数的概率与斜率是负数的概率相等。

如果我们把 $R(\tau)$ 对 τ 微分两次，然后再设 $\tau=0$，就得

$$R''(0)=\overline{y(t)y''(t)}=-\overline{y'^2}。\tag{9.15}$$

根据方程(9.15)，我们就可以利用关连函数来计算 y 的导数的平均平方值。类似地，y 的二次导数的平均平方值也可以用下列公式计算：

$$R''''(0)=\overline{y''^2}。\tag{9.16}$$

同样，我们可以证明：

$$R'''(0)=R^{\mathrm{V}}(0)=R^{\mathrm{VII}}(0)=\cdots=0。$$

所以，相关函数 $R(\tau)$ 可以写成下列的泰勒级数：

$$R(\tau)=R(0)+\frac{\tau^2}{2!}R''(0)+\frac{\tau^4}{4!}R''''(0)+\cdots。$$

由此，又可以看出 $R(\tau)$ 是 τ 的偶函数，

$$R(\tau)=R(-\tau)。$$

其实，根据 $R(\tau)$ 的意义，我们早就可以想到这个事实，所以这并不是新的结果。

9.3　功率谱

随机函数谱的概念对于随机函数理论的应用上具有很重要的意义。假设我们在一段很长的时间 $\theta(-\theta/2<t<\theta/2)$ 里对 $y(t)$ 进行了观测。如果我们只考虑这一段时间里的情况，把其余时间的 $y(t)$ 看作是零。那么，$y(t)$ 就可以写成富利埃积分①

$$y(t)=\int_{-\infty}^{\infty}A(\omega)e^{i\omega t}d\omega,\tag{9.17}$$

这里的 $A(\omega)$ 是表示相当于频率 ω 的振幅(一般说来这个振幅是一个复数)。它可以用反

① 可以参阅 Whittaker and Watson, *Modern Analysis*，第 9.7 节，p.188，Cambridge-Macmillan，(1943)，或参阅文献[26]。

转公式由 $y(t)$ 计算出来：

$$A(\omega)=\frac{1}{2\pi}\int_{-\theta/2}^{\theta/2} y(t)\mathrm{e}^{-\mathrm{i}\omega t}\,\mathrm{d}t。\tag{9.18}$$

如果用 $A^*(\omega)$ 表示 $A(\omega)$ 的复共轭数，因为 $y(t)$ 是实数，所以，由方程(9.18)就得出

$$A^*(\omega)=A(-\omega)。\tag{9.19}$$

现在，我们就可以利用 $A(\omega)$ 来计算平均值 $\overline{y^2}$：

$$\overline{y^2}=\lim_{\theta\to\infty}\frac{1}{\theta}\int_{-\theta/2}^{\theta/2} y^2(t)\,\mathrm{d}t=\lim_{\theta\to\infty}\frac{1}{\theta}\int_{-\theta/2}^{\theta/2}\mathrm{d}t\int_{-\infty}^{\infty}\int_{-\infty}^{\infty}\mathrm{d}\omega\,\mathrm{d}\omega' A(\omega)A(\omega')\mathrm{e}^{\mathrm{i}(\omega+\omega')t}。$$

作变数变换 $\omega''=-\omega'$，就得

$$\begin{aligned}\overline{y^2}&=\lim_{\theta\to\infty}\frac{1}{\theta}\int_{-\infty}^{\infty}\int_{-\infty}^{\infty}\mathrm{d}\omega\,\mathrm{d}\omega'' A(\omega)A^*(\omega'')\int_{-\theta/2}^{\theta/2}\mathrm{e}^{\mathrm{i}(\omega-\omega'')t}\,\mathrm{d}t\\&=\lim_{\theta\to\infty}\frac{2}{\theta}\int_{-\infty}^{\infty}\int_{-\infty}^{\infty}A(\omega)A^*(\omega'')\frac{\sin\left[\frac{1}{2}(\omega-\omega'')\theta\right]}{\omega-\omega''}\mathrm{d}\omega\,\mathrm{d}\omega''。\end{aligned}$$

如果我们再引进新变数 ξ，ξ 的定义是

$$\xi=\frac{\theta}{2}(\omega-\omega''),$$

于是就又有

$$\omega''=\omega-\frac{2\xi}{\theta}。$$

这样一来，

$$\begin{aligned}\overline{y^2}&=\lim_{\theta\to\infty}\frac{2}{\theta}\int_{-\infty}^{\infty}A(\omega)\,\mathrm{d}\omega\int_{-\infty}^{\infty}A^*\left(\omega-\frac{2\xi}{\theta}\right)\frac{\sin\xi}{\xi}\mathrm{d}\xi\\&=\left[\lim_{\theta\to\infty}\frac{1}{\theta}\int_{0}^{\infty}|A(\omega)|^2\,\mathrm{d}\omega\right]4\int_{-\infty}^{\infty}\frac{\sin\xi}{\xi}\mathrm{d}\xi\\&=4\pi\lim_{\theta\to\infty}\frac{1}{\theta}\int_{0}^{\infty}|A(\omega)|^2\,\mathrm{d}\omega。\end{aligned}$$

所以，如果我们设

$$\Phi(\omega)=\lim_{\theta\to\infty}\frac{4\pi}{\theta}|A(\omega)|^2,\tag{9.20}$$

那么，

$$\overline{y^2}=\int_0^{\infty}\Phi(\omega)\mathrm{d}\omega。\tag{9.21}$$

$\Phi(\omega)$当然是一个实函数，而且$\Phi(\omega)$就称为随机函数$y(t)$的**功率谱**。根据方程(9.20)和方程(9.21)，我们就可以由富利埃系数$A(\omega)$算出平均值$\overline{y^2}$。这个关系就是巴塞伐①(Parseval)定理。

我们再来考虑相关函数$R(\tau)$。把方程(9.11)和方程(9.17)合并起来，就得出

$$\begin{aligned}R(\tau)&=\lim_{\theta\to\infty}\frac{1}{\theta}\int_{-\theta/2}^{\theta/2}y(t)y(t+\tau)\mathrm{d}t\\&=\lim_{\theta\to\infty}\frac{1}{\theta}\int_{-\infty}^{\infty}\int_{-\infty}^{\infty}A(\omega)A(\omega')\mathrm{e}^{\mathrm{i}\omega\tau}\mathrm{d}\omega\mathrm{d}\omega'\int_{-\theta/2}^{\theta/2}\mathrm{e}^{\mathrm{i}(\omega+\omega')t}\mathrm{d}t。\end{aligned}$$

然后，用与以前类似的计算，就可以得到

$$R(\tau)=\int_0^{\infty}\Phi(\omega)\cos\omega\tau\,\mathrm{d}\omega。\tag{9.22}$$

设$\tau=0$，就又可以从方程(9.21)和方程(9.22)得出方程(9.13)的结果。把方程(9.22)先对τ微分，然后再设$\tau=0$，又可以得出方程(9.14)的结果。根据富利埃积分的**反转定理**，

$$\Phi(\omega)=\frac{2}{\pi}\int_0^{\infty}R(\tau)\cos\omega\tau\,\mathrm{d}\tau。\tag{9.23}$$

有了方程(9.22)和方程(9.23)，只要知道相关函数与功率谱二者之中的一个，就可以算出另一个来。这两个方程称为维纳-辛钦(Wiener-Хинчин)②**关系**。

功率谱$\Phi(\omega)$里可以包含以狄拉克δ函数[42](参看第2.5节)所表示的冲量。当$\bar{y}$不等于零的时候，或者用电工术语来说，有一个直流项的时候，情形就是这样的，这时

$$\Phi(\omega)=2(\bar{y})^2\delta(\omega)+\Phi_1(\omega),\tag{9.24}$$

这里$\delta(x)$是这样定义的：

$$\left.\begin{aligned}&\text{如果 } x\neq0,\quad \delta(-x)=\delta(x)=0,\\&\text{如果 } x=0,\qquad\quad \delta(x)\to\infty,\\&\text{而且有}\quad\int_{-\infty}^{\infty}\delta(x)\mathrm{d}x=1\quad\text{以及}\quad\int_0^{\infty}\delta(x)\mathrm{d}x=\frac{1}{2}。\end{aligned}\right\}\tag{9.25}$$

对于纯粹的“噪声”来说，通常只在$\omega=0$处有一个相当于直流项的冲量。因此$\Phi_1(\omega)$就是一个表示真正的连续谱的正则函数。但是，也可能有这种情况：在噪声中还夹杂有

① 现译为帕塞瓦尔。
② 现译为维纳-欣钦。

若干个有规律的正弦振荡。在这种情形下,功率谱在相当于那些正弦振荡的若干个离散的频率上也有冲量。

9.4 功率谱的例子

我们举出两个由相关函数计算功率谱的例子。

第一个例子:如果相关函数是以高斯曲线给定的

$$R(\tau)=R(0)\mathrm{e}^{-\alpha^2\tau^2}, \tag{9.26}$$

按照方程(9.23)相当的功率谱就是

$$\left.\begin{aligned}&\Phi(\omega)=\frac{2}{\pi}R(0)\int_0^\infty\cos(\omega\tau)\mathrm{e}^{-\alpha^2\tau^2}\mathrm{d}\tau=\Phi(0)\mathrm{e}^{-(\omega^2/4\alpha^2)},\\&\Phi(0)=\frac{R(0)}{\alpha\sqrt{\pi}}。\end{aligned}\right\} \tag{9.27}$$

有趣的事实是:当 $\alpha\to\infty$ 时,对于所有有限的 τ 来说,相关函数都趋近于零。同时,$R(0)$以一种使 $R(\tau)$变为 δ 函数的方式趋于∞。这也就是说,不同时刻的 $y(t)$ 值是毫无关连的。所以,这个随机函数是所有随机函数中“最杂乱无章”的一个。当 $\alpha\to\infty$ 时,功率谱是一个与频率无关的常数。这个最杂乱的随机函数称为**白色噪声**。常常用白色噪声来描述物理系统中自然发生的随机变化。

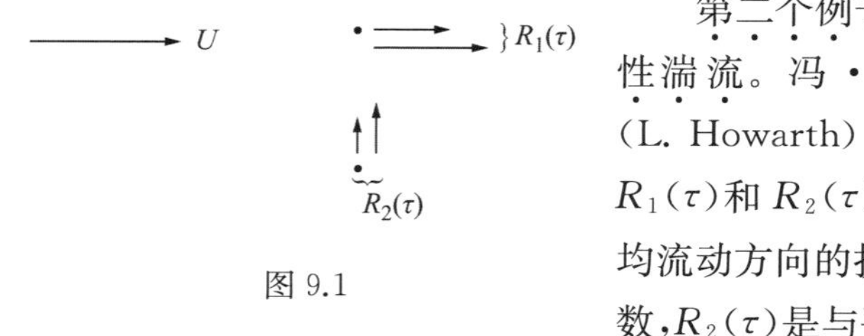

图 9.1

第二个例子就是流体的匀速运动中的微小各向同**性湍流**。冯·卡尔曼(von Kármán)[①]和霍瓦尔斯(L. Howarth)曾经证明[②],基本的二阶相关函数就是 $R_1(\tau)$和 $R_2(\tau)$, $R_1(\tau)$ 是在同一空间点上平行于平均流动方向的扰动速度分量对于时间间隔 τ 的相关函数,$R_2(\tau)$是与平均流动方向垂直的扰动速度分量的相当的关连函数。如果 U 是平均速度,L 是湍流的特性长度,那么,这两个相关函数就可以近似地表示为

$$R_1(\tau)=R_1(0)\mathrm{e}^{-\tau U/L}, \tag{9.28}$$

$$R_2(\tau)=R_2(0)\mathrm{e}^{-\tau U/L}\left(1-\frac{1}{2}\frac{\tau U}{L}\right)。 \tag{9.29}$$

根据方程(9.23),平行于平均流动方向的扰动速度分量的功率谱 $\Phi_1(\omega)$和垂直于这个方

① 现译为冯·卡门。

② von Kármán and Howarth, *Proc. Roy. Soc.* (A), 164, 192(1938)。

向的扰动速度分量的功率谱 $\Phi_2(\omega)$ 就是

$$\Phi_1(\omega)=\Phi_1(0)\frac{1}{1+(\omega L/U)^2},\tag{9.30}$$

$$\Phi_2(\omega)=\Phi_2(0)\frac{1+3(\omega L/U)^2}{[1+(\omega L/U)^2]^2},\tag{9.31}$$

这里的 $\Phi_1(0)$ 和 $\Phi_2(0)$ 是相当的功率谱在 $\omega=0$ 处的值。它们与 $R_1(0)$ 和 $R_2(0)$ 的关系是

$$\left.\begin{aligned}\Phi_1(0)&=\frac{2}{\pi}\frac{L}{U}R_1(0),\\ \Phi_2(0)&=\frac{1}{\pi}\frac{L}{U}R_2(0)。\end{aligned}\right\}\tag{9.32}$$

9.5　功率谱的直接计算

根据相关函数来计算功率谱的做法当然不是绝对必需的。有时候也可以根据随机函数 $y(t)$ 本身的已知性质把功率谱直接计算出来。

例如，我们来考虑这样一个情形：$y(t)$ 是一系列形状相同的脉冲，脉冲的频率是一个常数，可是脉冲的高度是相当于某一个概率分布函数的随机函数。此外，还假定这一系列的脉冲高度是互不相关的。如果脉冲是矩形的，那么，这一系列脉冲就像图 9.2 所示的那样。如果一个高度是一的脉冲的表示式是 $\eta(t)$，那么，

$$y(t)=\sum_k a_k\eta(t-kT),\tag{9.33}$$

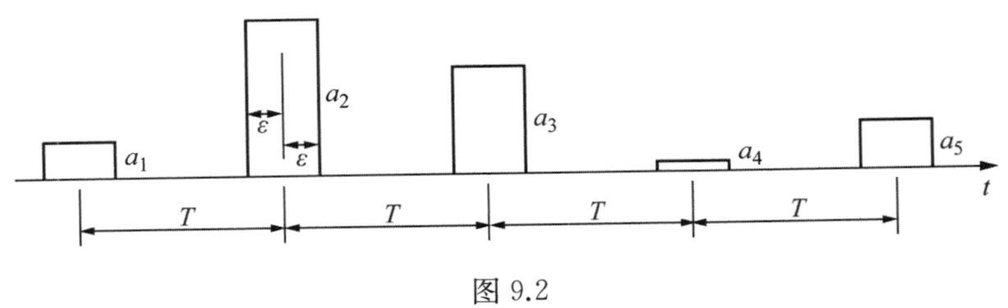

图 9.2

其中，T 是两个相邻脉冲之间的时间间隔，a_k 是第 k 个脉冲的高度。计算功率谱的第一个步骤就是按照方程(9.18)算出富利埃谱 $A(\omega)$。设 $\theta=2NT$，就有

$$\begin{aligned}A(\omega)&=\frac{1}{2\pi}\int_{-NT}^{NT}y(t)\mathrm{e}^{-\mathrm{i}\omega t}\,\mathrm{d}t=\frac{1}{2\pi}\int_{-NT}^{NT}\sum_k a_k\eta(t-kT)\mathrm{e}^{-\mathrm{i}\omega t}\,\mathrm{d}t\\&=\sum_{-N}^{N}a_k\mathrm{e}^{-\mathrm{i}\omega kT}\,\frac{1}{2\pi}\int_{-\infty}^{\infty}\eta(\xi)\mathrm{e}^{-\mathrm{i}\omega\xi}\,\mathrm{d}\xi=\alpha(\omega)\sum_{-N}^{N}a_k\mathrm{e}^{-\mathrm{i}\omega kT},\end{aligned}$$

这里的 $\alpha(\omega)$ 是一个脉冲的富利埃谱。

$$\alpha(\omega)=\frac{1}{2\pi}\int_{-\infty}^{\infty}\eta(\xi)\mathrm{e}^{-\mathrm{i}\omega\xi}\mathrm{d}\xi。\tag{9.34}$$

例如脉冲是宽度为 2ε,高度为 1 的矩形脉冲,

$$\alpha(\omega)=\frac{1}{2\pi}\int_{-\varepsilon}^{\varepsilon}\mathrm{e}^{-\mathrm{i}\omega\xi}\mathrm{d}\xi=\frac{1}{\pi}\ \frac{\sin\omega\varepsilon}{\omega}。\tag{9.35}$$

根据方程(9.19)和方程(9.20),功率谱就是

$$\Phi(\omega)=\frac{4\pi}{T}\ |\ \alpha(\omega)\ |^2\lim_{N\to\infty}\frac{1}{2N}\Big(\sum_{-N}^{N}\sum_{-N}^{N}a_ka_l\mathrm{e}^{-\mathrm{i}\omega(k-l)T}\Big)。\tag{9.36}$$

为了简便地进行方程(9.36)中的极限运算,我们先取整个方程的系集平均值。既然,系集的每一个组成元素的功率谱 $\Phi(\omega)$ 都是相同的,所以,取系集平均值时方程(9.36)的左端并不改变。这样一个取平均值的手续可以使方程(9.36)的右端得到简化。设 $\bar{a}$ 是随机变数 a_k(或 a_l)的平均值,$\overline{a^2}$ 是 a_k(或 a_l)的平方的平均值。把 a_ka_l 写成下列形式:

$$a_ka_l=(a_k-\bar{a})(a_l-\bar{a})+\bar{a}[(a_k-\bar{a})+(a_l-\bar{a})]+(\bar{a})^2。$$

我们把这个表示式代入方程(9.36)的右端,然后再取系集平均值。既然,这一系列脉冲的高度是互相无关的,所以,除非 $k=l$,$(a_k-\bar{a})(a_l-\bar{a})$ 的系集平均值就是零。如果 $k=l$,$(a_k-\bar{a})(a_l-\bar{a})$ 的系集平均值就是 $\overline{a^2}-(\bar{a})^2$。因此,极限号下的第一项就是

$$\lim_{N\to\infty}\frac{1}{2N}\sum_{-N}^{N}\sum_{-N}^{N}\overline{(a_k-\bar{a})(a_l-\bar{a})\mathrm{e}^{-\mathrm{i}\omega(k-2)T}}=\overline{a^2}-(\bar{a})^2。$$

$(a_k-\bar{a})$ 和 $(a_l-\bar{a})$ 的系集平均值显然是零。所以,最后就有

$$\Phi(\omega)=\frac{4\pi}{T}\ |\ \alpha(\omega)\ |^2\left\{[\overline{a^2}-(\bar{a})^2]+(\bar{a})^2\lim_{N\to\infty}\frac{1}{2N}\left|\sum_{-N}^{N}\mathrm{e}^{-\mathrm{i}\omega kT}\right|^2\right\}。\tag{9.37}$$

如果 $\omega=2n\pi/T$ (n 是整数),方程(9.37)中的和数就等于 $2N+1$。因此,方程(9.37)的第二项的极限值是无限大。对于其他的 ω 值来说,这个和数的绝对值 $\left|\sum_{-N}^{N}\mathrm{e}^{-\mathrm{i}\omega kT}\right|$ 总是小于与 N 无关的常数 $1+2\Big/\left|\sin\frac{\omega T}{2}\right|$,所以,当 $N\to\infty$ 时,方程(9.37)中极限值等于零。现在就很清楚,当取了极限值以后,第二项的性质就是在频率 $\omega=2n\pi/T(n=0,\pm1,\pm2,\cdots)$ 处的一系列冲量(或 δ 函数)。为了计算这些 δ 函数的系数,我们必须对于典型的间隔 $-\pi<\omega T<\pi$ 计算曲线下方的面积。把和数加以积分,就得

$$\int_{-\pi/T}^{\pi/T}\mathrm{d}\omega\ \frac{1}{2N}\left|\sum_{-N}^{N}\mathrm{e}^{-\mathrm{i}\omega kT}\right|^2=\frac{1}{2N}\int_{-\pi/T}^{\pi/T}\frac{1-\cos(2N+1)\omega T}{1-\cos\omega T}\mathrm{d}\omega=\frac{2\pi}{T}\ \frac{2N+1}{2N}。$$

当 $N\to\infty$ 时，这个面积就得出的值 $2\pi/T$。按照方程(9.25)，δ 函数曲线下的面积是 1，所以，所需要系数就是 $2\pi/T$。因此，所考虑的平稳随机函数(9.33)的功率谱最后就可以写成

$$\Phi(\omega)=2\omega_0\mid\alpha(\omega)\mid^2\left\{\left[\overline{a^2}-(\bar{a})^2\right]+(\bar{a})^2\omega_0\sum_{n=0}^{\infty}\delta(\omega-n\omega_0)\right\}, \tag{9.38}$$

其中 ω_0 是相当于基本周期 T 的频率，也就是

$$\omega_0=\frac{2\pi}{T}。 \tag{9.39}$$

所以，$y(t)$ 的功率谱中包含有一个连续的部分，这一部分和一个单独的脉冲的功率谱形状相同。这一部分连续谱的强度是由脉冲高度的方差 σ^2 所决定的。此外，在频率 $n\omega_0$(n 是整数)处还有离散的谱，这一部分离散谱的强度也是由一个单独脉冲的谱所决定的。

现在我们再来考虑另外一种情形。随机函数 $y(t)$ 是一系列形状和高度完全相同的脉冲。两个相邻脉冲的时间间隔是一个随机函数，这个随机函数的平均值是 T。第 k 个脉冲的发生时间是 $kT+\varepsilon_k$，这里的 T 是一个固定的常数。所以 ε_k 当然是一个随机函数，假设 ε_k 按照一个已知的概率分布函数 $P(\varepsilon)$ 变化。并且假设 ε_k 的平均值是零。同时这些 ε 之间也是互不相关的。不难算出，两个相邻脉冲之间的时间间隔的平均值 $\overline{kT+\varepsilon_k-(k-1)T-\varepsilon_{k-1}}=\overline{T+\varepsilon_k-\varepsilon_{k-1}}=T$。如果脉冲都是矩形的，图 9.3 所表示的就是一个这样的随机函数。

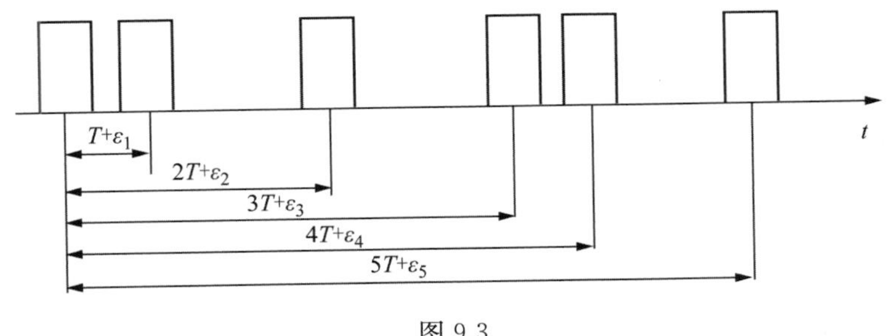

图 9.3

一个这样的随机函数可以用下列公式表示：

$$y(t)=\sum_k\eta(t-kT-\varepsilon_k), \tag{9.40}$$

这里 $\eta(t)$ 表示一个单独的脉冲。按照方程(9.18)，设 $\theta=2NT$，

$$A(\omega)=\alpha(\omega)\sum_{-N}^{N}\mathrm{e}^{-\mathrm{i}\omega(kT+\varepsilon_k)},$$

$\alpha(\omega)$ 是由方程(9.34)所给的一个单独脉冲的富利埃谱。对于矩形脉冲的特殊情形，$\alpha(\omega)$ 就是由方程(9.35)所表示的。按照方程(9.19)和方程(9.20)，$y(t)$ 的功率谱就是

$$\Phi(\omega)=\frac{4\pi}{T}\mid\alpha(\omega)\mid^{2}\lim_{N\to\infty}\frac{1}{2N}\Big(\sum_{-N}^{N}\sum_{-N}^{N}\mathrm{e}^{-\mathrm{i}\omega\varepsilon_k}\,\mathrm{e}^{+\mathrm{i}\omega\varepsilon_l}\,\mathrm{e}^{-\mathrm{i}\omega(k-l)T}\Big)\tag{9.41}$$

现在,我们引进一个函数 $x(\omega)$,

$$x(\omega)=\int_{-\infty}^{\infty}P(\varepsilon)\mathrm{e}^{-\mathrm{i}\omega\varepsilon}\,\mathrm{d}\varepsilon\,,\tag{9.42}$$

有时候 $x(\omega)$ 称为 ε 的特征函数,按照普通的定义,$x(\varepsilon)$ 就是 $P(\varepsilon)$ 的富利埃变换(富氏变换)①。我们把 $\mathrm{e}^{-\mathrm{i}\omega\varepsilon_k}\,\mathrm{e}^{+\mathrm{i}\omega\varepsilon_l}$ 写成

$$\mathrm{e}^{-\mathrm{i}\omega\varepsilon_k}\,\mathrm{e}^{+\mathrm{i}\omega\varepsilon_l}\doteq\{[\mathrm{e}^{-\mathrm{i}\omega\varepsilon_k}-x(\omega)]+x(\omega)\}\{[\mathrm{e}^{+\mathrm{i}\omega\varepsilon_l}-x^{*}(\omega)]+x^{*}(\omega)\},$$

其中,$x^{*}(\omega)$ 是 $x(\omega)$ 的复共轭函数,而且 $x^{*}(\omega)=x(-\omega)$。现在我们就把这个表示式代入方程(9.41),接着就取方程(9.41)的系集平均值。因为这些 ε 都是互不相关的,所以极限运算可以大为简化。最后的结果就是

$$\Phi(\omega)=2\omega_0\mid\alpha(\omega)\mid^{2}\Big\{[1-\mid x(\omega)\mid^{2}]+\mid x(\omega)\mid^{2}\omega_0\sum_{n=0}^{\infty}\delta(\omega-n\omega_0)\Big\}\,,\tag{9.43}$$

这里的 ω_0 就是方程(9.39)所定义的频率。在这种情形下,连续谱的形状和离散谱的强度不再是只由单独脉冲的谱所决定的了,它们与 ε 的特征函数也有关系。

作为直接计算功率谱的第三个例子,我们来考虑图 9.4 所表示的平稳随机函数 $y(t)$。这个函数在时间间隔 T 中的值或者是 $+1$ 或者是 -1。这里的 T 不是常数,而是一个随机函数。T 的概率分布函数 $P(T)$ 是已知的。不言而喻,$T\geqslant 0$。也还要指出,这一系列时间间隔 T 是互不相关的。我们用 $T_k(k=1, 2, 3, \cdots)$ 来表示第 k 个时间间隔。假设时间间隔的平均值是 $\overline{T}$:

$$\overline{T}=\int_{0}^{\infty}TP(T)\mathrm{d}T。\tag{9.44}$$

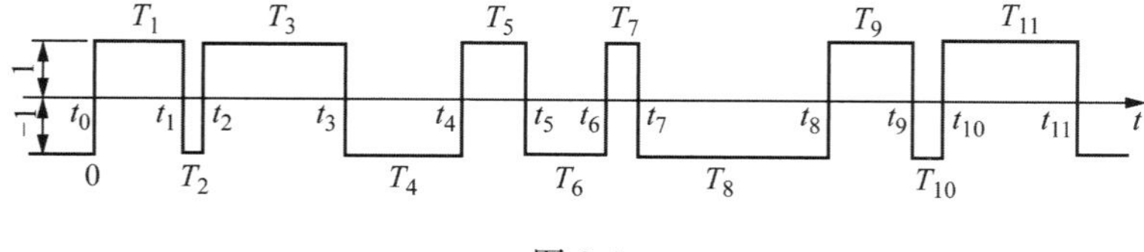

图 9.4

我们把从 $t=0$ 到 $t=N\overline{T}$ 取作方程(9.18)的积分间隔 θ。这样,就得到

$$A(\omega)=\frac{1}{2\pi}\int_{0}^{N\overline{T}}y(t)\mathrm{e}^{-\mathrm{i}\omega t}\,\mathrm{d}t=\frac{1}{2\pi}\,\frac{1}{\mathrm{i}\omega}\sum_{k=1}^{N}(-1)^{k}(\mathrm{e}^{-\mathrm{i}\omega t_k}-\mathrm{e}^{-\mathrm{i}\omega t_{k-1}})。$$

① 有时在富利埃变换的积分号前加一乘数 $1/2\pi$。

这里的 t_k 表示第 k 个时间间隔的终点。以上的表示式又可以改写为

$$A(\omega)=\left[\frac{1}{\pi}\frac{1}{\mathrm{i}\omega}\sum_{k=1}^{N}(-1)^k\mathrm{e}^{-\mathrm{i}\omega t_k}\right]-\frac{1}{2\pi}\frac{1}{\mathrm{i}\omega}(-1)^N\mathrm{e}^{-\mathrm{i}\omega t_N}+\frac{1}{2\pi\mathrm{i}\omega}。$$

于是，根据方程(9.20)我们就有下列的功率谱：

$$\Phi(\omega)=\frac{4}{\pi\,\overline{T}\omega^2}\left[\lim_{N\to\infty}\frac{1}{N}\sum_{k=1}^{N}\sum_{k'=1}^{N}(-1)^{k+k'}\mathrm{e}^{-\mathrm{i}\omega(t_k-t_{k'})}\right]。\tag{9.45}$$

我们来考虑 $k>k'$，譬如说 $k=k'+m$。这时就有

$$\mathrm{e}^{-\mathrm{i}\omega(t_k-t_{k'})}=\mathrm{e}^{-\mathrm{i}\omega T_{k'+1}}\mathrm{e}^{-\mathrm{i}\omega T_{k'+2}}\cdots\mathrm{e}^{-\mathrm{i}\omega T_{k'+m}}。\tag{9.46}$$

既然，这一系列时间间隔是互不相关的，方程(9.46)右端的乘积的发生概率就是每一个因子的发生概率的乘积。如果我们引进 T 的特征函数 $x(\omega)$，

$$x(\omega)=\phi(\omega)+\mathrm{i}\psi(\omega)=\int_0^\infty P(T)\mathrm{e}^{-\mathrm{i}\omega T}\mathrm{d}T,\tag{9.47}$$

$x(\omega)$就是 $\mathrm{e}^{-\mathrm{i}\omega T}$ 的平均值。因此，方程(9.46)的乘积的系集平均值也不过就是 $|x(\omega)|^m$。在方程(9.45)的双重和数中，这样的乘积的个数的近似值就是 N。每一个这种乘积的符号都是$(-1)^m$。所以，在极限值中，就有来源于这些乘积的一项 $(-1)^m[x(\omega)]^m$。m 可以是从 1 到∞的所有正整数。所以，这样一些项的总和就是

$$\sum_{m=1}^{\infty}(-1)^m[x(\omega)]^m=-\frac{x(\omega)}{1+x(\omega)}。$$

不难看出，来源于 $k'>k$ 的那些项的总和与来源于 $k>k'$ 的各项的总和刚好是复共轭的。此外，很容易看出在方程(9.45)的方括弧里的极限值中，来源于 $k=k'$ 各项的值就是1。这样一来，这个极限值的所有的组成部分都已经知道了。所以，就可以把方程(9.45)最后写成

$$\Phi(\omega)=\frac{4}{\pi\,\overline{T}\omega^2}\left\{1-2\Re\left[\frac{x(\omega)}{1+x(\omega)}\right]\right\},$$

这里的 $\Re$ 就是表示式的实数部分。如果 $x(\omega)$的实数部分和虚数部分分别是 $\phi(\omega)$和 $\psi(\omega)$，就像方程(9.47)所写的那样，那么，$\Phi(\omega)$也就可以写成

$$\Phi(\omega)=\frac{4}{\pi\,\overline{T}\omega^2}\frac{1-\phi^2(\omega)-\psi^2(\omega)}{[1+\phi(\omega)]^2+\psi^2(\omega)}。\tag{9.48}$$

如果分布函数 $P(T)$是泊松(Poisson)分布函数：

$$P(T)=\frac{1}{\overline{T}}\mathrm{e}^{-T/\overline{T}},\tag{9.49}$$

这里$\overline{T}$就是方程(9.44)所定义的平均时间间隔。对于这个特殊的分布函数来说，这样一个

振幅是 1 的随机开关函数的功率谱就是

$$\Phi(\omega)=\frac{\overline{T}}{\pi}\frac{1}{1+(\omega\,\overline{T}/2)^2}。\tag{9.50}$$

因为这个随机函数完全没有任何有规则的周期性,所以功率谱是连续而且光滑的,以前两个例子中所包含的那种冲量,在这里是根本没有的。

9.6 离开平均值大偏差的概率

如果随机函数是一个结构中的应力,那么,只知道这个应力的平均值是不够的,因为结构的破坏与应力本身的大小有关系。为了安全起见,我们就需要知道应力超过结构材料的容许工作应力的概率,也就是随机函数 y 的大小超过常数值 k 的概率, $P[|y|\geqslant k]$ 如果第一概率分布函数 $W_1(y)$ 是已知的,那么,这个问题的答案就很简单:

$$P[|y|\geqslant k]=\int_{-\infty}^{-k}W_1(y)\mathrm{d}y+\int_{k}^{\infty}W_1(y)\mathrm{d}y。\tag{9.51}$$

但是,在不少工程问题中并不知道概率分布函数,只能知道平均值 $\bar{y}$ 和方差 σ^2。然而就是在这种限制很大的情况下,对于离开平均差的大偏差的概率,我们还是可能给出一个一般的估计,但是这个估计是偏于宽松的。譬如说,如果 $g(y)$ 是 y 的一个非负函数,按照定义 $W_1(y)$ 当然也是非负的,所以

$$\overline{g(y)}=\int_{-\infty}^{\infty}g(y)W_1(y)\mathrm{d}y\geqslant K\int_{g(y)\geqslant K}W_1(y)\mathrm{d}y。\tag{9.52}$$

最后的积分是在所有满足条件 $g(y)\geqslant K$ 的部分进行的,但是这个最后的积分刚好就等于 $P[g(y)\geqslant K]$。所以,

$$P[g(y)\geqslant K]\leqslant\frac{\overline{g(y)}}{K}。\tag{9.53}$$

这就是所谓的契比谢夫(Чебышев)①不等式。现在取

$$g(y)=(y-\bar{y})^2。$$

按照方程(9.7),

$$\overline{g(y)}=\sigma^2=\overline{y^2}-(\bar{y})^2,$$

这里 σ^2 就是方差,也就是离开平均值 $\bar{y}$ 的偏差的平方的平均值。设 $K=k^2\sigma^2$,就可以由方程(9.53)得出必耐梅-契比谢夫(Bienaymé-Чебышев)不等式:

---

① 现译为切比雪夫。

$$P[|y-\bar{y}|\geqslant k\sigma]=P[(y-\bar{y})^2\geqslant k^2\sigma^2]\leqslant\frac{1}{k^2} \tag{9.54}$$

对于最实际的应用来说，必耐梅-契比谢夫不等式所给的估计还是太宽松了，也就是说，这个不等式所给的上限常常是过高的。如果 $W_1(y)$ 只有一个极大值，我们就可以给出一个比较精密的估计。这时，$W_1(y)$ 的极大值所在的点 y_0 称为众数。这样的分布函数称为单众数分布函数(或单峰分布函数)。对于单众数分布函数的情形，大偏差概率的估计是高斯首先作出的。为了证明高斯的不等式，我们来考虑图 9.5 所示的函数 $w(x)$，$w(x)$ 在 $x>0$ 的区域内是单调减少的。可以把 $w(x)$ 看作是许多矩形函数的和数(见图 9.5)，这些矩形函数都是这样的：在 $0\leqslant x\leqslant x_0$ 间隔内等于一个常数，在 $x>x_0$ 区域内等于零。我们先来考虑矩形函数 $v(x)$：

$$\left.\begin{array}{ll}\text{如果 } 0\leqslant x\leqslant x_0, & v(x)=1, \\ \text{如果 } \qquad x>x_0, & v(x)=0。\end{array}\right\}$$

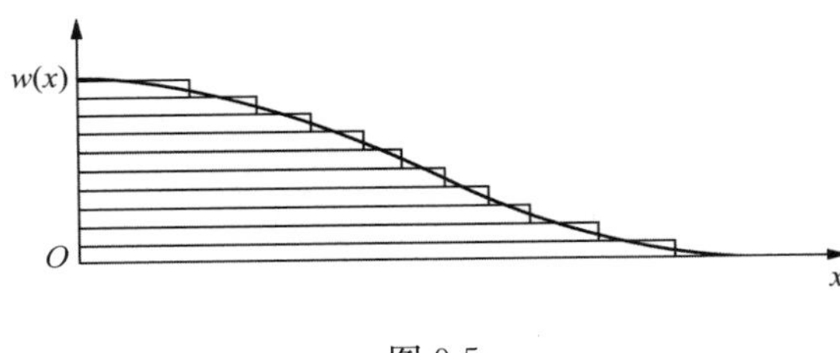

图 9.5

对于任意一个 $K>x_0$，

$$K^2\int_K^\infty v(x)\mathrm{d}x=0。$$

但是，如果 $0<K\leqslant x_0$，

$$K^2\int_K^\infty v(x)\mathrm{d}x=K^2(x_0-K)。$$

不难证明，对于在这个范围内的 K 来说，$K^2(x_0-K)$ 的极大值是 $\frac{4}{27}x_0^3$。所以，下列关系式对于所有的 K 值都是成立的：

$$K^2\int_K^\infty v(x)\mathrm{d}x\leqslant\frac{4}{9}\int_0^\infty x^2v(x)\mathrm{d}x。$$

用叠加的方法就可以得出

$$K^2\int_K^\infty w(x)\mathrm{d}x\leqslant\frac{4}{9}\int_0^\infty x^2w(x)\mathrm{d}x。$$

现在，来考虑一个横坐标是 $x=y-y_0$ 的单众数分布函数 $W_1(x)$。这里的 y_0 是众

数。这时,

$$K^2\int_K^\infty W_1(x)\,\mathrm{d}x \leqslant \frac{4}{9}\int_0^\infty x^2 W_1(x)\,\mathrm{d}x$$

而且

$$K^2\int_{-\infty}^{-K} W_1(x)\,\mathrm{d}x \leqslant \frac{4}{9}\int_{-\infty}^0 x^2 W_1(x)\,\mathrm{d}x 。$$

把这两个不等式加起来,就得

$$K^2 P[\,|\,y-y_0\,|\geqslant K] \leqslant \frac{4}{9}v^2,$$

这里的 v 是离开众数的偏差的平均值,它的定义是

$$v^2=\overline{(y-y_0)^2}=\int_{-\infty}^\infty (y-y_0)^2 W_1(y)\,\mathrm{d}y。\tag{9.55}$$

设 $K=kv$,我们就得到高斯不等式:

$$P[\,|\,y-y_0\,|\geqslant kv] \leqslant \frac{4}{9k^2}。\tag{9.56}$$

如果分布函数 $W_1(y)$ 对于 $y=y_0$ 是对称的:$W_1(y_0+x)=W_1(y_0-x)$。就有 $y_0=\bar{y}$,$v=\sigma$。因而,方程(9.56)就化为

$$P[\,|\,y-\bar{y}\,|\geqslant k\sigma] \leqslant \frac{4}{9k^2}。\tag{9.57}$$

所以,方程(9.57)所表示的概率的估计就比方程(9.54)的估计更为精确。

在很多情况下,我们可以认为 $W_1(y)$ 是高斯分布函数(至少也可以近似地这样假设)。这时,利用**误差函数** $f(x)=\dfrac{2}{\sqrt{\pi}}\displaystyle\int_0^x \mathrm{e}^{-t^2}\,\mathrm{d}t$ 的渐近展开式,不难直接算出

$$P[\,|\,y-\bar{y}\,|\geqslant k\sigma] \approx \frac{\mathrm{e}^{-\frac{1}{2}k^2}}{k\sqrt{2\pi}} \quad (k\gg 1)。\tag{9.58}$$

这个概率的数值很小。例如在 $k=3$ 时,这个概率只有 0.002。可是,如果用方程(9.54)只能知道这个概率比 0.111 1 小。即使用方程(9.57)来估计,也只能知道这个概率小于 0.049 3 而已。这三种估计结果所以有这样悬殊的差别,当然是因为这些估计方法所依据的资料在确切程度上也有很大差别的缘故。所根据的假设越一般化,所能得出的估计结果就越不精确。

9.7 随机函数超过一个固定值的频率

如果所考虑的随机函数是结构中的应力,并且,假设需要根据应力超过某一个固定值

（也就是材料的疲劳应力）的重复次数来进行设计，那么，就必须知道随机函数在单位时间内超过固定值 $y=\xi$ 的可能次数。这个次数显然是随机函数在单位时间内经过 ξ 值的可能次数的一半。用 $N_0(\xi)$ 表示上述的经过 ξ 值的次数。这个数最先是由瑞斯（S. O. Rice）计算出来的①，下面我们也采用他的计算方法。

设 $W(y,\ y')\mathrm{d}y\mathrm{d}y'$ 是在同一时刻随机函数值 $y(t)$ 在 y 和 $y+\mathrm{d}y$ 之间而时间导数 $y'(t)$ 在 y' 和 $y'+\mathrm{d}y'$ 之间的联合概率。这个概率也可以解释为在单位时间内 $y(t)$ 和 $y'(t)$ 同时在上述的范围内的总时间。但是，随机函数经过 $\mathrm{d}y$ 所需的时间是 $\mathrm{d}y/|y'|$。所以，所需要的经过 ξ 和 y' 的可能次数就等于 $W(\xi,\ y')\mathrm{d}y\mathrm{d}y'$ 被 $\mathrm{d}y/|y'|$ 除得的商数 $|y'|W(\xi,\ y')\mathrm{d}y'$。因此，对所有的 y' 值积分就可以得到次数 $N_0(\xi)$：

$$N_0(\xi)=\int_{-\infty}^{\infty}|y'|W(\xi,\ y')\mathrm{d}y'。\tag{9.59}$$

但是，方程(9.14)表明，只要随机函数 $y(t)$ 是可微的，$y(t)$ 和 $y'(t)$ 就是彼此毫无关连的。既然如此，根据计算概率的一般原理，$W(y,\ y')$ 就是两个第一概率分布函数 $W_1(y)$ 和 $W(y')$ 的乘积。于是，方程(9.59)就可以写作

$$N_0(\xi)=W_1(\xi)\int_{-\infty}^{\infty}|y'|W(y')\mathrm{d}y'。\tag{9.60}$$

如果 $W(y')$ 是对称的，$W(y')=W(-y')$，方程(9.60)还可以进一步简化为

$$N_0(\xi)=2W_1(\xi)\int_0^{\infty}y'W(y')\mathrm{d}y'\quad [W(y')\text{ 是对称的}]。\tag{9.61}$$

如果 $W(y')$ 是一个平均偏差是 σ' 的高斯分布函数，按照方程(9.9)和方程(9.61)就有：

$$N_0(\xi)=\frac{2W_1(\xi)}{\sigma'\sqrt{2\pi}}\int_0^{\infty}y'\mathrm{e}^{-y'^2/2\sigma'^2}\mathrm{d}y'=\frac{2\sigma'W(\xi)}{\sqrt{2\pi}}。\tag{9.62}$$

利用方程(9.15)和方程(9.22)可以由功率谱 $\Phi(\omega)$ 算出方差 σ'^2：

$$\sigma'^2=\int_0^{\infty}\omega^2\Phi(\omega)\mathrm{d}\omega。\tag{9.63}$$

如果 $W_1(y)$ 也是一个高斯分布函数，假设 $y(t)$ 的平均值是 $\bar{y}$，平均偏差是 σ。根据方程(9.7)，方程(9.21)和方程(9.62)我们就得出

$$N_0(\xi)=\frac{1}{\pi}\frac{\sigma'}{\sigma}\mathrm{e}^{-\frac{1}{2}\frac{(\xi-\bar{y})^2}{\sigma^2}}=\frac{1}{\pi}\mathrm{e}^{-\frac{1}{2}\frac{(\xi-\bar{y})^2}{\sigma^2}}\left[\frac{\int_0^{\infty}\omega^2\Phi(\omega)\mathrm{d}\omega}{\int_0^{\infty}\Phi(\omega)\mathrm{d}\omega-(\bar{y})^2}\right]^{\frac{1}{2}}。\tag{9.64}$$

这就是瑞斯所给的公式。$N_0(\xi)/2$ 就是 $y(t)$ 超过 ξ 值的频率。

---

① S. O. Rice, *Bell System Tech. J.*, 23, 282(1944); 25, 46(1945)。

9.8 线性系统对于平稳随机输入的反应

现在可以回答我们在这一章引言里所提出的那个问题了,如果常系数线性系统的平稳随机输入是给定的,那么,系统的输出是怎样的?根据以前各节中所讲的随机函数理论的一些初步知识,很容易想到,解决这个问题的关键就是设法由输入的功率谱把输出的功率谱计算出来。一旦知道了输出的功率谱,我们就可以利用方程(9.22)求出相关函数,也可以利用方程(9.21)求出平方的平均值,根据第9.6节和第9.7节的方法,我们还可以估计出离开平均值的大偏差的概率以及超过固定值的频率。对于很多工程问题来说,关于输出的特性的这些知识已经是很够用的了。

假设输入 $x(t)$ 的功率谱是 $\Phi(\omega)$,相关函数是 $R_i(\tau)$。根据方程(9.21)和方程(9.22),我们有

$$\overline{x^2}=\int_0^\infty \Phi(\omega)\mathrm{d}\omega=R_i(0) \tag{9.65}$$

以及

$$R_i(\tau)=\int_0^\infty \Phi(\omega)\cos\omega\tau\,\mathrm{d}\tau=\frac{1}{2}\int_{-\infty}^\infty \Phi(\omega)\mathrm{e}^{\mathrm{i}\omega\tau}\mathrm{d}\omega, \tag{9.66}$$

这里我们用到了关系 $\Phi(\omega)=\Phi(-\omega)$,这个关系可以由方程(9.23)看出来。同样,我们假设输出 $y(t)$ 的功率谱是 $g(\omega)$,相关函数是 $R_0(\tau)$。因而有

$$\overline{y^2}=\int_0^\infty g(\omega)\mathrm{d}\omega=R_0(0) \tag{9.67}$$

以及

$$R_0(\tau)=\frac{1}{2}\int_{-\infty}^\infty g(\omega)\mathrm{e}^{\mathrm{i}\omega t}\mathrm{d}\omega。 \tag{9.68}$$

和以前一样,设 $h(t)$ 是线性系统对于 $t=0$ 时的单位冲量输入的反应。对于一个从 $t=-\infty$ 开始的过程来说,输出可以写成

$$y(t)=\int_{-\infty}^t x(\tau)h(t-\tau)\mathrm{d}\tau,$$

可以这样写的理由是在时刻 τ 到 $\tau+\mathrm{d}\tau$ 之间,输入 $x(t)$ 对于系统的作用,可以用时刻 τ 的一个大小是 $x(\tau)\mathrm{d}\tau$ 的冲量对系统的作用来代替。我们再把积分变数 τ 变为 $u=t-\tau$。就又得出

$$y(t)=\int_0^\infty x(t-u)h(u)\mathrm{d}u, \tag{9.69}$$

所以,相关函数 $R_0(\tau)$ 就是

$$R_0(\tau)=\overline{y(t)y(t+\tau)}=\int_0^{\infty}\int_0^{\infty}\overline{x(t-u)x(t+\tau-u')}h(u)h(u')\mathrm{d}u\mathrm{d}u'。$$

但是，

$$\overline{x(t-u)x(t+\tau-u')}=\overline{x(t)(t+\tau+u-u')}=R_i(\tau+u-u'),$$

所以，根据方程(9.66)和方程(9.68)，我们就得出下列关系式：

$$\int_{-\infty}^{\infty}g(\omega)\mathrm{e}^{\mathrm{i}\omega\tau}\mathrm{d}\omega=\int_{-\infty}^{\infty}\int_0^{\infty}\int_0^{\infty}\Phi(\omega)\mathrm{e}^{\mathrm{i}\omega(\tau+u-u')}h(u)h(u')\mathrm{d}u\mathrm{d}u'\mathrm{d}w。\tag{9.70}$$

如果 $F(s)$ 是线性系统的传递函数，那么，$h(t)$ 的拉氏变换就是 $F(s)$。所以[参见方程(3.50)]，

$$F(\mathrm{i}\omega)=\int_0^{\infty}\mathrm{e}^{-\mathrm{i}\omega u}h(u)\mathrm{d}u。$$

于是就可以把方程(9.70)改写为

$$\int_{-\infty}^{\infty}g(\omega)\mathrm{e}^{\mathrm{i}\omega\tau}\mathrm{d}\omega=\int_{-\infty}^{\infty}\Phi(\omega)F(\mathrm{i}\omega)F(-\mathrm{i}\omega)\mathrm{e}^{\mathrm{i}\omega\tau}\mathrm{d}\omega。$$

因此，功率谱 $g(\omega)$ 和 $\Phi(\omega)$ 之间就有下列关系式：

$$g(\omega)=\Phi(\omega)F(\mathrm{i}\omega)F(-\mathrm{i}\omega)=|F(\mathrm{i}\omega)|^2\Phi(\omega),\tag{9.71}$$

在这个方程中用到了 $F(\mathrm{i}\omega)$ 是 $F(-\mathrm{i}\omega)$ 的复共轭数的事实。

根据方程(9.71)就可以由输入的功率谱和线性系统的频率特性算出输出的功率谱。甚至于当频率特性只是用图线或数字表格来表示的情形，功率谱 $g(\omega)$ 也还是不难计算出来的。在这里，我们又一次看到，传递函数与频率特性的概念是十分有用的。

我们还注意到这样一个有趣的事实：因为在普通情况下，当 $\omega\to\infty$ 时，$F(\mathrm{i}\omega)\to 0$，所以，当 $\omega\to\infty$ 时，输出的功率谱 $g(\omega)$ 比输入的功率谱 $\Phi(\omega)$ 更快地趋近于零。这也就是说，输出的高频成分的强度比输入的高频成分的强度小得多。所以线性系统有一种使输出比输入更“光滑”更“规则”的作用。

9.9　二阶系统

作为一个简单的例子，我们来考虑二阶的线性系统。这时，运动方程就是

$$m\frac{\mathrm{d}^2y}{\mathrm{d}t^2}+c\frac{\mathrm{d}y}{\mathrm{d}t}+ky=x(t)。\tag{9.72}$$

所以，系统的传递函数 $F(s)$ 是

$$F(s)=\frac{1}{ms^2+cs+k}=\frac{1}{k}\frac{1}{(s^2/\omega_0^2)+2\zeta(s/\omega_0)+1},$$

这里的 ω_0 是没有阻尼时的自然频率,ζ 是实际阻尼与临界阻尼的比值[参看方程(3.38)]。所以

$$F(\mathrm{i}\omega)F(-\mathrm{i}\omega)=\frac{1}{k^2\{[(\omega/\omega_0)^2-1]^2+4\zeta^2(\omega/\omega_0)^2\}}。$$

输出的功率谱就是

$$g(\omega)=\frac{\Phi(\omega)}{k^2\{[(\omega/\omega_0)^2-1]^2+4\zeta^2(\omega/\omega_0)^2\}}。\tag{9.73}$$

如果我们希望知道输出的平方的平均值,那么,方程(9.21)就给出

$$\overline{y^2}=\frac{1}{k^2}\int_0^\infty\frac{\Phi(\omega)\mathrm{d}\omega}{[(\omega/\omega_0)^2-1]^2+4\zeta^2(\omega/\omega_0)^2}。\tag{9.74}$$

如果 ζ 很小,方程(9.74)中被积函数的分母在 $\omega=\omega_0$ 处几乎等于零。因此,如果$\Phi(\omega)$是一个变化缓慢的函数,就有

$$\overline{y^2}\approx\frac{\omega_0\Phi(\omega_0)}{k^2}\int_0^\infty\frac{\mathrm{d}x}{(x^2-1)^2+4\zeta^2x^2}=\frac{1}{k^2}\omega_0\Phi(\omega_0)\frac{\pi}{4\zeta}=\frac{\pi}{2mc}\frac{\Phi(\omega_0)}{\omega_0^2}。\tag{9.75}$$

这个方程表明,如果阻尼系数 c 趋近于零,输出的平方的平均值就变为无限大。当 c 等于零时,传递函数有一个纯虚数极点 $\mathrm{i}\omega_0$。一般说来,只要线性系统的传递函数有一个纯虚数极点,就会发生输出是无限大的现象。因此,如果要求线性系统在随机输入下具有符合需要的运转状态,传递函数 $F(s)$必须满足的条件就是$F(s)$的所有极点的实数部分都应该是负数。对系统性质所提出的这一个基本要求与普通的输入函数的稳定性条件是完全相同的。

一般说来,可以用进一步改变系统的传递函数的方法来改善输出的其他性能。例如,我们完全可以设想,在某一个合用的频率 ω_0^* 处,函数 $\Phi(\omega_0)/\omega_0^2$ 取极小值,就像图 9.6 所示的那样。这时,如果我们能使系统的自然频率就是 ω_0^*。那么,输出的随机振幅的大小就可以减小到几乎是最低的限度。其实,这是很容易做到的,只要在系统上加一个传递函数是常数 α 的反馈线路就可以了(见图 9.7)。这样一来,系统的运动方程就变成

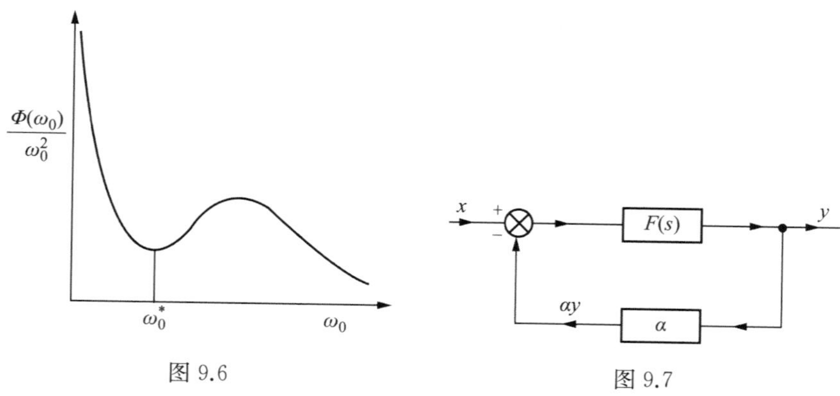

图 9.6

图 9.7

$$m\frac{d^2y}{dt^2}+c\frac{dy}{dt}+ky=x-\alpha y,$$

或者，

$$m\frac{d^2y}{dt^2}+c\frac{dy}{dt}+(k+\alpha)y=x。\tag{9.76}$$

系统的自然频率就变为 $\sqrt{(k+\alpha)/m}$，所以，只要适当地选择 α 的值，就可以使系统的自然频率等于 ω_0^*：

$$\omega_0^{*2}=\frac{k+\alpha}{m}。\tag{9.77}$$

这样做的结果就使得输出的大小减小了。

9.10　不可压缩湍流中作用在一个二维机翼上的举力

作为第二个例子，我们考虑一个弦长是 c 的薄平板状的机翼，这个机翼以一个常速度 U 在空气的湍流中运动。设 x 轴在弦的方向上，z 轴在机翼的跨度方向上，y 轴与跨度方向和弦都垂直。假设湍流的扰动速度分量 u, v, w 与 U 相比较都是很小的。由于这些湍流扰动速度的存在，机翼就有一个随时间变化的明显冲角 α，因而也就在机翼上产生了随时间变化的升力。只要扰动速度相当小，变化着的冲角 α 就由下列公式给出：

$$\alpha=\frac{v}{U},$$

这时，可以把冲角 $\alpha=\alpha(t)$ 看作系统驱动函数。系统的"反应"（输出）就是机翼上变化着的举力，或者，更好一些，把举力系数 C_l 看作系统的反应。这是李普曼（H. W. Liepmann）研究过的一个问题①。

为了求出举力系数的平均平方值 $\overline{C_l^2(t)}$，首先必须确定机翼的一个传递函数。这个工作已经在第 3.7 节里做过了。其实，如果 v 是输入，举力系数 C_l 是输出，那么，频率特性 $F(i\omega)$ 就是由方程(3.67)到方程(3.71)的各个方程所表示的。

虽然，实质上湍流扰动是三维的，也就是说，u, v, w 都是 x, y, z, t 的函数。可是，对于第一次近似的分析来说，只考虑 v 以及 v 与 x, t 的关系似乎就很够了。所以，在湍流中我们只来考虑下列形状的扰动速度或冲角：

$$\alpha(x,t)=\frac{v(x,t)}{U}。$$

① H. W. Liepmann, *J. Aeronaut. Sci.* 19, 793-801(1952)。

假定,在数量级是 c/U 的时间里,湍流的特性没有显著变化,冲角就只与 $t-(x/U)$ 有关,第 3.7 节所给的西尔思的结果也就可以应用。在分析湍流的时候,常常采用这一个假设。这个假设实质上也就是要求下面的条件成立:一个流体质点的流速的时间变化率小于一个固定的空间点处的流速的时间变化率。根据这个假设,就有

$$\overline{C_l^2}=4\pi^2\int_0^{\infty}\Phi(\omega)\mid\varphi(k)\mid^2\mathrm{d}\omega, \tag{9.78}$$

其中的 $\Phi(\omega)$ 是 v/U 的功率谱。

按照方程(9.31)和方程(9.32),

$$\Phi(\omega)=\frac{\overline{v^2}}{U^2}\frac{L}{\pi U}\frac{1+3(L^2\omega^2/U^2)}{[1+(L^2\omega^2/U^2)]^2}。\tag{9.79}$$

此外,李普曼还发现 $\mid\varphi(k)\mid^2$ 可以近似地表示为

$$\mid\varphi(k)\mid^2\approx\frac{1}{1+2\pi k}。\tag{9.80}$$

所以,

$$\begin{aligned}\overline{C_l^2}&=4\pi^2\frac{\overline{v^2}}{U^2}\int_0^{\infty}\frac{1+3u^2}{(1+u^2)^2}\frac{1}{1+\eta u}\mathrm{d}u\\&=4\pi^2\frac{\overline{v^2}}{U^2}\left[\frac{4\eta-\pi}{2\pi(\eta^2+1)}+\frac{\eta^2+3}{2\pi(\eta^2+1)^2}(\eta\log\eta^2+\pi)\right],\end{aligned}\tag{9.81}$$

其中,

$$\eta=\frac{\pi c}{L}。\tag{9.82}$$

举力系数的平均平方值与参数 η 之间的关系如图 9.8 所示。

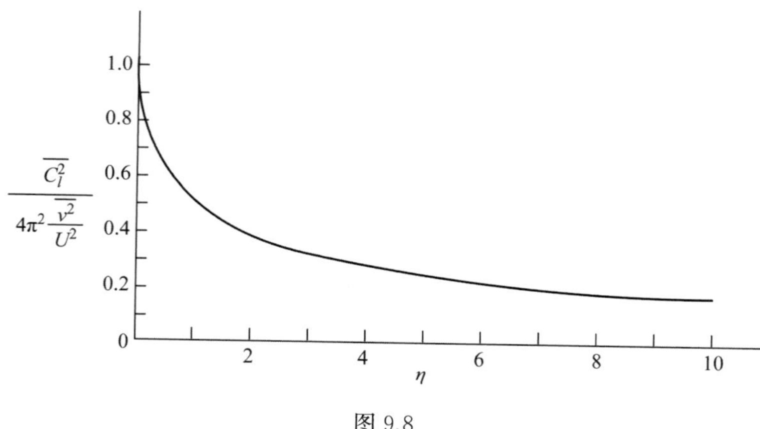

图 9.8

很显然，如果 $c/L\to 0$，这就是弦长比湍流的尺度小得很多的情形。这时

$$\overline{C_l^2}\to 4\pi^2\frac{\overline{v^2}}{U^2}=4\pi^2\,\overline{\alpha^2}。$$

在似稳状态中，机翼的举力系数与冲角的关系曲线的斜率就是 2π。相反地，如果 c/L 非常大，这就是机翼的弦长比湍流的尺度大得很多的情形，根据方程(9.80)，这时 $\overline{C_l^2}$ 几乎等于零。这也就是说，各个局部的扰动总起来说都互相抵消掉了，所以，总的举力是零。其实这个结果是可以想象到的。

9.11　间歇的输入

关于空气动力学的**扰流抖振**问题有一个极为重要的现象，这就是尾流中的**间歇现象**。所谓间歇现象是这样的：一个尾流的边缘的运动尺度很大，以至于边缘附近的一个点有时候处于尾流的内部，有时候又在尾流的外面。如果一个尾翼与一个失速或者部分失速的机翼的尾流的边缘很接近，这种间歇现象对于尾翼上的升力就会发生很重要的影响。对于这种作用可以这样粗略地理解：可以把尾部的流动看作是一个均匀洗流的区域，这个洗流是有时存在有时消失的，洗流作用的时间是一系列不规则的时间间隔[19,43]。这样一个流动对于间歇失速的机翼的尾流中的情况来说，或许就是一个好模型。在这种情况下，尾翼上的流动状态就是时而这样时而那样的，从一种状态变到另一种状态(从有洗流的状态变到没有洗流的状态，或者反过来)的时间间隔的长度 T 就是一个随机函数，假定 T 的概率分布函数是泊松分布函数，那么，只要把方程(9.50)稍微修改一下就可以得出 T 的功率谱。这里的平均偏差不是 1，而是角度平均值 $\sqrt{\overline{v^2}}/U$；驱动函数(洗流)起作用的时间间隔的平均值也就是 T 的平均值 $\overline{T}$。所以，功率谱就是

$$\Phi(\omega)=\frac{\overline{v^2}}{U^2}\frac{\overline{T}}{\pi}\frac{1}{1+(\omega\overline{T}/2)^2}。\tag{9.83}$$

于是举力系数的平均平方值的近似值就是

$$\begin{aligned}\overline{C_l^2}&=\frac{\overline{v^2}}{U^2}\frac{\overline{T}}{\pi}4\pi^2\int_0^\infty\frac{\mathrm{d}\omega}{[1+(\omega\overline{T}/2)^2][1+\pi(\omega c/U)]}\\&=4\pi^2\frac{\overline{v^2}}{U^2}\frac{2}{\pi}\frac{\eta\log\eta+\dfrac{\pi}{2}}{1+\eta^2}\quad\left(\eta=\frac{2\pi c}{U\overline{T}}\right)。\end{aligned}\tag{9.84}$$

$\overline{C_l^2}$ 与 η 的这个关系如图 9.9 所示。$\eta\to 0$ 和 $\eta\to\infty$ 时的极限值当然是与上一节研究过的那种情形相等的。

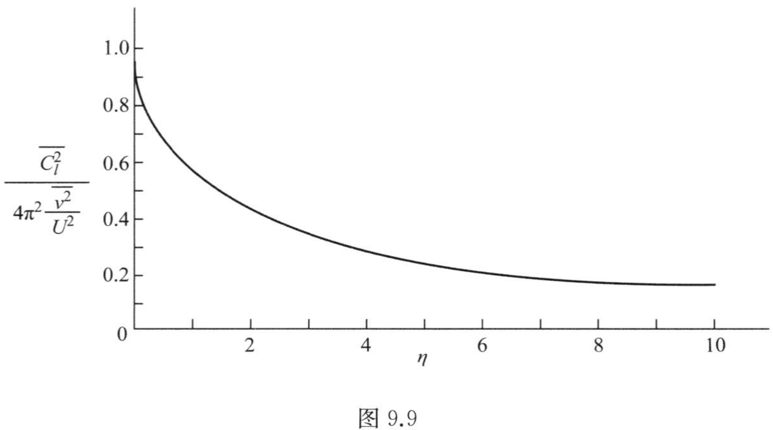

图 9.9

9.12 为随机输入而作的伺服控制设计

在第 9.9 节里,我们曾经讨论了二阶系统对于随机输入的反应,那个讨论也已经说明了用伺服控制改进系统性能的可能性。但是,在那个例子里反馈机构还是相当原始的,因为进行反馈控制作用所需要的力的数量级与输入驱动函数的数量级相同。在一个更实际的设计中,我们可以把反馈机构设计得更巧妙一些,使得反馈作用所需要的力减少很多。例如,可以用反馈伺服机构带动可以转动的附加翼片,从而控制湍流中机翼的运动。转动翼片所需要的力与机翼运动所引起的空气动力效应(举力,阻力,转矩等)相比较,可以是小得很多的。我们可以把这个伺服控制系统的方块图想象为图 9.10 的情形。输入的随机函数是扰动气流,输出就是机翼的位移。第一个传递函数 $F_1(s)$表示扰动气流和这个气流所引起的举力之间的关系,这个函数可以近似地用方程(3.69)来表示。举力与转矩变化的结果,就使得机翼产生铅直方向的运动和旋转运动。这些由于空气动力的原因所产生的外力与机翼运动之间的关系是由结构的传递函数 $F_2(s)$所描述的。机翼的运动又要产生两种作用。机翼的运动通过第二个空气动力学的传递函数 $F_3(s)$又产生空气动力。这是第一个反馈线路,然而,这个反馈线路不是设计者能任意改动的,设计者能够处理的是第二个反馈线路。机翼的运动可以用来控制襟翼的运动,假设这一部分的传递函数是 $F_4(s)$,襟翼的运动通过传递函数$F_5(s)$又产生空气动力,所以输入 X 与输出 Y 之间的关系就是

$$Y = F_2(s)[F_1(s)X + F_3(s)Y + F_5(s)F_4(s)Y]$$

或者,

$$\frac{Y}{X} = F_s(s) = \frac{F_1(s)F_2(s)}{1 - F_2(s)[F_3(s) + F_5(s)F_4(s)]}。\tag{9.85}$$

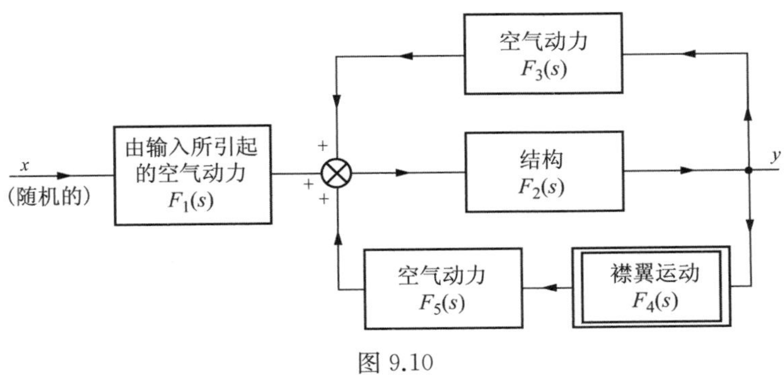

图 9.10

所以，改动伺服机构的传递函数 $F_4(s)$就可以使系统的总传递函数得到改善。

如果 $\Phi(\omega)$是输入 x 的功率谱，$g(\omega)$是输出的功率谱，那么，按照方程(9.71)，

$$g(\omega)=\Phi(\omega)F_s(\mathrm{i}\omega)F_s(-\mathrm{i}\omega), \tag{9.86}$$

这里的 $F_s(s)$就是由方程(9.85)给定的。完全可以想到，如果希望飞机里的乘客得到最大的舒适度，我们就必须使加速度 $y''(t)$尽可能地小，这也就意味着要求$\overline{y''^2(t)}$取极小值。方程(9.16)表明 $y''(t)$的平均平方值可以由相关函数计算出来。可是，相关函数又可以用方程(9.22)由功率计算出来。把这两个一般的公式用到方程(9.85)和方程(9.86)的特殊情形上来，就得出

$$\overline{y''^2(t)}=\int_0^{\infty}\omega^4\Phi(\omega)\left|\frac{F_1(\mathrm{i}\omega)F_2(\mathrm{i}\omega)}{1-F_2(\mathrm{i}\omega)[F_3(\mathrm{i}\omega)+F_5(\mathrm{i}\omega)F_4(\mathrm{i}\omega)]}\right|^2\mathrm{d}\omega。 \tag{9.87}$$

因为 $F_1(s)$，$F_2(s)$，$F_3(s)$ 和 $F_5(s)$都已经固定下来，不能再加以改变。所以我们只能用改动伺服机构传递函数 $F_4(s)$的方法使 $\overline{y''^2(t)}$ 达到极小值。我们可以采用下列做法：先做出一个伺服机构传递函数 $F_4(s)$，但是暂时先不确定其中参数的数值。既然，其余的传递函数都已经确定，如果又知道输入的功率谱[例如，像方程(9.79)那样]，那么，根据方程(9.87)就可以把 $\overline{y''^2(t)}$ 计算出来，计算结果中当然也包含 $F_4(s)$的未定参数。对于这些未定参数，我们就可以用普通的求极小值的方法加以计算，这样确定出来的参数的值就可能使 $\overline{y''^2(t)}$ 取极小值。这样确定的$F_4(s)$就是使乘客最舒适的伺服机构传递函数。必须指出，在这个方法中，$F_4(s)$的基本形式(基本构造)还是由设计者根据某些实际情况和经验相当随意地选定的，只是某些参数尚未确定而已。所以，上面得到的极小值并不一定是真正能够达到的极小值。因为，如果把 $F_4(s)$的基本形式加以改变，还是用同样的计算方法就可能得出一个更好的结果。所以，如果希望得到更好的结果，我们还必须研究 $F_4(s)$ 应该是哪一种形式的函数的问题，要解决这种问题就要用一种比较复杂的数学方法——**变分法**。关于变分法的基本做法，我们将要在第十四章中加以介绍，这里就不再讨论。

以上的讨论只是在特定的输入条件下，为了特定的目的所作的最优伺服控制设计的

一个例子。如果目的不同,设计条件也可以是这样的:要求扰动气流在机翼结构中引起的应力的平均平方值取极小值。这时的系统传递函数 $F_s(s)$ 当然与以前的例子不同了,但是,问题的数学形式和处理方法还是相同的。以前各章中讨论了很多对于伺服系统的稳定性和其他定性性质的要求,现在的这种关于定量的最优设计可以看作是更进一步的要求。这样一个比较一般的概念大约是勃克森包姆(A. S. Boksenbom)和诺威克(D. Novik)首先提出来的[①],在第十六章里,我们还要谈到这个问题。

① A. S. Boksenbom, D. Novik, *NACA TN*, 2939(1953)。

第十章 继电器伺服系统①

如果在伺服系统中有一个继电器(跳动开关),那么,这样一个伺服系统就称为继电器伺服系统。正如第 6.3 节所指出的,继电器伺服系统的一个重要优点就是价钱比较便宜。但是,由于继电器的输出和输入不是成比例的,也就是说,输入与输出之间的关系不是线性的,所以,不能用线性理论来分析一个继电器伺服系统的运动状态。在这一章里,我们首先提出一个用来研究继电器伺服系统以及其他类似系统稳定性的近似理论,这个理论也是以乃氏判断准则的一种变形为基础的。在这一章的后一部分中,我们还要讨论一个更新颖同时也更困难的问题,这个问题就是怎样利用继电器所固有的非线性的特性使伺服系统得到更好的运转性能。遗憾得很,这样一个有意义的问题一直还没有被完整地研究过,这个问题的彻底解决还有待于未来。

10.1 一个继电器的近似频率特性

我们来考虑一个频率是 ω 而振幅是 a 的正弦式的输入 $x(t)$,

$$x(t)=a\sin\omega t。\tag{10.1}$$

为了讨论的方便,我们把继电器的性能加以理想化:假设继电器没有时间延迟的现象,而且它的开关动作都可以在一瞬间完成,而不需要花费时间,总之,没有时滞现象。但是,继电器特性本身的滞后现象还是要考虑的,在输入是正数而且逐渐增大的过程中,如果输入在 0 与 b(b 是一个比较小的正常数)之间,继电器的输出是 0。当输入增加到 b 的时候,输出就立刻从 0 变到满值 A(A 是一个正常数)。在输入是正数可是逐渐减小的过程中,只要输入大于 c(c 也是一个正常数)输出就总是 A,一旦输入减小到 c 的时候,输出就由满值 A 立刻变为 0。一般来说,b 总是比 c 大。如果把电流看作是继电器的输入,那么,b 就称为接通电流,c 就称为开断电流。当输入是负数的时候,$-b$ 和 $-c$ 分别是接通电流和开断电流,输出的满值是 $-A$。图 10.1 所示的就是上述的输入-输出关系。由于 $b\neq c$,

① 参阅文献[5],[6],[7],[9],[13],[17],[27],[38],[44]。

所以输入与输出之间就有一个相角差。输入的相角落后的值 θ

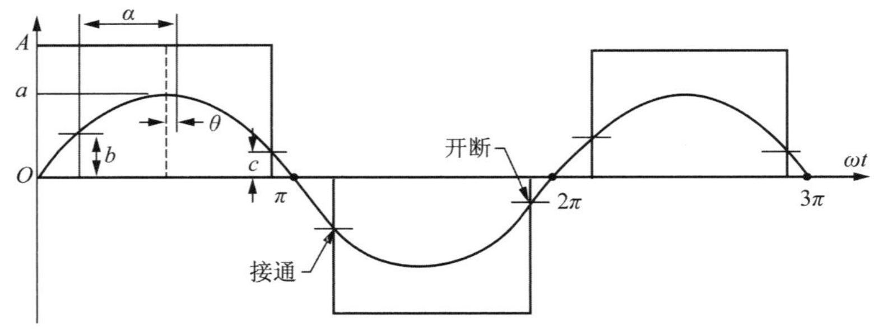

图 10.1

$$\theta=\frac{1}{2}\left[\sin^{-1}\frac{b}{a}-\sin^{-1}\frac{c}{a}\right]。\tag{10.2}$$

输出的每一个矩形波的长度都是 $2\alpha/\omega$，这里的 α 是由下列公式给定的：

$$\alpha=\frac{\pi}{2}+\theta-\sin^{-1}\frac{b}{a}=\frac{1}{2}\left[\pi-\sin^{-1}\frac{b}{a}-\sin^{-1}\frac{c}{a}\right]。\tag{10.3}$$

输出的周期与输入的周期是相等的，它们都是 $2\pi/\omega$。

现在，输出就可以展成一个富利埃级数：

$$y(t)=\sum_{n=1}^{\infty}a_n\sin[n(\omega t-\theta)]。\tag{10.4}$$

基本谐波(第一次谐波)的系数 a_1 就是

$$a_1=\frac{4A}{\pi}\sin\alpha,$$

这里的 α 是由方程(10.3)所给出的。在图 10.2 所示的继电器伺服系统中，继电器的输出就是控制伺服机构的改正信号。伺服机构通常都具有滤波器的性质，它能够使高次谐波的影响大大地减小。因此，作为一个近似的考虑，我们把所有高次谐波都忽略掉，把输出就看作是 $a_1\sin(\omega t-\theta)$。如果 $\omega\geqslant 0$，采用复数形式，输出与输入的比值就是

$$F_r(\mathrm{i}\omega)=\frac{4A\sin\alpha}{\pi a}\mathrm{e}^{-\mathrm{i}\theta}\quad(\omega\geqslant 0),$$

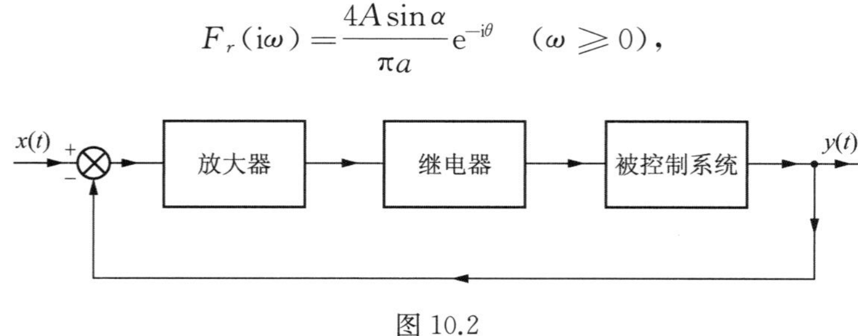

图 10.2

如果 $\omega<0$，输入 $a\sin\omega t=-a\sin|\omega|t$，这时输出的基本谐波就是

$$-\frac{4A}{\pi}\sin\alpha\sin[|\omega|t-\theta]=\frac{4A}{\pi}\sin\alpha\sin(\omega t+\theta)。$$

所以，用复数形式表示，输出与输入的比值就是

$$F_r(\mathrm{i}\omega)=\frac{4A\sin\alpha}{\pi a}\mathrm{e}^{+\mathrm{i}\theta}。$$

总结起来，输出与输入的比值就是

$$F_r(\mathrm{i}\omega)=\begin{cases}\dfrac{4A\sin\alpha}{\pi a}\mathrm{e}^{-\mathrm{i}\theta} & (\omega\geqslant 0),\\[2mm] \dfrac{4A\sin\alpha}{\pi a}\mathrm{e}^{+\mathrm{i}\theta} & (\omega\leqslant 0)。\end{cases}\tag{10.5}$$

我们把 $F_r(\mathrm{i}\omega)$ 看作是继电器的“频率特性”，但是，这只是一种说法而已，$F_r(\mathrm{i}\omega)$ 并不是真正的频率特性。正像以前各章所定义的那样，真正的频率特性只是频率 ω 的函数，与输入的振幅是没有关系的。可是，恰好相反，这里的 $F_r(\mathrm{i}\omega)$ 是振幅 a 的函数，除了与 ω 的符号有关系之外，$F_r(\mathrm{i}\omega)$ 与 ω 的大小并没有关系。由此可见，我们所用的函数符号 $F_r(\mathrm{i}\omega)$ 以及“频率特性”的名称并不合理，但是，为了与普通的符号和名称统一起见，我们还是采用了这种符号和名称。应该注意到，和普通的情形一样，$F_r(\mathrm{i}\omega)$ 也有下列的重要性质：

$$\overline{F_r(\mathrm{i}\omega)}=F_r(-\mathrm{i}\omega)。$$

如果输入的振幅 a 非常大，根据方程(10.2)，方程(10.3)和方程(10.5)就有

$$F_r(\mathrm{i}\omega)\approx\frac{4A}{\pi}\frac{1}{a}\quad(a\gg 1)。\tag{10.6}$$

如果振幅 a 相当小，$a<b$，继电器根本就没有反应。

如果振幅 a 刚好等于接通电流 b，$a=b$。那么

$$\theta=\alpha=\frac{1}{2}\left(\frac{\pi}{2}-\sin^{-1}\frac{c}{b}\right)\quad(a=b)。\tag{10.7}$$

这个临界情形称为继电器的开断点。

可见，这些极端情况下的 $F_r(\mathrm{i}\omega)$的值是由继电器的特性所确定的。

10.2　柯氏(Kochenburger)方法

我们暂且假定输入的各个调和分量(也就是各次谐波)的振幅都是 a。这时，继电器的频率特性就是一个由方程(10.5)所给定的复常数。图 10.2 的控制线路中除了继电器之外，还有其他的部件，假设这些部分的频率特性是 $F_1(\mathrm{i}\omega)$。那么，前向控制线路的总的频率特性就是 $F_r(\mathrm{i}\omega)F_1(\mathrm{i}\omega)$。我们让 ω 从 0 变到∞，把相当的乃氏图线

$1/[F_r(\mathrm{i}\omega)F_1(\mathrm{i}\omega)]$ 画在复平面上，根据乃氏准则，如果系统是稳定的，乃氏图线必定要“包围”-1 点，换句话说，乃氏图线一定要在 -1 点的左方穿过实轴。但是，在振幅都是常数 a 的情况中，$F_r(\mathrm{i}\omega)$ 是一个常数，所以上述的稳定性条件也就相当于要求频率特性曲线 $1/F_1(\mathrm{i}\omega)$ (ω 从 0 变到∞)包围 $-F_r(\mathrm{i}\omega)$ 点。以上的讨论结果就是确定继电器伺服系统的柯氏方法的基础①。果德发尔布[39](Л. С. Гольдфарб)在比较早的时候已经采用过这种方法，都梯尔(J. R. Dutilh)也独立地发明了一个类似的方法②。

柯氏(柯痕布尔格尔)指出，当输入的各个调和分量的振幅不都相等的时候，只要把上一段中所讲的稳定条件应用到相当于 a 从 0 变到∞的所有的 $F_r(\mathrm{i}\omega)$ 值上去就可以了。当 a 从 0 变到∞的时候，$-F_r(\mathrm{i}\omega)$ 的轨迹也是一条曲线，这条曲线的起点就是方程(10.7)所表示的开断点，终点就是复平面的原点。图 10.3 所示的就是这种情形。这种图线就称为**柯氏图**。因此，柯氏方法中的稳定的充分条件就是 $1/F_1(\mathrm{i}\omega)$ 图线必须像图 10.3 那样把整个 $-F_r(\mathrm{i}\omega)$ 图线包围起来。图 10.4 所示的是绝对不稳定的情形。$-F_r(\mathrm{i}\omega)$ 图线上的箭头所表示的是继电器的输入振幅 a 增大的方向。$F_1(\mathrm{i}\omega)$ 图线上的箭头所表示的是频率 ω 增大的方向，而且这条图线当 $\omega=0$ 时从原点出发。

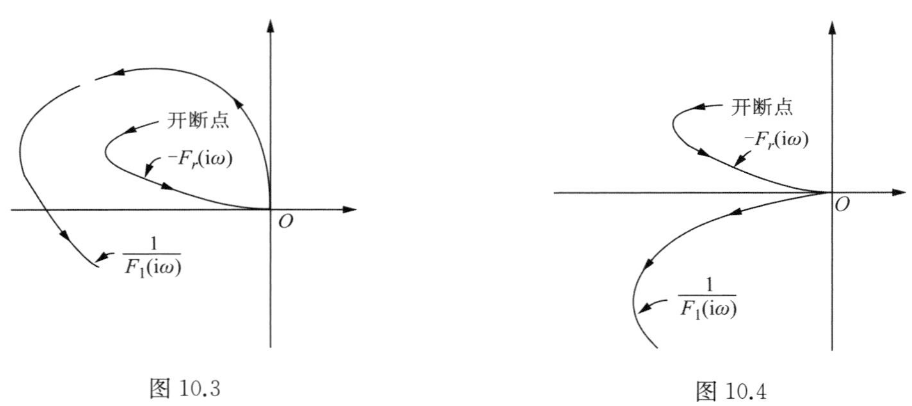

图 10.3　　　　图 10.4

除了这两种绝对稳定与绝对不稳定的情形外，也还有部分稳定(或部分不稳定)的情形，在这种部分稳定的情形中，可能在一个固定的频率上发生一个振幅也是常数的自激振荡。例如，图 10.5 表示一种有**收敛点**的情形。如果振幅 a 足够小，$-F_r(\mathrm{i}\omega)$ 点就在图线 $1/F_1(\mathrm{i}\omega)$ 的“外面”，因而系统是不稳定的，于是振荡的振幅就逐渐增大，当振幅增大的时候，$-F_r(\mathrm{i}\omega)$ 点就朝向 $1/F_1(\mathrm{i}\omega)$ 图线移动。最后就到达 P_1 点。这时候，系统就以相当于 P_1 点的频率和振幅进行稳定的自激振荡。可见，只要有一个振幅不太大的初始扰动(这个扰动并不需要持续地作用)，系统最后就会自动地达到这个自激振荡，这种运动状态称为**软性的自激发**。不难看出，系统不可能有离开自持振荡点 P_1 的倾向，原因是这样

① R. J. Kochenburger, *Trans. AIEE*, 69, 270 - 284(1950)。
② J. R. Dutilh, *L'Onde électrique*, 30, 438 - 445(1950)。

的：只要振幅有一些增大，$-F_r(\mathrm{i}\omega)$ 点就进入图形上的稳定区域，因而也就受到阻尼的作用迫使振幅减小，而使系统回到 P_1 点的自激振荡状态。所以，P_1 点才称为“收敛点”，而系统也就会持续地振荡。图 10.6 表示的是另外一种情形。$-F_r(\mathrm{i}\omega)$ 图线与 $1/F_1(\mathrm{i}\omega)$ 图线的交点 P_2 是一个发散点。和以上的讨论相类似，我们可以看出，系统在 P_2 点也可能发生自激振荡，不过这个振荡是不稳定的，系统的运动状态有离开 P_2 点的倾向，只要有一点扰动，系统就会离开 P_2 点的振荡状态。但是，如果系统最初是静止的，而且所受到的扰动不太大，$-F_r(\mathrm{i}\omega)$ 点就不会跑出稳定区域，因而系统的静止状态就是稳定的。

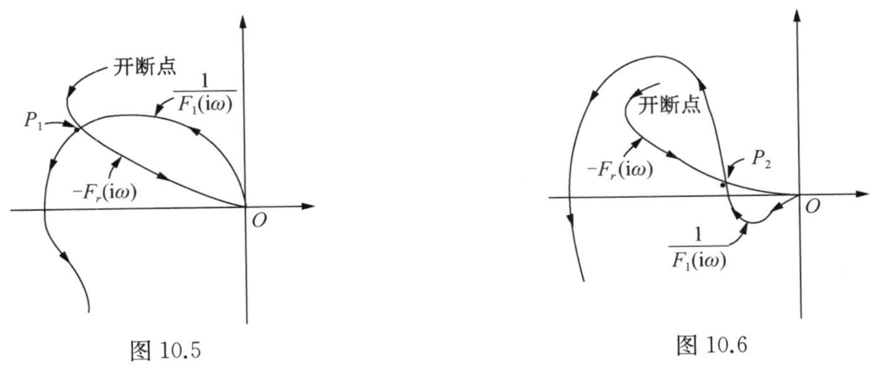

图 10.5　　图 10.6

图 10.7 和图 10.8 所表示的是更复杂一些的情形，在这两种情形中，既有收敛点 P_1 也有发散点 P_2。对于图 10.7 的系统来说，初始扰动的振幅必须充分大（具体地说，要大于 P_2 点所相当的振幅）才能使系统发生自激振荡，所以这种运动状态称为硬性的自激发。图 10.8 所表示的系统，总是可以由不大的初始扰动引起稳定的自持振荡的。但是，如果初始扰动的振幅太大（具体地说，大于与 P_2 点相当的振幅），系统就不再能发生自激振荡，这时系统的振幅将要无限地增大。

从图 10.5 到图 10.8 所表示的各种情形，可以明显地看到系统的运动状态与扰动振幅之间有着密切的关系。并且也看到发生频率与振幅都是固定常数的自激振荡的可能性。所有这些性质都是非线性系统的特性，也是以前各章讨论过的线性系统所没有的。其实，只要根据第 1.3 节的介绍性的讨论，我们就可以猜想到非线性系统可能有这样一些“不寻常”的性质。

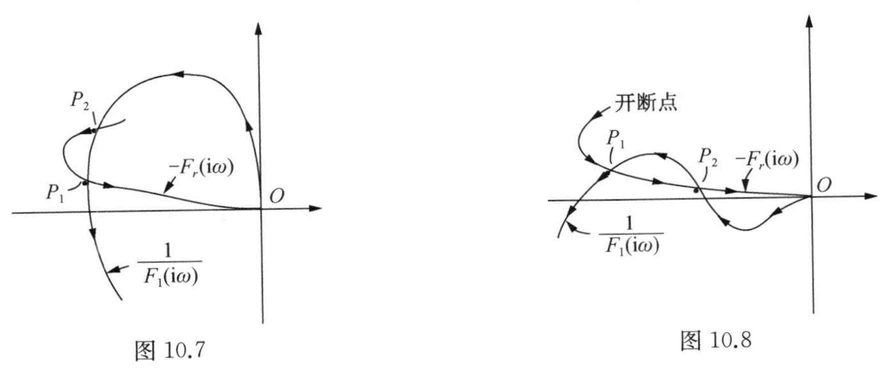

图 10.7　　图 10.8

10.3 其他的频率迟钝非线性机构

对于继电器伺服系统的稳定性问题来说,柯氏方法是一个很有效的解决方法。这个方法对于相当复杂的系统都能够应用,而且,只要用实验方法测出关于频率特性的数据就可以用这个方法,并不需要求出频率特性的解析表示式。在绝大多数的实际情形中,继电器后面所连接的伺服机构都有相当的滤波作用,所以,在以前的讨论中把输出中的高次谐波忽略掉的做法也是很合理的。用以上的理论分析所得的结果与实验结果是十分符合的。因此,如果稳定性是唯一的设计准则,那么,柯氏方法就解决了继电器伺服系统的全部问题。

其实,柯氏方法不仅能应用到继电器伺服系统上,而且对于许多其他的非线性机构来说,用柯氏方法也能得到同样好的效果。这个分析方法的关键就是继电器的运动特性与频率无关,只与振幅有关。然而,线性系统的运动特性却是只与频率有关而与振幅无关。实际上,有很多非线性机构与继电器有相同的特性。譬如说,一个有间隙的传动齿轮组就是一种这样的机构。从以下的讨论就可以看出这个事实:设 θ_1 是发动机主动轴的转角,这个轴与齿轮组的第一个齿轮的连接是刚固的;θ_2 是刚固地连接在齿轮组的最后一个齿轮上的从动轴的转角。θ_1 与 θ_2 之间的关系可以用图10.9来表示,其中的 2δ 是齿轮组的总间隙。如果齿轮组的输入 θ_1 是一个正弦式的振动,那么,输出 θ_2 就是一种“被压扁”的正弦波,而且有一个相角落后(见图10.10)。不难看出:既然 θ_1 与 θ_2 之间的关系不明显地与时间有关,所以,θ_1 频率的改变也不会使 θ_2 的波形受到影响。因此,齿轮组的反应只随振幅改变,而与频率无关,所以和继电器一样,齿轮组也是一个**频率迟钝**的机构。

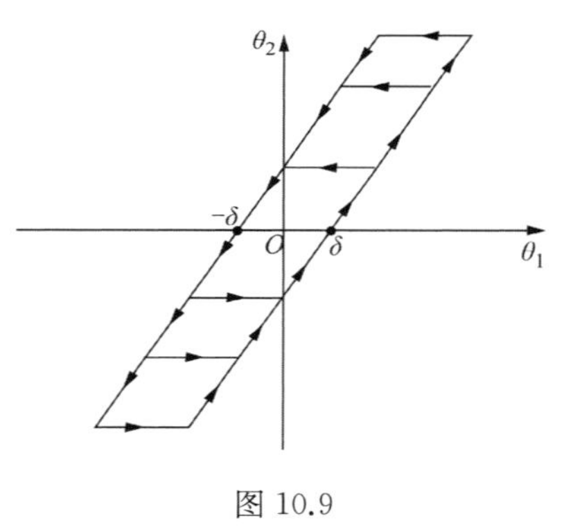

图 10.9

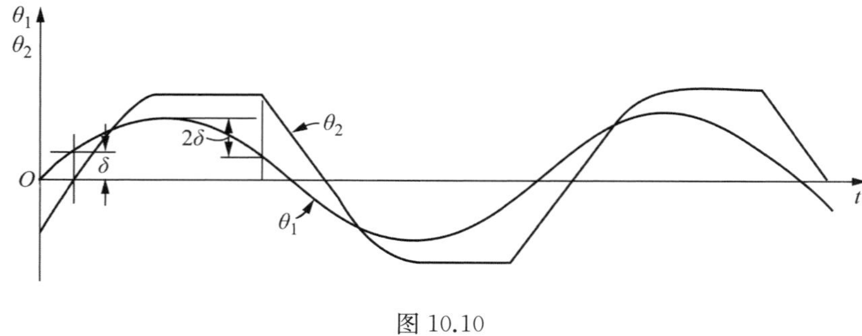

图 10.10

如果我们用频率特性 $F_r(i\omega)$ 表示输出 θ_2 的基本谐波与输入 θ_1 的基本谐波的振幅

比值与相角落后。那么，$F_g(\mathrm{i}\omega)$ 只是 θ_1 的振幅 a 的函数，而不是频率 ω 的函数。利用频率特性 $F_g(\mathrm{i}\omega)$，我们就可以研究包含这种有间隙的齿轮组的伺服系统，其做法与上一节中用频率特性 $F_r(\mathrm{i}\omega)$ 研究继电器伺服系统的办法完全相同。

10.4　继电器伺服系统的最优运转状态

我们都知道，按照柯氏方法，为了使系统稳定，柯氏图中的 $1/F_1(\mathrm{i}\omega)$ 图线必须绕过整个的继电器频率特性曲线 $-F_r(\mathrm{i}\omega)$。不是像普通的伺服系统那样只要绕过 -1 点就够了。所以，对于系统中其余的线性部分来说，这是一个更苛刻的要求。同时这也就是为什么继电器伺服系统的运转状态往往不如普通的伺服系统好的道理。然而，这并不真正是继电器伺服系统的缺点。事实上，如果我们不只限于要求系统稳定，我们可以把继电器看作是一个开关机构，这个机构能发出正常数的改正信号和负常数的改正信号，也可以不产生改正信号。这时，我们就可以提出这样一个问题：我们应该怎样根据输出的情形来开闭系统中的继电器，才能使整个系统得到最优的运动状态？譬如说，对系统的运转状态，我们有这样一个要求：在受到扰动之后，能够尽可能最快地恢复原来的正常状态。以这样一个要求来说，它不只是要求保证能够回到原来的正常状态(稳定性)，而且还要求恢复得最快。解决这样一个最优运转状态问题的办法就是要设法确定一个输出的开关函数，只要继电器按照这个函数动作就使得系统具有最优的运转状态。这样一个开关函数就是实际设计一个伺服系统的基础。毫无疑问，根据这个更一般的观点设计出来的继电器伺服系统一定具有比普通的伺服系统更好的性能。因为这种做法已经最充分地利用了继电器的非线性特性。

10.5　相平面

如果 y 是输出，x 是输入，那么一个一般的(线性的或者非线性的)二阶系统的微分方程可以写成

$$f(y,\ \dot{y},\ \ddot{y};\ t)=x(t), \tag{10.8}$$

这里的圆点表示对时间的微分。我们可以把方程(10.8)改写为一个方程组：

$$\left.\begin{aligned}&f\left(y,\dot{y},\frac{\mathrm{d}\dot{y}}{\mathrm{d}t};\ t\right)=x(t),\\&\frac{\mathrm{d}y}{\mathrm{d}t}=\dot{y}。\end{aligned}\right\} \tag{10.9}$$

如果我们把 y 与 $\dot{y}$ 看作是因变数，那么，方程组(10.9)就是未知函数 y 与 $\dot{y}$ 的两个一阶联

立微分方程。如果像常常遇到的情形一样，系统是自持的，也就是说，不但方程(10.8)中的函数 f 与时间 t 无关。而且也没有输入，$x=0$，那么，就可以把 $\mathrm{d}\dot{y}/\mathrm{d}t$ 从方程组(10.9)的第一个方程中解出来，而把 $\mathrm{d}\dot{y}/\mathrm{d}t$ 表示为 y 与 $\dot{y}$ 的函数，所以，系统的方程组又可以写成

$$\left.\begin{aligned}\frac{\mathrm{d}\dot{y}}{\mathrm{d}t}&=\dot{y}k(y,\ \dot{y}),\\ \frac{\mathrm{d}y}{\mathrm{d}t}&=\dot{y}。\end{aligned}\right\}\tag{10.10}$$

这个方程组不明显地包含 t(除了运算符号 $\mathrm{d}/\mathrm{d}t$ 之外)。把方程组(10.10)的第一个方程用第二个方程除一下，我们就得出

$$\frac{\mathrm{d}\dot{y}}{\mathrm{d}y}=k(y,\ \dot{y})。\tag{10.11}$$

这是一个以 y 为自变数而以 $\dot{y}$ 为因变数的一阶微分方程。把这个方程解出来以后，就可以利用方程组(10.10)把 y 和 t 的关系计算出来。

从物理的观点来看，上一段所提到的做法是以下列的概念为依据的：只用 y 和 $\dot{y}$ 就可以描述系统的状态，而不像比较普通的方法那样，用 y 和 t 来描述。如果说 y 是描写一个质点位置的变数，那么 $\dot{y}$ 就是速度。因此，也就可以用 $\dot{y}$ 来代表质点的动量。所以，y 和 $\dot{y}$ 就分别代表质点的位置和动量。物理学家把这样一种不用时间变数 t 的状态表示法称为相空间中的表示法。在我们所讨论的特殊情形中，相空间只是二维的(y 和 $\dot{y}$)，所以，它就是相平面。这样一来，二阶系统(10.10)的运动状态就可以用相平面上的一条曲线来描述。这条曲线上的每一点都表示系统在某一个时刻 t 的状态。根据一般的习惯，在这条曲线上，我们用箭头表示时间增加的方向，就像图 10.11 所示的那样。如果系统的阶数 n 大于 2，相空间就是 n 维的，系统的运动状态就要用这个 n 维空间中一条曲线来表示。

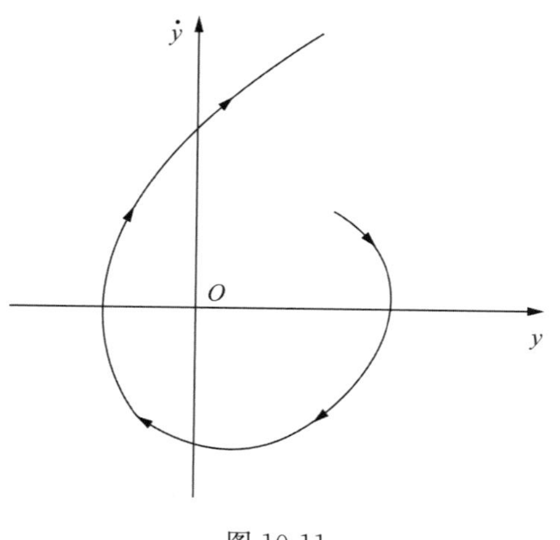

图 10.11

相平面表示法的具体优点就是非常多的二阶非线性系统都是自持的，而且都能表示成方程(10.11)的形式。这个方程至少总可以用等倾法[1]把解用图线表示出来。事实上，只要把方程(10.11)所规定的曲线方向场在相平面上表示出来以后，系统的特性就很清楚了。相平面的这样一些性质的应用是非线性振动理论的基本方法之一。这种方法称为非线性力学的拓

扑方法①。

为了把以前的一些概念改用相平面的方法来表示。我们举一个例子，考虑一个没有驱动函数的二阶线性系统

$$\frac{d^2y}{dt^2}+2\zeta\frac{dy}{dt}+y=0, \tag{10.12}$$

只要把时间的量度单位适当地加以选择就可以使方程(3.39)中的自然频率 ω_0 等于 1，因而就得出方程(10.12)。ζ 当然就是系统的阻尼与临界阻尼的比值。对于振荡的情形来说，$|\zeta|<1$，可以把方程(10.12)改写成

$$\left.\begin{aligned}\frac{d\dot{y}}{dt}&=-2\zeta\dot{y}-y,\\ \frac{dy}{dt}&=\dot{y}。\end{aligned}\right\} \tag{10.13}$$

因此，我们就得到相当于方程(10.11)的方程：

$$\frac{d\dot{y}}{dy}=-\frac{2\zeta\dot{y}+y}{\dot{y}}=-2\zeta-\frac{y}{\dot{y}}。 \tag{10.14}$$

根据方程(10.14)，不难看出，曲线斜率 $d\dot{y}/dy$ 只在从相平面的原点出发的每一条射线上是相同的常数。图 10.12 到图 10.16 所示的是五种不同的运动类型，它们分别相当于 $\zeta<-1$，$-1<\zeta<0$，$\zeta=0$，$0<\zeta<1$ 以及 $1<\zeta$。图 10.12 和图 10.16 是非振荡的情形。图 10.13 到图 10.15 都是振荡的情形。图 10.14 是真正的简谐振荡。

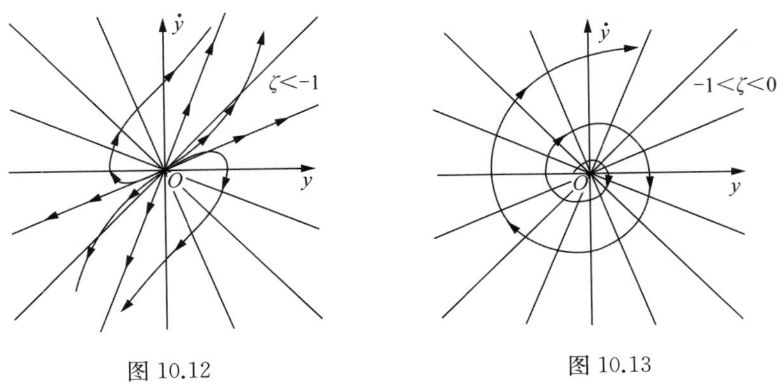

图 10.12　　图 10.13

① 参阅 J. J. Stocker, *Nonlinear Vibrations in Mechanical and Electrical Systems*, New York (1950)，也可以参阅文献[46]或文献[1]。

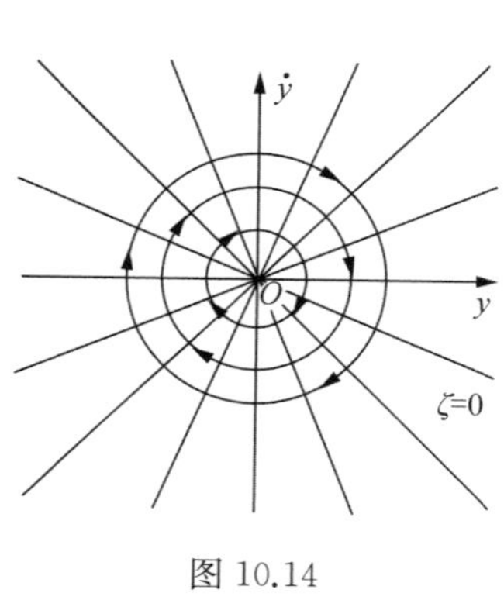

图 10.14

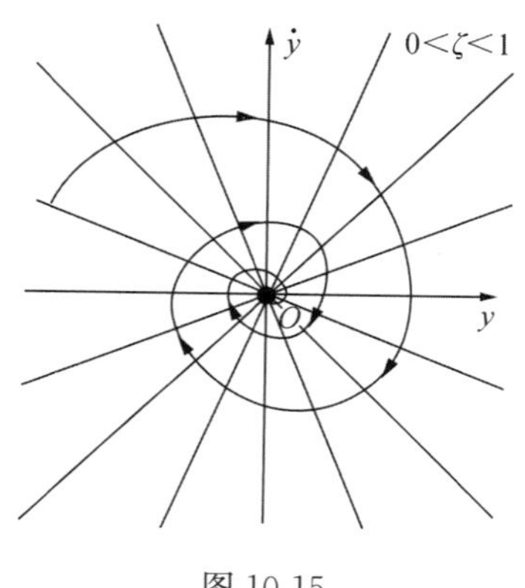

图 10.15

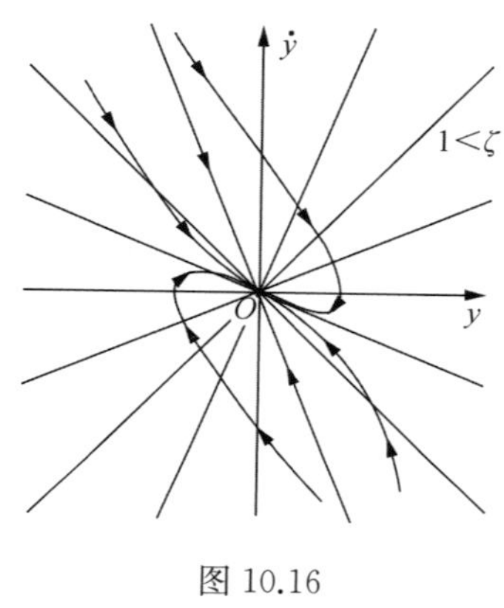

图 10.16

在以上这些图里,相平面的原点相当于平衡状态,因为在这一点 $\mathrm{d}y/\mathrm{d}t$ 和 $\mathrm{d}\dot{y}/\mathrm{d}t$ 都等于零。用数学的术语来说,原点是方程(10.13)的奇点。然而,在 $\zeta<0$, $\zeta=0$ 和 $\zeta>0$ 这三种不同的情形下,平衡状态的特性是十分不同的。图 10.12 和图 10.13 表明,当 $\zeta<0$ 时,系统的运动曲线总是从平衡状态发散出去的,所以,原点是一个不稳定的平衡点。图 10.15 和图 10.16 表明,当 $\zeta>0$ 时,系统的运动曲线总是收敛到平衡状态上来的,所以原点就是一个稳定的平衡点。用数学的术语来说,在图 10.12 和图 10.16 中,因为原点是所有运动曲线都要经过的,所以称为结点。图 10.13 和图10.15 的原点是螺线的中心,这时,它被称为焦点。在图 10.14 的特殊情形中,$\zeta=0$,运动曲线总是把原点包围在内部,这时,原点就称为中心点。

如果二阶系统的基本方程有一个常数驱动项,也就是说

$$\frac{\mathrm{d}^2 y}{\mathrm{d}t^2}+2\zeta\frac{\mathrm{d}y}{\mathrm{d}t}+y=c, \tag{10.15}$$

这里的 c 是一个常数。这时也就有

$$\frac{\mathrm{d}^2(y-c)}{\mathrm{d}t^2}+2\zeta\frac{\mathrm{d}(y-c)}{\mathrm{d}t}+(y-c)=0。$$

因此,相平面上的运动曲线和图 10.12 到图 10.16 所示的完全相似,只不过把平衡点改为 y 轴上的 $y=c$ 点就是了。

10.6 线性开关

在以下的讨论中,为了简化继电器开关问题的讨论,我们假设继电器只能有两种状

态：单位大小的正输出和单位大小的负输出。没有输出等于零的情形。不难了解，输出总是单位大小的假设并不会限制问题的普遍性。

在讨论最优开关问题之前，我们先来考虑比较简单的线性开关的情形，所谓“线性开关”，就是继电器所产生的输出驱动函数 c 的大小总是1。$|c|=1$。而且这个输出的符号与 $ay+b\dot{y}$ 的符号相同。在这里讨论线性开关的目的就是想借此说明开关问题的一些特点。

在弗吕格-罗茨(I. Flügge-Lotz)的论文①以及弗吕格-罗茨与克罗特尔(K. Klotter)合著的论文②中都分析过有线性开关继电器伺服系统的运动状态。以下的讨论就是他们在定性方面的研究结果的简单总结。

这两位作者所研究过的系统的微分方程是

$$\frac{d^2y}{dt^2}+2\zeta\frac{dy}{dt}+y=\operatorname{sgn}(ay+b\dot{y})\quad(0<\zeta<1)。\tag{10.16}$$

当驱动函数是+1时，那么，相平面上的一条相当的运动曲线弧就称为一个正弧(简写为 P)。反之，当驱动函数是-1时，相当的一条运动曲线弧就称为一个负弧(简写为 N)。所有的正弧的总体称为正系统，所有负弧的总体称为负系统，根据我们对方程(10.15)的讨论，已经知道，方程(10.16)的正系统是由收敛的螺线所组成的，这些螺线的焦点都是 $y=+1$, $\dot{y}=0$；方程(10.16)的负系统也是由收敛的螺线所组成的，这些螺线的焦点都是 $y=-1$, $\dot{y}=0$。我们当然希望系统的最终状态就是原点，$y=\dot{y}=0$。

按照方程(10.16)右端的开关函数中 a 与 b 的符号，可以规定四种情形。

我们把 $a>b$, $b>0$ 的情形称为第一种情形。这时，开关曲线 $ay+b\dot{y}=0$ 是一条经过相平面的原点，而且位置是在第二象限和第四象限内的直线。在这条直线的右方，$ay+b\dot{y}$ 是正数，所以，那里是一个正系统的区域。在这条直线的左方，$ay+b\dot{y}$ 是负数，所以，是一个负系统的区域。在这条开关线上，正系统和负系统连接起来，而且，运动曲线的隅角(正弧与负弧的连接点)也发生在这条线上(见图10.17)。存在周期解的条件就是存在一个正弧，这个正弧与开关线的两个交点与原点距离相等。理由是这样的：如果确实存在这样一个正弧，那么，根据对称性，在开关曲线的另一方也必然有一个连结这两个交点的负弧。因此，这两个弧就组成一条相平面上的闭合曲线。用非线性力学的术语来说，这种周期解就称为极限环。在以下的讨论中我们就会看到，在所考虑的情形中确实可以发生周期解。

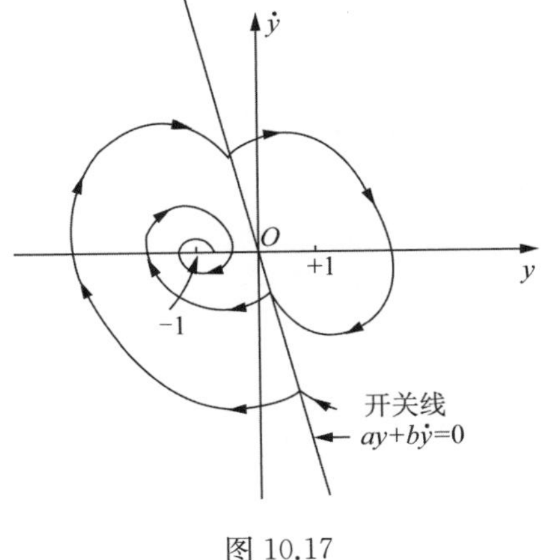

图 10.17

① I. Flügge-Lotz, *ZAMM*, 25/26/27, 97-113(1947)。
② I. Flügge-Lotz and K. Klotter, *ZAMM*, 28, 317-337(1948)。

不难看出,总会有一个正弧和一个负弧与开关曲线相切,设这两个切点分别是 S_P 和 S_N(见图 10.18)。而且,设这两个弧与开关曲线的另外的交点分别是 R_P 和 R_N。S_P 与 S_N 对于原点是对称的。R_P 与 R_N 也是这样的。先假设 ζ,a 和 b 之间的关系,使得 R_N 点在 S_PS_N 线段之外(就像图 10.18 的情形)。这时,如果某一个解在开关曲线上的起点与 S_PS_N 线段足够接近,那么,经过这个点的运动曲线必然在开关曲线的左方或右方离开开关曲线,不再与开关曲线相交。至于在哪一方离开开关线,就要由起点的位置来确定。譬如说,起点在 S_N 与 R_P 之间,那么,经过这个点的运动曲线就在开关曲线的右方离开开关线。我们也可以证明,如果开关线右方的正弧与开关曲线相交于两点,那么,这个弧的终点(第二个交点)到原点的距离小于起点(第一个交点)到原点的距离。因此,永远不可能满足有周期解的条件。所以,系统的运动曲线永远是围绕某一个焦点的螺线,因此,最终状态不可能是相平面的原点。

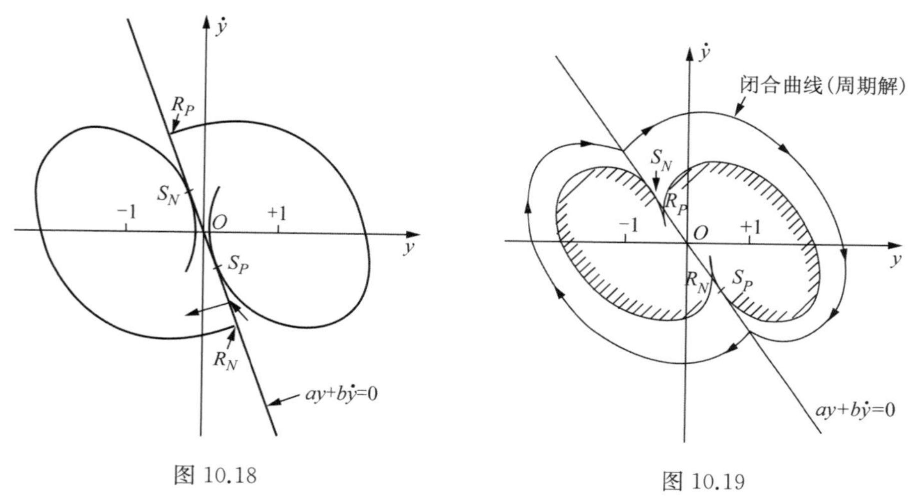

图 10.18　　　　图 10.19

但是,如果 R_N 和 R_P 都在 S_PS_N 线段上(见图 10.19),就存在一个周期解。理由是这样的:根据我们的假设,正弧 R_PS_P 的起点 R_P 到原点的距离小于终点 S_P 到原点的距离。但是,把图 10.15 的收敛螺线的焦点从原点移到+1 点(相当于正弧)和−1 点(相当于负弧)的动作对于离原点很远的部分影响非常小。所以,如果一个正弧在开关线上的起点离原点非常远,那么,这个弧在开关线上的终点与原点的距离就比较近一些(这是螺线的性质)。因此,这种弧与 R_PS_P 弧的性质刚好相反。因为曲线之间的变化是连续的,所以,一定有一个中间状态的正弧,这个正弧的起点和终点与原点的距离相等。这就是存在周期解的条件。图 10.19 中所示的闭合曲线就是这个周期解。事实上,已经作过的数学分析不但证明了上述的事实,而且还进一步证明:这个周期解不只是唯一的,而更重要的是,这个解还是轨道稳定的,具体地说,所有初始点在这个闭合曲线外面的解,最后都趋近于这个周期解;所有初始点在这个闭合曲线内部而在闭曲线 $R_PS_PR_NS_NR_P$ 所包围的区域(也就是图 10.19 的阴影区域)之外的解,最后也趋近于这个周期解。初始点在闭合曲线 $R_PS_PR_NS_NR_P$ 内部的运动曲线最后总是趋近于某一个焦点，也还是没有趋近于原点的可能性。

第二种情形就是 $a>0$ 而 $b<0$ 的情形。这时，开关曲线 $ay+b\dot{y}=0$ 经过第一象限和第三象限。正系统和负系统与前一种情形是一样的。在这种情形中不可能有周期解。R_P，R_N，S_P 和 S_N 的定义也与以前相同。这些点和原点在开关线上的位置顺序是 R_P，S_P，O，S_N，R_N，图 10.20 所示的就是这种情形。在 S_PS_N 线段上有一种新的现象：我们来考虑一个在 E 点与这个线段相交的解（E 点是 S_PS_N 上某一点）。假设这个解与开关线的相互位置就像图 10.20 所示的那样，那么，这个解在 E 点将会怎样呢？既然 E 点在开关线上，照道理讲，到达 E 点以后，表示系统运动状态的动点就应该沿一个负弧前进。但是，从 E 点开始的负弧又会使动点再回到原来的半平面（也就是到达 E 点以前所在的半平面）上来，可是，在这个半平面上 $ay+b\dot{y}>0$，解只能由正弧组成，所以，到达 E 点以后，动点不可能再沿负弧前进；另一方面，动点到达 E 点以后也一定不能再继续沿正弧前进，因为只有刚刚走过的路线是经过 E 点的唯一的正弧。因此，我们可以说，E 点以后的解是不存在的，或者说，解在 E 点终止。任何一个从 R_PR_N 线段的外部开始的解，在没有与 R_PR_N 线段相交之前总是旋转地逐渐接近原点。最后，如果这个解与 S_PR_P 相交，它就趋近于 $+1$；如果与 S_NR_N 相交，它就趋近于 -1 点；如果这个解最后与 S_PS_N 相交，那就会发生古怪的“终止”现象。在“终止”的情况下，系统的“位置”和“速度”都固定不变，这当然是不合情理的事情。

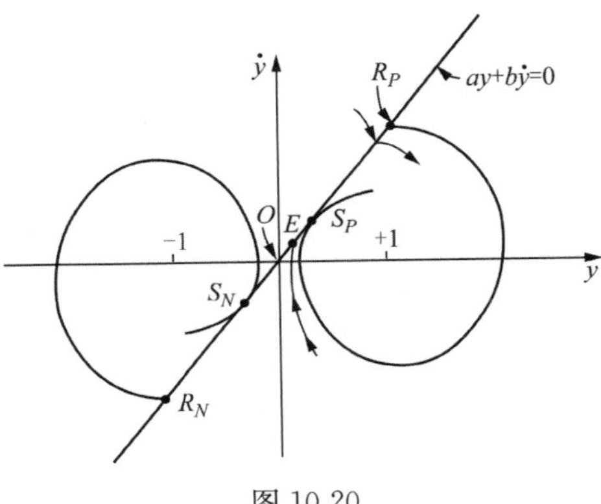

图 10.20

其实，在真实情况中，系统的运动状态是不可能“终止”的，它总是要在时间过程中进行的。得出上述荒谬结果的理由也是可以解释的，因为实际的开关动作总是有时滞的，一个解与开关线相交时驱动函数并不立刻改变符号，所以解还要继续前进一段时间，在这一段继续前进的时间中，驱动函数还保持原来的符号。在第一种情形中，因为这样一个时滞不很大，所以对系统的基本运动状态没有什么影响，但是，在现在的情形中，时滞就可以使系统的解避免发生“终止”现象。现在我们来观察一个到达“终止点”的解。由于时滞的缘故，解不再在这一点终止，而要继续前进某一段距离，然后才发生开关动作，开关动作就使解在相平面上画出一个隅角，但是，在隅角上解还是存在的。从这个隅角出发，解又在相反的方向上越过开关线，解越过开关线一个短的距离以后，又在相平面上画出另一个隅角，以后的过程也是类似的，就像图 10.21 所示的那样。从这个图也可以看到，这种“锯齿状”的

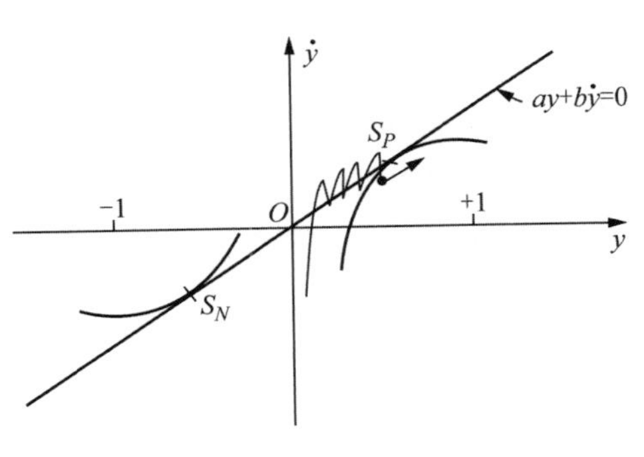

图 10.21

运动,最后就使得系统“爬出”S_PS_N 区域,最后,解就趋近于某一个焦点。所以,时滞可以消除解的终止现象,但是,系统的运动状态还是不能令人满意的,因为,解还是不能最后到达原点。

在第三种情形中,$a<0$,而 $b>0$。这种情形的开关线也是通过相平面的第一象限和第三象限的,但是,现在的正系统在开关线的左方,负系统在开关线的右方(这与第二种情形恰好相反)。在这种情形中,总是存在一个稳定的周期解(或者说是一个稳定的极限环)(见图 10.22),而且,这个周期解就决定了所有的情况,因为,所有其他的解最后都趋近于这个周期解。所以,在这种情形里,还是不能使系统达到相平面的原点。

第四种情形就是 $a<0$ 同时 $b<0$ 的情形。这种情形的开关线与第一种情形相同,而正弧和负弧的分布状态与第三种情形相同。可以证明,在这种情形中不可能有周期解。如果,开关动作没有时滞,那么,S_PS_N 线段(见图 10.23)就是由终止点组成的。如果,从 S_PS_N 线段上每一点出发向后(也就是在时间减小的方向上)描画解的图线,就可以看到这些曲线盖满了全平面,这也就是说,所有的解都“终止”在开关线的 S_PS_N 线段上。

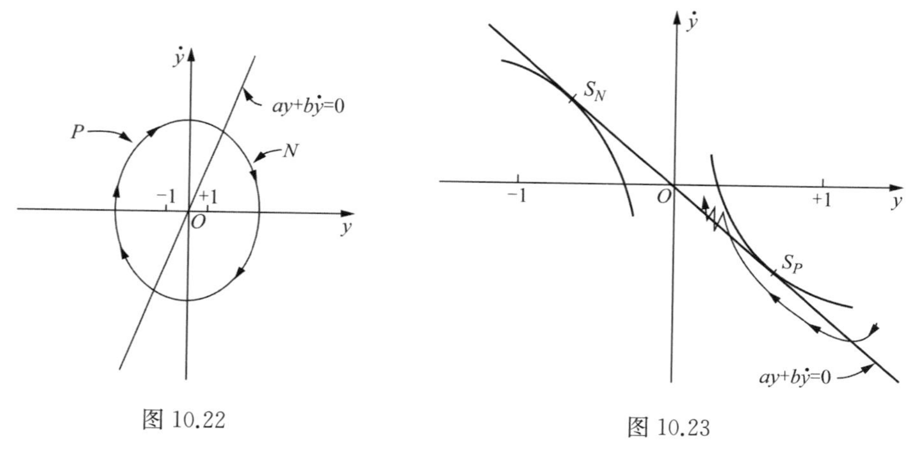

图 10.22

图 10.23

但是,这里也和第二种情形一样,时滞的存在就使情况大不相同了。当解还没有到达 S_PS_N 线段的时候,时滞并没有什么重要作用;但是,当解到达 S_PS_N 线段时,时滞就使解不再终止,而能使解越过开关线一段不大的距离。然后,画出一个隅角,接着又越过开关线,又做出另一个隅角,以后还是这样继续下去。从图 10.23 可以看出,这种锯齿状的运动就使系统的运动状态趋近于原点,最后,系统就在原点附近做频率高振幅小的振动。时滞越小,振动的频率就越高,这种状态就称为继电器伺服系统的颤震。

这样一来,我们就看出,讨论过的四种情形中,只有第四种情形能使系统趋于所希望的平衡状态,但是,即使如此,系统还是在平衡状态附近颤震。

以上就是弗吕格-罗茨和克罗特尔的理论分析的介绍,从这个介绍里,就可以看出线性开关的缺点,同时也就会知道,使伺服系统具有最优运转状态的最优开关函数一定不会是线性开关函数。以下各节的讨论就可以使我们更清楚地了解这方面的问题。

10.7　最优开关函数

如果一个二阶自持系统的驱动函数的大小总是 1,那么,这个系统的方程就可以写成

$$\left.\begin{aligned}&\frac{\mathrm{d}y}{\mathrm{d}t}=\dot{y},\\&\frac{\mathrm{d}\dot{y}}{\mathrm{d}t}+g(y,\dot{y})=\varphi(y,\dot{y}),\end{aligned}\right\}\tag{10.17}$$

其中 $\varphi(y,\dot{y})$ 是一个不连续的函数,它只能取 +1 和 −1 这两个函数值。这时,就可以提出这样一个最优开关问题:要求找出一个函数 $\varphi(y,\dot{y})$,使得方程(10.17)经过相平面上任何一点 p 的解都能经过原点 O,而且,沿着这条经过 p 的解的路线,从 p 变动到 0 所需要的时间对于 φ 来说是极小的,也就是说,任何一个其他的函数 φ 都不能使这个时间更短一些。这样求出函数 $\varphi(y,\dot{y})$ 就是这个特殊问题"最优开关函数"。这个特别的开关问题曾经被布绍(D. W. Bushaw)研究过[①],而且,对于 $g(y,\dot{y})$ 的线性的特殊情形 $g(y,\dot{y})=2\zeta\dot{y}+y$ (ζ 是任何实数),他给出了完全的解答[②]。然而,布绍所用的数学方法非常复杂,而且很难推广到其他的情形中去,所以,在以下的讨论中,我们只限于说明他所得的结果。

只要 $g(y,\dot{y})$ 是连续函数,那么,布绍所提出的**正则路线**的概念就是一个很有用的普遍概念。所谓**路线**就是相平面上的运动曲线。既然 $\varphi(y,\dot{y})$ 只能取 +1 和 −1 两个值,所以一个路线只是由正弧和负弧组成的。在时间增加的过程中,当驱动函数从 +1 变为 −1 时,路线就由一个正弧转到一个负弧上去,这两个弧的交点就称为一个**正负隅角**。类似地,相当于开关函数从 −1 变到 +1 的交点就称为**负正隅角**。如果一条路线在 y 轴的上方不包含负正隅角,而且在 y 轴的下方不包含正负隅角,那么,这条路线就称为**正则路线**。正则路线的重要性在于,**极小路线**(所用的时间是极小值的路线)一定是正则路线。这也就是说,如果从 p 点出发给定一条不是正则的路线 Δ,那么,总可以找到一条从 p 出发的正则路线,经过这条路线所用的时间比经过 Δ 所用的时间短。这是很容易证明的。譬如说,一条路线在 y 轴上方有一个负正隅角 p。就像图 10.24 所示的那样,用 p' 表示路线在 p 点以前的最后一个隅角或者路线与 y 轴的交点,这两个点中哪一点离 p 比较近,就规定 p' 是那一点。在 p 点以后的相当点用 p'' 表示,从 p' 点出发向前画一条正路线,再从 p'' 点出发向后画一条负路线,这两条路线相交于 p''' 点。根据基本方程(10.17)我们就有

$$\frac{\mathrm{d}\dot{y}}{\mathrm{d}y}=\frac{-g(y,\dot{y})+\varphi(y,\dot{y})}{\dot{y}}。\tag{10.18}$$

---

① D. W. Bushaw, *Experimental Towing Tank*, *Stevens Institute of Technology Report*, 469, Hoboken, N. J., (1953)。

② 参阅文献[44,47,48],也可以参阅文献[5]。

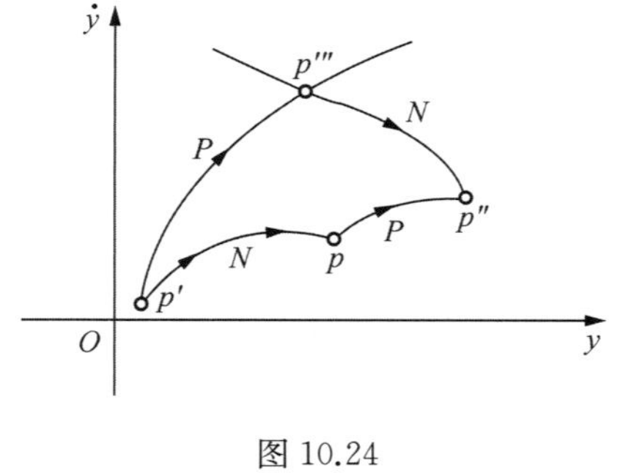

图 10.24

因此,在相平面上的任何一点正路线的斜率的代数值总是大于负路线的斜率的代数值。所以,路线之间的几何形式就是图 10.24 所示的那种情形。如果我们把给定的路线 $p'pp''$改为 $p'p'''p''$,那么,路线在 y 轴上方的负正隅角 p 就被消除掉了,因而也就变成正则路线。如果我们用 $t(p'pp'')$表示从 p'经过 p 到 p''所用的时间,用 $t(p'p'''p'')$表示经过正则路线 $p'p'''p''$所用的时间,那么

$$t(p'pp'')=\int_{p'pp''}\frac{\mathrm{d}y}{\dot{y}},$$

$$t(p'p'''p'')=\int_{p'p'''p''}\frac{\mathrm{d}y}{\dot{y}}。$$

但是,对于任何一个固定的 y 值来说,正则路线上的 $\dot{y}$ 值总是大于原来的路线($p'pp''$)上的 $\dot{y}$ 值,因而,$t(p'p'''p'')<t(p'pp'')$。所以,正则路线比非正则路线"短"。

作为应用最优开关函数理论的一个简单例子,我们取 $g(y,\dot{y})=\zeta\dot{y}$。于是,方程组(10.17)变为

$$\left.\begin{aligned}\frac{\mathrm{d}y}{\mathrm{d}t}&=\dot{y},\\ \frac{\mathrm{d}\dot{y}}{\mathrm{d}t}&=-\zeta\dot{y}+\varphi(y_1\dot{y})。\end{aligned}\right\}\tag{10.19}$$

路线弧的正系统和负系统当然与 ζ 值有关;但是,由于方程组(10.19)中不明显地包含 y,所以,弧的系统所包含的弧都是沿 y 轴方向移动而得出的平行曲线。在图 10.25 中,对于 ζ 值的三种可能的情形,画出了通过原点的一个典型的正弧和一个典型的负弧。$\zeta<0$ 的情形与其余两种情形不同,如果要求最后到达原点,那么 $\dot{y}$ 的初始值就必须在 $-1/\zeta$ 与 $+1/\zeta$ 之间。所以,对于这种情形来说,只有当 $\dot{y}$ 的初始值在所说的范围内的时候,最优开关问题才有意义。

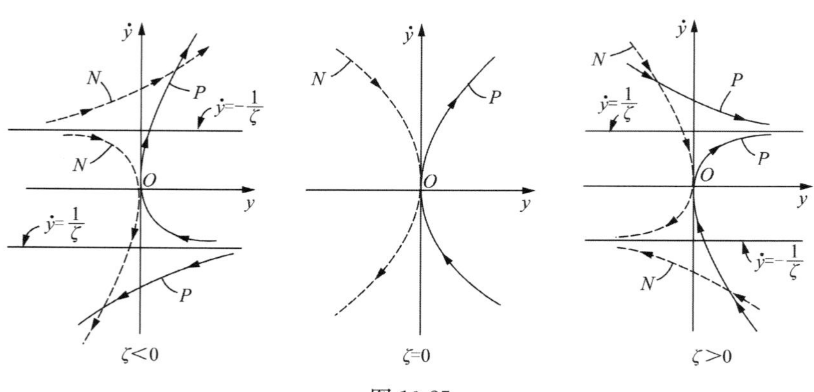

图 10.25

我们用Γ表示经过原点的正路线在y轴下方的那一部分，用Γ^-表示Γ对原点的“反射”(对称曲线)。所以，Γ^-就是经过原点的负路线在y轴上方的部分。Γ和Γ^-组成一个曲线C。如果在某一条曲线的上方开关函数$\varphi(y, \dot{y})$取-1值，在这条曲线的下方，开关函数$\varphi(y, \dot{y})$取$+1$值，这条曲线就称为**开关曲线**；布绍证明，上述的曲线C就是最优开关曲线。图 10.26 所示的就是这种情形。开关动作的物理过程是这样的：从C上方的任何一点p开始，驱动函数的值是-1，系统的运动状态就沿着一个负弧到达开关曲线C。这时驱动函数的值就变为$+1$，然后，系统就沿着C最后达到原点。如果初始点p在C的下方，驱动函数的值是$+1$。于是系统就沿着一个正弧到达开关曲线C。在开关线上，驱动函数的值变为-1，然后系统就沿着C达到原点。

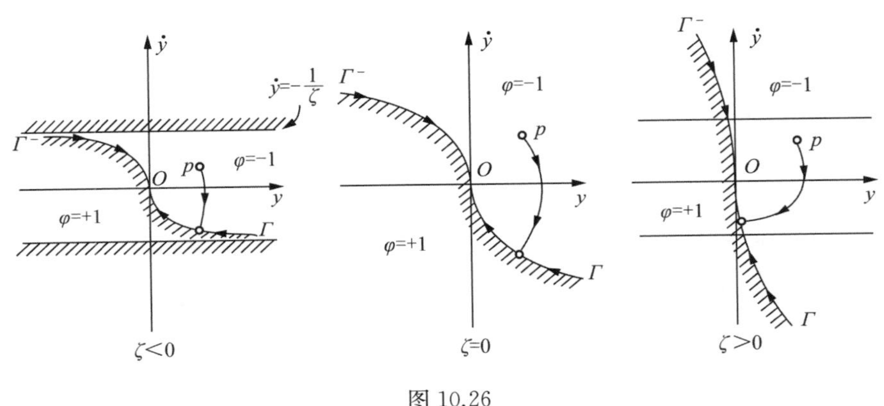

图 10.26

从以下的说明中，就可以看到布绍所解出的最优开关曲线是正确的。首先，我们都知道，为了达到原点，路线的最后一部分必须是C，因为只有C是通过原点的路线。假定初始点在C的上方，按照布绍的结果，最优路线的第一部分是一个从p到C的负弧，第二部分就是沿着C到达原点的路线。这也就是图 10.27(a)中包含虚线部分的路线。如果开关动作开始得太早，在到达C之前就会有一个负正隅角。为了到达原点，我们还必须使开关动作再进行一次，因而也就要再做出一个正负隅角。如果这个开关动作在p'点发生，这时$\dot{y}$还是负数，这就使路线不能满足正则路线的条件。因此，在这条变化了的路线上所用的时间一定比最优路线长。如果正负隅角在p''点，这时$\dot{y}$是正数，然而，沿这条路线到达原点所用的时间还要更长一些，因为在这条路线中还更多包含了一条花费时间的闭路线。这样我们就可以看出，过早的开关动作是不利的。图 10.27(b)表示的是开关动作过迟发生的情形。既然$p'O$和$p''p'''$这两条路线是平行的，经过这两条路线的所用时间也应该是一样长的，所以，从图 10.27(b)来看，过迟发生开关动作也是有害的。图 10.27(c)所表示的又是另一种情形，这时，路线的第一部分就是一个正弧而不是负弧。可是，从图形上就能明显地看出，这个情形也比最优路线的情形坏。以上的各种考虑表明，选取正则路线为最优路线的做法是正确的。

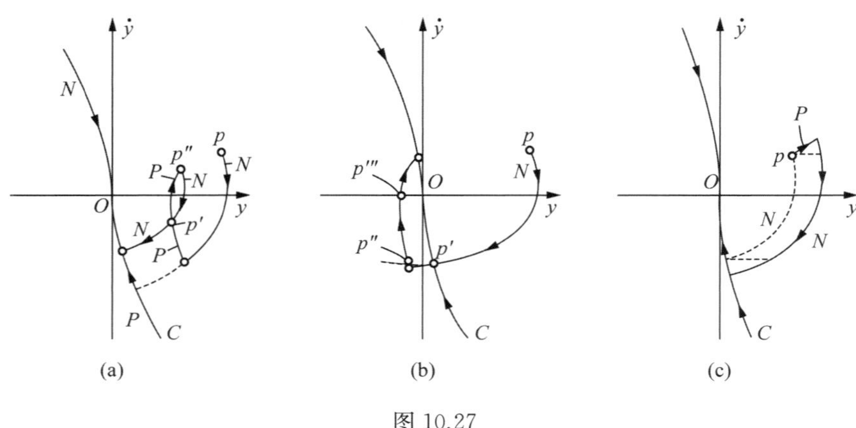

图 10.27

10.8 二阶线性系统的最优开关曲线

布绍把 $g(y,\ \dot{y})=2\zeta\dot{y}+y$ (ζ 可以是任意实数)的二阶线性系统的最优开关曲线具体地确定出来。在这里,我们只叙述他的结果而不加以证明;但是,从上一节关于简单情形的讨论来看,所要介绍的结果的一般性质也是不难理解的。对于这个 $g(y,\ \dot{y})$ 来说,正系统和负系统就是把图 10.12 到图 10.16 中的原点分别移到 $(+1,\ 0)$ 点和 $(-1,\ 0)$ 点所得到的两组曲线。

和上一节的简单情形最相像的就是 $\zeta>1$ 的情形。开关曲线是由一条从相平面上的无限远处到原点的正弧和一条从无限远处到原点的负弧组成的。和上一节一样,在 C 的上方,开关函数 φ 的值是 -1;在 C 的下方,φ 的值是 $+1$。如果初始点在 C 的上方,最优路线就是像图 10.28 所示的那样。

当 $\zeta<-1$ 时,也和上一节的简单情形一样,只有当初始点在相平面的一个有限的区域之内时,系统才能最后到达原点;这是因为当没有驱动函数 φ 的时候,系统是不稳定的缘故。布绍证明,这个区域的边界是由两个弧组成的:一个弧是从 $(+1,\ 0)$ 点到 $(-1,\ 0)$ 点的正弧,另一个弧是从 $(-1,\ 0)$ 点到 $(+1,\ 0)$ 点的负弧。图 10.29 所示的就是这种情形。只有当初始点在这个区域内的时候,开关问题才有意义。最优开关曲线 C 是由一条走向原点的正弧和一条走向原点的负弧组成的。在 C 的上方,开关函数 φ 等于 -1,在 C 的下方,φ 等于 $+1$。图 10.29 所示为一条初始点 p 在 C 上方的最优路线。

当 $\zeta=0$ 时,正系统和负系统分别是以 $(+1,\ 0)$ 点和 $(-1,\ 0)$ 点为中心的无限多个圆。最优开关曲线 C 是一系列半径是 1 的半圆弧(见图 10.30),这一系列半圆从原点出发沿着 y 轴向左右两个方向无限地伸延出去。在 y 是正数的部分,这些半圆都在 y 轴的下方;在 y 是负数的部分,这些半圆都在 y 轴的上方。在 C 的上方,开关函数 φ 等于 -1,在 C 的

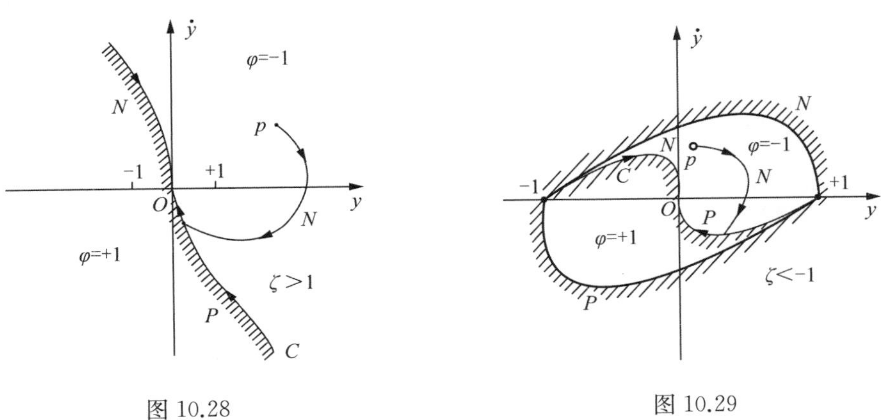

图 10.28　　　　图 10.29

下方，φ 等于$+1$。从图 10.30 中所示的那样一个 p 点出发，路线的第一部分是一个负弧，负弧当然就是一个以$(-1, 0)$点为圆心的圆弧。当路线与 C 在 a 点相交的时候，路线就变成一个正弧，正弧就是一个以$(+1, 0)$点为圆心的圆弧。然后，路线又在 b 点与 C 相交，于是路线又在 b 点变为负弧，接着，又在下一个交点处变为正弧，以后的过程也是类似的。路线与 C 的最后一个交点是 d，从 d 点开始，系统就沿着 C 到达原点。这样一个开关动作的过程就比 $\zeta>1$ 的情形复杂得多了。

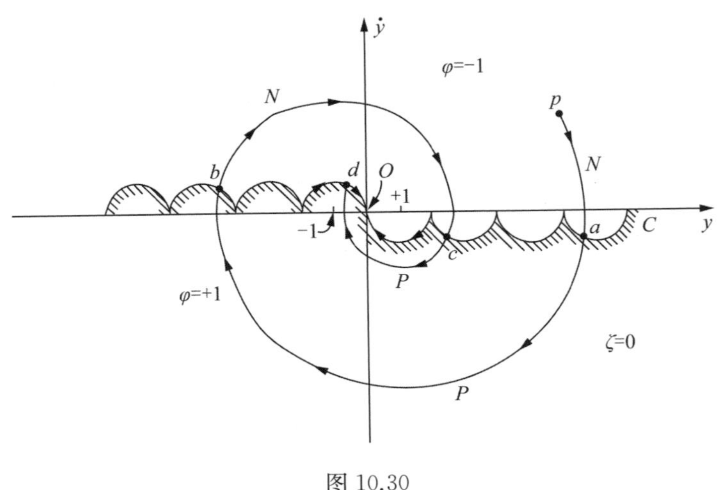

图 10.30

$0<\zeta<1$ 的情形，也就是收敛螺线的情形比以上的情形还要困难一些。对于这种情形，布绍证明最优开关曲线的画法是这样的：我们先从原点开始沿着时间的反方向画一条正螺线。从原点到这条螺线与 y 轴的第一个交点之间的螺线弧就是 C 的第一个弧（见图 10.31）。既然，每一个 y 轴上方的螺线弧都与 y 轴相交于两点，我们就可以把每一个弧对于它的右边的交点的反射图形画出来，这样就得出一系列“反射”的螺线弧。最后，我们再把这些弧平行于 y 轴移动，使它们按照次序首尾相接地排列成 y 轴

下面的一条连续曲线,这条曲线从原点开始向 y 轴右方无限地延展下去。这就是最优开关曲线的正半部分;把这条曲线对于原点的反射图形就是最优开关曲线的负半部分。同样,在这条开关曲线 C 的上方开关函数 φ 等于 -1;在 C 的下方,φ 等于 $+1$(见图 10.31)。这个情形和图 10.30 所示的 $\zeta=0$ 的情形是十分类似的,唯一的区别就是把半圆弧换成了螺线弧。

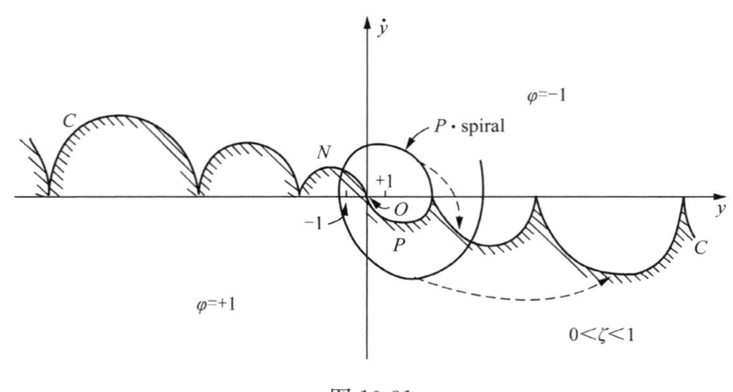

图 10.31

最后一种情形就是发散螺线的情形,这时 $-1<\zeta<0$。最优开关曲线的做法基本上和前一种情形完全相同,不过这里的一系列螺线弧是越向外越小的,和前一种情形中越向外越大的情况恰好相反。虽然螺线弧的个数是无限多的,但是开关曲线所占据的范围却是有限的,正像图 10.32 所示的那样,它的宽度只是在 y 轴上的$(-a,\ 0)$点到$(+a,\ 0)$之间。事实当然也应该就是这样的,因为这里的阻尼是负的,正像图 10.29 的情形一样,只有当初始点在原点附近的某一个有限的范围之内时,路线才能够最后到达原点。这里的边界是由一条从$(+a,\ 0)$到$(-a,\ 0)$的正弧和一条从$(-a,\ 0)$到$(+a,\ 0)$的负弧组成的。在开关曲线 C 的上方的相平面部分最优开关函数 φ 取 -1 值,在 C 下方,φ 取 $+1$ 值。

在图 10.32 和图 10.29 所示的情形中,可能有最优开关状态的初始值的范围都是有限的,而且这个范围是由闭合的边界曲线所限定的,很显然,这两个闭曲线都是在 $\dot{y}=0$ 发生开关动作的极限环。每一个都表示相当的继电器伺服系统的一个周期解。但是,也可以明显地看出,这样的周期解是不稳定的,最微小的一点扰动都会使得系统的运动曲线离开这个周期解,或者趋近于原点,或者无限地发散出去。因此,实际上是不可能有周期解的。

在以上的最优开关问题的各种情形的解里,我们看出一个共同的性质:在所有情形中,最优开关函数 φ 在相平面的第一象限里总是取 -1 值,在第三象限里总是取 $+1$ 值。把方程(10.19)写成下列形式,

$$\frac{\mathrm{d}^2 y}{\mathrm{d}t^2}=-2\zeta\frac{\mathrm{d}y}{\mathrm{d}t}-y+\varphi\left(y,\ \frac{\mathrm{d}y}{\mathrm{d}t}\right),$$

从这个方程就可以很容易看出上述共同性质的原因。我们的设计目的就是要求在尽可能短的时间内使系统回到 $y=0$ 的状态(或 t 轴)上去。当 y 和 $\mathrm{d}y/\mathrm{d}t$ 都是正数的时候,为了达到设计目的,我们就使 $\mathrm{d}^2y/\mathrm{d}t^2$ 或 $y(t)$ 的曲率是一个数值尽可能大的负数,所以 φ 应该是-1。当 y 和 $\mathrm{d}y/\mathrm{d}t$ 都是负数的时候,$\mathrm{d}^2y/\mathrm{d}t^2$ 就应该是一个尽可能大的正数,所以 φ 应该是$+1$。这样一个直观的推理与关于最优开关函数的严密结果是一致的。当 y 与 $\mathrm{d}y/\mathrm{d}t$ 的符号不相同时,最优开关函数 φ 的值就不能这样简单地确定出来了,因为这时系统回到 t 轴的速度与 y 和 $\dot{y}$ 之间的复杂的交互作用有关。布绍的贡献就在于把最优开关函数 φ 在这一部分(相平面的第二象限和第四象限)也确定出来了。但是,从这个讨论我们可以肯定,最优开关曲线 C 一定在第二象限和第四象限里。

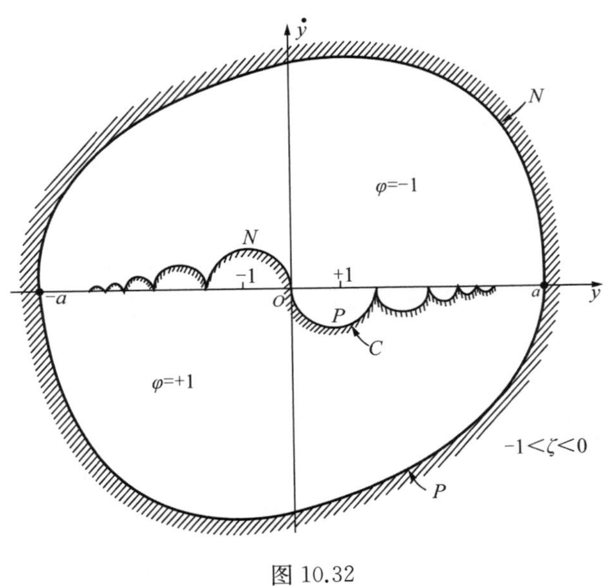

图 10.32

对于阶数更高的系统以及被控制变数的个数大于 1 的系统来说,就不能再用相平面来表示运动状态了,对于这些情形,我们就必须用多维的相空间来表示运动状态。利用与以上的讨论相类似的办法,我们相信,对于这些比较复杂的系统的最优开关问题也可以找到相空间中的最优开关曲面,从而使问题得到解决。费特(G. H. Fett)和康(C. L. Kang)对这个问题做过些初步的尝试①。对于高阶系统而言,描述系统的微分方程的特征根是实数的情形,求最优开关曲面的问题已经由苏联学者费尔德包姆[5,27,43](A. A. Фельдбаум)等解决了。至于方程的特征根之中包含虚根的情形,求最优开关曲面的问题目前尚未解决。

① C. L. Kang and G.H. Fett, *J. Appl. Phys.*, 24, 38 - 41(1953)。

10.9 多方式的控制作用

当继电器的开关动作使系统达到相平面的原点以后,系统的情况将会怎样呢?很明显,如果系统到达原点以后,驱动函数还保持系统到达原点以前的数值,那么,系统就会又离开所需要的平衡状态(原点);当系统又离开这个状态以后,设计好的开关动作就会起作用,又把系统"拉"回原点,然后又重复这样的运动。所以,继电器伺服系统的工作状态就是,首先,从被扰动以后的位置很快地回到原点;然后,就在原点附近做高频率的振动,这种振动就是颤震运动(参看第 10.6 节)。

如果离开平衡状态(原点)的微小偏差在所考虑的问题中是可以容许的,那么,只要在离原点足够近(也就是 y 和 $\dot{y}$ 已经小到可以忽略掉的程度)时把驱动函数 φ 除掉,就可以避免原点附近的颤震。如果采取这个做法,系统的控制作用就有两种方式:当偏差大的时候,继电器的开关动作与继电器的输出都起反馈控制作用;当偏差足够小的时候,系统的这种反馈输入就被开断了。在以后各章里,我们还会看到伺服系统的这种多方式控制作用的必要性。

因为最优开关曲线通常不是直线,所以不能用简单的线性电路来控制继电器的开关动作。事实上,从输出 $y(t)$ 测量出来的数据必须要被一个由非线性装置做成的开关计算机加以"改造"。这个计算机能够根据最优开关曲线发出操纵继电器的开关信号。除此以外,还应该有一个开断计算机,当系统的偏差离开静止状态或者原点很小的时候,开断计算机就把继电器的输出从系统上开断。所以,这样一个继电器伺服系统的方块图就如图 10.33 所示①。在以后各章中所讨论的更复杂的控制系统中,计算机常常是重要的组成部分。其实,从基本概念上来看,这并不是什么新的方法,譬如说,为了改善系统的传递函数而在普通的伺服系统中采用的补偿电路实质上也是一个计算机。当然,在这些比较简单的控制系统里,执行计算作用的只是一个线性电路(例如,电阻电容电路)而已。在第十三章里,我们还要更广泛地讨论关于计算机的问题。

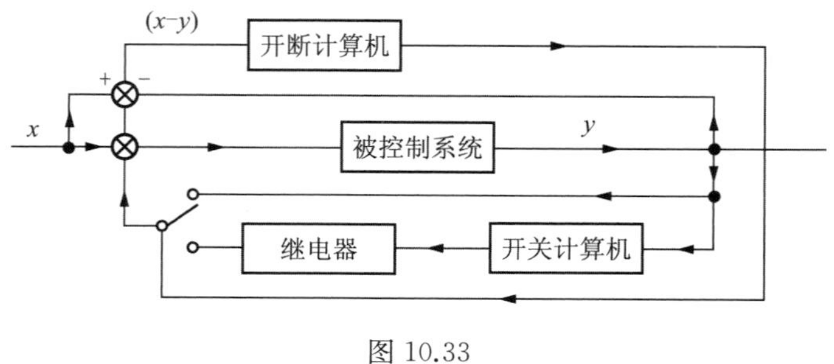

图 10.33

① 关于非线性反馈可以参阅文献[40],[49]。

第十一章 非线性系统

系统的输入是 $x(t)$，输出是 $y(t)$。如果输入变为 $cx(t)$（c 是任何一个常数）时，输出不成比例地变为 $cy(t)$（也就是说，输出与输入不成比例），这个系统就是非线性系统。继电器伺服系统就是非线性系统的一个简单例子。在第六章里，我们曾经讲过一种把任何一个非线性伺服系统加以线性化的普遍方法，具体地说，也就是把非线性系统做成振荡控制伺服系统，从而使系统的运动性能与线性系统相像。在上一章中，我们又提出了一个分析，包含非线性的频率迟钝机构的伺服系统的方法。这些设计非线性伺服系统的方法对于很大一批实际的非线性工程问题都能适用，而且对于处理普通系统的综合问题来说也是很够用的了。

从另一方面来看，正像上一章的最后几节所表示的那样，最充分地利用系统的非线性性质来改善系统的运转性能的问题，通常要比只考虑稳定性的设计问题困难得多。事实上，对于这个问题的研究还只是刚刚开始，而且还没有什么重大的成就。所以，我们也不可能在这里给出一个能够处理一般的非线性伺服系统的完善方法。既然在目前不可能普遍地解决非线性系统的分析问题，对待实际发生的非线性问题采取一种不同的现实态度也许是更明智的。我们不再先假定已经有了一个已知的非线性系统，然后直接去分析这个系统的运动性能，相反地，我们先把系统的运转性能规定下来，然后，再来确定所需要的非线性性质。我们将要在第十四章里讨论这种方法。现在这一章的范围是很有限的，我们只来说明有目的地利用非线性系统特性的一些可能性。

11.1 有非线性反馈的继电器伺服系统

如果我们只限于考虑离开平衡状态的偏差很小的情况，那么，在第 10.8 节中，介绍对于继电器伺服系统的最优开关曲线所得出的结果，就可以大为简化。从那一节的讨论中可以看出，在原点附近，最优开关曲线 C 可以近似地表示成

$$\dot{y}\mid\dot{y}\mid=-2y。\tag{11.1}$$

这个结果表明，如果采用方程(11.1)所表示的非线性开关曲线就可以使系统的运转性能

比用线性开关曲线(第 10.6 节)的系统好。如果 x 是输入,y 是输出,那么,方程(11.1)就应该相应地改为

$$a^2\dot{y}\mid\dot{y}\mid=x-y \tag{11.2}$$

或

$$\operatorname{sgn}(x-y)\sqrt{\mid x-y\mid}=a\dot{y}, \tag{11.3}$$

其中 a 是常数。

采用方程(11.2)开关条件的继电器伺服系统的方块图就是图 11.1 的那种情形,这种用 $\dot{y}|\dot{y}|$ 作反馈信号的方法是乌特莱(A. M. Uttley)和哈芒德(P. H. Hammond)二人为改进简单的继电器伺服系统的性能而建议的①。这里,我们只要求计算机能产生 $a^2\dot{y}\mid\dot{y}\mid$ 信号,所以,这个计算机可以是相当简单的。方程(11.3)所表示的相当的开关条件可以根据反馈信号 $a\dot{y}$ 和反馈信号 $\operatorname{sgn}(x-y)\sqrt{\mid x-y\mid}$ 来执行。因为 $x-y$ 是误差,所以,$\operatorname{sgn}(x-y)\sqrt{\mid x-y\mid}$ 就称为误差符号误差绝对值平方根,简称为 SERME(这是误差符号误差绝对值平方根的英文名称 sign error root-modulus error 的缩写);这个控制系统也就称为误差符号误差绝对值平方根系统或 SERME 系统。图 11.2 就是这个系统的方块图。这里的计算机也是相当简单的。这个系统是威斯特(J. C. West)所建议的②。

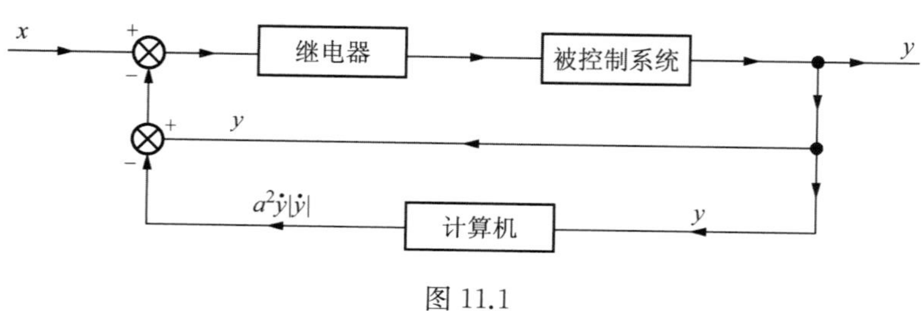

图 11.1

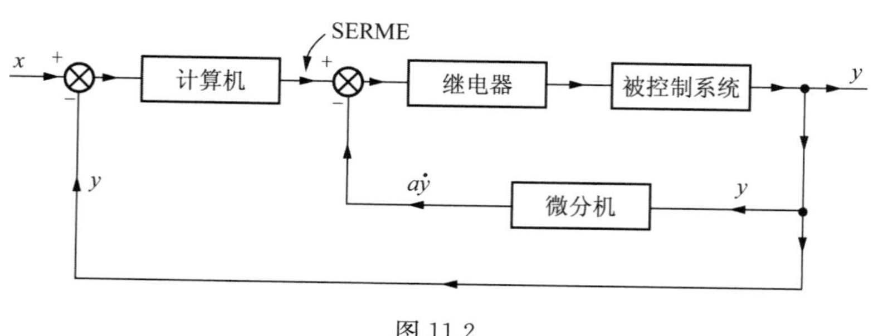

图 11.2

---

① A. M. Uttley, P. H. Hammond, *Automatic and Manual Control*, p. 285,(这个文集的编者是 A. Tustin), Butterworth & Co. Ltd., London(1952),参阅文献[40]。

② J. C. West, *Automatic and Manual Control*(这个文集的编者是 A. Tustin), Butterworth & Co. Ltd., London (1952),参阅文献[40],俄文译本第 296 页。

这些有非线性反馈的继电器伺服系统虽然都是比较简单的，可是，还是无法加以严密的分析，其实，我们关于这些系统的优点所作的论述是相当含混的，并不是一个很完整很确切的论证；因此，利用这些方法设计出来的每一个个别的系统都必须经过试验才能最后确定。

11.2　弱非线性系统

现在，我们所考虑的 n 阶系统不是方程(2.3)所表示的那种线性系统，而是一个有一些区别的非线性系统，假定系统的微分方程是

$$a_n \frac{\mathrm{d}^n y}{\mathrm{d}t^n} + a_{n-1} \frac{\mathrm{d}^{n-1} y}{\mathrm{d}t^{n-1}} + \cdots + a_1 \frac{\mathrm{d}y}{\mathrm{d}t} + a_0 y + \mu f\left(y, \frac{\mathrm{d}y}{\mathrm{d}t}, \cdots, \frac{\mathrm{d}^{n-1} y}{\mathrm{d}t^{n-1}}\right) = x(t) \tag{11.4}$$

其中的各个系数 a 和 μ 都是常数，$x(t)$是输入，$y(t)$是输出，f 是它的自变数的一个非线性函数。方程(11.4)的左端的前一部分是一个与方程(2.3)的左端相同的线性微分运算子，系统的全部非线性性质都是由方程左端的后一部分 μf 所表示的。我们当然可以假定方程(11.4)的变数 t 已经是一个无量纲的时间变数了，所以，各个系数 a 和 μ 的量纲都是相同的。所谓**弱非线性**，也就是说，μ 比各个系数 a 都小得多。

对于这种“弱非线性”的情形，我们就可以设法把方程的解写成 μ 的幂级数的样子：

$$y(t) = y^{(0)}(t) + \mu y^{(1)}(t) + \mu^2 y^{(2)}(t) + \cdots。 \tag{11.5}$$

把方程(11.5)代入方程(11.4)，然后，再让方程两端的 μ 的同次方幂相等，就得出

$$a_n \frac{\mathrm{d}^n y^{(0)}}{\mathrm{d}t^n} + a_{n-1} \frac{\mathrm{d}^{n-1} y^{(0)}}{\mathrm{d}t^{n-1}} + \cdots + a_1 \frac{\mathrm{d}y^{(0)}}{\mathrm{d}t} + a_0 y^{(0)} = x(t), \tag{11.6}$$

$$a_n \frac{\mathrm{d}^n y^{(1)}}{dt^n} + a_{n-1} \frac{\mathrm{d}^{n-1} y^{(1)}}{\mathrm{d}t^{n-1}} + \cdots + a_1 \frac{\mathrm{d}y^{(1)}}{\mathrm{d}t} + a_0 y^{(1)} = -f\left(y^{(0)}, \cdots, \frac{\mathrm{d}^{n-1} y^{(0)}}{\mathrm{d}t^{n-1}}\right), \tag{11.7}$$

以及相当于 μ 的更高次方幂的一系列方程。所以，系统的运动方程的**第零次近似**方程(11.6)就是像方程(2.3)那样的线性方程。但是，更重要的事情是，由于非线性性质而引起的第一次改正项是由方程(11.7)所确定的，从形式上就可以看出，这个方程与第零次近似[方程(11.6)]在特性上是完全一样的。换言之，如果系统的第零次线性近似方程(11.6)表明近似的系统 $y^{(0)}(t)$是有阻尼的，而且还具有伺服系统所必需的其他特性，那么**第一次改正项** $y^{(1)}(t)$也同样具有这些特性。此外，因为在展开式(11.5)中 $y^{(1)}(t)$之前有一个相当小的因数 μ，所以，由于非线性效应所必须做的改正是很小的。这也就是说，在一个性

能良好的系统中,微弱的非线性性质不会使系统的运转状态与它的线性近似发生重大的差别。因此,从工程近似的观点来看,我们就可以把这些系统当作线性系统来处理。就是在工程实际中的“线性”系统里,也还是有一些微弱的非线性性质的,但是,根据上面所讲的道理,只用线性伺服系统理论来研究这些系统也就可以得到很好的结果。

另一方面,如果近似的线性系统的阻尼非常小,我们都知道,这时就有发生共振现象的可能性。也就是说,即使输入 $x(t)$ 的数量级和 1 相同,$x \sim 1$,近似的线性系统方程(11.6)的输出 $y^{(0)}(t)$ 就可能比 1 大得很多,$y^{(0)} \gg 1$。在这种情形里,虽然 μ 很小,可是 $\mu f\left(y^{(0)},\cdots,\dfrac{\mathrm{d}^{n-1}y^{(0)}}{\mathrm{d}t^{n-1}}\right)$ 这个数,或者说非线性效应,仍然可以和线性项的数量级相同。换句话说,我们在上一段里所作的形式上的级数展开式就不能成立了,所以,在系统的阻尼作用很微弱的情形里,即使非线性性质很弱,我们也必须考虑到可能发生的强大影响。在以下各节里,我们将要简短地描述一下非线性系统的多种多样的运动状态,非线性力学中这样一些现象的详细处理方法可以在米诺尔斯基(N. Minorsky)①与斯托克尔(J. J. Stoker)②的著作中找到。

11.3 跳跃现象

正像第 10.2 节所讲过的那样。如果系统的自激振荡能够由于离开平衡状态的微小偏差而自动地形成,那么,它就称为软的自激振荡;如果离开平衡状态足够大的偏差才能引起自激振荡,这个自激振荡就称为硬的自激振荡。在某些情形里,系统微分方程的系数与系统的一个参数 λ 有关。如果当 λ 取某一个特别的临界值 λ_0 时,系统平衡状态的特性就从稳定状态变为不稳定状态。那么,在 $\lambda \geqslant \lambda_0$ 的时候就会出现极限环,也就是自激振荡。如果这种自激振荡是软的,发生的现象就像图 11.3(a)所示的那样;如果自激振荡是硬的,那就像图 11.3(b)所示的那样。对于第一种情形来说,如果 λ 是逐渐增大的,那么,当 λ 还没有增大到临界值 λ_0 的时候,系统的平衡状态并没有任何变化。当 λ 增加到 λ_0 时,系统的平衡状态就由稳定的变为不稳定的,同时也就出现了一个稳定的极限环。而且这个极限环的振幅随着 λ 的增加而逐渐加大。如果再让 λ 逐渐减小,那么,系统的平衡状态的情况就沿着原来的变化路线变化回来[见图 11.3(a)],当 λ 减小到 λ_0 时,极限环就消失了。对于第二种情形来说,自激振荡是硬的,这时的情况就不同了[见图 11.3(b)]。在 λ 逐渐增大的过程中,在 $\lambda = \lambda_0$ 时,突然就出现一个振幅是有限的极限环;λ 继续增大的时候,相应的极限环的振幅也随之增大。如果 λ 逐渐减小,那么,当 λ 减小到 λ_0 时,极限环(自激振荡)并不立刻消失,直到 λ 再继续减小到一定的数值时,极限环的振幅才由一个有

---

① N. Minorsky, *Introduction to Nonlinear Mechanics*, Edwards Bros., Inc., Ann Arbor, Mich., (1947)。
② J. J. Stoker, *Nonlinear Vibrations*, Interscience Publishers, Inc., New York (1950),参阅文献[46]。

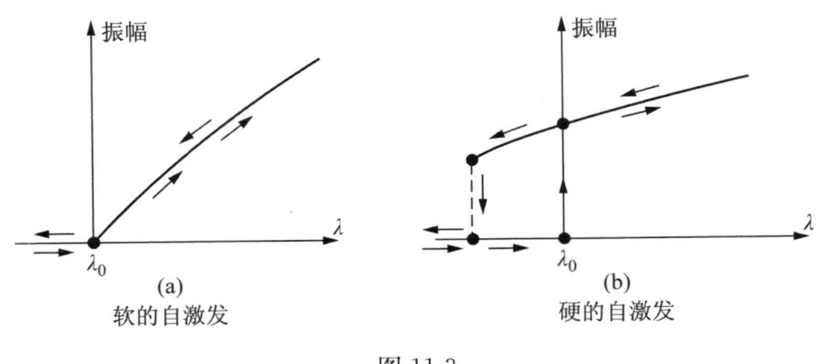

图 11.3

限数值突然变为零。所以，这种跳跃现象是和系统的运动状态的滞后现象相联系的。

11.4　频率缩减

如果作用在一个非线性系统上周期性的输入中包含两个频率 ω_1 和 ω_2，那么，系统的输出中不但包含这两个频率以及相当于这两个频率的高次谐波，而且还有一个额外的频率谱，借用声学的术语，这个谱称为合成音，它是由频率 $m\omega_1 \pm n\omega_2$（m，n 是整数）组成的。譬如说，把一个电压 $x = x_0(\cos\omega_1 t + \cos\omega_2 t)$ 加到一个非线性导体上去，假设这个导体的电流 y 与电压 x 之间的关系是 $y = a_1 x + a_2 x^2 + a_3 x^3$。那么，输出 $y(t)$ 的频率谱中就包含下列各种频率：ω_1，ω_2，$2\omega_1$，$2\omega_2$，$3\omega_1$，$3\omega_2$，$\omega_1+\omega_2$，$\omega_1-\omega_2$，$2\omega_1+\omega_2$，$2\omega_1-\omega_2$，$\omega_1+2\omega_2$ 以及 $\omega_1-2\omega_2$。前六个频率是普通的谐波，但是后六个频率就是由于导体的非线性性质所引起的合成音。这些合成音中，有一些比原来的 ω_1 和 ω_2 高，而另外一些就比 ω_1 和 ω_2 低。这些频率比较低的谐波就称为次谐波，产生次谐波的过程就称为频率缩减。

不难了解，如果 ω_1 和 ω_2 相当接近，那么 $\omega_1-\omega_2$ 就比原来的两个频率都小得很多。此外，如果对于这样低的频率，系统还能是稳定的，我们就可以得到频率的数量级只是输入频率的 1/100，甚至于更低的次谐波。如果把若干个这样的系统串联起来，使一个系统的输出是其次一个系统的输入，我们还可以得到更低的频率。

11.5　频率侵占现象

如果一个非线性系统有一个自激振荡的频率 ω_1，那么，当系统的输入的频率 ω_2 与 ω_1 相差很小时，我们自然会想到输出中不但同时有 ω_1 和 ω_2 两种频率，而且，由于非线性的交互作用，输出中还有拍频率 $\omega_2-\omega_1$。但是，在实际情形中，现象是按照图 11.4 的那种情形发生的：只要 ω_2 进入一定的同步区域

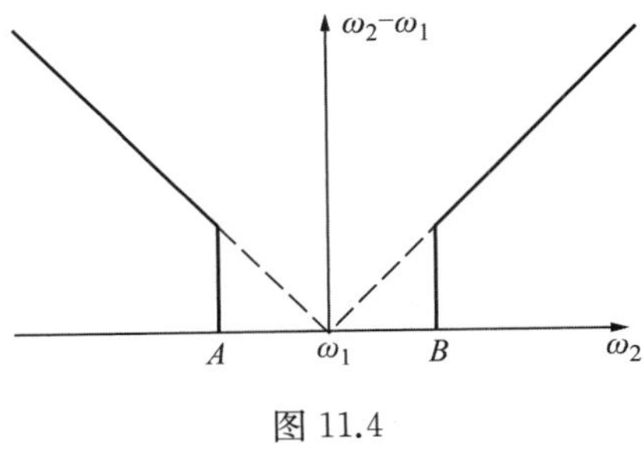

图 11.4

AB 时,拍频率就立刻消失。在这个区域内只有 ω_2 这一个频率,所有发生的现象都好像是可变频率 ω_2 把原有频率 ω_1"侵占"掉了一样。

万・德尔・波尔(van der Pol)是最先解释了这种频率侵占现象的人,后来,又有些其他的人发展了这方面的理论。

假定系统是二阶的,它的微分方程是

$$\frac{\mathrm{d}^2 y}{\mathrm{d}t^2} - \alpha \frac{\mathrm{d}y}{\mathrm{d}t} + \gamma\left(\frac{\mathrm{d}y}{\mathrm{d}t}\right)^3 + \omega_1^2 y = B\omega_1^2 \sin\omega_2 t, \tag{11.8}$$

这里的 α, γ 和 B 都是正常数。如果 $B=0$,那么,当振荡的振幅足够小时,系统的阻尼就是负的,当振幅足够大时,系统的阻尼就是正的,因此,就存在一个特别的振幅值,系统可以用这个振幅进行持续的自激振荡。不仅如此,如果 α 和 γ 都相当小,那么,这个自激振荡的频率就与 ω_1 相当接近。万・德尔・波尔证明,当 ω_2 与 ω_1 相当接近时,方程(11.8)的解就可以写成下列形式:

$$y(t) = b_1(t)\sin\omega_2 t + b_2(t)\cos\omega_2 t, \tag{11.9}$$

而且,$b_1(t)$和 $b_2(t)$都是变化得相当缓慢的时间函数,它们变化速度满足下列条件:

$$\left|\frac{\mathrm{d}b_1}{\mathrm{d}t}\right| \ll |\omega_2 b_1(t)|, \quad \left|\frac{\mathrm{d}b_2}{\mathrm{d}t}\right| \ll |\omega_2 b_2(t)|。$$

把方程(11.9)代入方程(11.8),并且只保留一阶以下的项,我们就可以把 b_1 和 b_2 的微分方程组写成下列形式:

$$\left.\begin{aligned} \frac{\mathrm{d}b_1}{\mathrm{d}t} &= f_1(b_1, b_2; \omega_2), \\ \frac{\mathrm{d}b_2}{\mathrm{d}t} &= f_2(b_1, b_2; \omega_2)。\end{aligned}\right\} \tag{11.10}$$

这是一个自持的一阶微分方程组。所以,我们可以用等倾法来解,就像前一章在相平面上解二阶线性系统的做法一样。分析的结果表明,如果 ω_2 在 ω_1 附近的一个一定范围之内,方程组(11.10)在 b_1b_2 平面上有一个稳定的结点。所以,不论 b_1 和 b_2 的初始值是多少,$b_1(t)$和 $b_2(t)$最后总要分别趋近于相当这一固定点的 b_1 值和 b_2 值。因此,根据方程(11.9),就只有频率是 ω_2 的振荡,根本不会再有频率是 $\omega_2-\omega_1$ 的振荡。如果 ω_2 在那个范围之外,那么,在 b_1b_2 平面上就有一个稳定的极限环,因而也就可以说明图 11.4 所表示的现象。

11.6 异步激发和异步抑制

在某些非线性系统里,一个频率是 ω 的振荡可以被另一个频率是 ω_1 的振荡激发起来或者抑制下去，而 ω_1 却根本不等于 ω。在第一种情形中，那种现象就称为异步激发，而第二种情形中的现象就称为异步抑制。只要回想一下以下的事实就可以理解这些现象：即使在相空间中存在一个极限环，系统也不一定有持续的自激振荡。如果要发生持续的振荡，极限环就必须是稳定的，所谓"稳定"的意思，也就是说，当系统受到扰动或者从极限环移到相空间的其他一点以后，系统具有一个再回到极限环上去的倾向。不稳定的极限环在一个实际的物理系统中是不可能实现的。既然如此，我们就不难看出，在一定的情况下，一个新的振荡的发生，就可能给另一个振荡创造出稳定的条件，也可能破坏另一个振荡的稳定条件，第一种情形就是"异步激发"现象，第二种情形就是"异步抑制"现象。这里，"异步"这样一个形容词只是用来强调 ω 与 ω_1 之间的关系是完全任意的而已。

11.7　参数激发和参数阻尼

很久以来人们就知道，如果一个振荡系统中有一个以频率 ω 做周期变化的参数，系统就以频率 $\omega/2$ 开始振荡。瑞雷爵士(Lord Rayleigh)曾经用以下的实验来说明这种现象：把一根拉紧了的金属线的一端系在音叉的一股上，如果音叉以频率 ω 进行振荡，那么，金属线就以频率 $\omega/2$ 进行横向振荡。我们再举一个类似的例子，一个单摆(也就是悬挂在一根没有质量的杆子的一个质量)在杆的上端受到一个正弦变化的外力(见图 11.5)。假设 θ 是单摆离开铅直位置的微小角度位移，不损害普遍性，我们还可以假定正弦变化的外力的频率是 1。这个外力也就可以写作 $mg+a\cos t$，于是 θ 的微分方程就是①

图 11.5

$$ml\frac{\mathrm{d}^2\theta}{\mathrm{d}t^2}+(mg+a\cos t)\theta=0,$$

其中，m 是质量，g 是重力加速度，l 是摆的长度，a 是周期外力的振幅。这个方程可以写成

$$\frac{\mathrm{d}^2\theta}{\mathrm{d}t^2}+(\alpha+\beta\cos t)\theta=0, \tag{11.11}$$

所以，α 就等于 g/l，β 等于 a/ml。对于倒立摆(也就是质量在支承点上方的摆)的情形，θ 的方程也还是方程(11.11)，只不过把其中的 g 换成 $-g$ 就是了。所以，对于普通的摆，α 是正数；对于倒立摆，α 是负数。方程(11.11)确实是一个线性方程，只是加在摆上的外力做周期性的变化而已。因此，我们就可以把这个系统看作是参数作周期性变化的系统。

---

① 关于单摆的运动可以参阅文献[50]。

方程(11.11)就是有名的马丢(Mathieu)[①]方程。解的稳定性是由 α 和 β 这两个常数来确定的。具体地说,可以把 $\alpha\beta$ 平面分成一个稳定区域和一个不稳定区域,就像图 11.6 所示的那样(这个图中有阴影的就是稳定区域)。可以从图 11.6 看出,对于正的 α,也就是普通摆的情形来说,当周期外力不存在时,或者说 $\beta=0$ 时,系统就是稳定的。这当然是显而易见的事实。然而,有趣的是,如果 β 取某些适当的值,系统就成为不稳定的了。这时,摆的摆动振幅就会越来越大,直到非线性效应最后把振幅固定在一个相当大的常数为止。这种现象就称为参数激发。对于负的 α,也就是倒立摆的情形来说,当支点上没有周期外力时,系统自然是不稳定的;但是,当 β 在一个一定的狭小范围之内时,系统还可以是稳定的,只要 α 也取某些适当的数值就可以了,这个现象就称为参数阻尼。

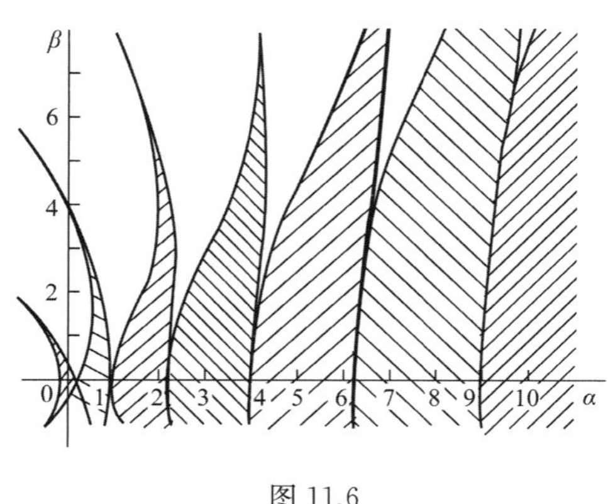

图 11.6

任何一个系统,只要它有一个做周期变化的参数,在这个系统中就可能发生参数激发和参数阻尼的现象。

这种现象和以前介绍过的几种非线性现象,都可以在控制系统中加以利用,使控制系统得到所需要的性能。事实上,的确也有不少非线性现象已经被应用到伺服控制系统的许多元件上去了。但是,这些非线性元件在目前还只是一些"新奇"的重要性不大的东西,而且,与其说它们是根据理论分析设计出来的,倒不如更恰当地说它们是依靠经验和试验"设计"出来的。把特殊的非线性现象应用到整个控制系统的系统设计上去的问题[②],还是一个没有被探讨过的科学领域。我们在以上几节中的讨论只不过是说明这种应用的广泛可能性而已。

① 现译为马蒂厄方程。
② 关于最优非线性系统的综合法可以参阅文献[48]。

第十二章 变系数线性系统

以前各章中，我们只比较详细地讨论过一个变系数系统（系数也是时间 t 的函数的系统），这个系统就是在支承端受到一个周期性外力的单摆。这个系统是在讨论参数激发与参数阻尼时提到的（第十一章）。在所有其余讨论过的系统的微分方程中，系数全都不明显地与时间变数 t 有关。然而，我们曾经在第一章里指出，系数随时间变化的线性系统的运动状态可以和常系数线性系统完全不同。在这一章里，我们再回到这个问题上来，并且比较仔细地讨论一个典型但是很简单的变系数系统——短射程的火箭弹。我们将要说明，这样一些变系数系统的稳定性问题不能用处理常系数线性系统的方式来解决。在这种情形中，不但拉氏变换和传递函数方法都不再能解决问题，而且，我们还不得不把处理问题的方式完全加以改变。

我们将要研究一个火箭弹在火箭推力起作用的过程中的运动状态，假定这个火箭是依靠尾翼来稳定的。我们特别来考虑火箭轴线与投射角之间的偏差角，这个偏差角是由发射过程中的扰动以及飞行过程中尾翼所受到的阻力作用所引起的。

关于火箭弹的动力学的一般问题，曾经在第二次世界大战时期内被不同国家的许多学者仔细地研究过。罗色尔（J. B. Rosser），牛顿（R. R. Newton）和格罗司（G. L. Gross）曾经把美国学者的工作加以总结①。兰金（R. A. Rankin）曾经报告了英国方面的工作②，卡里埃尔（P. Carrière）的论文代表了法国学者对于这个问题的研究工作③。我们在这里的讨论将是大为化简了的，讨论的目的只是要提出变系数线性系统的研究中几个有兴趣的重要特点而已。

12.1 火箭弹在燃烧过程中的运动状态

对于一个用尾翼稳定的火箭弹来说，铅直面内的运动与水平面内的运动之间的相互影

① J. B. Rosser, R. R. Newton and G. L. Gross, *Mathematical Theory of Rocket Flight*, McGraw-Hill Company, Inc., New York,(1947)，参阅文献[52]。

② R. A. Rankin, *Trans. Roy. Soc. London* (*A*), 241, 457－585(1949)。

③ P. Carrière, *Mém. artillerie franç.*, 25, 253－360(1951)。

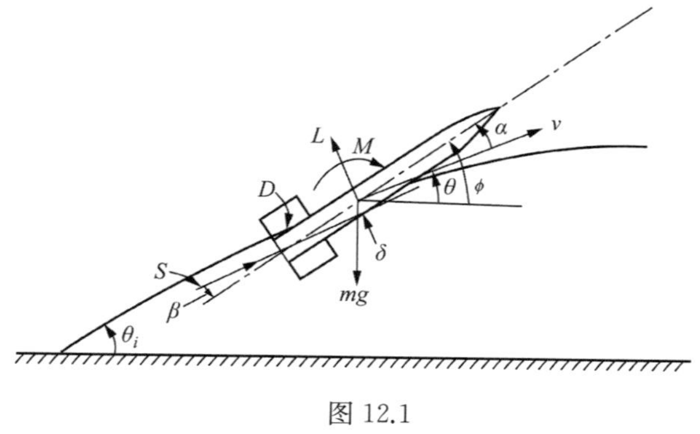

图 12.1

响可以忽略掉,也就是说,在铅直面内由于水平面内的运动而产生的空气动力是可以忽略的。所以,我们只考虑和研究铅直面内的运动情况,也就能够知道火箭弹的特性了。因为这是短射程的火箭弹,所以,我们把地面看成是一个平面。设 v 是火箭弹速度的绝对值,θ 是速度向量的倾角,ϕ 是火箭弹轴线的倾角(见图 12.1)。于是,火箭弹的冲角就是

$$\alpha = \phi - \theta。\tag{12.1}$$

设 m 是火箭弹的质量,g 是重力加速度。所以作用在火箭弹上的重力就是铅直向下的力 mg。空气动力是举力 L,阻力 D 和转矩 M,L 和 D 分别垂直于和平行于运动的方向。这些力都是作用在火箭的重心上的。火箭的推力 S 是常数,就像图 12.1 所示的那样,S 与轴线之间有一个偏差角度 β,对于重心来说,S 的力矩臂是 δ。所以,沿弹道方向的加速度的方程就是

$$m\frac{\mathrm{d}v}{\mathrm{d}t} = S\cos(\alpha - \beta) - mg\sin\theta - D。\tag{12.2}$$

垂直于弹道方向的加速度的方程就是

$$mv\frac{\mathrm{d}\theta}{\mathrm{d}t} = S\sin(\alpha - \beta) - mg\cos\theta + L。\tag{12.3}$$

最后,如果火箭对于通过重心的横轴的回转半径是 k,那么,角加速度就是

$$mk^2\frac{\mathrm{d}^2\phi}{\mathrm{d}t^2} = S\delta - M。\tag{12.4}$$

在方程(12.4)中,我们已经把所谓的喷射阻尼转矩忽略掉了[54],因为它比尾翼的恢复转矩小。

空气动力和空气动力转矩都与冲角 α 有关。但是,如果火箭的尾翼安装得不正,即使 $\alpha = 0$,也还会有举力和转矩。所谓安装得不正,也就是说尾翼的安装引起了一个角度误差 γ,以至于 L 和 M 在 $\alpha = \gamma$ 时消失,而不在 $\alpha = 0$ 时消失。如果 ρ 是空气的密度,d 是火箭弹弹身的直径,我们就可以用下列公式引进举力系数 K_L,阻力系数 K_D 和转矩系数 K_M:

$$L = K_L\rho v^2 d^2\sin(\alpha - \gamma),\tag{12.5}$$

$$D = K_D\rho v^2 d^2,\tag{12.6}$$

$$M = K_M\rho v^2 d^3\sin(\alpha - \gamma)。\tag{12.7}$$

对于短射程火箭弹来说，弹道的顶点并不高，所以，我们可以把密度 ρ 看作是常数。此外，最大的速度值也不是很大，以至于系数 K_L，K_D 和 K_M 都还可以看作是与飞行的马赫(Mach)数(火箭弹的速度与声速的比值)无关的常数。再者，对于短射程火箭来说，燃料的质量只占火箭弹总质量的很小一部分，所以，把火箭弹的质量看作是一个常数也不会引起严重的误差。考虑到这些简化的假设，方程(12.1)到方程(12.7)就确定了火箭弹的弹道。

这种类型的火箭弹的燃烧时间都是很短的(譬如说，只有 0.2 秒)，所以就必须使加速度 S/m 很大才行。事实上，推力 S 是相当大的，和它比起来，重力和阻力都小到可以忽略掉的程度。而且，推力方向与飞行方向之间的偏差角度 $\alpha-\beta$ 总是很小的。所以，方程(12.2)的第零次近似就是

$$\frac{\mathrm{d}v}{\mathrm{d}t}=\frac{S}{m}。\tag{12.8}$$

因此，弹道的第零次近似就是一条倾角是初始倾角 θ_i 的直线(见图 12.1)。沿着这条直线的运动是一个等加速度 S/m 的运动。如果 z 是沿着这条直线量度的距离，那么，这个运动也可以用下列方程表示：

$$v^2=\frac{2S}{m}z=\left(\frac{S}{m}\right)^2t^2。\tag{12.9}$$

如果发射火箭弹的初始速度是零，z 就是到发射点的确实距离；如果有一个初始速度，z 就是到发射点前面的某一点的距离，而不是到发射点的距离。从方程(12.9)我们得到

$$\frac{\mathrm{d}}{\mathrm{d}t}=\frac{\mathrm{d}z}{\mathrm{d}t}\frac{\mathrm{d}}{\mathrm{d}z}=v\frac{\mathrm{d}}{\mathrm{d}z}=\sqrt{\frac{2S}{m}z}\frac{\mathrm{d}}{\mathrm{d}z}。\tag{12.10}$$

利用这个第零次的近似解，我们就可以计算火箭弹弹道的第一次近似解；下面我们就来做这件工作。

12.2　线性化的弹道方程

因为在燃烧过程中真正的弹道与它的第零次近似解之间的偏差总是很小的，所以，我们总是可以把方程(12.3)和方程(12.4)中的速度 v 和时间导数用方程(12.9)和方程(12.10)来代替。此外，因为 $\alpha-\beta$ 很小，$\sin(\alpha-\beta)$ 也就可以用 $\alpha-\beta$ 来代替。$\cos\theta$ 可以用 $\cos\theta_{\mathrm{i}}$ 来代替。我们把举力 L 也忽略掉，因为它比推力的横向分量以及火箭的重量都小得多。采用这些简化的假设，方程(12.3)和方程(12.4)就成为

$$2z\frac{\mathrm{d}\theta}{\mathrm{d}z}=(\alpha-\beta)-\frac{mg}{S}\cos\theta_{\mathrm{i}}\tag{12.11}$$

和

$$2z\frac{\mathrm{d}^2\phi}{\mathrm{d}z^2}+\frac{\mathrm{d}\phi}{\mathrm{d}z}=\frac{\delta}{k^2}-\frac{8\pi^2}{\sigma^2}z(\alpha-\gamma),\tag{12.12}$$

这里的 σ 的定义是

$$\sigma^2=4\pi^2\frac{k^2m}{K_M\rho\mathrm{d}^3},\tag{12.13}$$

很明显,σ 的量纲是长度。我们可以把 σ 取作火箭的扰动运动(对于第零次近似而言)的特征长度,并且也可以看作是扰动的弹道“波长”。方程(12.1),方程(12.11)和方程(12.12)就是三个未知函数 α,θ 和 ϕ 的线性化方程。方程的线性化是在这样一个假设之下的:对于一个理想的发射角 θ_i 来说,弹道与直线之间的差别很小。

我们可以把 θ 和 ϕ 消去而得出 α 的单独一个方程。做法是这样的,先用 $2\sqrt{z}$ 除方程(12.11),再把结果对 z 微分,这样就得到

$$\sqrt{z}\frac{\mathrm{d}^2\theta}{\mathrm{d}z^2}+\frac{1}{2\sqrt{z}}\frac{\mathrm{d}\theta}{\mathrm{d}z}=\frac{1}{2\sqrt{z}}\frac{\mathrm{d}\alpha}{\mathrm{d}z}-\frac{1}{4z\sqrt{z}}\left(\alpha-\beta-\frac{gm}{S}\cos\theta_i\right)。$$

现在,我们再用 $2\sqrt{z}$ 除方程(12.12),然后,从结果中减去上面的方程,最后,再利用方程(12.1)的关系,就得出

$$\sqrt{z}\frac{\mathrm{d}^2\alpha}{\mathrm{d}z^2}+\frac{1}{\sqrt{z}}\frac{\mathrm{d}\alpha}{\mathrm{d}z}+\left(\frac{4\pi^2\sqrt{z}}{\sigma^2}-\frac{1}{4z\sqrt{z}}\right)\alpha=\frac{\delta}{2k^2\sqrt{z}}+\frac{4\pi^2\sqrt{z}}{\sigma^2}\gamma-\frac{1}{4z\sqrt{z}}\left(\beta+\frac{gm}{S}\cos\theta_i\right)。$$

这个方程明白地表示出下列事实,用来研究火箭弹的微分方程不是常系数方程。其实,只要按照下列公式引进一个无量纲距离 ξ,

$$\xi=\frac{2\pi z}{\sigma}\tag{12.14}$$

[σ 就是方程(12.13)所规定的“波长”],我们就可以把 α 的方程化为贝塞尔(Bessel)方程的标准形状,也就是

$$\frac{\mathrm{d}^2\alpha}{\mathrm{d}\xi^2}+\frac{1}{\xi}\frac{\mathrm{d}\alpha}{\mathrm{d}\xi}+\left[1-\frac{(1/2)^2}{\xi^2}\right]\alpha=\gamma+\left(\frac{\delta\sigma}{4\pi k^2}\right)\frac{1}{\xi}-\frac{1}{4}\left(\beta+\frac{gm}{S}\cos\theta_i\right)\frac{1}{\xi^2}。\tag{12.15}$$

把 α 确定出以后,再积分下列方程也就可以把 θ 计算出来:

$$\frac{\mathrm{d}\theta}{\mathrm{d}\xi}=\frac{1}{2\xi}\left(\alpha-\beta-\frac{mg}{S}\cos\theta_{\mathrm{i}}\right)。\tag{12.16}$$

这个方程是由方程(12.11)变化出来的。

这些微分方程中的自变数 z 或 ξ 并不是时间变数而是距离变数。但是，正如方程(12.9)所表示的那样，z 是时间 t 的单调增函数，ξ 当然也就是 t 的增函数。因此，把自变数从 t 改为 ξ 并不会改变系统方程的稳定性；也就是说，如果系统对于 ξ 来说是稳定的，那么，系统对于 t 来说也还是稳定的。在这里，"稳定"的意思就是，当 t 或 ξ 增加时，弹道与理想的直线弹道之间的偏差会逐渐减小。因此，稳定性问题完全可以用自变数 ξ 来讨论。当时间 t 增加时，ξ 就从 $t=0$ 时的初始值 ξ_0 增大起来。如果火箭弹的初始发射速度是零，则初始值 ξ_0 也就是零。

12.3　火箭弹的稳定性

为了讨论稳定性问题，我们必须根据特定的初始条件去解方程(12.15)和方程(12.16)，然后，再确定，当 ξ 增加的时候，冲角 α 是否趋于零，或者更恰当些，考虑弹道的倾角的偏差 $\theta-\theta_{\mathrm{i}}$ 是否趋于零。方程(12.15)确实是一个 $\frac{1}{2}$ 阶的贝塞尔方程，所以，补充函数就是 $\frac{1}{2}$ 阶的和 $-\frac{1}{2}$ 阶的贝塞尔函数。但是，这些补充函数都是可以用初等函数表示的。事实上，方程(12.15)可以改写为

$$\frac{\mathrm{d}^2\zeta}{\mathrm{d}\xi^2}+\zeta=Q(\xi),\tag{12.17}$$

其中，

$$\zeta=\sqrt{\xi}\alpha,\tag{12.18}$$

而

$$Q(\xi)=\gamma\sqrt{\xi}+\left(\frac{\delta\sigma}{4\pi k^2}\right)\frac{1}{\sqrt{\xi}}-\frac{1}{4}\left(\beta+\frac{gm}{S}\cos\theta_{\mathrm{i}}\right)\frac{1}{\xi^{\beta/2}}。\tag{12.19}$$

因此，对于新未知函数 ζ 来说，补充函数就是 $\sin\xi$ 和 $\cos\xi$。

火箭弹离开发射器时的条件，或者初始条件就是

$$\left.\begin{aligned}&v=v_0,\\&\theta=\theta_0,\\&\alpha=\alpha_0,\\&\mathrm{d}\phi/\mathrm{d}t=(\mathrm{d}\phi/\mathrm{d}t)_0。\end{aligned}\right\}\tag{12.20}$$

这里的下标"0"表示 $t=0$ 时刻的值。ξ 和 ζ 的初始值当然就是

$$\xi_0 = \frac{2\pi}{\sigma}\frac{m}{2S}v_0^2 = \frac{\pi m v_0^2}{\sigma S} \tag{12.21}$$

和

$$\zeta_0 = \sqrt{\xi_0}\,\alpha_0。 \tag{12.22}$$

根据方程(12.16), $t=0$ 时就有

$$\sqrt{\xi_0}\left(\frac{\mathrm{d}\theta}{\mathrm{d}\xi}\right)_0 = \frac{\alpha_0 - \beta - (mg/S)\cos\theta_i}{2\sqrt{\xi_0}}。$$

但是 $\theta = \phi - \alpha$, 所以

$$\sqrt{\xi_0}\left(\frac{\mathrm{d}\alpha}{\mathrm{d}\xi}\right)_0 + \frac{1}{2\sqrt{\xi_0}}\alpha_0 = \left(\frac{\mathrm{d}\zeta}{\mathrm{d}\xi}\right)_0 = \sqrt{\xi_0}\left(\frac{\mathrm{d}\phi}{\mathrm{d}\xi}\right)_0 + \frac{\beta + (gm/S)\cos\theta_i}{2\sqrt{\xi_0}}$$

或更明显地,

$$\left(\frac{\mathrm{d}\zeta}{\mathrm{d}\xi}\right)_0 = \sqrt{\xi_0}\,\frac{\sigma(\mathrm{d}\phi/\mathrm{d}t)_0}{2\pi v_0} + \frac{\beta + (gm/S)\cos\theta_i}{2\sqrt{\xi_0}}。 \tag{12.23}$$

把初始条件这样变化以后,我们就可以把方程(12.17)的解 ζ 或 α 直接写出来:

$$\begin{aligned}\alpha(\xi,\ \xi_0) = {}& \frac{1}{\sqrt{\xi}}\cos(\xi-\xi_0)\left[\zeta_0 - \int_{\xi_0}^{\xi}\sin(\eta-\xi_0)Q(\eta)\mathrm{d}\eta\right] + \\ & \frac{1}{\sqrt{\xi}}\sin(\xi-\xi_0)\left[\left(\frac{\mathrm{d}\zeta}{\mathrm{d}\xi}\right)_0 + \int_{\xi_0}^{\xi}\cos(\eta-\xi_0)Q(\eta)\mathrm{d}\eta\right],\end{aligned} \tag{12.24}$$

这里的 Q 就是方程(12.19)所表示的驱动函数。因为 $Q(\eta)$ 中包含 η 的半次方幂,所以方程(12.24)中的积分确实都是福来内尔(Fresnel)[①]积分。把 α 计算出来以后,用积分方法就可以由方程(12.16)求出 θ 来:

$$\theta - \theta_i = (\theta_0 - \theta_i) - \frac{1}{2}\left(\beta + \frac{mg}{S}\cos\theta_i\right)\log\frac{\xi}{\xi_0} + \frac{1}{2}\int_{\xi_0}^{\xi}\frac{\alpha(\eta,\ \xi_0)}{\eta}\mathrm{d}\eta。 \tag{12.25}$$

我们再来将发射器上各种扰动的作用分离开来考虑,把方程(12.25)写成若干项,每一项都代表一种类型的扰动。写法是这样的:

$$\begin{aligned}\theta - \theta_i = {}& (\theta_0 - \theta_i) + \left(\beta + \frac{mg}{S}\cos\theta_i\right)G_1(\xi,\ \xi_0) + \frac{\delta\sigma}{2\pi k^2}G_2(\xi,\ \xi_0) - \\ & \gamma[G_1(\xi,\ \xi_0) + G_3(\xi,\ \xi_0)] + \alpha_0 G_3(\xi,\ \xi_0) + \frac{1}{2}\frac{\sigma}{\pi v_0}\left(\frac{\mathrm{d}\phi}{\mathrm{d}t}\right)_0 G_4(\xi,\ \xi_0)。\end{aligned} \tag{12.26}$$

---

① 现译为菲涅耳。

第一项表示弹道倾角的初始偏差的影响。第二项表示推力不正和重力的影响。第三项表示推力转矩的影响。第四项表示尾翼安装不正所引起的影响。第五项表示初始冲角的影响。最末一项表示火箭弹的初始角速度的影响。每一个 G 都是 ξ 和 ξ_0 这两个变数的函数，并且也是由一些福来内尔积分组成的。罗色尔和他的合作者把这些函数称为火箭函数，并且在他们的书里还把这些函数做成函数表。用图线表示这些函数的几个图（见图 12.2 到图 12.5），也是从他们的书里采用的。

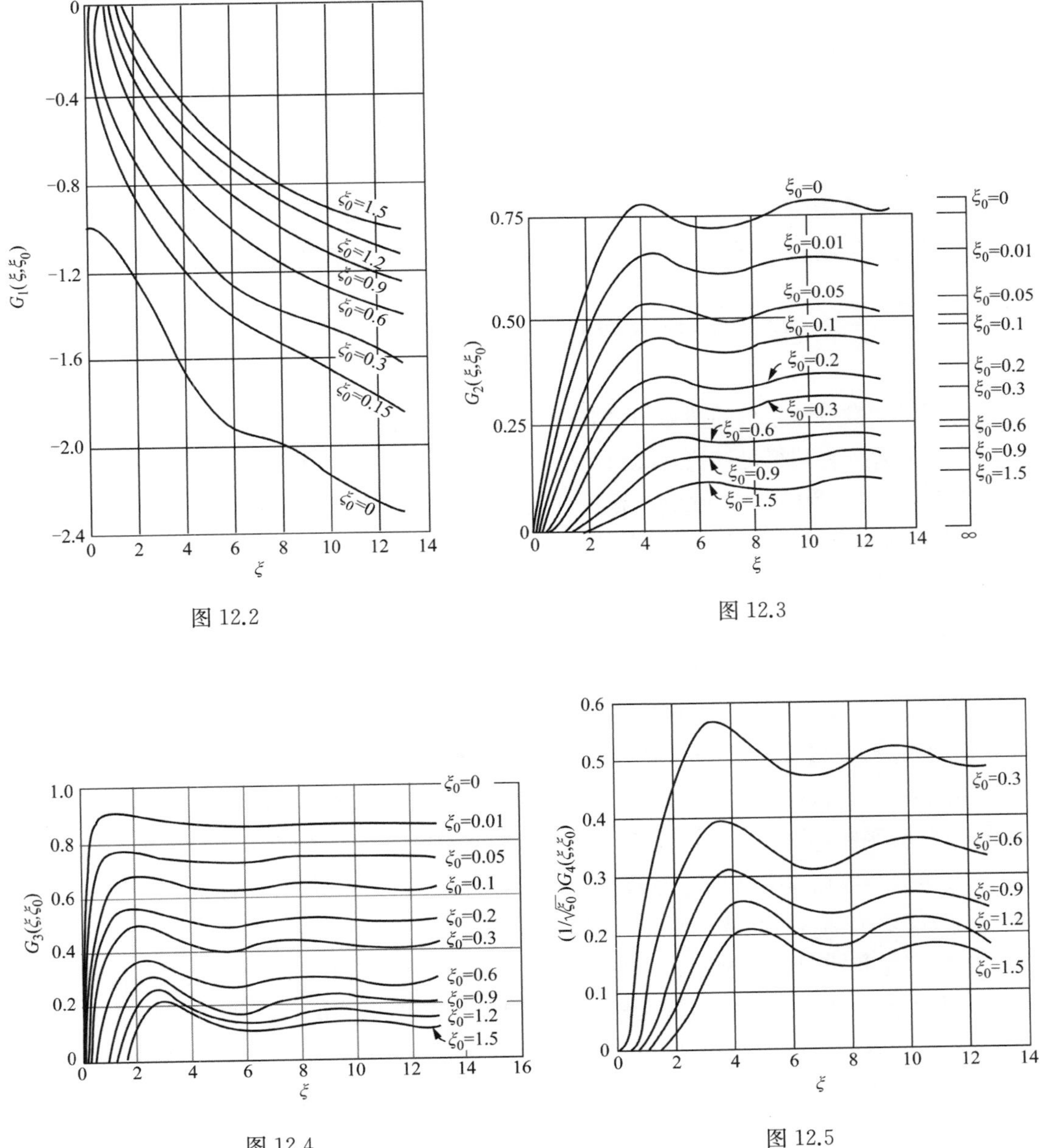

图 12.2　　图 12.3

图 12.4　　图 12.5

把图 12.2 到图 12.5 这几个图观察一下，就可以看出这样一个事实：对于很大的 ξ 值来说，所有这些火箭函数 G 几乎都是常数。所以，各种扰动都不能阻尼掉。方程(12.26)的第一项和最后两项表示在发射点所受的初始扰动的影响，然而，当 ξ 很大时，它们还保持不等于零的有限值。方程(12.26)的其余三项都是由于“输入”(或者说驱动函数)而产生的“输出”。对于很大的 ξ 值来说，它们的值也不是零。G_1 函数的性质尤其恶劣：当 ξ 很大时，它差不多等于 $\log\xi$，所以也就要无限地增大。因此，如果我们用以前提出的系统稳定性的判断准则(也就是说，初始扰动应该趋于消失，而且对于“合理”的输入，输出总应该是有限的)来衡量火箭弹的运动，那么，火箭弹就是不稳定的。从另一方面来看，基本方程(12.15)的补充函数都是贝塞尔函数，当自变数无限增大时，这些函数是趋于零的，这个事实却很容易使人错误地认为系统是稳定的。如果我们不加思索地搬用关于常系数线性系统的经验，那么，变系数系统的运动状态就很难使人理解了。然而，以上的讨论只不过是说明一件消极的事实：研究常系数线性系统时所能应用的一些概念，对于系数随时间变化的系统是不能应用的。从积极方面来考虑，我们就需要有一种新方法来处理变系数系统的稳定性问题和控制问题。关于这一点，我们就在下一节里加以讨论。

12.4 变系数系统的稳定性问题和控制问题

对于常系数线性系统的情形，我们以前所作的讨论表明，只要没有驱动函数(输入)的齐次方程的解都衰减得足够快，就能保证系统在稳定性以及其他控制性能方面都相当良好。因此，虽然系统的驱动函数(或输入)可能从一种情形变到另一种很不相同的情形，可是，性能的判断准则以及以此为根据的设计问题都只是以对齐次方程的解(整个的运动方程的补充函数)的研究为基础的，这就是普通的伺服系统理论的基本原理，至于根据拉氏变换建立传递函数，再用传递函数进行分析的方法只是一个很有用的技巧而已；譬如说，只从原则上来看，求补充函数的古典方法也并不次于艾文思的根轨迹法。

我们在这一章前三节中的讨论明确地说明这样一个事实：如果一个线性系统有随时间变化的系数(参数)，那么，即使微分方程的所有补充函数都是衰减的，我们也不能保证有驱动函数作用时这个系统还有良好的运转状态。尽管补充函数都衰减，但是，只要有某种输入(驱动函数)的作用，输出趋于无限大都是可能的。因此，如果不知道系统的输入函数(驱动函数)，我们就无法回答运转状态是否良好的问题。既然有这样一个必须先肯定输入函数的要求，而且，具体地解非齐次变系数微分方程也是十分困难的，所以，为变系数系统的稳定性和控制性能建立一个普遍理论的任务好像是毫无希望的。但是，我们必须把计算上的困难和建立一个普遍理论的实质困难区别开来。事实上，只要有快速的计算机，计算的困难就可以被克服，所以，这并不能认为是真正的困难。如果这种条件已经实现了，我们就会知道，为分析系统的运动状态而具体给出输入函数的工作，实质上就是为一个特定的目的进行设计的问题，在设计系统以前，我们必须知道在怎样的情况之下对于系统的要求是怎样的。如果我们采用这种解决办法，也就不需要提出一般性的稳定问题了，因为，我们的设计工作已经使系统具有特定的令人满意的性能，这已经完全解决了实际问题，如果再去一般地讨论稳定性问题就是多余的了。根据这个解决问题原则，我们就可以提出一个关于变系数线性系统的控制设计的一般理论。这个理论是古典弹道摄动理论的一个应用。下一章我们就要讨论这个理论。把以前的讨论整个回顾一下，我们可以这样说：普通的伺服系统理论是关于一类特殊类型系统设计的一般理论。下一章的摄动理论却是关于一类更一般类型系统设计的特殊理论。

第十三章
利用摄动理论的控制设计

弹道摄动理论的目的就是计算投射物(例如炮弹、火箭弹等)在正规弹道附近的运动状态。正规弹道是一条有着特定的初始条件、推进程序、大气条件以及规定好的举力与阻力的确定弹道。如果实际情况与这些特定的条件有一点微小差别,或者投射物在飞行过程受到出乎意料的风的扰动而稍微离开了正规弹道了,那么,投射物的实际弹道就不同于正规弹道了。但是,如果这些扰动作用都很小,那么,扰动过的弹道(实际弹道)还是在正规弹道的附近,而且,扰动过的弹道与正规弹道之间的差别也是很小的。因为正规弹道是一条已经计算好的已知弹道,所以,实际弹道与正规弹道相当接近这一事实就是把实际轨道的微分方程线性化的根据。经过线性化的手续以后,扰动过的系统的运动方程就是系数随时间变化的线性方程,系数随时间变化是由于投射物所处的条件随时间变化的缘故。

弹道摄动理论的本来目的只是计算投射物的弹道对于正规弹道的微小改正量(这种改正是由于投射物的重量与标准值之间的误差、大气情况的改变、风的扰动作用等因素引起的),但是,因为有了现代的大型快速计算机,目前的趋势是直接分别计算每一条扰动过的弹道,所以弹道摄动理论在弹道计算问题上的用处也就随之消失了。然而,变系数线性系统的控制设计问题却刚好是可能利用弹道摄动理论的原则问题。在这一章里,我们将要通过一个具体问题的讨论来说明这种做法。我们要讨论的具体问题就是长距离火箭(例如远射程导弹)的控制问题。德瑞尼克(R. Drenick)曾经研究过这个问题①,但是,我们的讨论将是更完善的,并且还要谈到这样一类飞行器的自动导航的问题②。

13.1 火箭的运动方程

为了使讨论不过分复杂,我们假设火箭在旋转着的地球的赤道平面内运动,就像图13.1所示的那样。在赤道平面内的运动因为不会受到柯瑞奥利(Coriolis)力的作用,所以

① 参阅 R. Drenick, *J. Franklin Inst.*, 25, 423 - 436(1951),参阅文献[55]。
② 参阅下列论文:H. S. Tsien(钱学森),T. C. Adamson, E. L. Knuth, *J. Am. Rocket Soc.*, 22, 192 - 199(1952)。

就可以保持平面运动。我们所选取的坐标系统对于旋转的地球来说是固定的,也就是说,坐标系统也是以地球自转的角速度 Ω 转动着的。在任何一个时刻 t,火箭在赤道平面内的位置总可以用 r 和 θ 两个数来确定的,这里,r 是半径(或高度),也就是从火箭到地心的距离,θ 是到发射点的角度,也就是火箭所在的位置与发射点之间的经度差。设 r_0 是地球的半径,g 是地面上的单纯的重力加速度,其中不包含地球自转的离心力的因素。设 R 和 Θ 分别是火箭的每单位质量平均受到的推力与空气动力的径向(半径方向)分量和横向(垂直于半径的方向)分量。于是,火箭的重心的运动方程就是

$$\left.\begin{aligned}
&\frac{\mathrm{d}r}{\mathrm{d}t}=\dot{r},\\
&\frac{\mathrm{d}\theta}{\mathrm{d}t}=\dot{\theta},\\
&\frac{\mathrm{d}\dot{r}}{\mathrm{d}t}=R+r(\dot{\theta}\pm\Omega)^2-g\left(\frac{r_0}{r}\right)^2,\\
&r\frac{\mathrm{d}\dot{\theta}}{\mathrm{d}t}=\Theta-2\dot{r}(\dot{\theta}\pm\Omega),
\end{aligned}\right\}\tag{13.1}$$

如果火箭从西向东飞行,方程(13.1)右端的第二项中就必须取正号,如果火箭从东向西飞行,就取负号。

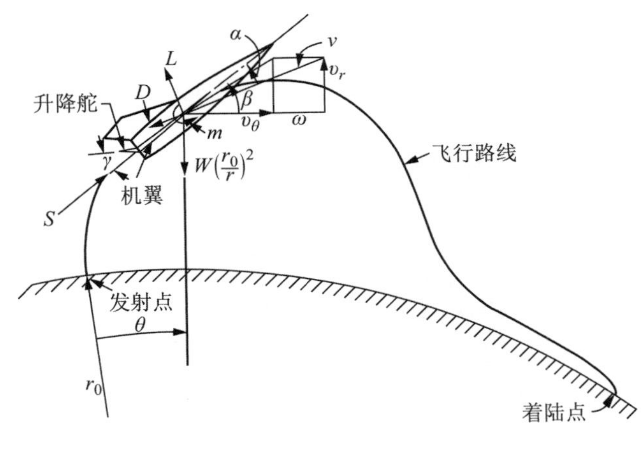

图 13.1

R 和 Θ 这两个力都是由推力 S、举力 L 和阻力 D 组成的。设 W 是火箭对于 g 而言的瞬时重量(也就是火箭的瞬时质量与 g 的乘积);V 是空气对于火箭的相对速度的大小。这样,我们引进下列公式定义的三个参数 Σ、Λ 和 Δ,就可以使讨论更方便些:

$$\Sigma=\frac{Sg}{W},\quad \Lambda=\frac{Lg}{WV},\quad \Delta=\frac{Dg}{WV}。\tag{13.2}$$

假设实际的风速 w 是水平方向的,而且也在赤道平面之内,如果对于火箭而言这个风是迎头吹来的,w 就取正号;反之,如果风向和火箭的飞行方向相同,w 就取负号。我们把 w 看作只是高度 r 的函数。如果 v_r 是径向速度,v_θ 是横向速度,也就是说

$$\left.\begin{aligned}
&v_r=\dot{r},\\
&v_\theta=r\dot{\theta},
\end{aligned}\right\}\tag{13.3}$$

相对的空气速度 V 就可以这样计算：

$$V^2=\dot{r}^2+(r\dot{\theta}+w)^2。\tag{13.4}$$

如果 β 是推力方向与水平方向之间的角度，那么，单位质量上所受的推力和空气动力的径向分量 R 和横向分量 Θ 就是

$$\left.\begin{aligned}R&=\Sigma\sin\beta+(v_\theta+\omega)\Lambda-v_r\Delta,\\ \Theta&=\Sigma\cos\beta-v_r\Lambda-(v_\theta+\omega)\Delta。\end{aligned}\right\}\tag{13.5}$$

如果 N 是对于重心的力矩被火箭对于重心的转动惯量除得的商数，那么，角加速度的方程就是

$$\frac{\mathrm{d}\dot{\beta}}{\mathrm{d}t}=\frac{\mathrm{d}\dot{\theta}}{\mathrm{d}t}+N。\tag{13.6}$$

为了完全确定火箭的运动状态，必须用时间函数的形式把举力 L、阻力 D 和对于重心的力矩 m 给出来。按照空气动力学的习惯，我们用举力系数 C_L 和阻力系数 C_D 来表示 L 和 D：

$$\left.\begin{aligned}L&=\frac{1}{2}\rho V^2AC_L,\\ D&=\frac{1}{2}\rho V^2AC_D,\end{aligned}\right\}\tag{13.7}$$

其中，ρ 是空气的密度，是高度 r 的函数；A 是一个固定的特征面积，譬如说，可以设火箭的尾翼面积是 A。在我们所考虑的这个问题里，既然火箭只在赤道平面内运动，从空气动力学计算的角度来看，火箭的运动状态是由冲角 α 决定的(冲角就是推力的作用线与空气的相对速度向量之间的角度)(见图 13.1)然而，对于火箭运动的控制是通过升降舵角 γ 的控制来执行的。所以，能够影响 C_L 和 C_D 的参数就是 α 和 γ。此外，这些空气动力学的系数还是雷诺(Reynold)数 Re 和马赫(Mach)数 Ma 的函数。如果 a 是空气的音速，马赫数就是

$$Ma=\frac{V}{a},\tag{13.8}$$

设 a 也是高度 r 的函数。如果 l 是火箭的一个特征长度，μ 是空气的黏性系数，雷诺数就是

$$Re=\frac{\rho Vl}{\mu}。\tag{13.9}$$

黏性系数 μ 也是高度 r 的函数。这样，我们就有

$$\left.\begin{aligned}C_L&=C_L(\alpha,\gamma,Ma,Re),\\ C_D&=C_D(\alpha,\gamma,Ma,Re)。\end{aligned}\right\}\tag{13.10}$$

我们再假定，推力作用线通过火箭的重心；因此，推力就不产生力矩。不难想到在火箭发动机工作的飞行过程中，火箭的角度运动(转动)一定很慢，所以喷射阻尼力矩是可以忽略不计的。因此，空气动力力矩 m 是作用在火箭上的唯一的力矩，m 也可以按照下列公式用系数 C_M 表示：

$$m=\frac{1}{2}\rho V^2 AlC_M。\tag{13.11}$$

力矩系数 C_M 也是四个变数 α，γ，Ma 和 Re 的函数，

$$C_M=C_M(\alpha,\ \gamma,\ Ma,\ Re)。\tag{13.12}$$

如果 I 是火箭对于重心的瞬时的横向转动惯量，方程(13.6)里的 N 就是

$$N=\frac{m}{I}。\tag{13.13}$$

利用上面规定的许多符号，运动的微分方程组就成为下面的形状：

$$\left.\begin{aligned}
&\frac{\mathrm{d}r}{\mathrm{d}t}=v_r,\\
&\frac{\mathrm{d}\theta}{\mathrm{d}t}=\frac{v_\theta}{r},\\
&\frac{\mathrm{d}\beta}{\mathrm{d}t}=\dot{\beta},\\
&\frac{\mathrm{d}v_r}{\mathrm{d}t}=\Sigma\sin\beta+(v_\theta+w)\Lambda-v_r\Delta+r\left[\frac{v_\theta}{r}\pm\Omega\right]^2-g\left(\frac{r_0}{r}\right)^2=F,\\
&\frac{\mathrm{d}v_\theta}{\mathrm{d}t}=\Sigma\cos\beta-v_r\Lambda-(v_\theta+w)\Delta-2v_r\left[\frac{v_\theta}{r}\pm\Omega\right]+\frac{v_\theta v_r}{r}=G,\\
&\frac{\mathrm{d}\dot{\beta}}{\mathrm{d}t}=\frac{1}{r}\left[\Sigma\cos\beta-v_r\Lambda-(v_\theta+w)\Delta-2v_r\left[\frac{v_\theta}{r}\pm\Omega\right]+N\right]=H。
\end{aligned}\right\}\tag{13.14}$$

这个方程组是六个未知函数 r，θ，β，v_r，v_θ 和 $\dot{\beta}$ 的一阶方程组。如果要解这个方程组，就必先知道开始时($t=0$)这些未知函数的初始值；而且，推力 S，重量 W 和转动惯量 I 在每一时刻 t 的瞬时值也必须事先给定。如果要确定各个空气动力，升降舵角 γ 的运动也要用一个时间函数 $\gamma(t)$ 事先给定。空气的情况也必须知道，也就是说，风速 w，密度 ρ，空气的黏性系数 μ 以及声速 a 都必须是高度 r 的已知的函数。冲角 α 是不能知道的，因为它必须根据角度 β 和相对的空气速度向量 V 来计算。

假定空气的情况已经被标准化了(譬如说，我们可以用一个统计的平均情况作为这个标准情况)，而且，我们把火箭的平均特性和火箭发动机的平均性能取作火箭及其发动机的代表。利用这些具体的数据，只要给定了升降舵角度 γ 的运动规律 $\gamma=\gamma(t)$，我们就可

以把方程组(13.14)积分,从而把火箭的飞行路线(弹道)计算出来。实际的计算工作完全可能用计算机来做。这样计算出来的飞行路线是一个标准的火箭在标准的空气状态的飞行路线,这也就是正规飞行路线或正规弹道。

正规飞行路线的最重要的特性就是它的射程。所谓射程就是发射点和着陆点之间的距离。所谓火箭的航行问题就是要算出火箭发动机的合适的关车时间并且找出飞行路程中升降舵角度的合适运动规律,使得射程正好是我们所需要的数值。对于标准火箭在标准大气中的航行问题,可以在火箭发射之前用数学方法完全解决,因为计算这条正规飞行路线所需要的全部资料都是已知的或者是预先给定了的。

13.2 摄动方程

实际的大气的特性并不一定与所说的标准大气状态相符合。每一个高度上的风速都随气候条件变化,温度 T 也是随时间变化的。因此,我们可以想到,由于大气条件的不同,实际的飞行路线与正规飞行路线一定也有些差别。实际的火箭在重量以及发动机性能等方面与理想的标准火箭也总会有些差别,因此,如果升降舵角度 γ 仍然采用原来给定的动作程序,那么,实际的飞行路线就会与正规路线不同。所以,实际的火箭航行问题就是要适当地随时改正升降舵角度的动作程序,设法使实际的射程与正规飞行路线的射程相同,而且也还能准确无误地在标准着陆点着陆。因为火箭的速度非常高,这样一个航行问题就不能用普通的方法来解决,理由是这样的:在普通的航行问题(譬如汽车或轮船的驾驶问题)中,因为速度相当低,惯性作用相当小,所以只要随时根据位置的偏差改正运动路线就可以使总的运动路线符合要求,完全不需要考虑惯性的影响。但是,对于像火箭这样的高速度飞行器来说,就不能只根据运动学的考虑来进行操纵,因为惯性作用相当大,所以,必须考虑系统的动力学效应才能使路线符合要求。对于这种情形,航行问题就必须依靠高速的自动计算系统来解决,对于每一个离开正规情况的偏差,这个计算系统都能在一段几乎等于零的时间内发生反应,同时发出改正运动状态的信号。所以,应该把这种问题更恰当地称为导航问题,把这种控制系统称为导航系统。

一般性的导航问题实在是非常困难的。但是,我们可以相信离开正规状态的偏差总是很小的,因为,正规飞行路线毕竟是一条最有代表性的平均路线。这个事实使我们立刻想到,只要考虑偏差的一阶量就完全够了。这个“线性化”的做法就是弹道摄动理论的基础。经过线性化以后,新的方程组(当然是线性方程组)系数都只是根据正规飞行路线的情况计算出来的,一般说来,这些系数都是随时间变化的。我们关于长距离火箭的导航问题所作的讨论也就是这一类系统的控制设计的一个例子。这个例子的特定的设计要求,就是设法消灭射程的误差。这里,被控制的“输入”就是升降舵角度的改正动作。以下的讨论中我们就通过具体的情况来说明这些概念。

以下我们用符号上的横线“$^{-}$”表示正规飞行路线的各个数量,用 δ 符号表示相当于各

个数量的偏差。所以实际的飞行路线的各个数量就是

$$\left.\begin{array}{l} r=\bar{r}+\delta r, \quad \theta=\bar{\theta}+\delta\theta, \quad \beta=\bar{\beta}+\delta\beta, \\ v_r=\bar{v}_r+\delta v_r, \quad v_\theta=\bar{v}_\theta+\delta v_\theta, \quad \dot{\beta}=\bar{\dot{\beta}}+\delta\dot{\beta}。\end{array}\right\} \tag{13.15}$$

实际的大气情况与标准大气情况之间的偏差是用密度偏差 $\delta\rho$,温度偏差 δT 和风速偏差 δw 来表示的,所以

$$\rho=\bar{\rho}+\delta\rho, \quad T=\overline{T}+\delta T, \quad w=\bar{w}+\delta w。 \tag{13.16}$$

如果我们假设,在任何一个高度上,空气的化学成分都与标准大气在这个高度上的成分相同,那么,只要知道 $\delta\rho$ 和 δT,也就可以计算出压力偏差(如果事实需要这样做的话)。假设实际的火箭与标准火箭之间只有重量偏差 δW 和转动惯量偏差 δI,也就是说

$$W=\overline{W}+\delta W, \quad I=\bar{I}+\delta I。 \tag{13.17}$$

还假设推力 S 与标准值完全相同。此外,火箭的尾翼面积 A 以及方程(13.10)和方程(13.12)所表示的空气动力特性也都假定是不变的。

把方程(13.15),方程(13.16)和方程(13.17)代入方程(13.14),然后,再从每一个方程里减去相应的正规飞行路线的方程,根据线性化的原则只保留各个偏差的一阶量。我们就得下列方程:

$$\left.\begin{array}{l} \dfrac{\mathrm{d}\delta r}{\mathrm{d}t}=\delta v_r, \\ \dfrac{\mathrm{d}\delta\theta}{\mathrm{d}t}=-\dfrac{\bar{v}_\theta}{\bar{r}_2}\delta r+\dfrac{1}{\bar{r}}\delta v_\theta, \\ \dfrac{\mathrm{d}\delta\beta}{\mathrm{d}t}=\delta\dot{\beta}, \end{array}\right\} \tag{13.18}$$

$$\left.\begin{array}{l} \dfrac{\mathrm{d}\delta v_r}{\mathrm{d}t}=a_1\delta r+a_2\delta\beta+a_3\delta v_r+a_4\delta v_\theta+a_5\delta\gamma+a_6\delta\rho+ \\ \qquad a_7\delta T+a_8\delta w+a_9\delta W, \\ \dfrac{\mathrm{d}\delta v_\theta}{\mathrm{d}t}=b_1\delta r+b_2\delta\beta+b_3\delta v_r+b_4\delta v_\theta+b_5\delta\gamma+b_6\delta\rho+ \\ \qquad b_7\delta T+b_8\delta w+b_9\delta W, \\ \dfrac{\mathrm{d}\delta v\dot{\beta}}{\mathrm{d}t}=c_1\delta r+c_2\delta\beta+c_3\delta v_r+c_4\delta v_\theta+c_5\delta\gamma+c_6\delta\rho+ \\ \qquad c_7\delta T+c_8\delta w+c_9\delta W+c_{10}\delta I。 \end{array}\right\} \tag{13.19}$$

方程中的这些系数 a,b,c 都是方程(13.14)所定义的函数 F, G, H 在正规飞行路线上计算的偏导数。举例来说:

$$\left.\begin{aligned}a_1&=\overline{\left(\frac{\partial F}{\partial r}\right)}, & a_2&=\overline{\left(\frac{\partial F}{\partial \beta}\right)}, & a_3&=\overline{\left(\frac{\partial F}{\partial v_r}\right)},\\ a_4&=\overline{\left(\frac{\partial F}{\partial v_\theta}\right)}, & a_5&=\overline{\left(\frac{\partial F}{\partial \gamma}\right)}, & a_6&=\overline{\left(\frac{\partial F}{\partial \rho}\right)},\\ a_7&=\overline{\left(\frac{\partial F}{\partial T}\right)}, & a_8&=\overline{\left(\frac{\partial F}{\partial w}\right)}, & a_9&=\overline{\left(\frac{\partial F}{\partial W}\right)}。\end{aligned}\right\} \tag{13.20}$$

类似地各个系数 b 就是 G 的各个偏导数，各个 c 就是 H 的各个偏导数。这些系数的详细计算都在本章的附录中陈述。

方程(13.18)和方程(13.19)合并起来就是六个偏差量的变系数线性方程组。如果大气性质的偏差 $\delta\rho$, δT 和 $\delta\omega$ 都是已知的，而且 $\delta\gamma$, δW 和 δI 都是给定的，那么，这个方程组就能确定 δr, $\delta\theta$, $\delta\beta$, δv_r, δv_θ 和 $\delta\dot{\beta}$。然而，导航问题和这个问题是不同的，在导航问题里所需要的是设法找出一个特别的函数 $\delta\gamma$(也就是升降舵角度的改正动作程序)使得射程偏差是零。正如德瑞尼克所建议的那样，这个导航问题可以用布利斯(G. A. Bliss)的伴随函数法来解决[①]。

13.3 伴随函数

伴随函数法的原理是这样的，假设 $y_i(t)(i=1, 2, \cdots, n)$ 是由下列 n 个线性方程组成的方程组确定的 n 个函数，

$$\frac{\mathrm{d}y_i}{\mathrm{d}t}-\sum_{j=1}^{n}a_{ij}y_j=Y_i(t)\quad(i=1, 2, \cdots, n), \tag{13.21}$$

其中，a_{ij} 是给定的系数，它们可以是时间 t 的函数。$Y_i(t)$ 都是“驱动”函数(输入)。现在我们再引进一组新的函数 $\lambda_i(t)(i=1, 2, \cdots, n)$，它们满足下列的齐次方程组

$$\frac{\mathrm{d}\lambda_i}{\mathrm{d}t}+\sum_{j=1}^{n}a_{ji}\lambda_j=0\quad(i=1, 2, \cdots, n), \tag{13.22}$$

这样一组 $\lambda_i(t)$ 就称为那一组 $y_i(t)$ 的伴随函数。用 λ_i 乘方程(13.21)，再用 y_i 乘方程(13.22)，然后再对于 i 把这些方程加起来，我们就得出

$$\frac{\mathrm{d}}{\mathrm{d}t}\sum_{i=1}^{n}\lambda_i y_i-\sum_{i=1}^{n}\sum_{j=1}^{n}(a_{ij}\lambda_i y_j-a_{ji}\lambda_j y_i)=\sum_{i=1}^{n}\lambda_i Y_i。$$

很明显，双重和数中的两部分刚好互相抵消掉，所以，我们就得到

① G. A. Bliss, *Mathematics for Exterior Ballistics*, John Wiley & Sons, Inc., New York, (1944)。

$$\frac{\mathrm{d}}{\mathrm{d}t}\sum_{i=1}^{n}\lambda_i y_i=\sum_{i=1}^{n}\lambda_i Y_{\mathrm{i}}。\tag{13.23}$$

可以把这个方程从时刻 $t=t_1$ 到时刻 $t=t_2$ 积分，因而得出

$$\sum_{i=1}^{n}\lambda_i y_i\Big|_{t=t_2}=\sum_{i=1}^{n}\lambda_i y_i\Big|_{t=t_1}+\int_{t_1}^{t_2}\left(\sum_{i=1}^{n}\lambda_i Y_{\mathrm{i}}\right)\mathrm{d}t。\tag{13.24}$$

布利斯把这个方程称为**基本公式**。

对于我们正在讨论的长距离火箭的问题来说，y_i 就是那些扰动量，因而 $n=6$，并且

$$\left.\begin{aligned}&y_1=\delta r,\quad y_2=\delta\theta,\quad y_3=\delta\beta,\\&y_4=\delta v_r,\quad y_5=\delta v_\theta,\quad y_6=\delta\dot{\beta}。\end{aligned}\right\}\tag{13.25}$$

根据方程(13.19)，这时的伴随函数 $\lambda_i(t)$ 就满足下列方程组

$$\left.\begin{aligned}&-\frac{\mathrm{d}\lambda_1}{\mathrm{d}t}=-\frac{\bar{v}_\theta}{\bar{r}^2}\lambda_2+a_1\lambda_4+b_1\lambda_5+c_1\lambda_6,\\&-\frac{\mathrm{d}\lambda_2}{\mathrm{d}t}=0\\&-\frac{\mathrm{d}\lambda_3}{\mathrm{d}t}=a_2\lambda_4+b_2\lambda_5+c_2\lambda_6,\\&-\frac{\mathrm{d}\lambda_4}{\mathrm{d}t}=\lambda_1+a_3\lambda_4+b_3\lambda_5+c_3\lambda_6,\\&-\frac{\mathrm{d}\lambda_5}{\mathrm{d}t}=\frac{1}{\bar{r}}\lambda_2\ +a_4\lambda_4+b_4\lambda_5+c_4\lambda_6,\\&-\frac{\mathrm{d}\lambda_6}{\mathrm{d}t}=\lambda_3,\end{aligned}\right\}\tag{13.26}$$

各个输入 Y_{i} 就是

$$Y_1=Y_2=Y_3=0,\tag{13.27}$$

$$\left.\begin{aligned}&Y_4=a_5\delta\gamma+a_6\delta\rho+a_7\delta T+a_8\delta w+a_9\delta W,\\&Y_5=b_5\delta\gamma+b_6\delta\rho+b_7\delta T+b_8\delta w+b_9\delta W,\\&Y_6=c_5\delta\gamma+c_6\delta\rho+c_7\delta T+c_8\delta w+c_9\delta W+c_{10}\delta I。\end{aligned}\right\}\tag{13.28}$$

13.4　射程的改正

方程(13.26)并不能把那些 λ 函数完全确定出来。如果要完全确定 λ 函数，就必须给出在某一个一定时刻的一组 λ 值。至于应该在哪一个时刻取这一组 λ 等于什么数值，这个问题，是与特定的控制设计的要求有关的。在我们的导航问题中，我们的设计要求射程

偏差是零;所以,使我们感兴趣的数量就是火箭着陆时刻的 $\delta\theta$ 值 $\delta\theta_2$。附带声明一下,从现在起,我们用下标“$_2$”来表示各个数量在着陆时刻的值。下面我们就可以看到,射程偏差是零的条件就足够把所有的 λ 完全确定了。

如果 t_2 是实际的火箭的着陆时间,$\bar{t}_2$ 是正规飞行路线的着陆时间,于是

$$t_2 = \bar{t}_2 + \delta t_2, \tag{13.29}$$

同样,

$$\left.\begin{aligned} r_2 &= \bar{r}_2 + \delta r_2, \\ \theta_2 &= \bar{\theta}_2 + \delta\theta_2。\end{aligned}\right\} \tag{13.30}$$

不难证明,

$$\left.\begin{aligned} \delta r_2 &= (\bar{v}_r)_{t=\bar{t}_2}\delta t_2 + (\delta r)_{t=\bar{t}_2}, \\ \delta\theta_2 &= \frac{1}{r_0}(\bar{v}_\theta)_{t=\bar{t}_2}\delta t_2 + (\delta\theta)_{t=\bar{t}_2}。\end{aligned}\right\} \tag{13.31}$$

然而,因为不论什么路线的着陆点都在地球表面上,所以 δr_2 一定是零,或者说 $r_2 = \bar{r}_2 = r_0$。从方程组(13.31)中消去 δt_2 就得

$$\delta\theta_2 = \left[-\frac{1}{\bar{r}}\left(\frac{\bar{v}_\theta}{\bar{v}_r}\right)\delta r + \delta\theta\right]_{t=\bar{t}_2}。 \tag{13.32}$$

因此,如果让各个 λ_i 函数在着陆时刻 $t=\bar{t}_2$ 时的值是

$$\left.\begin{aligned} &\lambda_1 = -\frac{1}{\bar{r}}\left(\frac{\bar{v}_\theta}{\bar{v}_r}\right), \ \lambda_2 = 1, \\ &\lambda_3 = \lambda_4 = \lambda_5 = \lambda_6 = 0, \end{aligned}\right\} \tag{13.33}$$

于是射程偏差就是

$$\begin{aligned} \delta\theta_2 = \sum_{i=1}^{n}\lambda_i y_i \Big|_{t=\bar{t}_2} &= [\lambda_1\delta r + \lambda_2\delta\theta + \lambda_3\delta\beta + \\ &\lambda_4\delta v_r + \lambda_5\delta v_\theta + \lambda_6\delta\bar{\beta}]_{t=\bar{t}_2}。\end{aligned} \tag{13.34}$$

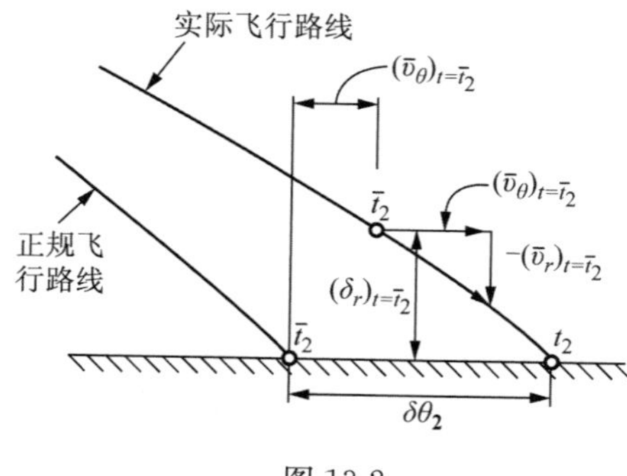

图 13.2

如果已经把正规飞行路线确定出来了,那么,方程组(13.26)的各个系数就都是已知的时间函数。把这个方程组与终点条件(13.33)合并起来考虑,就可以把六个伴随函数完全确定。事实上,我们可以用一个快速计算机从 $t=\bar{t}_2$ 开始,“倒退地”(也就是对于 $t<\bar{t}_2$ 在 t 逐渐减小的方向上)把方程(13.26)进行数值积分。把伴随函数这样确定出来以后,我们就可以利用方程(13.24)的基

本公式来修正射程偏差的方程(13.34)：用 $\bar{t}_1$ 表示正规飞行路线的发动机的关车时间，于是射程偏差应该是零的条件就可以表示为

$$\delta\theta_2 = 0 = (\lambda_1\delta r + \lambda_2\delta\theta + \lambda_3\delta\beta + \lambda_4\delta v_r + \lambda_5\delta v_\theta + \lambda_6\delta\dot{\beta})_{t=\bar{t}_1} + \int_{t=\bar{t}_1}^{t=\bar{t}_2}(\lambda_4 Y_4 + \lambda_5 Y_5 + \lambda_6 Y_6)\mathrm{d}t。 \tag{13.35}$$

这就是导航问题的基本方程。在以下各节里，我们就要根据这个方程来讨论导航问题。

13.5　关车条件

方程(13.35)为任意的扰动量所设的条件，可以分成两部分，为了满足这个条件，我们可以让方程中的和数和积分分别等于零。因此，在正规飞行路线的关车时刻 $\bar{t}_1$，应当满足的条件就是

$$(\lambda_1\delta r + \lambda_2\delta\theta + \lambda_3\delta\beta + \lambda_4\delta v_r + \lambda_5\delta v_\theta + \lambda_6\delta\dot{\beta})_{t=\bar{t}_1} = 0。 \tag{13.36}$$

既然正规关车时刻 $\bar{t}_1$ 只是一个标准的时刻，所以，它不一定等于实际的关车时刻 t_1，也就是说

$$t_1 = \bar{t}_1 + \delta t_1。 \tag{13.37}$$

因此，为了更实用的目的，我们就应该把方程(13.36)变为一个用实际关车时刻的各个量所表示的条件，然而，这是不难做到的，因为我们在条件方程(13.35)中只考虑到一阶量，不难证明

$$(\delta r)_{t=\bar{t}_1} = (r)_{t=t_1} - \left(\overline{\frac{\mathrm{d}r}{\mathrm{d}t}}\right)_{t=\bar{t}_1}\delta t_1 - (\bar{r})_{t=\bar{t}_1}$$

也就是，

$$(\delta r)_{t=\bar{t}_1} = (r)_{t=t_1} - (\bar{r})_{t=\bar{t}_1} - (\bar{v}_r)_{t=\bar{t}_1}\delta t_1。$$

类似地，

$$(\delta\theta)_{t=\bar{t}_1} = (\theta)_{t=t_1} - (\bar{\theta})_{t=\bar{t}_1} - \left(\frac{1}{\bar{r}}\bar{v}_\theta\right)_{t=\bar{t}_1}\delta t_1,$$

$$(\delta\beta)_{t=\bar{t}_1} = (\beta)_{t=t_1} - (\bar{\beta})_{t=\bar{t}_1} - (\bar{\dot{\beta}})_{t=\bar{t}_1}\delta t_1,$$

$$(\delta v_r)_{t=\bar{t}_1} = (v_r)_{t=t_1} - (\bar{v}_r)_{t=\bar{t}_1} - (\bar{F})_{t=\bar{t}_1}\delta t_1,$$

$$(\delta v_\theta)_{t=\bar{t}_1} = (v_\theta)_{t=t_1} - (\bar{v}_\theta)_{t=\bar{t}_1} - (\bar{G})_{t=\bar{t}_1}\delta t_1,$$

$$(\delta\dot{\beta})_{t=\bar{t}_1} = (\dot{\beta})_{t=t_1} - (\dot{\beta})_{t=\bar{t}_1} - (\bar{H})_{t=\bar{t}_1}\delta t_1,$$

其中,$\overline{F}$, $\overline{G}$ 和 $\overline{H}$ 就是方程组(13.14)所定义的 F,G 和 H 在正规飞行路线上计算出来的值。事实上,$\overline{F}$, $\overline{G}$ 和 $\overline{H}$ 应该在正规关车时刻 $\bar{t}_1$ 的前一瞬间计算,这样计算的结果就包含了火箭加速度力的因素,因而速度的变化率也就是开动发动机的飞行的速度变化率。现在,按照下列公式定义 J 和 $\overline{J}$:

$$\left.\begin{aligned} J &= (\lambda_1^* r + \lambda_2^* \theta + \lambda_3^* \beta + \lambda_4^* v_r + \lambda_5^* v_\theta + \lambda_6^* \dot{\beta})_{t=t_1}, \\ \overline{J} &= (\lambda_1^* \bar{r} + \lambda_2^* \bar{\theta} + \lambda_3^* \bar{\beta} + \lambda_4^* \bar{v}_r + \lambda_5^* \bar{v}_\theta + \lambda_6^* \overline{\dot{\beta}})_{t=\bar{t}_1}, \end{aligned}\right\} \tag{13.38}$$

这里的 λ_i^* 就是 λ_i 在正规关车时刻 $\bar{t}_1$ 的值,$\lambda_i^* = \lambda_i(\bar{t}_1)$。根据方程(13.36)在实际的关车时刻 t_1 应该满足的条件就是

$$J = \overline{J} + \left(\lambda_1^* \bar{v}_r + \lambda_2^* \frac{\bar{v}_\theta}{\bar{r}} + \lambda_3^* \overline{\dot{\beta}} + \lambda_4^* \overline{F} + \lambda_5^* \overline{G} + \lambda_6^* \overline{H}\right)_{t=\bar{t}_1} (t_1 - \bar{t}_1)。 \tag{13.39}$$

这就是确定合适的发动机关车时刻的方程。

当正规飞行路线已知时,$\overline{J}$ 和方程(13.39)括弧中的数量也就是已知的。如果把 t_1 换成 t,方程(13.39)的右端就可以看作是一个时间 t 的线性增函数,同时,在关车以前的每一个时刻,我们都可以用已经事先确定好的 λ_i^* 值以及跟踪站(也就是另外一个随时测量火箭的位置和运动状态的装置)测量得到的火箭实际位置和实际速度的数据把 J 立刻用计算机计算出来。再用计算机把方程(13.39)两端的两个量不断地进行比较,当这两个量相等时,方程(13.39)的条件就被满足了。这时导航装置就发出关车信号,火箭发动机也就停止工作。

13.6 导航条件

火箭发动机的关车时间总是可能比正规关车时刻 $\bar{t}_1$ 早一些或者迟一些,如果关车后不把剩余的燃料丢掉,那么这些剩余燃料的数量就会与标准值不同,于是火箭的重量 W 和转动惯量 I 就要发生改变。另外,火箭的有用负载(例如,炸药)也可能与标准火箭的负载不同。于是,在发动机关车以后,就有了一个固定的 δW 和 δI,这两个偏差都不随时间变化,而且只要一关车我们就可以知道这两个数值。然而,实际大气情况与标准大气情况之间的偏差 $\delta\rho$, δT 和 δw 的情形就完全不同了,这些量都是不能事先知道的,只有随时随地加以测量才能得到这些量的数据,在以下讨论中,我们假定火箭本身就能测量这些偏差量,这样,我们就可以进行以下讨论。

满足了关车条件以后,要求射程偏差等于零的条件就是方程(13.35)里的积分必须等于零。因为被积函数的 Y_i 里包含不能预先知道的任意扰动量 $\delta\rho$, δT 和 δw,所以,为了满足积分等于零的条件,我们就规定被积函数本身等于零。按照方程组(13.28),这个条件就是

$$(\lambda_4 a_5 + \lambda_5 b_5 + \lambda_6 c_5)\delta\gamma + (\lambda_4 a_6 + \lambda_5 b_6 + \lambda_6 c_6)\delta\rho +$$
$$(\lambda_4 a_7 + \lambda_5 b_7 + \lambda_6 c_7)\delta T + (\lambda_4 a_8 + \lambda_5 b_8 + \lambda_6 c_8)\delta\omega +$$
$$(\lambda_4 a_9 + \lambda_5 b_9 + \lambda_6 c_9)\delta W + \lambda_6 c_{10}\delta I = 0,$$

如果采用下列符号

$$\left.\begin{aligned} d_5 &= \lambda_4 a_5 + \lambda_5 b_5 + \lambda_6 c_5, \\ d_6 &= \lambda_4 a_6 + \lambda_5 b_6 + \lambda_6 c_6, \\ d_7 &= \lambda_4 a_7 + \lambda_5 b_7 + \lambda_6 c_7, \\ d_8 &= \lambda_4 a_8 + \lambda_5 b_8 + \lambda_6 c_8, \\ D &= -(\lambda_4 a_9 + \lambda_5 b_9 + \lambda_6 c_9)\delta W - \lambda_6 c_{10}\delta I, \end{aligned}\right\} \tag{13.40}$$

这个条件就可以写成

$$d_5\delta\gamma + d_6\delta\rho + d_7\delta T + d_8\delta w = D。 \tag{13.41}$$

方程(13.19)可以改写成

$$\left.\begin{aligned} a_5\delta\gamma + a_6\delta\rho + a_7\delta T + a_8\delta w &= A, \\ b_5\delta\gamma + b_6\delta\rho + b_7\delta T + b_8\delta w &= B, \\ c_5\delta\gamma + c_6\delta\rho + c_7\delta T + c_8\delta w &= C, \end{aligned}\right\} \tag{13.42}$$

其中，

$$\left.\begin{aligned} A &= \frac{\mathrm{d}\delta v_r}{\mathrm{d}t} - a_1\delta r - a_2\delta\beta - a_3\delta v_r - a_4\delta v_\theta - a_9\delta W, \\ B &= \frac{\mathrm{d}\delta v_\theta}{\mathrm{d}t} - b_1\delta r - b_2\delta\beta - b_3\delta v_r - b_4\delta v_\theta - b_9\delta W, \\ C &= \frac{\mathrm{d}\delta\dot{\beta}}{\mathrm{d}t} - c_1\delta r - c_2\delta\beta - c_3\delta v_r - c_4\delta v_\theta - c_9\delta W - c_{10}\delta I。 \end{aligned}\right\} \tag{13.43}$$

如果火箭的跟踪站随时测量 A，B，C 这三个量，而且，火箭携带的仪器又能把 $\delta\rho$、δT 和 δw 这三个量中的某一个随时加以测量，利用这些测量的结果，根据方程组(13.42)中的两个方程就可以把其余两个大气情况偏差量用 $\delta\gamma$ 和已知的时间函数表示出来[譬如说，火箭上的仪器随时把温度偏差 δT 测量出来，再从跟踪站所测得的三个量 A，B，C 中选用 A 和 B 两个量，最后，利用方程组(13.42)的前两个方程就可以把 $\delta\rho$ 和 δw 是已知的时间函数和 $\delta\gamma$ 表示出来]。这个做法的实质也就是借助火箭本身来确定 $\delta\rho$，δT 和 δw。这样定出 $\delta\rho$，δT 和 δw 以后，把这些量代入方程(13.41)就得出 $\delta\gamma$ 的方程，

$$\delta\gamma = \frac{1}{d_5}(D - d_6\delta\rho - d_7\delta T - d_8\delta w)。 \tag{13.44}$$

利用这个方程就可以根据当时的 a，b，c，以及 A，B，C，D 求出 $\delta\gamma$ 在每一时刻的值。已经讲过，这些 a，b，c 和 A，B，C，D 中有一部分是可以预先根据正规飞行路线计算出来的，另一部分是跟踪站根据对于火箭的位置和速度的测量而得出的。在很高的高度上空气的密度很小，所以，那些空气动力比起重力和惯性力来就小得多，几乎是可以忽略掉的。这时，方程(13.43)的 A，B 和 C 都是一些很大的数量之间的小差数(譬如，δr 就是 $\bar{r}$ 和 r 这两个大数量的差数)，所以，很难把这三个量精确地测量出来。如果在实际飞行中使升降舵就按照方程(13.44)的规律运动，并且按照上一节的办法在适当的时刻关车，那么，尽管实际飞行情况与标准情况之间有各种偏差，火箭还是在规定的地点着陆，这样就达到了预定的目的：射程偏差等于零。

13.7 导航系统

当我们根据全盘的技术考虑把飞行路线的一般特性选定以后，第一步工作就是根据标准大气的性质以及标准重量火箭的预期性能把正规飞行路线计算出来。关于正规飞行路线的知识使我们能够把那些 a，b，c 也都确定下来。根据方程(13.26)以及方程(13.33)的终点条件就可以算出所有的伴随函数 λ_i。以上这些资料在火箭的实际飞行以前就必须准备好，这些资料可以称为储存数据。

在发动机关车以前，可以让升降舵角度就按照与正规飞行路线相同的程序进行运动。同时依靠尾喷管或辅助火箭发动机来维持火箭的稳定性。跟踪站从火箭起飞的时刻就开始工作，它随时把火箭的位置和速度资料送到火箭上去，这些资料就被送到关车计算机里去，关车计算机利用这些资料以及已有的储存数据，把关车条件方程(13.39)两端的两个量不断地进行比较，当关车条件方程(13.39)被满足的时候，计算机就发出信号使发动机关车。

在关车时刻以后，跟踪站送来的资料就改送到导航系统的计算机(导航计算机)中去，而不再送到关车计算机中去了。在关车时刻的同时也把剩余的燃料量确定下来，从而定出重量 W 和转动惯量 I 与标准值之间的偏差 δW 和 δI。根据这些资料以及由正规飞行路线计算出来的储存数据，导航计算机就按照方程(13.40)，方程(13.43)和方程(13.44)算出升降舵角应有的改正量 $\delta\gamma$。从理论上讲，计算机收到资料时就必须立刻把 $\delta\gamma$ 算出来，不应该有时间的迟延，因为方程(13.44)是两个量在同一时刻的值相等的条件。计算出来的 $\delta\gamma$ 与从正规飞行路线计算出来的已知的 $\bar{\gamma}$ 合并起来就给出实际的升降舵角应取的值 $\gamma=\bar{\gamma}+\delta\gamma$。根据这个信号 γ 来转动升降舵的控制机构就可以用普通的反馈伺服系统的方法加以设计，使这个机构在反应速度，稳定性和准确性上都能满足要求。这样一个导航系统的大致情形可以用图 13.3 来表示。

这里所用的计算机都是安装在火箭上的，它们从沿着飞行路线的一些固定的地面跟踪站接收到关于位置和速度的资料，正像图 13.3 所表示的那样，这就是整个控制系统的反馈部分。这里，一些适当设计出来的计算机能够使系统具有规定的性能，它们的作用与

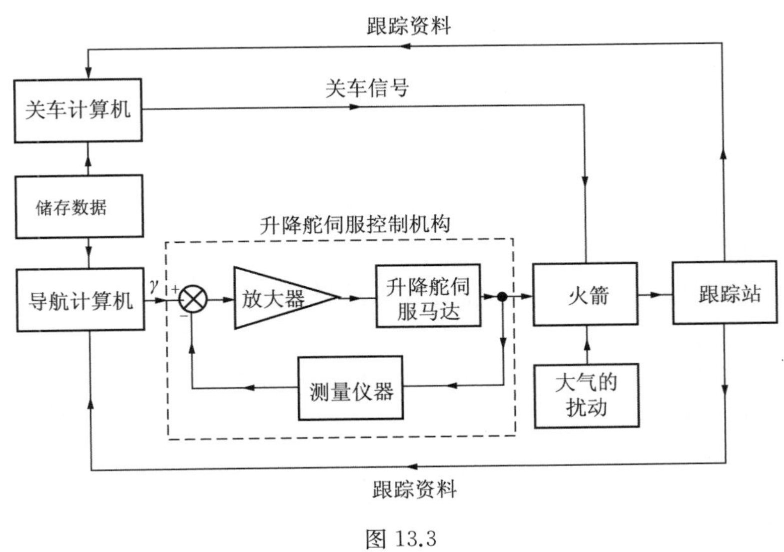

图 13.3

普通的伺服系统里的放大器或补偿线路的作用是一样的。所以，从总的基本概念上来看，导航系统与以前各章研究过的普通伺服系统是非常类似的。可是，导航系统是一种很复杂的系统。在它的设计工作中需要用到弹道摄动理论，因而也牵涉到伴随函数的概念。这个长距离火箭的导航问题的例子，虽然简化得有些过分，可是，还可以用来说明怎样用弹道摄动理论来设计控制系统的问题。在这个例子里，只有使射程偏差等于零这样一个设计要求。在某些更复杂的系统里，往往会提出若干个设计要求，因而也就需要若干组件随函数。虽然如此，但是设计那些系统的原则还是和所讲的简单例子相同。

13.8　控制计算机

虽然我们并不准备在这本书里讨论控制系统中某些元件的详细构造和有关的技术问题，但是，在比较现代化的控制系统中，计算机的作用非常重要(在第十章关于最优开关的讨论中，我们第一次提到计算机的问题)，所以，把它们的特性和它们的要求在这里一般地讨论一下或许是恰当的。至于详细的情形，读者可以去参阅关于这个专门问题的书①。

常用的计算机有两类：一类是模拟计算机，另一类是数字计算机。模拟计算机，正像它的名称的含义一样，是设计者所企图解决问题的一个物理模拟。所以，模拟计算机也就是以下性质的一个系统：描写这个系统的数学形式(譬如，系统的运动方程)和需要进行计算的问题的数学形式相同。这种计算机的输入总是某种物理量的值，例如，电压、电流、一个轴的转角的角度、一个弹簧的压缩量等等。计算机按照它本身构造的物理规律把这

① 参阅 Engineering Research Associates, *High-speed Computing Devices*, McGraw-Hill Book Company, Inc., (1950)。关于直流模拟计算机，请参阅 G.A. Korn and T.M. Korn, *Electronic Analog Computers*, McGraw-Hill Book Company, Inc., New York, (1952)。参阅文献[5]第 3 卷及文献[27]。

种输入转换成作为输出的其他的物理量，计算机的构造当然是设计者为了代表(模拟)预定的数学形式(或计算程序)而特别设计的。所以，在控制系统中，模拟计算机的输入就是被控制系统的某几个物理量的测量读数，计算机的输出就是一些命令信号，这些命令信号被直接送到那些被控制量的个别伺服系统中去。

与模拟计算机相反，数字计算机是用计数(数值计算)的方式工作的。问题的数据必须用数字的形式放到计算机里去，计算机就按照算术的规则以及其他必需的形式逻辑的规则根据输入的资料进行计算，最后，把计算的结果(输出)仍然用数字的形式表示出来。如果采用这种计算方法，就会产生两个很重要的结论：第一，必须适当地设计转换器(也就是送进输入信号和送出输出信号的装置)，设法使数字计算机的“逻辑世界”与被控制系统的“物理世界”之间建立一种合适的转换关系，也就是说，转换器必须能把具体的物理量化为抽象的数字，也能把抽象的数字用具体的物理量表示出来。第二，必须把需要计算的问题明确地用数学方式(计算程序或方程等)表达出来。

在模拟计算机的情形里，问题的性质(数学性质)已经被计算机本身的构造决定了，也就是说，只能解决某些数学性质与计算机构造数学性质相同的特别问题。可是，数字计算机的构造就并不是由某一个特别的物理问题或者某一类物理问题决定的(模拟计算机就是那样的)，而是由解决某一类计算问题所需要的逻辑规则所确定的。(请注意计算的逻辑规则相同的问题并不一定是数学性质相同的问题!)

把数字计算机和模拟计算机作为控制系统的元件来加以比较，首先，我们就会看到，对于简单的控制问题的应用来说，模拟计算机几乎总是比数字计算机简便得多。即使是最简单的数字计算机也包含下列几部分：计算装置，储存数据的装置，控制装置，输入转换器和输出转换器，对于简单的控制问题来说，这样多的装置实在是太浪费太复杂了。相反地，模拟计算机就不需要这样不必要的复杂。以前已经讲过，普通的伺服系统中的补偿线路实质上也就是这样一个模拟计算机。

当计算问题更加复杂时(例如这一章所讨论的导航问题的情形)，模拟计算机就失去它的优越性，同时我们又可以看到两种计算机的第二个根本的区别。模拟计算机是问题的一个物理模拟装置，所以，计算问题越复杂，模拟计算机也就越复杂，如果它是一个机械系统，那么，系统中的齿轮组，球盘积分器的个数也就越多，而且还需要增加其他的装置；如果模拟计算机是电气的，那么，系统中的放大器的个数也就要越多。在机械情形里，齿轮和接头的间隙总是不可避免的，虽然在简单的情形里这种影响都可以忽略，可是当系统越来越庞大时，这些效应就逐渐增加，增加到一定程度以后，系统的总间隙(或者称为“游隙”)就会比重要的输出量还大，于是这个计算机就毫无用处了。在电气情形里，电路中总是有随机的电磁干扰和噪声，这些作用也同样地会随着系统的增大而增加，最后可以把有用的信号完全淹没掉。因为相对地讲，噪声的影响远不如间隙那样有害，所以，电气模拟计算机可以比机械模拟计算机复杂得多，但是，终归还是有一个限度。与此相反，数字计算机完全不受间隙效应和噪声的影响。数字计算机所能处理的问题的复杂程度也没有本质性的限制。

模拟计算机与数字计算机之间，第三个重要的区别就是可能达到的准确度。在模拟计算机里，对于各个有关物理量的测量和处理总有一定的误差，而且根据一些理想化的物理定律来表示或设计实际的物理系统也必然有误差，所以模拟计算机的准确度也就受到限制。在实际情况中，最好的模拟计算机的准确度差不多是 1/10 000，普通的模拟计算机只能准确到 1/100 或 2/100。对于某些具体问题来说，这种准确度已经够了，对于另外一些问题这种准确度就完全不够了。相反地，数字计算机所处理的是数字，因此，需要多么准确就可以做到多么准确。如果希望提高准确度，我们只要把代表每一个被处理量的有效数字的位数增加就可以了。当然，整个计算机的准确度由于转换器准确度的限制也还是有限制的，但是，这并不能改变这样的事实：在需要准确度很高的情况中，数字计算机总是比模拟计算机好得多。

两类计算机之间还有第四个不同之处。我们可以说，一个模拟计算机是在“实在的时间”中工作的，这也就是说，它连续地给出它所处理的问题的解，而且，在每一个时刻这个给出的解都对应于在同一时刻进入计算机的所有的输入值。与此相反，数字计算机的工作方式是把问题先化为数值计算的问题，然后再去解这个计算问题的一个明确的“逻辑模型”。所以，数字计算机只能在一系统离散的时刻上给出输出的数值，不但如此，因为计算过程需要花费时间，虽然这个时间很短，输出还是落后于输入的。因此，就发生了两个问题：第一，如何用内插法把各个离散时刻之间的输出确定出来？第二，如何根据已有输出值用预卜法预卜以后的输出值，从而可以避免输出的时滞。很明显，如果计算过程所用的时间比被控制系统的时间常数小得很多，就不必考虑预卜问题，同时也就可以认为计算机是在“实在的时间”中工作的。在这一点上，现代的电子数字计算机对于前面所讨论的长距离火箭的导航问题来说似乎是足够迅速了，但是，对于高速度的导弹来说，电子计算机时滞的影响还必须在控制系统的设计中加以考虑。

附录

摄动系数的计算

F，G 和 H 是由方程组(13.14)所定义的，它们包含参数 Σ，Λ，Δ 和 N。根据方程(13.2)和方程(13.13)所给的定义，这些参数可以写成下列形式：

$$\left.\begin{aligned}
\Sigma &= \frac{Sg}{W},\\
\Lambda &= \frac{g}{W}\,\frac{1}{2}\,\rho A C_L\sqrt{v_r^2+(v_\theta+w)^2},\\
\Delta &= \frac{g}{W}\,\frac{1}{2}\,\rho A C_D\sqrt{v_r^2+(v_\theta+w)^2},\\
N &= \frac{1}{I}\,\frac{1}{2}\,\rho A C_M\{v_r^2+(v_\theta+w)^2\},
\end{aligned}\right\}\tag{13.45}$$

其中的空气动力系数 C_L，C_D 和 C_M 都是冲角 α，升降舵角 γ，马赫数 Ma 和雷诺数 Re 的函数，这些空气动力学参数与飞行路线的各个量显然有以下的关系：

$$\alpha=\beta-\tan^{-1}\left(\frac{v_r}{v_\theta+w}\right),\quad Ma=\frac{V}{a(r)},\quad Re=\frac{\rho Vl}{\mu(r)},\tag{13.46}$$

其中 $a(r)$ 是空气的声速，$\mu(r)$ 是空气的黏性系数，这两个量都是高度 r 的函数。在以下的计算中，推力 S 只看作是高度的函数。我们也假定空气在各个高度上的化学成分都与标准大气的情况相同；只有密度 ρ 和温度 T 与标准值不相同。所以，在任意高度上 a 和 μ 的偏差都只是由于温度 T 的偏差而产生的。

对于 Σ 来说：

$$\frac{\partial\Sigma}{\partial r}=\frac{g}{W}\frac{\partial S}{\partial r},\quad \frac{\partial\Sigma}{\partial W}=-\frac{\Sigma}{W}。\tag{13.47}$$

所有其余的偏导数都是零。

对于 Λ 来说：

$$\left.\begin{aligned}
\frac{\partial\Lambda}{\partial r}&=\Lambda\left\{\frac{1}{\rho}\frac{\mathrm{d}\rho}{\mathrm{d}r}\left(1+\frac{Re}{C_L}\frac{\partial C_L}{\partial Re}\right)+\frac{1}{V^2}\frac{\mathrm{d}w}{\mathrm{d}r}\left[\left(\frac{Ma}{C_L}\frac{\partial C_L}{\partial Ma}+\frac{Re}{C_L}\frac{\partial C_L}{\partial Re}+1\right)\cdot\right.\right.\\
&\qquad\left.\left.(v_\theta+w)+\frac{1}{C_L}\frac{\partial C_L}{\partial\alpha}v_r\right]-\frac{M}{C_L}\frac{\partial C_L}{\partial Ma}\frac{1}{a}\frac{\mathrm{d}a}{\mathrm{d}r}-\frac{Re}{C_L}\frac{\partial C_L}{\partial Re}\frac{1}{\mu}\frac{\mathrm{d}\mu}{\mathrm{d}r}\right\},\\
\frac{\partial\Lambda}{\partial v_r}&=\Lambda\frac{v_r}{V^2}\left(\frac{Ma}{C_L}\frac{\partial C_L}{\partial Ma}+\frac{Re}{C_L}\frac{\partial C_L}{\partial Re}+1-\frac{1}{C_L}\frac{\partial C_L}{\partial\alpha}\frac{v_\theta+w}{v_r}\right),\\
\frac{\partial\Lambda}{\partial v_\theta}&=\Lambda\frac{v_\theta+w}{V^2}\left(\frac{Ma}{C_L}\frac{\partial C_L}{\partial Ma}+\frac{Re}{C_L}\frac{\partial C_L}{\partial Re}+1+\frac{1}{C_L}\frac{\partial C_L}{\partial\alpha}\frac{v_r}{v_\theta+w}\right),\\
\frac{\partial\Lambda}{\partial\beta}&=\Lambda\frac{1}{C_L}\frac{\partial C_L}{\partial\alpha},\\
\frac{\partial\Lambda}{\partial\gamma}&=\Lambda\frac{1}{C_L}\frac{\partial C_L}{\partial\gamma},\\
\frac{\partial\Lambda}{\partial\rho}&=\Lambda\frac{1}{\rho}\left(1+\frac{Re}{C_L}\frac{\partial C_L}{\partial Re}\right),\\
\frac{\partial\Lambda}{\partial T}&=-\Lambda\left(\frac{Ma}{C_L}\frac{\partial C_L}{\partial Ma}\frac{1}{2T}+\frac{Re}{C_L}\frac{\partial C_L}{\partial Re}\frac{1}{\mu}\frac{\partial\mu}{\partial T}\right),\\
\frac{\partial\Lambda}{\partial w}&=\Lambda\frac{v_\theta+w}{V^2}\left(\frac{Ma}{C_L}\frac{\partial C_L}{\partial Ma}+\frac{Re}{C_L}\frac{\partial C_L}{\partial Re}+1+\frac{1}{C_L}\frac{\partial C_L}{\partial\alpha}\frac{v_r}{v_\theta+w}\right)=\frac{\partial\Lambda}{\partial v_\theta},\\
\frac{\partial\Lambda}{\partial W}&=-\frac{\Lambda}{W}。
\end{aligned}\right\}\tag{13.48}$$

只要在方程(13.48)中用 Δ 代替 Λ，以 C_D 代替 C_L 就可以得到 Δ 的各个偏导数。这里不再写出。对于 N 来说：

$$
\left.\begin{aligned}
\frac{\partial N}{\partial r} &= N\left\{\frac{1}{\rho}\frac{\mathrm{d}\rho}{\mathrm{d}r}\left(1+\frac{Re}{C_M}\frac{\partial C_M}{\partial Re}\right)+\frac{1}{V^2}\frac{\mathrm{d}w}{\mathrm{d}r}\left[\left(\frac{Ma}{C_M}\frac{\partial C_M}{\partial Ma}+\frac{Re}{C_M}\frac{\partial C_M}{\partial Re}+2\right)\cdot\right.\right.\\
&\qquad\left.\left.(v_\theta+w)+\frac{1}{C_M}\frac{\partial C_M}{\partial \alpha}v_r\right]-\frac{M}{C_M}\frac{\partial C_M}{\partial Ma}\frac{1}{a}\frac{\mathrm{d}a}{\mathrm{d}r}-\frac{Re}{C_M}\frac{\partial C_M}{\partial Re}\frac{1}{\mu}\frac{\mathrm{d}\mu}{\mathrm{d}r}\right\},\\
\frac{\partial N}{\partial v_r} &= N\frac{v_r}{V^2}\left(\frac{Ma}{C_M}\frac{\partial C_M}{\partial Ma}+\frac{Re}{C_M}\frac{\partial C_M}{\partial Re}+2-\frac{1}{C_M}\frac{\partial C_M}{\partial \alpha}\frac{v_\theta+w}{v_r}\right),\\
\frac{\partial N}{\partial v_\theta} &= N\frac{v_\theta+w}{V^2}\left(\frac{Ma}{C_M}\frac{\partial C_M}{\partial Ma}+\frac{Re}{C_M}\frac{\partial C_M}{\partial Re}+2+\frac{1}{C_M}\frac{\partial C_M}{\partial \alpha}\frac{v_r}{v_\theta+w}\right),\\
\frac{\partial N}{\partial \beta} &= N\frac{1}{C_M}\frac{\partial C_M}{\partial \alpha},\\
\frac{\partial N}{\partial \gamma} &= N\frac{1}{C_M}\frac{\partial C_M}{\partial \gamma},\\
\frac{\partial N}{\partial \rho} &= N\frac{1}{\rho}\left(1+\frac{Re}{C_M}\frac{\partial C_M}{\partial Re}\right),\\
\frac{\partial N}{\partial T} &= -N\left(\frac{M}{C_M}\frac{\partial C_M}{\partial M}\frac{1}{2T}+\frac{Re}{C_M}\frac{\partial C_M}{\partial Re}\frac{1}{\mu}\frac{\partial \mu}{\partial T}\right),\\
\frac{\partial N}{\partial w} &= \frac{\partial N}{\partial v_\theta},\\
\frac{\partial N}{\partial I} &= -\frac{N}{I}。
\end{aligned}\right\}\tag{13.49}
$$

根据以上这些偏导数,那些系数 a,b,c 就不难算出:

$$
\left.\begin{aligned}
a_1 &= \frac{\partial F}{\partial r} = \frac{\partial \Sigma}{\partial r}\sin\beta+\frac{\mathrm{d}w}{\mathrm{d}r}\Lambda+(v_\theta+w)\frac{\partial \Lambda}{\partial r}-v_r\frac{\partial \Delta}{\partial r}+\left(\frac{v_\theta}{r}\pm\Omega\right)^2-\\
&\qquad 2\frac{v_\theta}{r}\left(\frac{v_\theta}{r}\pm\Omega\right)+2\frac{g}{r}\left(\frac{r_0}{r}\right)^2,\\
a_2 &= \frac{\partial F}{\partial \beta} = \Sigma\cos\beta+(v_\theta+u)\frac{\partial \Lambda}{\partial \beta}-v_r\frac{\partial \Delta}{\partial \beta},\\
a_3 &= \frac{\partial F}{\partial v_r} = (v_\theta+w)\frac{\partial \Lambda}{\partial v_r}-\Delta-v_r\frac{\partial \Delta}{\partial v_r},\\
a_4 &= \frac{\partial F}{\partial v_\theta} = \Lambda+(v_\theta+w)\frac{\partial \Lambda}{\partial v_\theta}-v_r\frac{\partial \Delta}{\partial v_\theta}+2\left(\frac{v_\theta}{r}\pm\Omega\right),\\
a_5 &= \frac{\partial F}{\partial \gamma} = (v_\theta+w)\frac{\partial \Lambda}{\partial \gamma}-v_r\frac{\partial \Delta}{\partial \gamma},\\
a_6 &= \frac{\partial F}{\partial \rho} = (v_\theta+w)\frac{\partial \Lambda}{\partial \rho}-v_r\frac{\partial \Delta}{\partial \rho},\\
a_7 &= \frac{\partial F}{\partial T} = (v_\theta+w)\frac{\partial \Lambda}{\partial T}-v_r\frac{\partial \Delta}{\partial T},\\
a_8 &= \frac{\partial F}{\partial w} = \Lambda+(v_\theta+w)\frac{\partial \Lambda}{\partial w}-v_r\frac{\partial \Delta}{\partial w},\\
a_9 &= \frac{\partial F}{\partial W} = \frac{\partial \Sigma}{\partial W}\sin\beta+(v_\theta+w)\frac{\partial \Lambda}{\partial W}-v_r\frac{\partial \Delta}{\partial W}。
\end{aligned}\right\}\tag{13.50}
$$

$$\left.\begin{aligned}
b_1 &= \frac{\partial G}{\partial r} = \frac{\partial \Sigma}{\partial r}\cos\beta - v_r\frac{\partial \Delta}{\partial r} - \frac{\mathrm{d}w}{\mathrm{d}r}\Delta - (v_\theta + w)\frac{\partial \Delta}{\partial r} + \frac{v_r v_\theta}{r_2},\\
b_2 &= \frac{\partial G}{\partial \beta} = -\Sigma\sin\beta - v_r\frac{\partial \Lambda}{\partial \beta} - (v_\theta + w)\frac{\partial \Delta}{\partial \beta},\\
b_3 &= \frac{\partial G}{\partial v_r} = -\Lambda - v_r\frac{\partial \Lambda}{\partial v_r} - (v_\theta + w)\frac{\partial \Delta}{\partial v_r} - 2\left(\frac{1}{2}\frac{v_\theta}{r} \pm \Omega\right),\\
b_4 &= \frac{\partial G}{\partial v_\theta} = -v_r\frac{\partial \Lambda}{\partial v_\theta} - \Delta - (v_\theta + w)\frac{\partial \Delta}{\partial v_\theta} - \frac{v_r}{r},\\
b_5 &= \frac{\partial G}{\partial \gamma} = -v_r\frac{\partial \Lambda}{\partial \gamma} - (v_\theta + w)\frac{\partial \Delta}{\partial \gamma},\\
b_6 &= \frac{\partial G}{\partial \rho} = -v_r\frac{\partial \Lambda}{\partial \rho} - (v_\theta + w)\frac{\partial \Delta}{\partial \rho},\\
b_7 &= \frac{\partial G}{\partial T} = -v_r\frac{\partial \Lambda}{\partial T} - (v_\theta + w)\frac{\partial \Delta}{\partial T},\\
b_8 &= \frac{\partial G}{\partial w} = -v_r\frac{\partial \Lambda}{\partial w} - \Delta - (v_\theta + w)\frac{\partial \Delta}{\partial w},\\
b_9 &= \frac{\partial G}{\partial W} = \frac{\partial \Sigma}{\partial W}\cos\beta - v_r\frac{\partial \Lambda}{\partial W} - (v_\theta + w)\frac{\partial \Delta}{\partial W}。
\end{aligned}\right\} \tag{13.51}$$

$$\left.\begin{aligned}
c_1 &= \frac{\partial H}{\partial r} = -\frac{1}{r^2}\left[\Sigma\cos\beta - v_r\Lambda - (v_\theta + w)\Delta - 2v_r\left(\frac{v_\theta}{r} \pm \Omega\right)\right] + \\
&\quad \frac{1}{r}\left[\frac{\partial \Sigma}{\partial r}\cos\beta - v_r\frac{\partial \Lambda}{\partial r} - (v_\theta + w)\frac{\partial \Delta}{\partial r} + \frac{\mathrm{d}w}{\mathrm{d}r}\Delta + 2\frac{v_r v_\theta}{r^2}\right] + \frac{\partial N}{\partial r},\\
c_2 &= \frac{\partial H}{\partial \beta} = \frac{1}{r}\left[-\Sigma\sin\beta - v_r\frac{\partial \Lambda}{\partial \beta} - (v_\theta + w)\frac{\partial \Delta}{\partial \beta}\right] + \frac{\partial N}{\partial \beta},\\
c_3 &= \frac{\partial H}{\partial v_r} = \frac{1}{r}\left[-\Lambda - v_r\frac{\partial \Lambda}{\partial v_r} - (v_\theta + w)\frac{\partial \Delta}{\partial v_r} - 2\left(\frac{v_\theta}{r} \pm \Omega\right)\right] + \frac{\partial N}{\partial v_r},\\
c_4 &= \frac{\partial H}{\partial v_\theta} = \frac{1}{r}\left[-v_r\frac{\partial \Lambda}{\partial v_\theta} - \Delta - (v_\theta + w)\frac{\partial \Delta}{\partial v_\theta} - 2\frac{v_r}{r}\right] + \frac{\partial N}{\partial v_\theta},\\
c_5 &= \frac{\partial H}{\partial \gamma} = \frac{1}{r}\left[-v_r\frac{\partial \Lambda}{\partial \gamma} - (v_\theta + w)\frac{\partial \Delta}{\partial \gamma}\right] + \frac{\partial N}{\partial \gamma},\\
c_6 &= \frac{\partial H}{\partial \rho} = \frac{1}{r}\left[-v_r\frac{\partial \Lambda}{\partial \rho} - (v_\theta + w)\frac{\partial \Delta}{\partial \rho}\right] + \frac{\partial N}{\partial \rho},\\
c_7 &= \frac{\partial H}{\partial T} = \frac{1}{r}\left[-v_r\frac{\partial \Lambda}{\partial T} - (v_\theta + w)\frac{\partial \Delta}{\partial T}\right] + \frac{\partial N}{\partial T},\\
c_8 &= \frac{\partial H}{\partial w} = \frac{1}{r}\left[-v_r\frac{\partial \Lambda}{\partial w} - \Delta - (v_\theta + w)\frac{\partial \Delta}{\partial w}\right] + \frac{\partial N}{\partial w},\\
c_9 &= \frac{\partial H}{\partial W} = \frac{1}{r}\left[\frac{\partial \Sigma}{\partial W}\cos\beta - v_r\frac{\partial \Lambda}{\partial W} - (v_\theta + w)\frac{\partial \Delta}{\partial W}\right] + \frac{\partial N}{\partial W},\\
c_{10} &= \frac{\partial H}{\partial I} = \frac{\partial N}{\partial I}。
\end{aligned}\right\} \tag{13.52}$$

发动机关车以后，推力 S 就消失了。因此，在 $t>t_1$ 时，Σ 和 Σ 的各个偏导数都等于零。

第十四章 满足指定积分条件的控制设计

在前面几章里，我们主要从分析的观点去讨论控制系统的设计问题。那就是，首先假定了系统的结构，然后找出系统具有什么性能。

在上面一章里，我们第一次引入了一种不同的、更为直接的观点：我们首先指定某些性能，然后寻求能够给出所要求性能的控制系统。本章内，我们将把这一原理用到任意的系统，这种控制系统中，希望被满足的性能准则是用被控制量的积分表示的。结果得到一个非常普遍的微分方程来表示系统的性能，一般说来，这是一个非线性的微分方程。按这种原理设计成功的控制系统通常就是一个非线性系统。这里非线性的性质，是有目的地用来使系统能给出最优的性能。

我们把满足指定积分条件的控制设计的数学原理叙述如下：在控制系统里，我们引入一个或者若干个外加参数。这些外加参数是人为地加进去的，而不是由控制系统内在的物理规律所确定的。由于系统必须满足所有那些指定的积分条件，我们就可以得到决定外加参数的条件，然后通过安装在系统里的计算机使这些条件实现，这种控制设计原理首先由勃克森包姆和胡德(R. Hood)①提出。在下面的讨论中，引用了这两位作者的一部分工作。

14.1 控制的准则

假设 y 代表系统的输出。我们有理由认为，控制系统的总的工作性能的量度可以表示成 y 的某种函数 f 对于时间的积分。于是性能准则就是这些积分取极小值(min)，或者这些积分等于常数值(const)，也就是，

$$\int_0^{t_1} f(y)\mathrm{d}t = \text{const 或 min} \tag{14.1}$$

或者，特别地，

① A. S. Boksenbom and R. Hood, *NACA TR*, 1068(1952)。

$$\int_0^{t_1}(y-y_s)^2\mathrm{d}t=\text{const 或 }\min^{[13,17,56-58]},\tag{14.2}$$

其中,t_1 代表过渡过程终止的时刻;y_s 表示指定量,或者希望输出量 y 能到达的量。方程(14.2)表示,在误差产生的这段时间间隔内,测量出误差的平方的总和,也即估计对于 y_s 的平均平方误差。另外一种类型的准则可以要求过渡过程经历的时间最短,或者等于一个常数;那就是,

$$\int_0^{t_1}\mathrm{d}t=\text{const 或 }\min。\tag{14.3}$$

假设仅仅采用单独某一个准则,比如方程(14.1),结果会得到 $f(y)=\text{const}$,因为要是没有另外的准则加到系统里其他变量上的话,这个结论是合理的,一般说来 $f(y)$可以等于常数值。通常,系统里另外那些变量受一定条件的限制,这些条件必须包括在最初的准则里。例如,可以写出像下面一类合适的准则:

$$\text{当}\quad\left.\begin{aligned}&\int_0^{t_1}(y-y_s)^2\mathrm{d}t=\min\\&\int_0^{t_1}f(z)\mathrm{d}t=\text{const}。\end{aligned}\right\}\tag{14.4}$$

例如,y 代表发动机的速率,z 代表燃气轮发动机的特性温度,准则方程组(14.4)限定要求设计出来一种系统,这种系统对于某个特殊的温度积分值来说,速率误差的平方对时间的积分取极小值。假设已经知道了在一定时间内所能容许的超温条件,并且希望在过渡过程里保持平均速率误差最小,例如这种情形就可以采用上述的准则。其中那个包含 z 的积分表示加到燃气轮发动机叶片上的总热量。

通过普遍的理论将会证明,可以根据需要而拟定出不论多少像方程(14.1)至方程(14.4)那种类型的准则,并从而推导出一个能够自动地同时满足所有这些准则的控制系统。

控制准则的另外一方面是关于方程(14.1)到方程(14.4)中积分的上限问题。必须选取这些积分等于极小值或者常数值的时间间隔。一个合理的时间间隔是这样一段时间:在这段时间内,那些主要外干扰等于常数值,并且控制系统由一个主要运行状态过渡到另外一个主要运行状态。主要外干扰是指那种干扰,当系统遭到这种干扰时,不可能即时加以修正。如果在准则成立的时间间隔内有主要外干扰出现,那么根本不可能设计成功一种确实能够实现的系统,它能够预料到这个干扰,以便在干扰发生以前具有适当的性质。所谓一个主要运行状态仅仅是指那些连续变量的某一个特殊状态。关于喷气发动机的情形,可以用一个一阶的微分方程来描写过渡过程的性能。机器的速率决定了运行状态。假使必须考虑燃料系统的影响,或者假设温度的变化不是立刻反映到速率的变化,那么就要同时用机器的速率和加速率来描写机器的主要状态。我们立刻就会看到这一切。

无论用哪种设计方法得到的控制系统，都必须确实能够实现。这个问题有两方面，第一，可能给出的是任何系统都不能达到的准则，或者给出互相矛盾的准则。如果采用了上述准则，那么这种不现实性可能有两种情况，第一种情况是这种准则也许能作为将来对控制系统的要求，但是现有的技术是做不到的，第二种情况是这种准则使得某些微分方程的边界条件得不到满足。在许多情况下，只要对所采用的准则和控制系统了解得很清楚，就能防止这类矛盾。

关于控制系统确实能够实现的第二方面问题是纯粹的数学问题。我们希望把满足控制准则，并且满足由这个方程引出来的所有边界条件的控制系统或被控制系统给以描写（用一个微分方程来描写）。虽然问题的数学解答可能是这个微分方程的某种微分或者积分，可是这个问题的物理解答要求自己满足边界条件，而且不出现未确定的积分常数。像这种形式

$$\dot{y} = c\dot{x}$$

和

$$y = cx,$$

用来描写控制系统的某些部分时，就不一定能把这两个式子看作是等价的。因为这两种形式有一个未定积分常数的差别。对于稳定的线性系统，这个积分常数影响非常小，但是像这里出现的非线性系统，我们就必须考虑这个常数的影响。

14.2　稳定性问题

稳定性的要求是一种特殊的准则，在过渡过程里，主要控制系统的设计中，并不考虑这一特殊准则。这种情况像上一章一样，因为系统满足了那些指定条件，整个系统已经具有合适的性能，用不着考虑稳定性。但一般说来，必须在系统里加上一个稳定装置，这个装置直到过渡过程结束的时候才发生作用，因此这个稳定装置将不会影响到系统满足其他准则。对于一个一阶系统，这个装置可以描写如下，当

则
$$\left.\begin{aligned} y &= y_s, \\ \dot{y} &= 0。\end{aligned}\right\} \tag{14.5}$$

对于二阶系统，当

则
$$\left.\begin{aligned} &y = y_s, \\ &\dot{y} = 0 \quad 及\ \ddot{y} = 0。\end{aligned}\right\} \tag{14.6}$$

当这样的一个装置加到控制系统以后。控制系统有两种运行方式，这也就是一个多

方式的控制系统(参看 10.9 节)。在过渡过程中,主要控制系统按照指定的性能运行。过渡过程终止时,再换到第二个系统进行控制,这时候系统具有方程(14.5)或者方程(14.6)所描写的性质,保证系统最后处于稳定状态,避免系统离开希望到达的运转点。

14.3 一阶系统的一般理论

根据前面方程(14.1)到方程(14.4)给出的那一类准则,我们可以按下面的方式把控制方程加以公式化:假设准则是这样一些准则,要求积分中的一个在其他积分都等于常数的条件下取极小值。按照变分法原理,上述准则是下面公式成立的充分条件,

$$\int_0^{t_1} f(y)\mathrm{d}t+\lambda_1\int_0^{t_1}(y-y_s)^2\mathrm{d}t+\lambda_2\int_0^{t_1} f_0(z)\mathrm{d}t+\lambda_3\int_0^{t_1}\mathrm{d}t=\min$$

或

$$\int_0^{t_1}[f(y)+\lambda_1(y-y_s)^2+\lambda_2 f_0(z)+\lambda_3]\mathrm{d}t=\min。\tag{14.7}$$

这些 λ 是作为可调整的参数而加到系统里的任意常数,参数 λ 的具体数值要依据上面那些等于常数值的积分所取的值确定。在某些约束条件下求极值的一类问题,广泛地采用了这种"λ 乘子"法。实际上,并不一定非要积分形式的条件不可,变量之间是泛函数关系或者微分关系的情形也可以用同样的方法处理①。当包含所有可能的约束条件时,方程(14.7)可以变为非常普遍的方程。在最后的方程里,如果不采用某个准则,那么相应的 $\lambda\to0$。假设某个准则等于零,那么相应的 $\lambda\to\infty$。

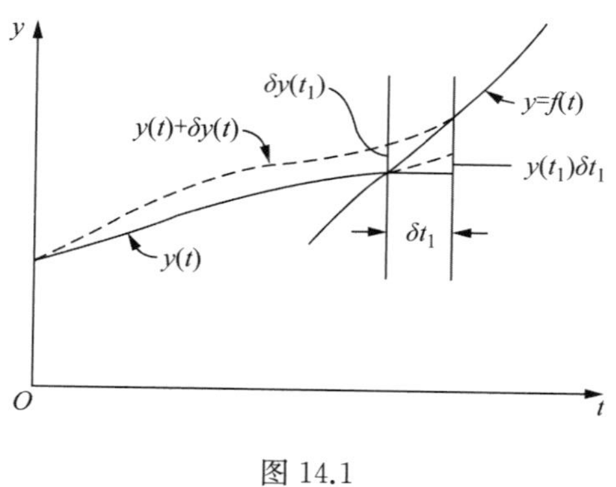

图 14.1

如果控制系统是一个常系数一阶系统,那么只有一个基本的输出量 y,变量 y 和 z 间有一定的关系,用 $z=z(y,\dot{y})$ 表示。通常方程(14.7)可以写成

$$\int_0^{t_1}F(y,\dot{y})\mathrm{d}t=\min,\tag{14.8}$$

其中,F 是 y 和 $\dot{y}$ 的连续函数,而 y 是时间 t 的连续函数。我们注意,函数 F 不明显地包含时间变数 t。

如果我们认为 $y(t)$ 是一个解,那就是说,$y(t)$ 是所有可能得到的输出里的某个输出,它满足方程(14.8)表示的条件。我们考虑 $y(t)$ 附近的一些解 $y(t)+\varepsilon\delta y(t)$。其中

① 例如 C. Lanczos, *The Variational Principles of Mechanics*, University of Toronto Press, Toronto,(1946),或参阅文献[59]。

$\delta y(t)$ 是一个任意的函数，ε 是一个数值很小的参数。如果 $y(t)$ 满足方程(14.8)表示的条件，那么

$$\left[\frac{\mathrm{d}}{\mathrm{d}\varepsilon}\int_0^{t_1+\varepsilon\delta t_1} F(y+\varepsilon\delta y, \dot{y}+\varepsilon\delta\dot{y})\mathrm{d}t\right]_{\varepsilon=0}=0$$

或

$$\int_0^{t_1}\frac{\partial F}{\partial y}\delta y\mathrm{d}t+\int_0^{t_1}\frac{\partial F}{\partial \dot{y}}\delta\dot{y}\mathrm{d}t+F(t_1)\delta t_1=0。\tag{14.9}$$

变分 δt_1 出现的原因在于：方程(14.8)里那个积分的上限并非固定，而是在图(14.1)表示的曲线 $y=f(t)$ 上变动[①]。这就是前面讨论过的从一个主要变量运行状态过渡到另外一个状态的边界条件。用部分积分法，方程(14.9)变成

$$\int_0^{t_1}\left[\frac{\partial F}{\partial y}-\frac{\mathrm{d}}{\mathrm{d}t}\left(\frac{\partial F}{\partial \dot{y}}\right)\right]\delta y\mathrm{d}t+\left(\frac{\partial F}{\partial \dot{y}}\right)_{t_1}\delta y(t_1)-\left(\frac{\partial F}{\partial \dot{y}}\right)_0\delta y(0)+F(t_1)\delta t_1=0。$$

由于末端满足的条件，很容易计算出 $\delta y(t_1)$ 和 δt_1 之间的关系，那就是

$$\dot{y}\delta t_1+\delta y(t_1)=f'(t_1)\delta t_1。$$

然后把 $\delta y(t_1)$ 消掉，因为 δt 是任意的，我们得到

$$\int_0^{t_1}\left[\frac{\partial F}{\partial y}-\frac{\mathrm{d}}{\mathrm{d}t}\left(\frac{\partial F}{\partial \dot{y}}\right)\right]\delta y\mathrm{d}t=0\tag{14.10}$$

以及

$$\delta t_1\left\{F(t_1)+\left(\frac{\partial F}{\partial \dot{y}}\right)_{t_1}[f'(t_1)-\dot{y}(t_1)]\right\}-\left(\frac{\partial F}{\partial \dot{y}}\right)_0\delta y(0)=0。\tag{14.11}$$

方程(14.8)中，那一段时间间隔，被考虑为系统从一个主要运行状态过渡到另一个状态的时间；在这种情况下，系统变数 y 从一个固定值变化到另一个固定值。那么曲线 $y=f(t)$ 必须是一条直线，这条直线的方程是 $f(t)=\text{const}$，因此

$$\left.\begin{aligned}&\delta y(0)=0,\\&f'(t_1)=0。\end{aligned}\right\}\tag{14.12}$$

于是方程(14.10)和方程(14.11)变成

$$\frac{\partial F}{\partial y}=\frac{\mathrm{d}}{\mathrm{d}t}\left(\frac{\partial F}{\partial \dot{y}}\right)\tag{14.13}$$

以及

① 这就是通常称为端点不固定的变分问题。

$$\text{如果}\left(\frac{\partial F}{\partial \dot{y}}\right)_0\text{是有限数,则 } F(t_1)=\dot{y}(t_1)\left(\frac{\partial F}{\partial \dot{y}}\right)_{t_1}。\tag{14.14}$$

因为 $\delta y(0)=0$,当 $t=0$ 时,并不一定要求方程(14.13)成立,唯一的条件是 $t=0$ 时 $(\partial F/\partial \dot{y})_0$ 是有限数,而且 y 连续变化。一个新的过渡过程开始时,$\dot{y}$, F, $(\partial F/\partial y)$, 和 $(\partial F/\partial \dot{y})$ 可以不连续。因为方程(14.13)的缘故,在其他点 $(0<t\leqslant t_1)$, $\partial F/\partial \dot{y}$ 将是连续的。

方程(14.13)表示满足方程(14.8)那个条件的变量 $y(t)$ 的微分方程。通常把方程(14.13)叫作变分问题的欧拉-拉格朗日(Euler-Lagrange)方程。这里所考虑的问题中,函数 F 不明显地包含时间变数 t。于是我们可以立刻得到方程(14.13)的一个第一积分。方程(14.13)的第一积分中,满足边界条件方程(14.14)的第一积分具有下述形式:

$$F(y,\ \dot{y})=\dot{y}\,\frac{\partial F}{\partial \dot{y}}。\tag{14.15}$$

把这个方程对时间 t 微分,我们得到

$$\frac{\partial F}{\partial y}\dot{y}+\ddot{y}\,\frac{\partial F}{\partial \dot{y}}=\ddot{y}\,\frac{\partial F}{\partial \dot{y}}+\dot{y}\,\frac{\mathrm{d}}{\mathrm{d}t}\left(\frac{\partial F}{\partial \dot{y}}\right),$$

既然在那些 y, $\partial F/\partial \dot{y}$ 等连续的地方,下面公式成立,

$$\dot{y}\left[\frac{\partial F}{\partial y}-\frac{\mathrm{d}}{\mathrm{d}t}\left(\frac{\partial F}{\partial \dot{y}}\right)\right]=0。$$

那么,或者 $\dot{y}=0$,或者满足方程(14.13)。但是通常在过渡过程中 $\dot{y}$ 不会等于零(也即无论在任何时间间隔内不恒等于零),于是由方程(14.13)和方程(14.14)所描述的 $y(t)$ 的两个必须满足的条件,可以用单独一个方程(14.15)代替。

这样一来,方程(14.15)描述了实际上可以实现的系统,系统具有下述性质:当外干扰等于常量,系统从一个主要运行状态过渡到另一状态这段时间间隔内,系统将会同时自动地满足那些包含在 F 里的准则。在过渡过程终了时,y 达到终了状态,这时必须把一个稳定装置加到系统里;方程(14.5)就描写了这样一个理想装置。

14.4 一般理论对喷气发动机的控制的应用

关于喷气发动机控制设计的一般情形,发动机的速率 N 决定发动机的主要运行状态,它是被控制的量。结果,其他适当的特征(例如推力)也就决定了。发动机的限制条件是关于超速,超温,压缩机的浪涌,燃烧室的熄灭等。令 N_s 表示指定的速率,T 表示加到轮机里的温度,P 表示压缩机出口处的压力,于是可以用下述积分表示发动机的性能准则:

$$\left.\begin{array}{lr}\int_0^{t_1} f_1(N-N_s)\mathrm{d}t, & \text{控制速率}\\ \int_0^{t_1} f_2(N)\mathrm{d}t, & \text{超速}\\ \int_0^{t_1} f_3(T)\mathrm{d}t, & \text{温度容许的上限和下限}\\ \int_0^{t_1} f_4[P-g(N)]\mathrm{d}t, & \text{压缩机浪涌}\\ \int_0^{t_1} f_5[P-h(N)]\mathrm{d}t, & \text{熄灭}\end{array}\right\} \tag{14.16}$$

以及

$$\int_0^{t_1} \mathrm{d}t, \qquad \text{升起的时间}$$

这些被积函数的性质如图 14.2 所示，量 $P-g(N)$ 是压缩机出口处的压力超出安全压力而发生浪涌的总量，$g(N)$ 表示对于浪涌以下的安全值，是每一个发动机速率所对应的压缩机出口处压力。燃烧室熄灭的情况可以用同样方式处理。升起的时间是系统从一个主

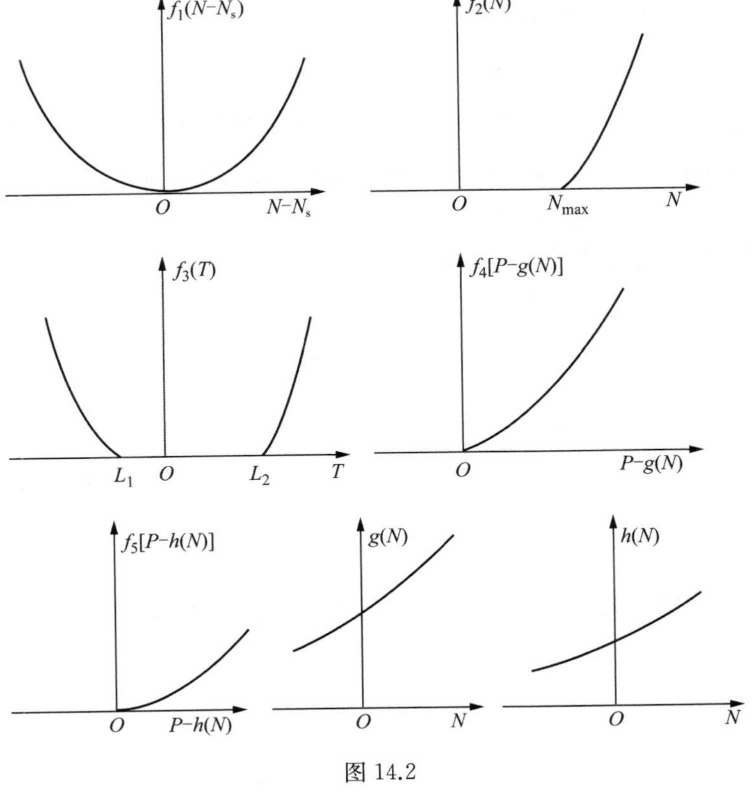

图 14.2

要运行状态过渡到另一状态总共需要的时间。

这里和第 5.6 节谈到过的喷气发动机的情形相似,线性化以后发动机的特性可以表示如下:

$$\left.\begin{aligned} T &= aN + a\tau\dot{N}, \\ P &= bN + c\dot{T}, \end{aligned}\right\} \tag{14.17}$$

其中,τ 是发动机的时间常数。将这些关系式代到方程(14.16)的积分里,我们看到它们全都有下面的形式:

$$\int_0^{t_1} f(N,\dot{N})\,\mathrm{d}t,$$

其中,f 是 N 和 $\dot{N}$ 的连续函数,N 是时间 t 的连续函数。

14.5 温度有一定限制条件的速率控制

当控制速率的时候,如果只把误差考虑成最重要的因素,准则就变成

$$\int_0^{t_1} f(N-N_s)\,\mathrm{d}t = \min,$$

于是,方程(14.15)的控制条件简单地给出

$$f_1(N-N_s)=0。$$

由于 f_1 的性质,$N=N_s$。这个结果表示,在发动机的性能没有受到其他限制条件的情况下,这种速率控制将保持速率误差恒等于零。然而只有允许温度无限升高,才可能实际达到上述要求。这个结果和前面的方程(14.15)前后不一致,在那个方程里,N 并不是一个时间的不连续函数。这个例子是一般问题的一种显然情形。但是这个结果指出,必须附带有另外的准则才能给出实际上有意义的系统。

现在假设控制速率的问题中,把误差和温度容许的上限和下限合在一起考虑,于是

$$\int_0^{t_1} [f_1(N-N_s)+\lambda f_3(T)]\,\mathrm{d}t = \min, \tag{14.18}$$

所以 $F=f_1(N-N_s)+\lambda f_3(T)$。由于利用方程(14.17),方程(14.15)变成

$$f_1(N-N_s)+\lambda f_3(T)=\lambda a\tau\dot{N}f_3'(T)。 \tag{14.19}$$

这是过渡过程的控制方程。当过渡过程终止时,理想的稳定装置发生作用,所以当时,就有

$$\left.\begin{aligned} N &= N_s \\ \dot{N} &= 0 \end{aligned}\right\} \tag{14.20}$$

方程(14.19)和方程(14.20)描写出整个控制系统的性质。所以我们可以设想，有一架计算机安装在系统里，它由测量机构获得有关 N 和 T 的资料，贮藏有 λ，a，和 τ 的资料，以及燃料速率和 N，T 之间的联系，然后根据方程(14.19)，产生适当的燃料喷射率的信号。当 N 即将到达 N_s 时，稳定机构参与作用，所以过渡过程终止时方程(14.20)自然满足。一般说来，控制方程(14.19)是非线性方程，计算机不可能是线性元件，不像简单的电阻电容线路那样。

作为一个例子，考虑下述情况，当 $T > L_2$ 时，$f_3(T)=(T-L_2)^n$，当 $T < L_1$ 时，$f_3(T)=(L_1-T)^n$。通常，次数 n 必须大于1，因为如果 $n<1$，T 可以是无限大，这样即使积分

$$\int_0^{t_1} f_3(T)\mathrm{d}t$$

是有限的，将使 N 不连续，这不符合实际情况。在讨论中，令 $n=2$，并且令 $f_1(N-N_s)=(N-N_s)^2$。所以我们又以对于给定值所发生的平均平方误差作为误差的量度，于是方程(14.19)变成

$$\frac{(N-N_s)^2}{\lambda}+(L-aN)^2=a^2\tau^2\dot{N}^2, \tag{14.21}$$

在这个式子里，加速率的情形，或者当 $N < N_s$，

$$\dot{N} > 0, \quad 以及 \quad L=L_2; \tag{14.22}$$

减速率的情形，或者当 $N > N_s$，

$$\dot{N} < 0, \quad 以及 \quad L=L_1。 \tag{14.23}$$

控制系统的方块图用图 14.3 表示如下：

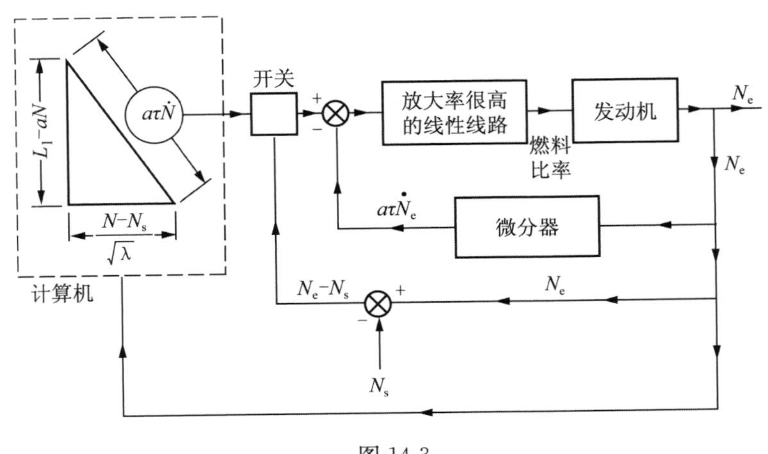

图 14.3

N_e 是真正的发动机速率，假定我们考虑减速率的情况，$N > N_s$。在过渡过程中，$N_e - N_s$ 是正的，计算机和发动机伺服系统之间的开关是闭合，从计算机发出的信号起着作用。计算机根据方程(14.21)产生信号 $a\tau\dot{N}$。在图 14.3 中用一个直角三角形边长的关系描写信号之间的联系。发动机伺服控制系统要设计得使发动机尽可能服从计算机所发出的信号 $a\tau\dot{N}$。这只要利用图中所表示的放大率很高的线路就可以达到目的。当速率误差的值变得非常小时，计算机就停止发出信号，于是系统的稳定装置将保证系统保持指定速率 N_s，而处于稳定状态，于是系统满足方程(14.20)的条件。

控制系统里有一个可调整的参数 λ。对于任意一个给定的 λ 和得到的超温积分来说，这个系统将会使速率误差平方的积分取极小值。λ 的值是确定超温积分的值。我们考虑 $aN_s = L$ 这一特殊情况，那就是，与温度的限制相适应的加速率或减速率是服从方程(14.17)的。有趣的是，在这个特殊例子里，根据方程(14.21)的控制条件，当 $N = N_s$ 时，$\dot{N} = 0$，所以并不需要一个额外的稳定装置，图 14.3 中控制系统里的开关也就可去掉。在这一特殊情况下，方程(14.21)变成线性的，可以写成

$$E(L - aN) = a\tau\dot{N}, \tag{14.24}$$

其中，

$$E = \left(1 + \frac{1}{a^2\lambda}\right)^{\frac{1}{2}}。 \tag{14.25}$$

现在那些积分可以很容易的计算出来，例如，温度积分是

$$\begin{aligned}
\int_0^{t_1} (T - L)^2 \mathrm{d}t &= \int_0^{t_1} (aN - L + a\tau\dot{N})^2 \mathrm{d}t \\
&= (E-1)^2 \int_0^{t_1} (L - aN)^2 \mathrm{d}t \\
&= a^2 (E-1)^2 \int_0^{t_1} (N_s - N)^2 \mathrm{d}t \\
&= a^2 (E-1)^2 \int_{N_0}^{N_s} (N_s - N)^2 \frac{\mathrm{d}N}{\dot{N}} \\
&= a^3 \tau (E-1)^2 \int_{N_0}^{N_s} \frac{(N_s - N)^2 \mathrm{d}N}{Ea(N_s - N)} \\
&= a^2 \tau \frac{(E-1)^2}{E} \frac{1}{2} (N_s - N_0)^2 \\
&= \frac{\tau}{2} \frac{(E-1)^2}{E} (L - aN_0)^2。
\end{aligned}$$

于是得到

$$\frac{1}{\tau}\int_0^{t_1}\frac{(T-L)^2}{(L-aN_0)^2}\mathrm{d}t=\frac{(E-1)^2}{2E},\tag{14.26}$$

其中 N_0 是过渡过程开始时的发动机速率。同样，速率积分是

$$\frac{a^2}{\tau}\int_0^{t_1}\left(\frac{N-N_s}{L-aN_0}\right)^2\mathrm{d}t=\frac{1}{2E},\tag{14.27}$$

假设 $T_{\max}$是最高温度，于是

$$\frac{T_{\max}-L}{L-aN_0}=E-1。\tag{14.28}$$

从方程(14.24)，我们有

$$Ea(N_s-N)=a\tau\frac{\mathrm{d}N}{\mathrm{d}t}。$$

在过渡过程中，控制系统的特性时间用 τ^* 表示，

$$\tau^*=\frac{\tau}{E}。\tag{14.29}$$

这些方程的左端已经化成无量纲的形式了。最高温度 $T_{\max}$是过渡过程开始时的温度。

当 $E=1(\lambda=\infty)$ 时，温度不超出，这与我们前面的叙述相符：当 $\lambda\to\infty$ 时，表示超温的积分等于零。速率积分等于 0.5，并且 $\tau^*=\tau$。如果 E 增大(或者 λ 减小)，温度积分和最高温度增大，而速率积分和时间常数减小。可以取$\sqrt{2}$为 E 的一个折中值，或者 $a^2\lambda=1$。只要把 E 或者 λ 的值给定，控制计算机的程序也就确定了，于是可以进行控制系统的设计工作。

对于方程(14.21)的普遍情形，积分值计算起来非常麻烦，但是可以采用同样的步骤设计控制系统。勃克森包姆和胡德给出方程(14.24)真正的解答，那就是求出 t 的函数 N。但是我们在这里对于控制系统的设计并不着重在求得这种解。控制系统的全部资料由方程(14.24)本身给出，因为这个方程已经告诉我们应该如何构造控制计算机。如果根据那些条件做出计算机，于是就能保证得到希望的性能。N 对于时间的具体变化情况倒并不重要。因此我们的设计方法与其说是根据假设的方程的解去进行设计，倒不如说是“设计”非线性方程本身。

14.6　两个自由度的二阶系统

对于两个自由度的常系数二阶系统，方程(14.8)变成

$$\int_0^{t_1}F(y,\dot{y},\ddot{y},z,\dot{z},\ddot{z})\mathrm{d}t=\min,\tag{14.30}$$

其中,y 和 z 表示输出,而且对于时间变数 t 来说,y 和 z 是相互无关的两个函数。使方程(14.30)满足的条件是,当 $\varepsilon=0$ 时,

$$\frac{\mathrm{d}}{\mathrm{d}\varepsilon}\int_0^{t_1+\varepsilon\delta t_1} F(y+\varepsilon\delta y,\ \dot{y}+\varepsilon\delta\dot{y},\ \ddot{y}+\varepsilon\delta\ddot{y},\ z+\varepsilon\delta z,\ \dot{z}+\varepsilon\delta\dot{z},\ \ddot{z}+\varepsilon\delta\ddot{z})\mathrm{d}t=0 \tag{14.31}$$

方程(14.30)中积分的时间间隔由一个固定时刻($t=0$)开始,可是不是在某个固定时刻终止,而是终止在曲线 $y=f_1(t)$,$\dot{y}=f_2(t)$,$z=g_1(t)$,以及 $\dot{z}=g_2(t)$ 上。δy 和 δz 是任意的函数,自然是时间的互相无关的函数。

我们把方程(14.31)的微分运算写出来:

$$\int_0^{t_1}\left[\frac{\partial F}{\partial y}\delta y+\frac{\partial F}{\partial \dot{y}}\delta\dot{y}+\frac{\partial F}{\partial \ddot{y}}\partial\ddot{y}+\frac{\partial F}{\partial z}\delta z+\frac{\partial F}{\partial \dot{z}}\delta\dot{z}+\frac{\partial F}{\partial \ddot{z}}\partial\ddot{z}\right]\mathrm{d}t+F(t_1)\delta t_1=0。$$

经过部分积分以后,我们得到

$$\begin{aligned}
&\int_0^{t_1}\left[\frac{\partial F}{\partial y}-\frac{\mathrm{d}}{\mathrm{d}t}\left(\frac{\partial F}{\partial \dot{y}}\right)+\frac{\mathrm{d}^2}{\mathrm{d}t^2}\left(\frac{\partial F}{\partial \ddot{y}}\right)\right]\delta y\,\mathrm{d}t+\\
&\int_0^{t_1}\left[\frac{\partial F}{\partial z}-\frac{\mathrm{d}}{\mathrm{d}t}\left(\frac{\partial F}{\partial \dot{z}}\right)+\frac{\mathrm{d}^2}{\mathrm{d}t^2}\left(\frac{\partial F}{\partial \ddot{y}}\right)\right]\delta z\,\mathrm{d}t+\\
&\left[\frac{\partial F}{\partial \dot{y}}\delta y+\frac{\partial F}{\partial \ddot{y}}\delta\dot{y}-\frac{\mathrm{d}}{\mathrm{d}t}\left(\frac{\partial F}{\partial \ddot{y}}\right)\delta y\right]_0^{t_1}+F(t_1)\delta t_1+\\
&\left[\frac{\partial F}{\partial \dot{z}}\delta z+\frac{\partial F}{\partial \ddot{z}}\delta\dot{z}-\frac{\mathrm{d}}{\mathrm{d}t}\left(\frac{\partial F}{\partial \ddot{z}}\right)\delta z\right]_0^{t_1}=0。
\end{aligned} \tag{14.32}$$

和前面的讨论相类似,积分中被积函数以及边界条件必须分别都等于零。从给出的终止条件,我们得到

$$\left.\begin{aligned}
\delta y(t_1)&=[f_1'(t_1)-\dot{y}(t_1)]\delta t_1,\\
\delta\dot{y}(t_1)&=[f_2'(t_1)-\ddot{y}(t_1)]\delta t_1,\\
\delta z(t_1)&=[g_1'(t_1)-\dot{z}(t_1)]\delta t_1,\\
\delta\dot{z}(t_1)&=[g_2'(t_1)-\ddot{z}(t_1)]\delta t_1。
\end{aligned}\right\} \tag{14.33}$$

从方程(14.32)得到的三个条件可以写成两个联立的欧拉-拉格朗日方程

$$\left.\begin{aligned}
\frac{\partial F}{\partial y}-\frac{\mathrm{d}}{\mathrm{d}t}\left(\frac{\partial F}{\partial \dot{y}}\right)+\frac{\mathrm{d}^2}{\mathrm{d}t^2}\left(\frac{\partial F}{\partial \ddot{y}}\right)=0,\\
\frac{\partial F}{\partial z}-\frac{\mathrm{d}}{\mathrm{d}t}\left(\frac{\partial F}{\partial \dot{z}}\right)+\frac{\mathrm{d}^2}{\mathrm{d}t^2}\left(\frac{\partial F}{\partial \ddot{z}}\right)=0,
\end{aligned}\right\} \tag{14.34}$$

以及

$$\left\{\left[F-\dot{y}\frac{\partial F}{\partial \dot{y}}+\dot{y}\frac{\mathrm{d}}{\mathrm{d}t}\left(\frac{\partial F}{\partial \ddot{y}}\right)-\ddot{y}\frac{\partial F}{\partial \ddot{y}}-\dot{z}\frac{\partial F}{\partial \dot{z}}+\dot{z}\frac{\mathrm{d}}{\mathrm{d}t}\left(\frac{\partial F}{\partial \ddot{z}}\right)-\ddot{z}\frac{\partial F}{\partial \ddot{z}}\right]_{t=t_1}+\right.$$

$$f'_1(t_1)\left[\frac{\partial F}{\partial \dot{y}}-\frac{\mathrm{d}}{\mathrm{d}t}\left(\frac{\partial F}{\partial \ddot{y}}\right)\right]_{t=t_1}+f'_2(t_1)\left(\frac{\partial F}{\partial \ddot{y}}\right)_{t=t_1}+g'_1(t_1)\left[\frac{\partial F}{\partial \dot{z}}-\frac{\mathrm{d}}{\mathrm{d}t}\left(\frac{\partial F}{\partial \ddot{z}}\right)\right]_{t=t_1}+$$

$$\left.g'_2(t_1)\left(\frac{\partial F}{\partial \ddot{z}}\right)_{t=t_1}\right\}\delta t_1+\delta y(0)\left[\frac{\partial F}{\partial \dot{y}}-\frac{\mathrm{d}}{\mathrm{d}t}\left(\frac{\partial F}{\partial \ddot{y}}\right)\right]_{t=0}+\delta \dot{y}(0)\left(\frac{\partial F}{\partial \ddot{y}}\right)_{t=0}+$$

$$\delta z(0)\left[\frac{\partial F}{\partial \dot{z}}-\frac{\mathrm{d}}{\mathrm{d}t}\left(\frac{\partial F}{\partial \ddot{y}}\right)\right]_{t=0}+\delta \dot{z}(0)\left(\frac{\partial F}{\partial \ddot{z}}\right)_{t=0}=0。\tag{14.35}$$

方程(14.34)表示两个微分方程的系统，这个系统满足方程(14.30)原来给出的准则。这种问题的物理解答必须满足方程(14.34)，除此以外还要满足方程(14.35)的那些边界条件。但是，因为 F 不明显地包含变数 t，这一系列的条件可以加以修改，如果把方程(14.34)中第一个方程乘以 $\dot{y}$，第二个方程乘以 $\dot{z}$，然后加起来，就得到一个全微分，它的积分就是

$$F-\dot{y}\frac{\partial F}{\partial \dot{y}}+\dot{y}\frac{\mathrm{d}}{\mathrm{d}t}\left(\frac{\partial F}{\partial \ddot{y}}\right)-\ddot{y}\frac{\partial F}{\partial \ddot{y}}-\dot{z}\frac{\partial F}{\partial \dot{z}}+\dot{z}\frac{\mathrm{d}}{\mathrm{d}t}\left(\frac{\partial F}{\partial \ddot{z}}\right)-\ddot{z}\frac{\partial F}{\partial \ddot{z}}=C \tag{14.36}$$

因为 F 是 $\dot{y}$ 和 $\ddot{y}$ 的一个函数，$\partial F/\partial \dot{y}$ 和 $\partial F/\partial \ddot{y}$ 未必会等于零，$\partial F/\partial \ddot{y}$ 也不一定是时间的常数函数，于是 $\frac{\partial F}{\partial y}-\frac{\mathrm{d}}{\mathrm{d}t}\left(\frac{\partial F}{\partial \ddot{y}}\right)$ 不一定等于零。所以，我们有理由认为在方程(14.35)中

$$\delta y(0)=\delta \dot{y}(0)=f'_1(t_1)=f'_2(t_1)=0。$$

变量 z 也有类似的情形，于是得到一系列边界条件如下：

$$\left.\begin{aligned}&\delta y(0)=0, f'_1(t_1)=0,\\&\delta \dot{y}(0)=0, f'_2(t_1)=0,\\&\delta z(0)=0, g'_1(t_1)=0,\\&\delta \dot{z}(0)=0, g'_2(t_1)=0。\end{aligned}\right\}\tag{14.37}$$

这些边界条件也是与变量 y，$\dot{y}$，z 和 $\dot{z}$ 的起始值和终止值对应的条件，但是过渡过程的时间间隔 t_1 可以变化。由方程(14.37)的边界条件，方程(14.35)指出方程(14.36)右端的那个常数 C 必须等于零。方程(14.30)的最后解答如下：

$$F-\dot{y}\frac{\partial F}{\partial \dot{y}}+\dot{y}\frac{\mathrm{d}}{\mathrm{d}t}\left(\frac{\partial F}{\partial \ddot{y}}\right)-\ddot{y}\frac{\partial F}{\partial \ddot{y}}-\dot{z}\frac{\partial F}{\partial \dot{z}}+\dot{z}\frac{\mathrm{d}}{\mathrm{d}t}\left(\frac{\partial F}{\partial \ddot{z}}\right)-\ddot{z}\frac{\partial F}{\partial \ddot{z}}=0, \tag{14.38}$$

并且满足下面两个方程中的一个：

$$\left.\begin{aligned}\frac{\partial F}{\partial y}-\frac{\mathrm{d}}{\mathrm{d}t}\left(\frac{\partial F}{\partial \dot{y}}\right)+\frac{\mathrm{d}^2}{\mathrm{d}t^2}\left(\frac{\partial F}{\partial \ddot{y}}\right)=0,\\ \frac{\partial F}{\partial z}-\frac{\mathrm{d}}{\mathrm{d}t}\left(\frac{\partial F}{\partial \dot{z}}\right)+\frac{\mathrm{d}^2}{\mathrm{d}t^2}\left(\frac{\partial F}{\partial \ddot{z}}\right)=0。\end{aligned}\right\}\tag{14.39}$$

方程(14.38)和方程(14.39)表示一个系统的两个变量 y 和 z 的微分方程，它们是控制方程，也是设计计算机所用的方程。

边界条件(14.37)确定系统由一个主要运行状态过渡到另一状态的过渡过程的初始准则。这样，如果方程(14.37)所表示的条件必须都成立，系统由一组固定的 y，$\dot{y}$，z，$\dot{z}$ 过渡到另一组固定的 y，$\dot{y}$，z，$\dot{z}$。方程(14.38)是一个三阶微分方程，方程(14.39)是一个四阶微分方程。于是除了 y，$\dot{y}$，z 和 $\dot{z}$ 的四个初始值而外，还可以假设一组与最后的 y 相应的三个值 $\dot{y}$，z 和 $\dot{z}$，那就是，当 $y=y_s$ 时；$\dot{y}=0$，$z=z_s$，以及 $\dot{z}=0$。还必须在系统里加入一个稳定装置，使得在终止点，满足

$$\ddot{y}=0 \quad 以及 \quad \ddot{z}=0。$$

我们看到，虽然上述情况比前面讨论过的一阶系统更为复杂，但是完全可以用同样的办法处理。

14.7 以微分方程作为附加条件的控制设计

用 y 表示被控制的主要变量，z 是另一个变量，我们把它加到系统里，用来保证 y 能够具有所需要的性能(例如，y 表示发动机的速率，z 是决定进入燃烧室的燃料的炉门的坐标)，系统固有的动力学特性给出一个 y 和 z 之间的关系式，一般说来，这种关系是一个非线性微分方程，比如说，是一个二阶微分方程：

$$g(y,\ \dot{y},\ \ddot{y};z,\ \dot{z},\ \ddot{z};\ t)=0。\tag{14.40}$$

比如说，在过渡过程中 y 的性能规定成，

$$\int_0^{t_1} f(y)\mathrm{d}t=\min,\tag{14.41}$$

方程(14.2)的误差积分就可以当作这种类型的例子。这里问题在于求出同时满足方程(14.40)和方程(14.41)的控制方程。

数学上的问题就是一个以方程(14.40)作为约束条件的变分问题，这类问题仍然可以利用欧拉-拉格朗日乘子 $\lambda(t)$[①]的方法解决，那就是

---

① 例如参看 O. Bolza, *Vorlesungen über Variationsrechnung*, Teubner,(1909)第十一章，或文献[59](第五章)。

$$\int_0^{t_1} F(y, \dot{y}, \ddot{y}; z, \dot{z}, \ddot{z}; t)\mathrm{d}t = \min, \tag{14.42}$$

其中，

$$F = f(y) + \lambda(t) g(y, \dot{y}, \ddot{y}; z, \dot{z}, \ddot{z}; t)。 \tag{14.43}$$

这里和从前不同的地方在于引入了一个随时间变化的乘子 $\lambda(t)$。方程(14.42)的问题完全和方程(14.30)相同。所以前面一节推导出来的那些方程全都可以采用。但是，现在有三个未知数：y，z 和 λ，它们由方程(14.34)，方程(14.40)，以及满足方程(14.32)的 F 所确定。方程(14.40)表示物理系统的内在联系，控制系统曾自动地满足这个关系。然而方程(14.34)就需要人为地加以处理才能得到满足。这时两个方程所组成的那个方程组就成为控制计算机运转状态的根据。安装得合适的控制计算机由主要输出 y 取得资料，经过加工，然后产生一个连续的控制信号 z。当这个信号 z 加到控制系统里以后，就迫使系统按照(14.41)所规定的性质运转。

14.8　控制设计概念的比较

上一章及本章内，我们已经讨论了当控制系统的性能规定得十分确切情况时的设计方法。上一章的方法，以摄动法为基础，适用于变系数线性系统，这一章所用的方法具有更一般的性质，甚至于控制系统本身可以是非线性的。对于这种一般的系统，这些新方法是设计控制系统唯一有效的工具；这样设计出来的包含计算机的复杂的控制系统似乎是唯一合理的解决办法。但是，这一章和前一章的方法也同样适用于以前各章所处理过的比较简单的物理系统，也就是常系数线性系统。因此，对于比较简单的系统控制问题，我们就有两种不同的处理方法。现在把这两种设计概念加以比较。

在第五章，采用了一般伺服控制原理处理过发动机控制问题。在这一章中，我们又采用了满足指定的积分条件的控制设计这种比较新的方法；我们讨论了这样几乎相同的问题以后，就可以立刻明白下列事实了：用老方法设计的控制系统是线性系统，元件可以是简单的电阻电容线路；可是用新方法设计的系统是非线性的，主要的控制装置是计算机，即使最简单的计算机也比电阻电容线路复杂得多。但是这种复杂化不是没有好处的，以一般伺服控制原理为基础的控制系统，在性能上，虽然也可以完全适合，然而包含非线性计算机的控制系统能够保证给出最优的性能——在同样设计条件下没有其他的控制系统比它更好。但是只有当我们知道了所需要的性能时这种比较才有意义。例如，假设我们不知道方程(14.18)的温度积分究竟是什么，我们就不能用所有这一章讨论过的方法。另外一方面，根据老的伺服控制设计概念设计一个合适的系统并不需要把条件叙述得这样严格。

自然，必须对最好的控制行为到底包含什么内容有了清楚的了解以后，才能提出关于最好的性能的确切要求。所以,当我们想得到一个最优的控制系统时,我们当然要掌握确定严格的控制准则的资料。由这个观点来看,最后这两章满足指定控制性能的这种比较新的原则,比一般伺服控制理论当然是迈进了一步,这种新原则是更为先进的控制设计原则。比较先进的控制系统也应该比较复杂,这也是可以预先想到的。

第十五章
自动寻求最优运转点的控制系统

在以前各章中，我们所讨论的各种控制系统，在普遍性和复杂性上都是逐渐增加的。可是自始至终有一个基本假设：假设已经知道了被控制的系统所具有的性质和特征。普通线性伺服控制系统的情形，伺服机构以及其他元件的传递函数在设计前已经确定。至于变系数线性系统的情形，我们以长距离火箭的导航系统为例子，那里，在设计以前，火箭的动力学特性和空气动力学性质就已经确定了。在上一章所处理过的根据指定积分条件进行设计的一般控制系统中，系统对于被控制的输入变化的反应也假定是预先确定了的，控制系统的设计工作是以系统的这些知识为依据。反馈作用仅仅是把输出处的资料传送到计算机里，然后计算机就根据它所有的关于系统性质的知识发出“明智的”控制信号。

在这一章里，我们甚至希望把这个对于控制设计似乎是起码的要求还进一步放宽，我们将引入连续“理解”和连续测量的控制设计原理。根据这种原理，进行控制设计时就不需要有关控制系统性质的确切知识，在这里我们采用在控制过程中不断测量的办法来代替预先了解控制性质的要求，这种系统就称为自动寻求最优运转点的控制系统(以下简称自寻最优点系统)。我们下面将特别讨论关于这种控制系统的一个简单例子。

15.1　基本概念

无论我们从控制计算机中得到的信号是多么准确，一个控制系统性能的精确程度总是与设计所依据的数据的精确程度有关。假设像前面各章那样我们默认，在了解控制系统的整个设计之前，我们已经确定了控制系统的性质，那么由于以下两点理由我们不可能获得非常精确的控制性能：第一，原来假定的对象在制造过程中常常会发生微小的差异。例如，火箭模型的机翼性能是依靠在风洞中进行实验测定，然而，真正的火箭机翼的性能和模型机翼的性能就不会完全相同，所以火箭的空气动力学特性实际上和实验结果有些不同。第二，任何一个工程系统都会在时间过程中发生一些变化，这种变化可能是由于磨损和疲劳而使系统逐渐损坏，也可能是由于系统所处的周围环境有所改变的缘故。简言之，在系统实际进行运转之前，永远不可能丝毫不差地知道一个工程系统的性质。因此,如果要求系统具有高度精确的控制性能,我们就必须采用连续理解的控制原理。

希望控制设计能够非常精确,这个要求也并不是改变控制概念的唯一原因。实际上,常常会发生这种情况:系统的性质会发生某些预料不到的巨大变化,因而使得我们非采用连续理解的控制原理不可。在处理长距离火箭导航问题时,考虑空气扰动的影响时我们已经引进了这个原理;在那里,我们利用火箭的动力学状态本身作为连续测量那些影响的测量仪器。此外飞机在结冰的气候条件下飞行是一个更明显的例子。在机翼和机身表面上冰层的堆积和溶化会使飞机的外形有一些改变。而且,冰块的堆积方式就是无法预先精确测定的那种变量,所以由于冰块的影响,飞机的空气动力学特性会发生相当大的变化,而且这种变化方式无法预料到,更不幸的是,所有这些变化总是使飞机的性能降低,也就是说,每升汽油所能飞行的里程数一定减少。所以,我们的兴趣在于,设法了解发动机的功率,发动机每分钟旋转次数,以及飞机的飞行情况应该如何配合起来才会使每升汽油得到最大的里程数。因为我们应该使飞机在最优状态下飞行,尽量少消耗那不多的燃料,可是就在这种危急情况下,由于结冰的作用,我们原先关于飞机性能的了解和实际情况却又不相符合了,因此,在这种不利的情势之下,只有一个解决这种飞行控制问题的办法,这就是采用自动理解和测量的控制系统,也就是自寻最优点系统。这种系统自动地使飞机保持最优的运转条件。

一个熟练的工作人员自然而然地采用寻求最优的原理控制机器的运转。他随时注意机器输入和输出的仪表读数,然后根据他的知识和经验来断定需要向哪一个方向调节,把输入调节以后,输出读数也就改变了,根据这个新的输出读数,他又来判断是否到达或者超过最优运转条件,然后再进行输入的调节。连续调节输入是“理解”的过程,念出输出的读数是反馈过程。然而,人工控制的办法只有系统反应缓慢的情况下才能成功,但是对于复杂的系统,用人工直接来控制的办法,无论动作得怎样好,都不容易得到合乎理想的效果。自寻最优点的控制是由椎拍(C. S. Draper)、李耀滋(Y. T. Li)和拉宁(H. Laning, Jr.)①提出的,舒尔(J. R. Shull)②曾经讨论过这种原理在操纵飞机方面的应用。

15.2 自动寻求最优点控制的原理

自寻最优点控制系统的重要部分是一个非线性环节,通过这个环节来确定相应的最优运转条件。为了讨论起来简单,我们假设这个基本元件只有一个输入和一个输出。在现阶段,我们将忽略时滞的影响,假设输出仅仅由于输入的瞬时值所决定。因为系统有一

① Y. T. Li(李耀滋), *Instruments*, 25, 72-77, 190-193, 228, 324-327, 350-352(1952)。C. S. Draper and Y. T. Li, *Principles of Optimalizing Control Systems and an Application to Internal Combustion Engine*, ASME Publications (1951)。

② J. R. Shull, *Trans IRE* (Electronic Computers), December, 47-51(1952)。

个最优的运转点，作为输入的函数，这个输出函数在 x_0 的地方有一个极大值 y_0，如图15.1。通常输出和输入的关系以最优点作为参考点，于是 $x+x_0$ 是系统的输入，y^*+y_0 是输出，最优点就是 $x=y^*=0$。自动寻求最优点系统的目的在于找到这个最优点，使系统保持在这一点附近运转。在这一点附近 x 和 y^* 之间的关系可以近似地表成

$$y^*=-kx^2。\tag{15.1}$$

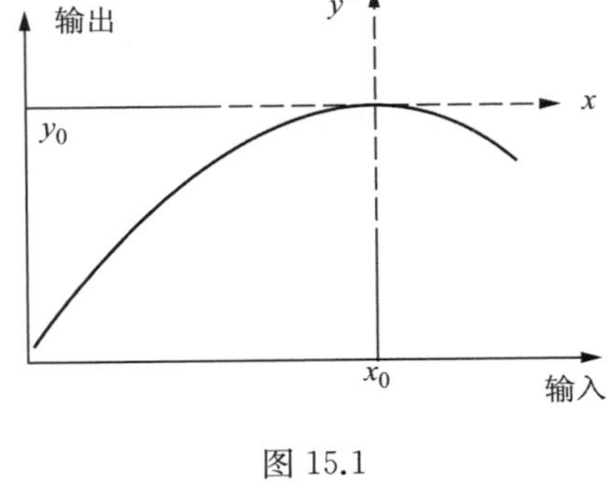

图 15.1

在概念方面，关于得到一个自寻最优点系统的方法，可以叙述如下：假设我们开始有一个负的输入，也就是比最优输入的值要小一些的输入，像图 15.2(a)所表示的那样，我们以速率等于常数的方式使输入增加，相应的输出 y^* 首先将会增加，逐渐到达最优值，然后开始减少，如图 15.2(b)所示。y^* 对于时间的微商，$\mathrm{d}y^*/\mathrm{d}t$，首先是正的，在 1 那一点降到 0 [见图 15.2(c)]，以后就变成负的。在 2 那一点，$\mathrm{d}y^*/\mathrm{d}t$ 的值达到系统中设计时确定的临界值，于是输入变化的方向就反转过来。现在的输入 x 开始减少，它下降的速率和以前增加时的常数速率相等。现在 y^* 又增加了，$\mathrm{d}y^*/\mathrm{d}t$ 跳到正的值。在 3 那一点，输出达到了极大值，于是 $\mathrm{d}y^*/\mathrm{d}t$ 又变成 0。在 4 那一点，$\mathrm{d}y^*/\mathrm{d}t$ 又到达临界值，使输入再改变它的方向。系统自己重复地进行这种过程，而且这种状态是有周期性的，这时，我们说系统围绕着最优点进行搜索；周期 T^* 叫作**搜索周期**，输出的最小值 Δ^* 叫作输出 y^* 的**搜索范**

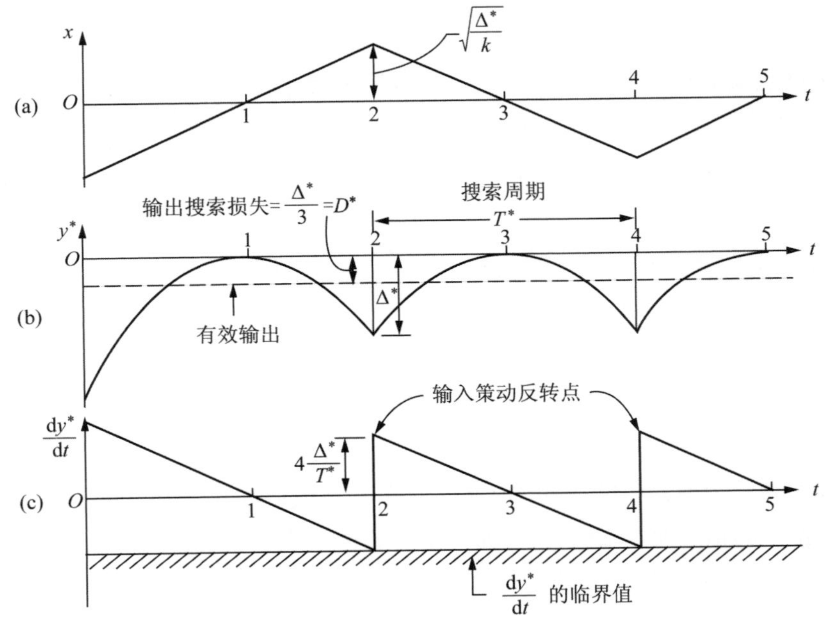

图 15.2

围。因为方程(15.1)表示输入和输出是抛物线关系,输出的平均值等于 $\frac{1}{3}\Delta^*$,比最优输出小,这个差别 D^* 是一种损失,D^* 称为搜索损失,这是为了把控制系统保持在最优点附近而付出的代价。我们知道

$$D^* = \frac{1}{3}\Delta^*。 \tag{15.2}$$

系统的其他特征数量可以用 Δ^* 和 T^* 来进行计算,利用方程(15.1),输入的极值等于 $\pm\sqrt{\Delta^*/k}$。输入的变化速率等于 $2\sqrt{\Delta^*/k}/T^*$。输出的变化速率的临界值是 $-4\Delta^*/T^*$。所以,假设我们把搜索范围 Δ^*(或者搜索损失 D^*),以及搜索周期 T^* 确定下来以后,系统就确定了。这种自寻最优点系统的主要部分是输入的试探变化、测量输出的装置、对输出求微商的装置以及 $\mathrm{d}y^*/\mathrm{d}t$ 达到预先规定的临界数值时使输入反转方向的开关装置。理解和找到最优点的这种作用是由于强制输入变化而实现。但是输入一直在变化也使得输出有微小的损失 D。我们希望搜索范围 Δ^* 比较小,但是如果 Δ^* 小,那么决定输入变化反转方向的 $\mathrm{d}y^*/\mathrm{d}t$ 的临界值也就减小。由于系统中难免有干扰或者噪声出现,于是就增加了发生意外的输入反向的危险性。假设系统运转离开了最优点,很明显,再找到最优运转点的时间和搜索周期 T^* 成正比。确切地说,T^* 越大,这个时间也就越长,在非线性系统里的这种关系是单调的,但不是线性的;当 T^* 小的时候,这种关系大致是线性的关系。这样看来,希望搜索周期短一些。但是如果 T^* 太小,那么在搜索运转中就很难把输出信号和其他随机干扰区分开来。关于这一点我们将在下一节里再加以讨论。

系统中试探输入变化可以是一个光滑的时间函数曲线,而不是图 15.2(a)那种齿形曲线。例如,我们可以使输入 x 由一个变化缓慢的量 x_a 和一个正弦函数组合而成,这个正弦函数的振幅是常数 a,频率是 ω,这样

$$x = x_a + a\sin\omega t。 \tag{15.3}$$

于是,根据方程(15.1),相应的输出 y^* 是

$$y^* = -k\left(x_a^2 + \frac{a^2}{2}\right) - 2kx_a a\sin\omega t + \frac{ka^2}{2}\cos(2\omega t)。 \tag{15.4}$$

把输出信号加到一个通频带滤波器上,可以消除变化缓慢的第一项和第三项的双调和部分。过滤后留下的信号是 $-2kx_a a\sin\omega t$,然后通过一个整流相乘器,把这个信号乘以正弦信号 $a\sin\omega t$,得到

$$-2kx_a a^2\sin^2\omega t = -kx_a a^2[1-\cos(2\omega t)], \tag{15.5}$$

然后再滤掉双调和项，于是最后我们得到信号 $-ka^2x_a$。这个信号可以用来改变输入的分量 x_a，使得下列方程满足

$$\alpha \frac{\mathrm{d}x_a}{\mathrm{d}t} = -ka^2 x_a。\tag{15.6}$$

于是 x_a 趋于 0，它衰减的时间常数等于 $2T^*$：

$$2T^* = \frac{\alpha}{ka^2},\tag{15.7}$$

因为输入和输出之间是抛物线关系，输出衰减的时间常数等于 T^*。所以这样一种控制系统也会找到最优点而渐进地接近最优点。这种具有连续试探信号的自寻最优点系统，它的运转情况表示在图 15.3 上，图 15.3(c)表示过滤后的输出信号，图 15.3(d)表示整流相乘器的影响。

当系统运转接近最优点时，因为输入有一个正弦振动，输出是 $-ka^2\sin^2\omega t$，所以仍然有输出损失 $D^* = ka^2/2$。为了损失较小，试探输入的振幅必须相当小，但是由于要考虑系统中干扰和噪声的影响，又有一定的限制，振幅不可能太小。这里输出的搜索范围 Δ^* 等于 ka^2，我们得到关系式

$$D^* = \frac{1}{2}\Delta^*。\tag{15.8}$$

方程(15.7)指出与输入策动信号有关的设计参数 α 根据下面关系式由 D^* 和时间常数 T^* 决定

$$\alpha = 4D^* T^* = 2\Delta^* T^*。\tag{15.9}$$

由方程(15.3)试探输入，得到的信号[方程(15.5)]的整流部分 $-ka^2x_a$，真实地表示输入信号对最优输入的偏差的一个量度。根据方程(15.6)来连续策动输入信号的办法，只是很多种可能采用办法中的一种。显然，也可以用这个信号给出一个按照齿形变化的输入，并且加上一个正弦振动，当信号 $|-ka^2x_a|$ 达到临界值，就反转输入的方向。这个自寻最优点系统的搜索运转过程包含两个不同的频率：一个是低频分量 x_a，另外一个是由正弦输入振荡产生的高频分量。

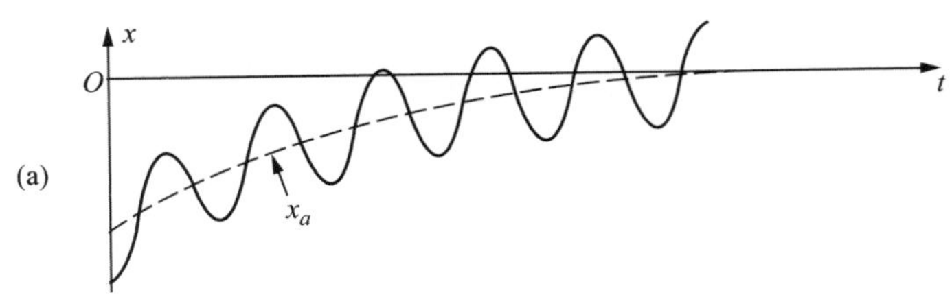

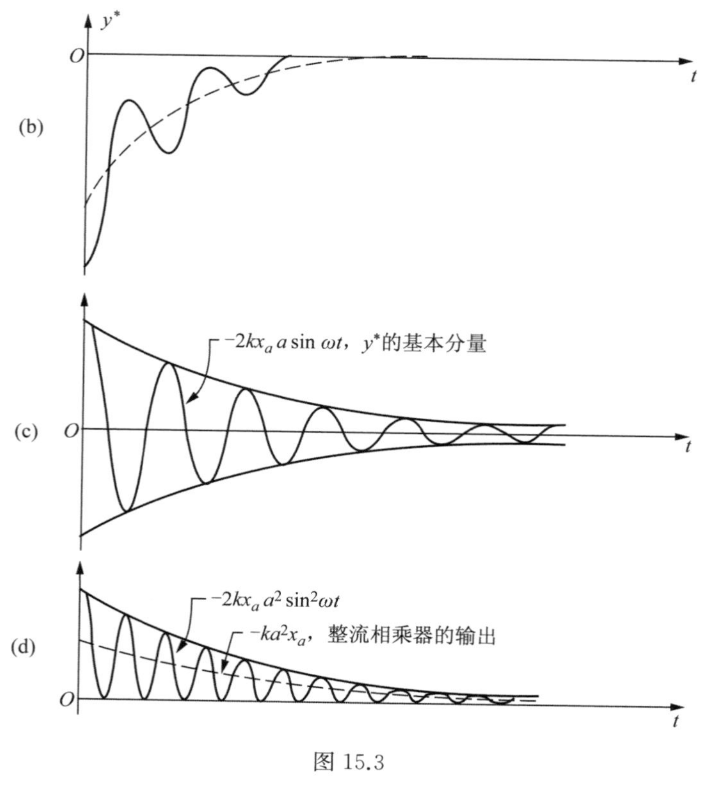

图 15.3

15.3 干扰的影响

以前关于理想化的自寻最优点控制系统的讨论已经表明，尽量减小试探输入变化的振幅以及减小时间常数 T^* 是有重要意义的。然而，由于物理系统中普遍存在噪声和干扰，因此在实际的设计上就有一些限制。为了有效地测量由于为了探测到最优点的距离而加的输入变化而得到的输出变化，那么随时间变化的输出信号的这一部分频率分量，应该能够与由于噪声和干扰而产生的输出部分区分开来。由于干扰而产生的输出的频率分量的相对振幅可以画成一个以频率为变数的函数图线。这种干扰输出的频率谱通常像图 15.4 所示

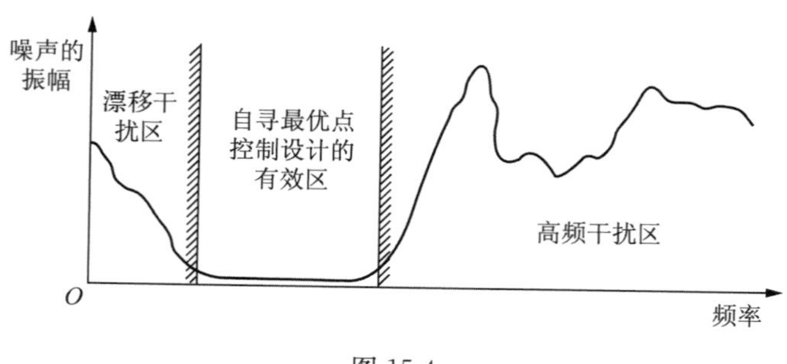

图 15.4

的那样有一个低频部分(漂移干扰)和一个高频部分。在这两部分中间,通常有一个噪声影响较小的频率区域。如果设计自寻最优点系统时,使试探输入变化的频率在这个区域内,那么试探输入的振幅可以很小,不致被干扰影响掩蔽而丧失了作用。于是,一般情况下,输入变化中试探函数必须使输入变化得足够快以避免漂移干扰的影响,同时为了防止杂乱的高频噪声,变化又不能过分快。

关于噪声影响的这些考虑,指出前面讨论过那两类自寻最优点系统的困难所在。第一类系统具有齿形输入,它们采用输出对时间的微商作为控制信号。假设输出中有随机干扰,由于采用输出对时间的微商,于是高频分量的相对振幅将会有所增加,那么就减小了自寻最优点系统的有效频率区域。这是一个严重的缺点。第二类自寻最优点系统,采用光滑的正弦试探函数,要求噪声影响小的频带相当宽,因为除了输入中 x_a 的变化而外,还有一个频率相当高的正弦变化。所以,如果控制系统只有噪声影响小的频带相当狭窄,以上讨论过的这两类自寻最优点系统都是不适用的。在下一节,我们将讨论另一种比较好的系统,那种系统叫做自动保持最高点的控制系统。

15.4　自动保持最高点的控制系统

自动保持最高点控制系统的输入变化情形和这里研究过的第一类自寻最优点系统相同,也是速率等于常数的周期变化。这里主要的区别在于产生反转输入信号方向的方法有所改进:当输出达到它的极大值以后逐渐下降接近限制的搜索范围时就反转输入信号的方向。现在就用这个事实本身作为策动这种自动保持最高点控制系统输入信号反转方向的条件。可以用下述办法实现这个条件,用一个电压量度输出 y^*,这个电压称为输出的指示电压,这个电压经过一个只会充电而不能放电的阀门通到一个电容器上。所以,在 y^* 达到最大值以前,电容器的电压数值和表示 y^* 的电压相同。当输入增加超过最优值时,输出 y^* 逐渐下降,但是电容器的电压将仍然保持那个极大值,于是电容器的电压和输出的指示电压之间,有一个电压差 v。这个电压差所容许的最大值由搜索范围 Δ^* 决定。当 v 达到 Δ^* 时,安装在系统里的一个开关发生作用,反转输入信号的方向,在同一时刻,电容器放电,使它的电压等于输出的指示电压 y^*。关于这类自寻最优点控制系统的运转情况,可以用图 15.5 表示出来。

搜索范围 Δ^* 和搜索损失 D^* 之间的关系,也像方程(15.2)给出那样。输入的极值仍然等于 $\pm\sqrt{\Delta^*/k}$,输入的速率还是 $2\sqrt{\Delta^*/k}/T^*$。可以看出,自动保持最高点控制系统的输出只有一个基本频率,这个频率由搜索周期 T^* 决定,而不采用输出的微商。这种方法特别适用于噪声影响小的频率区域比较狭窄的系统。事实上,这方面有更好的改善办法,不直接利用电容器的电压和输出指示电压 y^* 之间的电压差 v 决定反转输入信号的方向,而采用 v 对时间的积分。于是可以制止高频干扰的影响,那么搜索范围和搜索损失可以减小,而不至于发生输入信号出人意料而反转方向的情形。

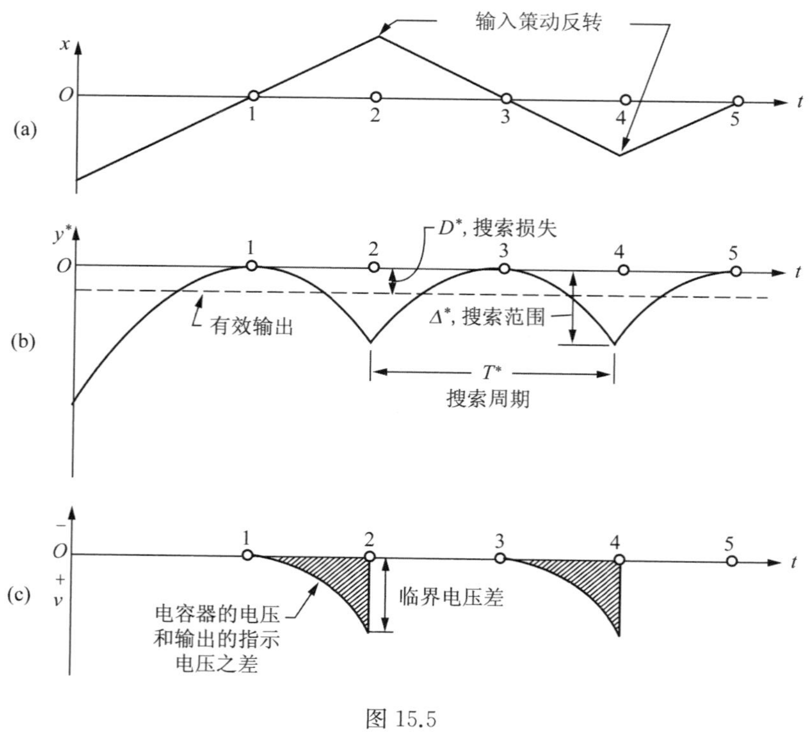

图 15.5

15.5 动力学现象的影响

前面几节的讨论中，我们已经假定输入与输出之间的关系是方程(15.1)确定的抛物线关系，并且与输入的速率或者输入对时间的高级微商无关。实际上只有在输出对输入的反应是瞬时的，根本没有时滞的情形下，这个假设才正确。但是在任何一个物理系统中，这个假设都是不可能严格地被满足，事实上，总是有惯性或者其他动力学现象的影响。于是我们把方程(15.1)给出的输出 y^* 作为虚构地“可能输出”，而不是由指示输出的仪表上真正量得的输出 y。只有当自寻最优点系统的时间常数 T^* 无限增大时，y^* 才和 y 相等。y^* 与 y 的关系决定于动力学现象的影响。但是我们已经看到，可以相当准确地用一个线性系统近似地描述这种影响。假设把自寻最优点控制原理用到一个内燃发动机上，如同椎拍和李耀滋所做过的那样，可能输出基本上是仪表上指示的发动机的平均有效压力，而真正的输出是发动机的实际平均有效压力。这里，动力学现象的影响主要是由于发动机的活塞、曲柄轴，以及其他会移动部分的惯性影响所产生的。如果发动机的运转条件变化得很小，这种影响可以通过一个常系数线性微分方程来表示。由于指定输入和输出以最优输入 x_o 以及最优输出 y_o 为参考点。这样，实际上的可能输出 y^*+y_o 与实际上由仪表指出的输出 $y+y_o$ 之间可以写成一个运算子形式的方程

$$(y+y_o)=F_o\left(\frac{\mathrm{d}}{\mathrm{d}t}\right)(y^*+y_o),$$

其中，F_o 通常是运算子 $\mathrm{d}/\mathrm{d}t$ 的两个多项式相除的有理分式。采用拉氏转换的说法，$F_o(s)$ 是传递函数。这个线性系统把可能输出转变为用来控制输入变化的指示输出。我们把这一部分线性系统叫作自寻最优点系统的输出线性部分。所以 $F_o(s)$ 是输出线性部分的传递函数，但是忽略动力学现象影响时，或者当 $s=0$，可能输出就等于指示输出。所以下面公式成立

$$F_o(0)=1。\tag{15.10}$$

因为 y_o 是一个常数，所以可能输出和指示输出之间的运算子方程可以化简成

$$y=F_o\left(\frac{\mathrm{d}}{\mathrm{d}t}\right)y^*。\tag{15.11}$$

与上述情况相类似，我们可以引入一个"可能输入"x^*，这是自寻最优点系统中实际产生的驱动函数，而不是真正地输入 x。x 和 x^* 两者之间的关系是由输入策动系统中惯性以及其他动力学影响所决定。我们把这个输入策动系统叫作自寻最优点系统的输入线性部分。可能输入 x^* 和真正输入 x 之间有下面运算子方程的关系

$$x=F_i\left(\frac{\mathrm{d}}{\mathrm{d}t}\right)x^*,\tag{15.12}$$

$F_i(s)$ 就是输入线性部分的传递函数。与方程(15.10)相类似，我们有

$$F_i(0)=1。\tag{15.13}$$

于是，整个自寻最优点系统的方块图可以画成图 15.6 那样。系统中非线性元件是最优输入策动机构以及系统本身。

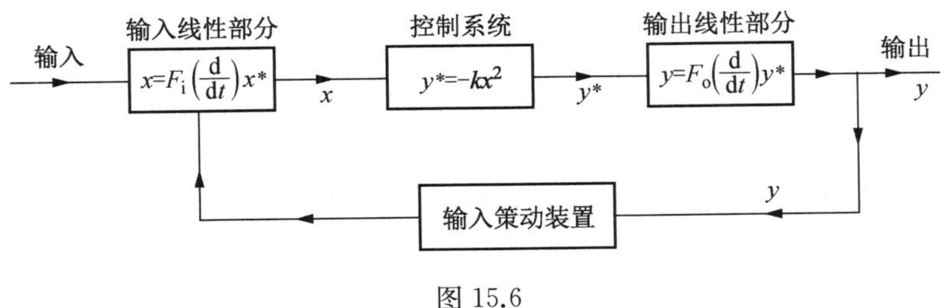

图 15.6

输入 x 和输出 y 之间的关系是由方程(15.1)，方程(15.11)，方程(15.12)以及某种特定类型的最优输入策动机构所决定。例如，假设最优输入策动机构是前面一节讨论过的自动保持最高点那一种类型，于是可能输入 x^* 是周期等于 $2T$，振幅等于 a 的齿形波，如图 15.7(a)所示。

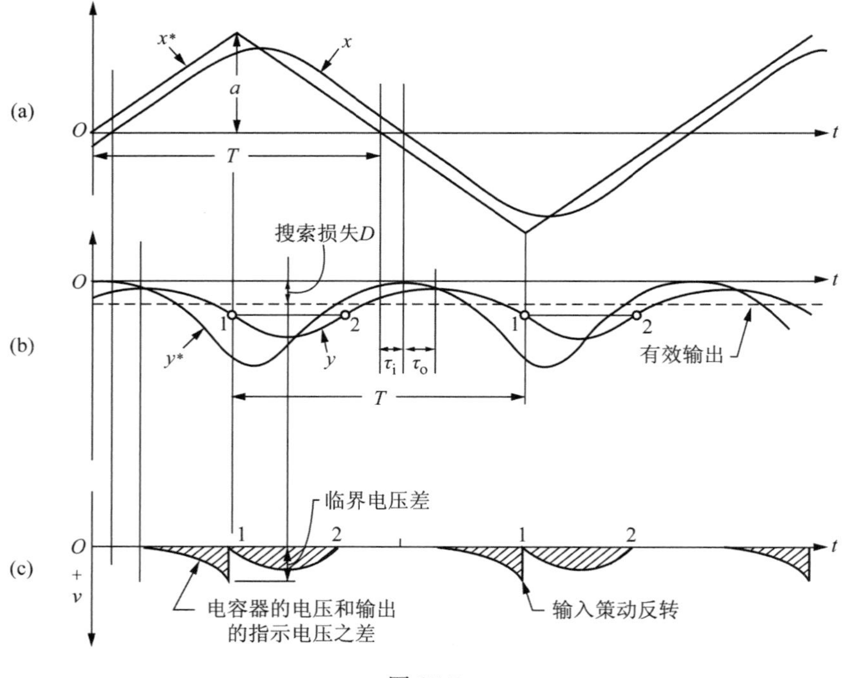

图 15.7

令

$$\omega_0 = \frac{2\pi}{T}。\tag{15.14}$$

x^* 可以展开成富氏级数如下:

$$\begin{aligned} x^* &= \frac{8a}{\pi^2}\sum_{n=0}^{\infty}(-1)^n \frac{1}{(2n+1)^2}\sin\left[2(n+1)\frac{\omega_0 t}{2}\right] \\ &= \frac{8a}{\pi^2}\sum_{n=0}^{\infty}(-1)^n \frac{1}{(2n+1)^2}\frac{1}{2i}\left[e^{\frac{2n+1}{2}i\omega_0 t} - e^{-\frac{2n+1}{2}i\omega_0 t}\right]。\end{aligned}\tag{15.15}$$

根据方程(2.16)那个关系式,由方程(15.12)所表示的真正输入 x,可以计算如下:

$$x = \frac{8a}{\pi^2}\sum_{n=0}^{\infty}\frac{(-1)^n}{2i(2n+1)^2}\left[F_i\left(\frac{2n+1}{2}i\omega_0\right)e^{\frac{2n+1}{2}i\omega_0 t} - F_i\left(-\frac{2n+1}{2}i\omega_0\right)e^{-\frac{2n+1}{2}i\omega_0 t}\right]。\tag{15.16}$$

可能输出 y^* 由方程(15.1)给出。利用方程(15.16),我们得到

$$y^{*}=\frac{16a^{2}k}{\pi^{4}}\sum_{n=0}^{\infty}\sum_{m=0}^{\infty}\frac{(-1)^{n+m}}{(2n+1)^{2}(2m+1)^{2}}\cdot$$
$$\left[F_{\mathrm{i}}\left(\frac{2n+1}{2}\mathrm{i}\omega_{0}\right)F_{\mathrm{i}}\left(\frac{2m+1}{2}\mathrm{i}\omega_{0}\right)\mathrm{e}^{(n+m+1)\mathrm{i}\omega_{0}t}-\right.$$
$$F_{\mathrm{i}}\left(\frac{2n+1}{2}\mathrm{i}\omega_{0}\right)F_{\mathrm{i}}\left(-\frac{2m+1}{2}\mathrm{i}\omega_{0}\right)\mathrm{e}^{(n-m)\mathrm{i}\omega_{0}t}-$$
$$F_{\mathrm{i}}\left(-\frac{2n+1}{2}\mathrm{i}\omega_{0}\right)F_{\mathrm{i}}\left(\frac{2m+1}{2}\mathrm{i}\omega_{0}\right)\mathrm{e}^{-(n-m)\mathrm{i}\omega_{0}t}+$$
$$\left.F_{\mathrm{i}}\left(-\frac{2n+1}{2}\mathrm{i}\omega_{0}\right)F_{\mathrm{i}}\left(-\frac{2m+1}{2}\mathrm{i}\omega_{0}\right)\mathrm{e}^{-(n+m+1)\mathrm{i}\omega_{0}t}\right]。\tag{15.17}$$

再利用方程(2.16)，并且根据方程(15.11)，最后得到指示输出 y 如下：

$$y=\frac{16a^{2}k}{\pi^{4}}\sum_{n=0}^{\infty}\sum_{m=0}^{\infty}\frac{(-1)^{n+m}}{(2n+1)^{2}(2m+1)^{2}}\cdot$$
$$\left\{F_{\mathrm{o}}[(n+m+1)\mathrm{i}\omega_{0}]F_{\mathrm{i}}\left(\frac{2n+1}{2}\mathrm{i}\omega_{0}\right)F_{\mathrm{i}}\left(\frac{2m+1}{2}\mathrm{i}\omega_{0}\right)\mathrm{e}^{(n+m+1)\mathrm{i}\omega_{0}t}-\right.$$
$$F_{\mathrm{o}}[(n-m)\mathrm{i}\omega_{0}]F_{\mathrm{i}}\left(\frac{2n+1}{2}\mathrm{i}\omega_{0}\right)F_{\mathrm{i}}\left(-\frac{2m+1}{2}\mathrm{i}\omega_{0}\right)\mathrm{e}^{(n-m)\mathrm{i}\omega_{0}t}-$$
$$F_{\mathrm{o}}[-(n-m)\mathrm{i}\omega_{0}]F_{\mathrm{i}}\left(-\frac{2n+1}{2}\mathrm{i}\omega_{0}\right)F_{\mathrm{i}}\left(\frac{2m+1}{2}\mathrm{i}\omega_{0}\right)\mathrm{e}^{-(n-m)\mathrm{i}\omega_{0}t}+$$
$$\left.F_{\mathrm{o}}[-(n+m+1)\mathrm{i}\omega_{0}]F_{\mathrm{i}}\left(-\frac{2n+1}{2}\mathrm{i}\omega_{0}\right)F_{\mathrm{i}}\left(-\frac{2m+1}{2}\mathrm{i}\omega_{0}\right)\mathrm{e}^{-(n+m+1)\mathrm{i}\omega_{0}t}\right\}。\tag{15.18}$$

方程(15.17)和方程(15.18)清楚的表示出，输出的搜索周期 T 只是输入的变化周期的1/2。由于输入和输出之间的基本抛物线关系，这自然是可以预料得到的结论。

y 对于时间的平均值给出以最优输出 y_{o} 作为参考的搜索损失 D。由方程(15.18)可知，平均值是那个方程中第二项和第三项内 $m=n$ 的量相加得到的结果。注意到方程(15.10)，就得出

$$D=\frac{32a^{2}k}{\pi^{4}}\sum_{n=0}^{\infty}\frac{1}{(2n+1)^{4}}\left|F_{\mathrm{i}}\left(\frac{2n+1}{2}\mathrm{i}\omega_{0}\right)\right|^{2}。\tag{15.19}$$

当没有动力学现象影响的时候，$F_{\mathrm{i}}\equiv1$，我们可以很容易检验这个公式是否正确，如果 $F_{\mathrm{i}}\equiv1$，级数的求和就简单了，这时得到 $D=D^{*}=a^{2}k/3=\Delta^{*}/3$，正与方程(15.2)要求的相同。方程(15.19)也表明，输出的平均值和搜索损失与输出线性群部分无关，自然，这正是我们想象得到的情形，因为输出的状态由输入 x 决定，并不受输出线性部分动力学现象的影响。输出线性部分的影响仅仅是使输出有一些微小的变化。在内燃发动机的例子

中,发动机的功率是输出,输出线性部分动力学现象的影响由那些能活动部分的惯性所决定。发动机的功率必然与那些能活动部分的惯性无关。

如果输入和输出之间只有一般形式的传递函数,那么,根据方程(15.18)计算输出 y 是件很困难的事情。但是实际设计自寻最优点系统的时候,为了避免高频干扰,通常使搜索周期 T 比较长,这时动力学影响虽然不是完全可以忽略的,但影响也不大。换句话说,我们可以假设输入线性部分以及输出线性部分的时间常数比搜索周期小,然后根据这种假设进行分析。例如,假设输入线性部分可以近似地用一个一阶系统表示,它的时间常数等于 τ_i,也就是

$$F_i(s)=\frac{1}{1+\tau_i s}, \tag{15.20}$$

由于假设 τ_i 和 T 比较起来是一个小的量,于是无量纲量 $\tau_i\omega_0$ 也相当小,在这种条件下,方程(15.15)和方程(15.16)那个级数中开始几个谐波差不多具有相同的振幅。根据方程(3.14),x^* 和 x 中所包含的相应的低频谐波之间,差别只在于相角间有一个大小等于 τ_i 的滞后。所以离策动反转点比较远的那些 x^* 以及 x 的区域,$x^*(t)$ 以及 $x(t)$ 曲线的曲率很小,它们的值主要由开始几个谐波决定,曲线 $x(t)$ 滞后于曲线 $x^*(t)$ 一个相角 τ_i,而振幅不改变。从 x^* 变到 x,齿形波的尖角变圆了,但曲线的形状大致没有改变,正如图 15.7(a)所示的那样。假设输出线性部分也可以近似地用一个特性时间等于 τ_o 的一阶系统表示,于是也可以同样地考虑 y 和 y^* 之间的关系,不难看出,y 和 y^* 的曲线形状基本上相同,只是 y 滞后于 y^* 一个相角 τ_o。这个事实正如图 15.7(b)所示的那样。

对于方程(15.20)给出来输入线性部分的传递函数,我们可以由方程(15.19)来计算搜索损失,

$$\begin{aligned}D&=\frac{32a^2k}{\pi^4}\sum_{n=0}^{\infty}\frac{1}{(2n+1)^4}\,\frac{1}{1+(2n+1)^2(\tau_i\omega_0/2)^2}\\&=\frac{32a^2k}{\pi^4}\left[\sum_{n=0}^{\infty}\frac{1}{(2n+1)^4}-\left(\frac{\tau_i\omega_0}{2}\right)^2\sum_{n=0}^{\infty}\frac{1}{(2n+1)^2}+\right.\\&\qquad\left.\left(\frac{\tau_i\omega_0}{2}\right)^4\sum_{n=0}^{\infty}\frac{1}{1+(2n+1)^2(\tau_i\omega_0/2)^2}\right]。\end{aligned}$$

但是,

$$\sum_{n=0}^{\infty}\frac{1}{(2n+1)^4}=\frac{\pi^4}{96},\quad \sum_{n=0}^{\infty}\frac{1}{(2n+1)^2}=\frac{\pi^2}{8},$$

利用大家所熟悉的双曲余切函数展开式(这种展开式在第七章第五节曾经引用过),就得

$$\sum_{n=0}^{\infty}\frac{1}{1+(2n+1)^2(\tau_i\omega_0/2)^2}=\frac{\pi}{\tau_i\omega_0}\left[\coth\frac{2\pi}{\tau_i\omega_0}-\frac{1}{2}\coth\frac{\pi}{\tau_i\omega_0}\right]。$$

从方程(15.14)，$T=2\pi/\omega_0$，最后得到

$$D=\frac{a^2k}{3}\left[1-12\left(\frac{\tau_i}{T}\right)^2+48\left(\frac{\tau_i}{T}\right)^3\left(\coth\frac{T}{\tau_i}-\frac{1}{2}\coth\frac{T}{2\tau_i}\right)\right]。\tag{15.21}$$

如果时滞 τ_i 比周期 T 小得很多,双曲余切函数几乎等于 1,于是

$$D\approx\frac{a^2k}{3}\left[1-12\left(\frac{\tau_i}{T}\right)^2+24\left(\frac{\tau_i}{T}\right)^3\right]\frac{\tau_i}{T}\ll 1。\tag{15.22}$$

因为输入的振幅 a 可以用输入的速率和周期 T 表示,借助输入的速率以及周期 T,方程(15.21)和方程(15.22)具体给出搜索损失 D,对于自动保持最高点控制系统,如果它的输入线性部分是一阶系统,时滞等于 τ_i,这些方程明显地指出,由于输入线性部分的滞后的影响,搜索损失可以减小,然而,事实并不能如此,因为给出决定策动输入反转方向的临界电压差 v 时,必须考虑噪声和干扰的影响,搜索周期 T 应该大一些,因此当有时滞 τ_i 以及 τ_o 时,搜索周期 T 就比没有时滞时要大一些,a 也随之大一些。总的结果是搜索损失增加了,而不是减少了。

15.6 稳定运转的设计

对于任何控制系统,稳定的意义是说,即使出现内部的或外来的干扰时,系统也将会达到设计中所要求的性能。我们已经看到,对于一般伺服控制系统,以及前面几章所谈到那些更具有普遍性的控制系统中,这个要求是怎样被满足的。至于自寻最优点系统的运转,主要之点是,必须使输入信号的策动和输出信号配合得恰当,使得输出保持在最优点附近,这种运转情况必须不至于因为内部的或外来的干扰影响而遭到破坏。如果系统设计得好,能达到上述要求,我们就得到运转稳定的系统。

对于自动保持最高点控制系统,我们已经叙述过,采用输出量的电压对一个电容器充电和放电来策动输入信号。如果输出下降,电容器的电压和输出指示电压有一个电压差 v,当 v 达到规定的临界值,就使输入的方向反转,在输入反转方向的时刻,电容器放电,它的电压又和输出指示电压相等。如果有动力学现象的影响,那么即使输入信号反转方向以后,由于输入线性部分以及输出线性部分的时滞作用,输出仍然继续下降,输出和电容器之间又有电压差。只有当输出的值增加到输入反转方向时对应的那个输出值时,才没有电位差,这个过程可以用图 15.7(c)表示出来。在时刻 1 和 2(见图 15.7)之间,我们当然不希望那个发生混淆作用的正电压 v 出现,因为在这段时间内会产生反转输入信号方向的危险。为了大大地减小这个起混淆作用的正电压,在反转输入信号方向的时刻,使电容

器的电压比那一个时刻输出指示电压低一些,以后电容器的电压又随着输出的指示电压而改变。把电容器的电容和线路电阻加以适当的选择,使得输出增加的时候,电容器的电压差不多和输出指示电压相等。这个电压的变化如图 15.8 所示,这样就大大地减小了那个起混淆作用的正电压差的危险性[见图 15.8(b)],控制系统的稳定性能也就得到改善。

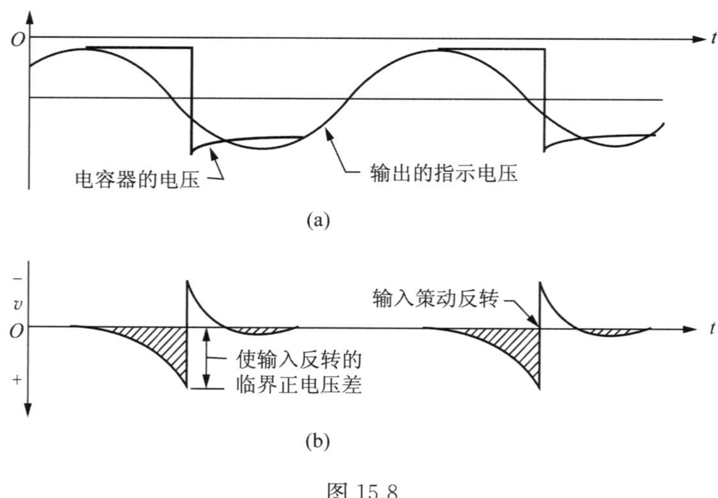

图 15.8

我们已经谈到过,因为有干扰和噪声的存在,要想减小搜索范围和搜索损失是受到一定限制的。这又是一个关于稳定运转的问题,我们不希望产生不正确的使输入信号反转方向的信号。如果决定输入信号反转方向的临界电压差太小,那么就会产生不正确的信号。这种情形可以由图 15.9 表示,其中输出 y 包含一个高频正弦噪声。很容易看出来,假设临界电压差太小,那么噪声的作用将会使输入按一种不规则的状态变化。为了运转稳定起见,临界电压差必须比干扰的振幅来得大。这样,自寻最优点系统的搜索损失不能

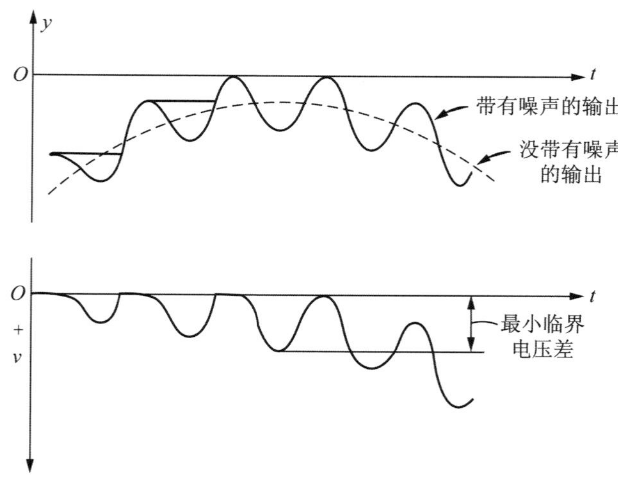

图 15.9

比系统中噪声的振幅小。自然，如果像图中表示的那样，干扰的振幅是常数的真正的纯粹高频正弦波，那么可以采用过滤器消除噪声的影响，于是也就可以采用一个小得多的搜索范围，实际上，如果噪声或者干扰具有某种固定状态，我们可以设计一个合适的过滤器来改善这种受到限制的系统性能。

第十六章 噪声过滤的设计原理

除了上一章以外，在所有前面的讨论中，我们一直默认控制系统不产生噪声和干扰，所以，从理论上讲，控制系统的精确程度是没有限制的。然而，在上一章中，我们曾经指出，噪声和干扰实际上使自动寻求最优运转点控制系统的输出信号变模糊了，因此，噪声和干扰就成为这种控制系统基本的设计限制条件。事实上，噪声和干扰在任何一个工程系统中都是存在的，因为，甚至于“完善”的系统也有热扰动。只有在信号比干扰强得多的情况下，噪声和干扰对控制系统的影响才能忽略不计。在自动寻求最优运转点系统的设计中，为了减少输出的搜索损失，我们需要对“微弱”的信号进行设计，因而噪声的问题就是头等重要的了。一般说来，只要控制信号的强度比干扰的强度弱，那么噪声和干扰的影响就不能忽略。

可以在控制系统中引入一个适当的装置而减少噪声的影响，这个装置将会“过滤”噪声，而尽可能不削弱信号的强度，这个过滤噪声的问题是本章的主题。首先我们将给出最优线性过滤器的理论，这一理论是由维纳（N. Wiener）① 和阔尔莫果洛夫（A. H. Колмогоров）②所提出的。本章的后面几节将讨论这一非常有效的理论的应用和推广。第九章中关于随机输入的那些概念和数学工具对我们这里的讨论非常有用。

16.1 平均平方误差

用 $f(t)$代表控制信号，$n(t)$代表噪声。加到过滤器的输入 $x(t)$就是

$$x(t)=f(t)+n(t)。\tag{16.1}$$

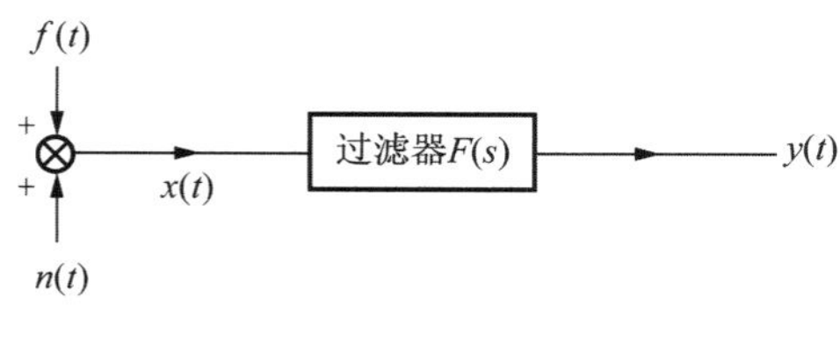

图 16.1

从过滤器的输出是 $y(t)$，如图 16.1 所示。假设过滤器是一个线性过滤器，描写输出和输入间

① N. Wiener, *The extrapolation, Interpolation, and Smoothing of Stationary Time Series with Engineering Applications*, John Wiley & Sons, Inc., New York, (1949)。

② A. Kolmogoroff, *Bull. acad. sci. U.R.S.S., Ser. Math.*, 5, 3 - 14(1941)。

相互关系的微分方程是一个常系数线性微分方程，那么，过滤器的性质完全由它的传递函数 $F(s)$决定。如果已经知道了 $F(s)$，过滤器对于单位冲量的反应可以从方程(2.18)得到。如果$F(s)$的极点只在 s 平面的左半平面上，我们可以写出下列公式：

$$h(t)=\frac{1}{2\pi i}\int_{-i\infty}^{i\infty}e^{st}F(s)ds$$
$$=\frac{1}{2\pi}\int_{-\infty}^{\infty}e^{i\omega t}F(i\omega)d\omega。\tag{16.2}$$

由方程(16.1)的输入而得到的输出就是

$$y(t)=\int_{-\infty}^{t}x(\eta)h(t-\eta)d\eta,$$

其中假定输入在很早以前就有了作用。令 $t-\eta=\tau$，于是

$$y(t)=\int_{0}^{\infty}x(t-\tau)h(\tau)d\tau。\tag{16.3}$$

用 $z(t)$表示我们所希望的输出，它由信号 $f(t)$以及所希望的单位冲量反应 $h_1(t)$所决定，也就是

$$z(t)=\int_{0}^{\infty}f(t-\tau)h_1(\tau)d\tau,\tag{16.4}$$

$h_1(t)$可以从希望的传递函数 $F_1(s)$求得，于是，类似于方程(16.2)，我们就有

$$h_1(t)=\frac{1}{2\pi i}\int_{-i\infty}^{i\infty}e^{st}F_1(s)ds=\frac{1}{2\pi}\int_{-\infty}^{\infty}e^{i\omega t}F_1(i\omega)d\omega。\tag{16.5}$$

因为真正的输出并非 $z(t)$而是 $y(t)$，误差就等于这两个量的差。根据方程(16.3)和方程(16.4)

$$e(t)=y(t)-z(t)=\int_{0}^{\infty}\{[f(t-\tau)+n(t-\tau)]h(\tau)-f(t-\tau)h_1(\tau)\}d\tau。\tag{16.6}$$

于是误差的平方是

$$e^2(t)=\int_{0}^{\infty}\int_{0}^{\infty}\{[f(t-\tau)+n(t-\tau)]h(\tau)-f(t-\tau)h_1(\tau)\}\cdot$$
$$\{[f(t-\tau')+n(t-\tau')]h(\tau')-f(t-\tau')h_1(\tau')\}d\tau d\tau'。\tag{16.7}$$

现在我们提出一个非常重要的假设。因为噪声 $n(t)$是一个随机函数，仅仅能确定它的统计特征。除此而外，我们不能够确实地预先知道 $f(t)$是什么，而只能知道它比较一般的特征，所以，甚至于对于信号，我们也只能确定它的统计特征。于是我们可以量出 $e^2(t)$的系集平均值，从而估计统计误差。通常，这个平均值是一个时间 t 的函数。但是如果我们

假设随机函数 $f(t)$和 $n(t)$是第 9.1 节那样定义的平稳随机函数,于是$\overline{e^2}$就和时间无关。而且我们还可以认为信号 $f(t)$和噪声 $n(t)$的平均值都等于 0,于是从方程(16.6)可以明显地看出,误差 $e(t)$的平均值也等于 0。现在我们引进信号及噪声的关连函数(即相关函数)如下,这里关连函数的讨论和第 9.2 节完全相同,

$$\left.\begin{aligned}\overline{f(t-\tau)f(t-\tau')}&=R_{ff}(\tau-\tau'),\\ \overline{f(t-\tau)n(t-\tau')}&=R_{fn}(\tau-\tau'),\\ \overline{n(t-\tau)f(t-\tau')}&=R_{nf}(\tau-\tau'),\\ \overline{n(t-\tau)n(t-\tau')}&=R_{nn}(\tau-\tau')。\end{aligned}\right\}\tag{16.8}$$

这里我们考虑信号和噪声之间关连函数不等于 0 的一般情形。通常,这些互相关连函数 R_{fn}和R_{nf}在很多情况下都等于 0,只有自相关连函数 R_{ff}和R_{nn}保留下来。自相关连函数是对称的函数。互相关连函数不是对称函数,但是,根据定义它们有下述关系

$$\left.\begin{aligned}R_{fn}(\tau'-\tau)&=R_{nf}(\tau-\tau'),\\ R_{nf}(\tau'-\tau)&=R_{fn}(\tau-\tau')。\end{aligned}\right\}\tag{16.9}$$

利用这些定义,从方程(16.7)得到的平均平方误差$\overline{e^2}$可以写成

$$\begin{aligned}\overline{e^2}=\int_0^{\infty}\int_0^{\infty}\{&R_{ff}(\tau-\tau')[h(\tau)-h_1(\tau)][h(\tau')-h_1(\tau')]+\\ &R_{fn}(\tau-\tau')[h(\tau)-h_1(\tau)]h(\tau')+R_{nf}(\tau-\tau')h(\tau)[h(\tau')-h_1(\tau')]+\\ &R_{nn}(\tau-\tau')h(\tau)h(\tau')\}\mathrm{d}\tau\mathrm{d}\tau'。\end{aligned}\tag{16.10}$$

由这个方程可以从关连函数和单位冲量的反应来分析平均平方误差。

控制系统的设计工程师们往往愿意选取传递函数 $F(s)$和 $F_1(s)$直接进行分析。要这样做的话,我们引入关连函数的富氏变换,设这些富氏变换分别是 $\Phi_{ff}(\omega)$, $\Phi_{fn}(\omega)$, $\Phi_{nf}(\omega)$ 和 $\Phi_{nn}(\omega)$, 它们由下列各方程确定

$$\left.\begin{aligned}\Phi_{ff}(\omega)&=\frac{1}{\pi}\int_{-\infty}^{\infty}R_{ff}(\tau)\mathrm{e}^{-\mathrm{i}\omega\tau}\mathrm{d}\tau,\\ \Phi_{fn}(\omega)&=\frac{1}{\pi}\int_{-\infty}^{\infty}R_{fn}(\tau)\mathrm{e}^{-\mathrm{i}\omega\tau}\mathrm{d}\tau,\\ \Phi_{nf}(\omega)&=\frac{1}{\pi}\int_{-\infty}^{\infty}R_{nf}(\tau)\mathrm{e}^{-\mathrm{i}\omega\tau}\mathrm{d}\tau,\\ \Phi_{nn}(\omega)&=\frac{1}{\pi}\int_{-\infty}^{\infty}R_{nn}(\tau)\mathrm{e}^{-\mathrm{i}\omega\tau}\mathrm{d}\tau。\end{aligned}\right\}\tag{16.11}$$

因为 $R_{ff}(\tau)$ 是 τ 的对称函数,我们可以写成

$$\Phi_{ff}(\omega)=\frac{1}{\pi}\int_0^{\infty}R_{ff}(\tau)(\mathrm{e}^{\mathrm{i}\omega\tau}+\mathrm{e}^{-\mathrm{i}\omega\tau})\mathrm{d}\tau=\frac{2}{\pi}\int_0^{\infty}R_{ff}(\tau)\cos\omega\tau\,\mathrm{d}\tau。$$

把这个式子和方程(9.23)比较,我们立刻看出 $\Phi_{ff}(\omega)$ 实际上就是信号 $f(t)$的功率谱,同样,$\Phi_{nn}(\omega)$ 是噪声 $n(t)$的功率谱。更进一步,因为互相关连函数有方程(16.9)表示的关系,很容易看出富氏变换也有同样形式的关系:

$$\left.\begin{aligned}\Phi_{fn}(-\omega)&=\Phi_{nf}(\omega),\\ \Phi_{nf}(-\omega)&=\Phi_{fn}(\omega)。\end{aligned}\right\}\tag{16.12}$$

根据富氏积分定理[①],方程(16.11)的反演公式是:

$$\left.\begin{aligned}R_{ff}(\tau-\tau')&=\frac{1}{2}\int_{-\infty}^{\infty}\Phi_{ff}(\omega)\mathrm{e}^{\mathrm{i}\omega(\tau-\tau')}\mathrm{d}\omega,\\ R_{fn}(\tau-\tau')&=\frac{1}{2}\int_{-\infty}^{\infty}\Phi_{fn}(\omega)\mathrm{e}^{\mathrm{i}\omega(\tau-\tau')}\mathrm{d}\omega,\\ R_{nf}(\tau-\tau')&=\frac{1}{2}\int_{-\infty}^{\infty}\Phi_{nf}(\omega)\mathrm{e}^{\mathrm{i}\omega(\tau-\tau')}\mathrm{d}\omega,\\ R_{nn}(\tau-\tau')&=\frac{1}{2}\int_{-\infty}^{\infty}\Phi_{nn}(\omega)\mathrm{e}^{\mathrm{i}\omega(\tau-\tau')}\mathrm{d}\omega。\end{aligned}\right\}\tag{16.13}$$

把方程(16.13)代入方程(16.10),我们可以得到用传递函数 $F(s)$和 $F_1(s)$表示的平均平方误差的一个方程。例如方程(16.10)的第一部分变成

$$\begin{aligned}&\frac{1}{2}\int_0^{\infty}\mathrm{d}\tau\int_0^{\infty}\mathrm{d}\tau'\int_{-\infty}^{\infty}\mathrm{d}\omega\Phi_{ff}(\omega)\mathrm{e}^{\mathrm{i}\omega(\tau-\tau')}[h(\tau)-h_1(\tau)][h(\tau')-h_1(\tau')]\\ =&\frac{1}{2}\int_{-\infty}^{\infty}\mathrm{d}\omega\Phi_{ff}(\omega)\int_0^{\infty}[h(\tau)-h_1(\tau)]\mathrm{e}^{\mathrm{i}\omega\tau}\mathrm{d}\tau\int_0^{\infty}[h(\tau')-h_1(\tau')]\mathrm{e}^{-\mathrm{i}\omega\tau'}\mathrm{d}\tau'。\end{aligned}$$

但是 $F(s)$和 $F_1(s)$是 $h(t)$和 $h_1(t)$的拉氏变换,也就是

$$\left.\begin{aligned}F(\mathrm{i}\omega)&=\int_0^{\infty}h(t)\mathrm{e}^{-\mathrm{i}\omega t}\mathrm{d}t,\\ F_1(\mathrm{i}\omega)&=\int_0^{\infty}h_1(t)\mathrm{e}^{-\mathrm{i}\omega t}\mathrm{d}t。\end{aligned}\right\}\tag{16.14}$$

因此方程(16.10)的第一部分可以写成

$$\frac{1}{2}\int_{-\infty}^{\infty}\Phi_{ff}(\omega)[F(\mathrm{i}\omega)-F_1(\mathrm{i}\omega)][F(-\mathrm{i}\omega)-F_1(-\mathrm{i}\omega)]\mathrm{d}\omega。$$

方程(16.10)的其他项也可以用同样方式加以改换,于是,我们就最后得到

① 例如,可以参阅 Whittaker and Watson, *Modern Analysis*,第 6.31 节,第 119 页,Cambridge-Macmillan, (1943),或参阅文献[26]。

$$\overline{e^2}=\frac{1}{2}\int_{-\infty}^{\infty}\{\Phi_{ff}(\omega)[F(\mathrm{i}\omega)-F_1(\mathrm{i}\omega)][F(-\mathrm{i}\omega)-F_1(-\mathrm{i}\omega)]+$$
$$\Phi_{fn}(\omega)[F(-\mathrm{i}\omega)-F_1(-\mathrm{i}\omega)]F(\mathrm{i}\omega)+\Phi_{nf}(\omega)F(-\mathrm{i}\omega)[F(\mathrm{i}\omega)-F_1(\mathrm{i}\omega)]+$$
$$\Phi_{nn}(\omega)F(\mathrm{i}\omega)F(-\mathrm{i}\omega)\}\mathrm{d}\omega。\tag{16.15}$$

上式中大括号{}里面的被积函数可以当成误差 $e(t)$的功率谱。根据方程(9.71),被积函数的最后一项实际上是被过滤的噪声的功率谱。显然,第一项和最后一项是实数,第二项和第三项是复数。但是因为满足关系式(16.12),这两项是共轭复数,所以他们相加的结果也还是实数。

16.2 菲利普斯(Phillips)的最优过滤器设计原理

如果信号和噪声的统计特征是用各个关联函数给出的,关联函数的富氏变换就可以从方程(16.11)计算出来。假设传递函数 $F_1(s)$已给定,那么方程(16.5)的平均平方误差积分式中只有过滤器的传递函数 $F(s)$是一个没有确定的函数。最优过滤器是这样的过滤器,对于已知的那些 Φ 以及 $F_1(s)$来说,这个传递函数等于 $F(s)$的过滤器使得平均平方误差最小。一个解决最优过滤器问题的直接方法就是先假定 $F(s)$是某种合理的形式,但是还包含一些待定常数。把这个假定的$F(s)$代入方程(16.15),于是$\overline{e^2}$就是这些待定常数的函数。根据平均平方误差必须最小的要求,最后确定这些常数。最优过滤器的设计问题就化成一个求已知函数的极大值或者极小值的问题了。菲利普斯①把 $F(s)$取成两个 s 的多项式相除的形式,解决了这一最优过滤器的理论问题。$F(s)$的这种特殊的形式的确是最自然的一种选择方法,因为从我们有关线性系统的经验中得知,传递函数恰巧就是两个多项式相除的形式。但是,这个方法的实际计算还是相当繁重的。由于这个缘故,通常采用维纳和阔尔莫果洛夫提出的较为巧妙的理论。这里,我们就不再讨论菲利普斯的理论。

16.3 维纳-阔尔莫果洛夫(Wiener-Колмогоров)理论

维纳和阔尔莫果洛夫提出的最优过滤器理论的主要之点就是以变分的方法去处理方程(16.15)中的那一个积分。假设对于一定的 Φ 和 $F_1(s)$, $F(s)$真正是最优过滤器的传递函数,于是用 $F(s)+\eta(s)$ 表示它邻近的函数,其中 $\eta(s)$是任意的变分。把这些邻近的函数代入方程(16.15),我们找出平均平方误差的一次变分

① R. S. Phillips., *Theory of Servomechanisms*, MIT Radiation Laboratory Series, Vol.25, Chap.7, McGraw-Hill Book Company, Inc., New York,(1947),或参阅文献[16]。

$$\delta\,\overline{e^2}=\frac{1}{2}\int_{-\infty}^{\infty}\eta(-\mathrm{i}\omega)\{F(\mathrm{i}\omega)[\Phi_{ff}(\omega)+\Phi_{fn}(\omega)+\Phi_{nf}(\omega)+\Phi_{nn}(\omega)]-$$
$$F_1(\mathrm{i}\omega)[\Phi_{ff}(\omega)+\Phi_{nf}(\omega)]\}\mathrm{d}\omega+$$
$$\frac{1}{2}\int_{-\infty}^{\infty}\eta(\mathrm{i}\omega)\{F(-\mathrm{i}\omega)[\Phi_{ff}(\omega)+\Phi_{fn}(\omega)+\Phi_{nf}(\omega)+\Phi_{nn}(\omega)]-$$
$$F_1(-\mathrm{i}\omega)[\Phi_{ff}(\omega)+\Phi_{fn}(\omega)]\}\mathrm{d}\omega。\tag{16.16}$$

如果 $F(s)$是最优过滤器的传递函数，那么，对于任意一个 $\eta(s)$，$\delta\,\bar{e}^2$ 都必须等于零，这个条件将给出 $F(s)$必须满足的一个方程。但是在我们采取这一步骤之前，我们把方程(16.10)做某些非常重要的修改。

首先，功率谱 $\Phi_{ff}(\omega)$ 和 $\Phi_{nn}(\omega)$ 是 ω 的对称函数。考虑到关系式(16.12)，我们就看到 $\Phi_{ff}(\omega)$，$\Phi_{fn}(\omega)$，$\Phi_{nf}(\omega)$ 以及 $\Phi_{nn}(\omega)$ 的和是 ω 的一个偶函数。我们有理由希望能够把这个和数 Φ 做如下的“分解”：

$$\Phi(\omega)=\Phi_{ff}(\omega)+\Phi_{fn}(\omega)+\Phi_{nf}(\omega)+\Phi_{nn}(\omega)=\psi(\mathrm{i}\omega)\psi(-\mathrm{i}\omega),\tag{16.17}$$

按照我们的要求，$\psi(s)$是一个零点和极点都在左半 s 平面上的函数，于是 $\psi(-s)$是一个零点和极点都在右半 s 平面上的函数。由于稳定性的要求，过滤器的传递函数它的极点只能够在左半 s 平面上，所以 $F(s)$和 $\eta(s)$是只有极点在左半 s 平面的函数，$F(-s)$和 $\eta(-s)$是只有极点在右半 s 平面的函数，因此，由于实际的要求就限制了 $F(s)$和 $\eta(s)$的类型。了解这一点以后，我们把方程写成

$$\delta\,\overline{e^2}=\frac{1}{2}\int_{-\infty}^{\infty}\eta(-\mathrm{i}\omega)\psi(-\mathrm{i}\omega)\left\{F(\mathrm{i}\omega)\psi(\mathrm{i}\omega)-\frac{F_1(\mathrm{i}\omega)[\Phi_{ff}(\omega)+\Phi_{nf}(\omega)]}{\psi(-\mathrm{i}\omega)}\right\}\mathrm{d}\omega+$$
$$\frac{1}{2}\int_{-\infty}^{\infty}\eta(\mathrm{i}\omega)\psi(\mathrm{i}\omega)\left\{F(-\mathrm{i}\omega)\psi(\mathrm{i}\omega)-\frac{F_1(-\mathrm{i}\omega)[\Phi_{ff}(\omega)+\Phi_{fn}(\omega)]}{\psi(\mathrm{i}\omega)}\right\}\mathrm{d}\omega。\tag{16.18}$$

但是，方程(16.18)的两个大括号中的第二项并不都是重要的。假设 $F(s)$和 $K(s)$是极点在左半 s 平面上的函数，并且假设 s 很大的时候，他们的变化和 $1/s^n$ 相同，其中 $n\geqslant 1$，那么

$$\int_{-\infty}^{\infty}H(\mathrm{i}\omega)K(\mathrm{i}\omega)\mathrm{d}\omega=i\oint H(s)K(s)\mathrm{d}s,$$

上式中第二个积分的闭积分路线是虚轴以及包含右半 s 平面的一个封闭半圆，如图16.2(a)所示。但是 $H(s)K(s)$的奇点在积分路线外面，因此积分等于零。对于 $H(-\mathrm{i}\omega)K(-\mathrm{i}\omega)$而言，它的奇点在右半 s 平面上，可以把积分路线取成通过虚轴和包含左半 s 平面的半圆，如图 16.2(b)所示，这时积分路线内就不包含奇点，因而积分也等于零。可是就乘积 $H(\mathrm{i}\omega)K(-\mathrm{i}\omega)$ 或者 $H(-\mathrm{i}\omega)K(\mathrm{i}\omega)$ 而言，无论积分路线通过左半 s 平面或者右半 s 平面。

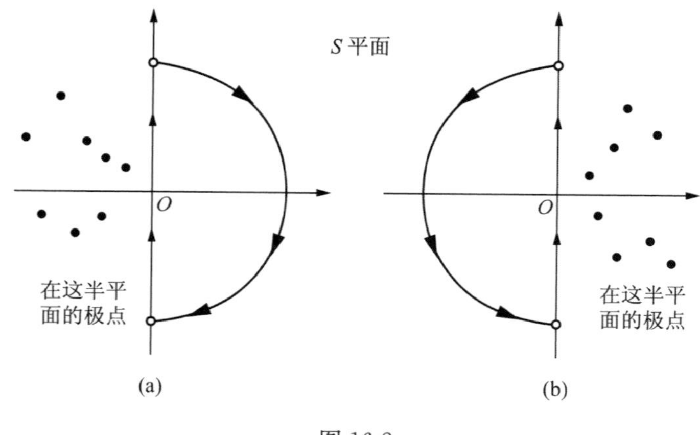

图 16.2

积分路线总会包着一些奇点,所以,一般说来,积分有一定的数值。因此,

$$\int_{-\infty}^{\infty} H(\mathrm{i}\omega)K(\mathrm{i}\omega)\mathrm{d}\omega = \int_{-\infty}^{\infty} H(-\mathrm{i}\omega)K(-\mathrm{i}\omega)\mathrm{d}\omega = 0, \tag{16.19}$$

而

$$\left.\begin{aligned} &\int_{-\infty}^{\infty} H(\mathrm{i}\omega)K(-\mathrm{i}\omega)\mathrm{d}\omega \neq 0, \\ &\int_{-\infty}^{\infty} H(-\mathrm{i}\omega)K(\mathrm{i}\omega)\mathrm{d}\omega \neq 0。\end{aligned}\right\} \tag{16.20}$$

记住以上事实后,我们把 $F_1(s)\Phi_{ff}(s/\mathrm{i})/\psi(-s)$ 分成两部分:其中第一部分的奇点都在左半 s 平面,用$[\ \ ]_+$表示,另外一部分的奇点都在右半 s 平面,用$[\ \ ]_-$表示。

$$\frac{F_1(\mathrm{i}\omega)\{\Phi_{ff}(\omega)+\Phi_{nf}(\omega)\}}{\psi(-\mathrm{i}\omega)} = \left[\frac{F_1(\mathrm{i}\omega)\{\Phi_{ff}(\omega)+\Phi_{nf}(\omega)\}}{\psi(-\mathrm{i}\omega)}\right]_+ + \left[\frac{F_1(\mathrm{i}\omega)\{\Phi_{ff}(\omega)+\Phi_{nf}(\omega)\}}{\psi(-\mathrm{i}\omega)}\right]_-。 \tag{16.21}$$

这样做了以后,根据方程(16.19)和方程(16.20),我们可以把方程(16.18)写成

$$\begin{aligned}\delta\overline{e^2} = &\frac{1}{2}\int_{-\infty}^{\infty}\eta(-\mathrm{i}\omega)\psi(-\mathrm{i}\omega)\left\{F(\mathrm{i}\omega)\psi(\mathrm{i}\omega) - \left[\frac{F_1(\mathrm{i}\omega)\{\Phi_{ff}(\omega)+\Phi_{nf}(\omega)\}}{\psi(-\mathrm{i}\omega)}\right]_+\right\}\mathrm{d}\omega + \\ &\frac{1}{2}\int_{-\infty}^{\infty}\eta(\mathrm{i}\omega)\psi(\mathrm{i}\omega)\left\{F(-\mathrm{i}\omega)\psi(-\mathrm{i}\omega) - \left[\frac{F_1(-\mathrm{i}\omega)\{\Phi_{ff}(\omega)+\Phi_{fn}(\omega)\}}{\psi(\mathrm{i}\omega)}\right]_-\right\}\mathrm{d}\omega。\end{aligned} \tag{16.22}$$

如果 $F(s)$确实是最优过滤器的传递函数,那么,对于任意的 $\eta(s)$而言,$\delta\overline{e^2}$ 都必须等于零。于是方程(16.22)中大括号里面的那些量必须等于零,这个条件确定了最优过滤器的传递函数如下:

$$F(s)=\frac{1}{\psi(s)}\left[\frac{F_1(s)\{\Phi_{ff}(s/\mathrm{i})+\Phi_{nf}(s/\mathrm{i})\}}{\psi(-s)}\right]_+。\tag{16.23}$$

这就是维纳和阔尔莫果洛夫给出的最优过滤器问题的解答。因为 $\psi(s)$ 的极点在左半 s 平面上，所以 $F(s)$ 的极点也在左半 s 平面上，$F(s)$ 是一个稳定的传递函数。想从函数 $F_1(s)\{\Phi_{ff}(s/\mathrm{i})+\Phi_{nf}(s/\mathrm{i})\}/\psi(-s)$ 中分出极点在左半 s 平面的部分的运算，也可以用分析的办法完成，实际上

$$F(s)=\frac{1}{2\pi\psi(s)}\int_0^{\infty}\mathrm{e}^{-st}\,\mathrm{d}t\int_{-\infty}^{\infty}\frac{F_1(\mathrm{i}\omega)\{\Phi_{ff}(\omega)+\Phi_{nf}(\omega)\}}{\psi(-\mathrm{i}\omega)}\mathrm{e}^{\mathrm{i}\omega t}\,\mathrm{d}\omega。\tag{16.24}$$

用 ω 平面上的回路积分方法不难判断这个积分的有效性。至于在实际计算中到底采用方程(16.23)还是方程(16.24)，这就要依据不同的具体情形来决定。通常，方程(16.23)用起来比较容易。无论如何，对于确定的 $F_1(s)$，确定的信号和噪声的确定的功率谱 Φ_{ff}，Φ_{fn}，Φ_{nf} 和 Φ_{nn} 来说，最优过滤器的性质就是完全确定的。当噪声不出现的时候，$\Phi_{nn}=\Phi_{fn}=\Phi_{nf}=0$，$\Phi_{ff}(\omega)=\psi(\mathrm{i}\omega)\psi(-\mathrm{i}\omega)$。根据方程(16.17)，就有 $F(s)=F_1(s)$，$e(t)\equiv 0$ 这是可以事先想到的。如果有噪声的话，$F(s)$ 不等于 $F_1(s)$，即使最好的过滤器也不可能完全消除平均平方误差。

关于选取一个函数的极点在左半 s 平面那一部分的运算，我们可以介绍另外一种解释。由方程(16.2)，可以考虑 $F(\mathrm{i}\omega)$ 是单位冲量反应 $h(t)$ 的富氏变换，那个方程也表明如何从 $F(\mathrm{i}\omega)$ 来计算 $h(t)$。因为方程(16.2)的被积函数有因子 $\mathrm{e}^{\mathrm{i}\omega t}$。对于正的 t 和负的 t 这两种情况，在复数 ω 平面上所取的积分路线一定有所不同，正如图 16.3 所示的那样。假设 $F(s)$ 只有在左半 s 平面上的极点，那么 $F(\mathrm{i}\omega)$ 只有在上半 ω 平面上的极点。假设 $F(s)$ 只有在右半 s 平面上的极点，那么 $F(\mathrm{i}\omega)$ 只有在下半 ω 平面上的极点。所以，对于 $t>0$ 的情形，只有假设 $F(s)$ 的极点在左半 s 平面，积分路线才会包含 $F(\mathrm{i}\omega)$ 的极点，在那种情况下，反应函数 $h(t)$ 不会等于零。对于 $t<0$ 的情形，只有假设 $F(s)$ 的极点都在左半 s 平面，积分路线才会不包含 $F(\mathrm{i}\omega)$ 的极点，而且，还有 $h(t)=0$。另外一方面，假设 $F(s)$ 有极点在右半 s 平面上。根据现在的解释，在这种不稳定传递函数的情形中，甚至于对于负的 t，$h(t)$ 也不等于 0。因为在 $t=0$ 时冲量才开始作用，负的时间有反应意味着冲量作用前就有了反应，任何物理系统都不可能发生这种情况。所以，从已知函数选取只有极点在左半 s 平面那一部分的运算使得传递函数实际上能够实现，因为在这种情况中，$t<0$ 的时候 $h(t)=0$。在**实际上能实现**的传递函数这一概念的基础上，伯德(H. W. Bode)和申南(C. E.

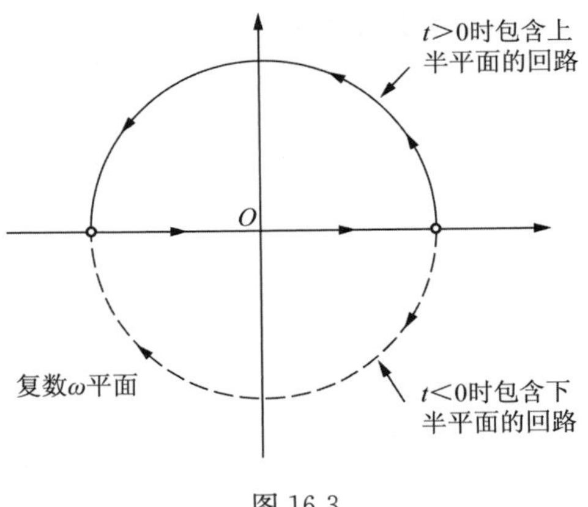

图 16.3

Shannon)给维纳和阔尔莫果洛夫的解答[也即给出方程(16.22)和方程(16.23)]做了一个解释①。

上面的讨论中还有另外一点需要加以说明,我们曾经假设可以把功率谱的总和分解成方程(16.27)所表示的形式,但是对于 ω 的任意一个正值偶函数 $\Phi(\omega)$ 不见得总能分解成那种形式。如果要使得 $\Phi(\omega)$ 能够进行这种分解,$\Phi(\omega)$ 必须满足维纳-派勒(R. E. A. C. Paley)准则②

$$\int_{-\infty}^{\infty}\frac{|\log\Phi(\omega)|}{1+\omega^2}\mathrm{d}\omega<\infty。\tag{16.25}$$

具体地说,$\Phi(\omega)$ 或者像在白色噪声的情形中那样,是一个常数,或者当 $\omega\to\infty$ 的时候趋近于零。维纳-派勒准则说明,当 ω 的值很大时,$\Phi(\omega)$ 趋近于零,不能过分快,如果 $\Phi(\omega)$ 像 ω^{-n} 那样的速度趋近于零是可以允许的,则它像 $\mathrm{e}^{-|\omega|}$ 或者 $\mathrm{e}^{-\omega^2}$ 那样快地趋近于零就会使积分发散。后面两种类型的 $\Phi(\omega)$ 就不能分解。但是值得庆幸的是,信号和噪声的功率谱通常是 ω^2 的多项式之比。所以,根据方程(16.17)那样的分解通常可以成立。

16.4 一些简单的例子

考虑一个简单的例子,我们取信号的功率谱如下:

$$\Phi_{ff}(\omega)=\frac{1}{1+\omega^4}。\tag{16.26}$$

假设噪声是白色噪声,它的功率谱是平的,等于常数

$$\Phi_{nn}(\omega)=n^4。\tag{16.27}$$

互相关连函数和他们的富氏变换等于 0,也即

$$\Phi_{fn}=\Phi_{nf}=0。\tag{16.28}$$

要求设计对信号起着求微分作用的最优过滤器,也就是 $F_1(s)=s$,首先我们注意

$$\Phi(\omega)=\Phi_{ff}(\omega)+\Phi_{nn}(\omega)=\frac{(1+n^4)+n^4\omega^4}{1+\omega^4}。$$

于是

$$\Phi(s/\mathrm{i})=\psi(s)\psi(-s)=\frac{(1+n^4)+n^4s^4}{1+s^4}。$$

---

① H. W. Bode and C. E. Shannon, *Proc. IRE*, 38, 417-425(1950)。

② R. E. A. C. Paley and N. Wiener, "Fourier Transforms in the Complex Domain," *Am. Math. Soc.* Colloquium Publication, Vol.19, 17(1934)。

这个函数显然可以直接进行分解，要注意 $\psi(s)$ 只有极点和零点在左半 s 平面上，我们立刻可以写出 $\psi(s)$ 如下公式：

$$\psi(s)=\frac{n^2s^2+n\sqrt{2}\sqrt[4]{1+n^4}s+\sqrt{1+n^4}}{s^2+\sqrt{2}s+1}。$$

于是，

$$\begin{aligned}\frac{F_1(s)\Phi_{ff}(s/\mathrm{i})}{\psi(-s)}&=\frac{s}{(s^2+\sqrt{2}s+1)(n^2s^2-n\sqrt{2}\sqrt[4]{1+n^4}s+\sqrt{1+n^4})}\\&=\frac{AS+B}{s^2+\sqrt{2}s+1}+\frac{Cs+D}{n^2s^2-n\sqrt{2}\sqrt[4]{1+n^4}s+\sqrt{1+n^4}},\end{aligned}$$

其中，A，B，C 和 D 都是常数，很明显极点只在左半 s 平面的部分是第一项，因此

$$\left[\frac{F_1(s)\Phi_{ff}(s/\mathrm{i})}{\psi(-s)}\right]_+=\frac{As+B}{s^2+\sqrt{2}s+1}。$$

把 A，B 确定后我们得到

$$\begin{aligned}F(s)=\frac{1}{\psi(s)}\left[\frac{F_1(s)\Phi_{ff}(s/\mathrm{i})}{\psi(-s)}\right]_+&=\frac{1}{(n^2+\sqrt{1+n^4})(n+\sqrt[4]{1+n^4})}\cdot\\&\frac{(\sqrt[4]{1+n^4}-n)s-n\sqrt{2}}{n^2s^2+n\sqrt{2}\sqrt[4]{1+n^4}s+\sqrt{1+n^4}}。\end{aligned}\tag{16.29}$$

这就是最优过滤器的传递函数。当没有噪声时，$n\to 0$，$F(s)$ 就随之趋于 s，这是当然的结果。

另外一个有趣的例子是噪声的强度非常高，而信号比较微弱的情况。如果是白色噪声，它的功率谱 Φ_{nn} 是

$$\Phi_{nn}(\omega)=1。\tag{16.30}$$

这里噪声和信号的互相关连函数也等于零，方程(16.28)仍然成立。把信号的功率谱写成

$$\Phi_{ff}(\omega)=k\varphi(\omega),\tag{16.31}$$

其中，k 是一个很小的量，$\varphi(\omega)$ 是 ω 的一个偶函数。假设 $K(s)$ 是函数 $\varphi(s/\mathrm{i})$ 的极点在左半 s 平面的部分，也就是

$$K(s)=\left[\varphi\left(\frac{s}{\mathrm{i}}\right)\right]_+=\frac{1}{2\pi}\int_0^\infty \mathrm{e}^{-st}\,\mathrm{d}t\int_{-\infty}^\infty\varphi(\omega)\mathrm{e}^{\mathrm{i}\omega t}\,\mathrm{d}\omega,\tag{16.32}$$

因为 $\varphi(\omega)$ 是 ω 的偶函数，于是

$$\varphi\left(\frac{s}{\mathrm{i}}\right)=K(s)+K(-s), \tag{16.33}$$

并且

$$\begin{aligned}\Phi(\omega)&=\psi(\mathrm{i}\omega)\psi(-\mathrm{i}\omega)=1+k\varphi(\omega)\\&\approx[1+kK(\mathrm{i}\omega)][1+kK(-\mathrm{i}\omega)]。\end{aligned} \tag{16.34}$$

所以,假设 $F_1(s)$表示对信号所希望进行的作用,最优过滤器的传递函数给出如下

$$F(s)\approx\frac{k}{1+kK(s)}\left[\frac{F_1(s)\varphi(s/\mathrm{i})}{1+kK(-s)}\right]_+。 \tag{16.35}$$

这是对于数值小的 k 的二次近似式,一次近似式甚至于还要简单一些,

$$F(s)\approx k\left[F_1(s)\varphi\left(\frac{s}{\mathrm{i}}\right)\right]_+。 \tag{16.36}$$

作为一个例子,把信号的功率谱表示如下:

$$\varphi(\omega)=\frac{1}{1+\omega^4},$$

令 $F_1(s)=s$。 于是当 k 很小时,

$$F(s)\approx-\frac{k}{2\sqrt{2}}\frac{1}{s^2+\sqrt{2}s+1}。$$

当 n 很大的时候,再设 $k=1/n^4$ 把这个结果和方程(16.29)加以对照,就可以进一步验证方程(16.29),所以在有强烈噪声干扰的情况下,起微分作用的最优过滤器的传递函数改变得非常厉害,和 $F_1(s)=s$ 完全没有相似之处。

16.5 维纳-阔尔莫果洛夫理论的应用

除了上节讨论过的一些简单例子以外,维纳-阔尔莫果洛夫理论有许多非常重要的应用,在这一节里,我们将讨论其中的一部分。

预卜过滤器。这种过滤器的输入是信号 $f(t)$及噪声 $n(t)$的和。给出输出信号$y(t)$,它所表示的并非接近信号在 t 时刻的值,而是信号在 $t+\alpha$ 的值,其中 α 是一个正数。这样

$$F_1(s)=\mathrm{e}^{\alpha s}。 \tag{16.37}$$

现在我们假设信号是一个随机开关函数,于是,根据方程(9.50),它的功率谱可以写成

$$\Phi_{ff}=\frac{1}{1+\omega^2}。\tag{16.38}$$

假设是白色噪声，它的功率谱是

$$\Phi_{nn}=n^2。\tag{16.39}$$

信号和噪声之间互相关连的谱 Φ_{fn} 和 Φ_{nf} 都等于 0，于是有

$$\Phi(\omega)=\psi(\mathrm{i}\omega)\psi(-\mathrm{i}\omega)=\frac{(1+n^2)+n^2\omega^2}{1+\omega^2}。$$

所以，

$$\psi(\mathrm{i}\omega)=\frac{\sqrt{1+n^2}+n\mathrm{i}\omega}{1+\mathrm{i}\omega}。$$

因此，

$$\frac{F_1(\mathrm{i}\omega)\Phi_{ff}(\omega)}{\psi(-\mathrm{i}\omega)}=\frac{\mathrm{e}^{\mathrm{i}\alpha\omega}}{(1+\mathrm{i}\omega)(\sqrt{1+n^2}-n\mathrm{i}\omega)}。$$

在这种情况下，将要利用方程(16.24)来计算 $F(s)$，首先，当 $t>0$ 时，

$$\begin{aligned}\frac{1}{2\pi}\int_{-\infty}^{\infty}\frac{F_1(\mathrm{i}\omega)\Phi_{ff}(\omega)}{\psi(-\mathrm{i}\omega)}\mathrm{e}^{\mathrm{i}\omega t}\mathrm{d}\omega&=\frac{1}{2\pi}\int_{-\infty}^{\infty}\frac{\mathrm{e}^{\mathrm{i}\omega(t+\alpha)}\mathrm{d}\omega}{(1+\mathrm{i}\omega)(\sqrt{1+n^2}-n\mathrm{i}\omega)}\\&=\frac{\mathrm{e}^{-(t+\alpha)}}{n+\sqrt{1+n^2}}。\end{aligned}$$

因此，根据方程(16.24)，

$$\begin{aligned}F(s)&=\frac{1+s}{\sqrt{1+n^2}+ns}\int_0^{\infty}\mathrm{e}^{-st}\frac{\mathrm{e}^{-(t+\alpha)}}{n+\sqrt{1+n^2}}\mathrm{d}t\\&=\frac{(1+s)\mathrm{e}^{-\alpha}\int_0^{\infty}\mathrm{e}^{-(s+1)t}\mathrm{d}t}{(n+\sqrt{1+n^2})(\sqrt{1+n^2}+ns)}。\end{aligned}$$

所以，最后，预卜时间等于 α 的最优过滤器的性质用传递函数描写如下：

$$F(s)=\frac{\mathrm{e}^{-\alpha}}{(n+\sqrt{1+n^2})}\frac{1}{(\sqrt{1+n^2}+ns)}。\tag{16.40}$$

滞后过滤器。这一类过滤器除了现在的“预卜”时间 α 等于负数而外，它的情形和预卜过滤器相似。但是直接采用前面的计算方法并不能解决现在的问题。实际上，没有有限阶

的线性系统会真正满足一个最优滞后过滤器的规律。利用下面的近似公式可以得到一个更为直接的解答。

$$F_1(s) = e^{\alpha s} \approx \left[\frac{1+(\alpha s/2v)}{1-(\alpha s/2v)}\right]^v \quad \begin{pmatrix} \alpha < 0, \\ v = \text{整数}。 \end{pmatrix} \tag{16.41}$$

于是我们可以得到最优滞后过滤器的近似表达式。

噪声作用下的伺服系统。用 $F_f(s)$表示前向线路的传递函数,$F_b(s)$表示伺服系统反馈线路的传递函数,如图 16.4 所示。用 $F_1(s)$表示希望对信号所进行的作用。问题变成在 $F_f(s)$, $F_1(s)$ 以及信号和噪声的特性已给定的情况下,求出最优的 $F_b(s)$。正如图 16.4 所示的那样,等价的 $F(s)$是

$$F(s) = \frac{F_f(s)}{1+F_f(s)F_b(s)}。 \tag{16.42}$$

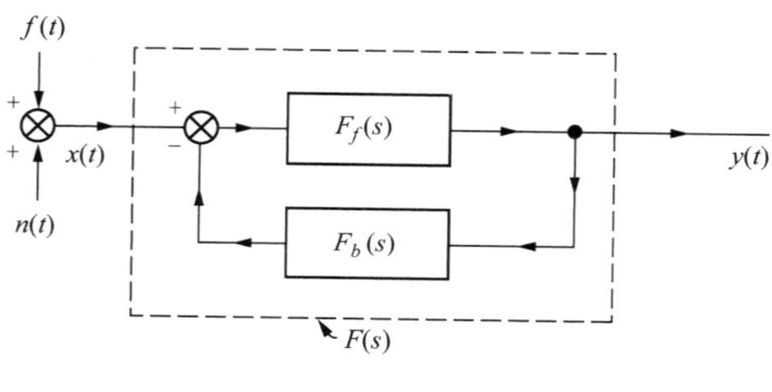

图 16.4

但是根据过滤器理论,最优过滤器的传递函数 $F(s)$可以从方程(16.23)或者方程(16.24)求得。知道了 $F(s)$以后,我们得到最优的反馈线路传递函数 $F_b(s)$如下:

$$F_b(s) = \frac{1}{F(s)} - \frac{1}{F_f(s)}。$$

本身产生噪声的伺服系统。在前面几段中,我们假定噪声来自伺服控制系统外面,系统本身不产生噪声。然而在很多情况下,伺服控制系统的内部会产生噪声。例如,像图 16.5 所表示的系统除了外来的噪声 $n(t)$而外,还会从测量输出的仪器那里产生内噪声 $m(t)$,

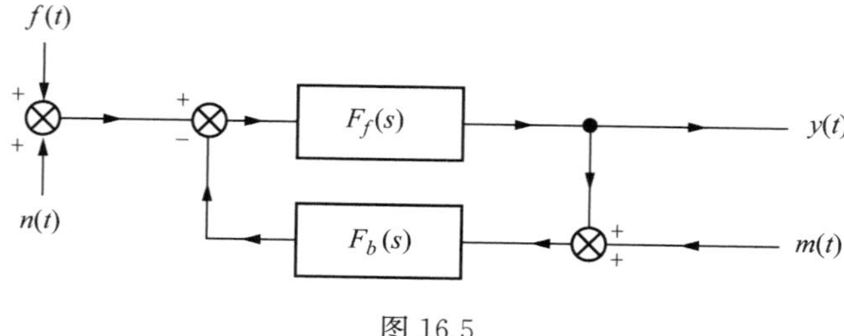

图 16.5

或者一种输出干扰。这里仍然用 $F_f(s)$表示前向线路的传递函数，$F_b(s)$表示反馈线路的传递函数，$F_1(s)$表示希望对信号所进行的作用。令 $S(s)$，$N(s)$，$M(s)$，$Y(s)$ 和 $Z(s)$ 分别表示 $f(t)$，$n(t)$，$m(t)$，$y(t)$ 和 $z(t)$的拉氏变换。于是

$$F_f(s)\{S(s)+N(s)-F_b(s)[Y(s)+M(s)]\}=Y(s),$$

以及

$$Z(s)=F_1(s)S(s)。$$

所以误差的拉氏变换 $E(s)$就是

$$E(s)=Y(s)-Z(s)=\frac{F_f(s)}{1+F_f(s)F_b(s)}[S(s)+N(s)]-\frac{F_f(s)F_b(s)}{1+F_f(s)F_b(s)}M(s)-F_1(s)S(s)。$$

令，

$$F(s)=\frac{F_f(s)F_b(s)}{1+F_f(s)F_b(s)}。\tag{16.43}$$

我们就有

$$1-F(s)=\frac{1}{1+F_f(s)F_b(s)}$$

和

$$E(s)=[1-F(s)][F_f(s)S(s)+F_f(s)N(s)-F_1(s)S(s)]-F(s)[M(s)+F_1(s)S(s)]。$$

这个方程表明，现在的伺服控制问题和传递函数等于 $F(s)$的过滤器问题等价，相应的输入信号 $S'(s)$以及相应的噪声输入 $N'(s)$给出如下(这里的撇号“′”不是导数的符号!)：

$$\left.\begin{aligned}S'(s)&=\{F_f(s)-F_1(s)\}S(s)+F_f(s)N(s),\\ N'(s)&=M(s)+F_1(s)S(s)。\end{aligned}\right\}\tag{16.44}$$

原来的问题是求最优的 $F_b(s)$，现在化成求最优的 $F(s)$，这里相应的信号和噪声与未知量 $F_b(s)$无关。我们假定原来的信号 $f(t)$和噪声之间没有关联，只有自相关连函数存在。于是我们只有功率谱 Φ_{ff}，Φ_{nn}，Φ_{mm}。利用方程(16.44)，等价的过滤器问题中，那些 Φ 是

$$
\left.\begin{aligned}
\Phi_{f'f'}\left(\frac{s}{\mathrm{i}}\right) &= [F_f(s)-F_1(s)][E_f(-s)-F_1(-s)]\Phi_{ff}\left(\frac{s}{\mathrm{i}}\right)+ \\
&\qquad F_f(s)F_f(-s)\Phi_{nn}\left(\frac{s}{\mathrm{i}}\right), \\
\Phi_{f'n'}\left(\frac{s}{\mathrm{i}}\right) &= [F_f(-s)-F_1(-s)]F_1(s)\Phi_{ff}\left(\frac{s}{\mathrm{i}}\right), \\
\Phi_{n'f'}\left(\frac{s}{\mathrm{i}}\right) &= F_1(-s)[F_f(s)-F_1(s)]\Phi_{ff}\left(\frac{s}{\mathrm{i}}\right), \\
\Phi_{n'n'}\left(\frac{s}{\mathrm{i}}\right) &= \Phi_{mm}\left(\frac{s}{\mathrm{i}}\right)+F_1(s)F_1(-s)\Phi_{ff}\left(\frac{s}{\mathrm{i}}\right)。
\end{aligned}\right\} \tag{16.45}
$$

由上面的公式可以看出,虽然原来的问题中信号和噪声没有关联,可是等价的过滤器问题中仍然有功率谱 $\Phi_{f'n'}$ 和 $\Phi_{n'f'}$。 利用方程(16.45),被分解的函数就是

$$
\Phi(\omega)=\psi(\mathrm{i}\omega)\psi(-\mathrm{i}\omega)=F_f(\mathrm{i}\omega)F_f(-\mathrm{i}\omega)\{\Phi_{ff}(\omega)+\Phi_{nn}(\omega)\}+\Phi_{mm}(\omega)。 \tag{16.46}
$$

根据方程(16.23),最优的 $F(s)$ 是

$$
F(s)=\frac{1}{\psi(s)}\left[\frac{F_f(s)F_f(-s)\{\Phi_{ff}(s/\mathrm{i})+\Phi_{nn}(s/\mathrm{i})\}-F_1(s)F_f(-s)\Phi_{ff}(s/\mathrm{i})}{\psi(-s)}\right]_+。 \tag{16.47}
$$

当 $F(s)$ 已知时,方程(16.43)给出最优的反馈线路传递函数如下:

$$
F_b(s)=\frac{1/F_f(s)}{[1/F(s)]-1}。 \tag{16.48}
$$

饱和限制。考虑图 16.6 所表示的伺服系统,要求设计得使输出 $y(t)$ 尽可能地与输入 $f(t)=x(t)$ 接近。放大器的传递函数是 $F_\alpha(s)$,伺服马达的传递函数是 $F_m(s)$。 如果设计的条件是适当地变化 $F_\alpha(s)$,使得误差 $e(t)=y(t)-f(t)$ 的均方尽可能变小。这样在运转的过程中,加到马达里的控制输入功率就可能非常高。为了避免发生这种功率过高的情况,我们要求加到马达的功率的平均值必须是某一个确定的值,在这种情形下,平均平方误差是

$$
\overline{e^2}=\frac{1}{2}\int_{-\infty}^{\infty}\left[\frac{F_\alpha(\mathrm{i}\omega)F_m(\mathrm{i}\omega)}{1+F_\alpha(\mathrm{i}\omega)F_m(\mathrm{i}\omega)}-1\right]\left[\frac{F_\alpha(-\mathrm{i}\omega)F_m(-\mathrm{i}\omega)}{1+F_\alpha(-\mathrm{i}\omega)F_m(-\mathrm{i}\omega)}-1\right]\Phi_{ff}(\omega)\mathrm{d}\omega。 \tag{16.49}
$$

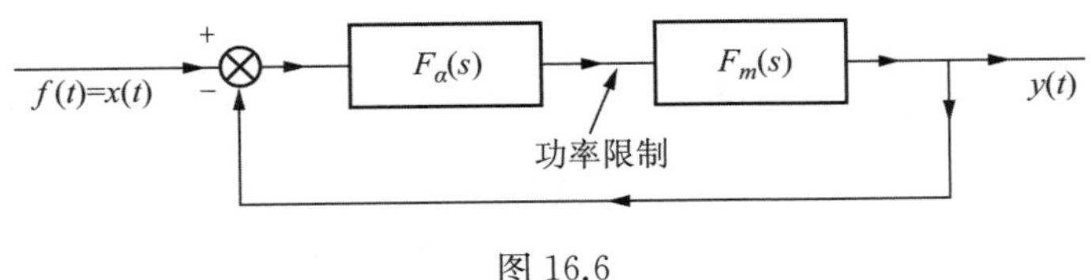

图 16.6

加到伺服马达的输入平均功率由加到伺服马达里信号的平均平方表示出来。这个平均功率保持固定值 σ^2。于是

$$\sigma^2=\frac{1}{2}\int_{-\infty}^{\infty}\left|\frac{F_\alpha(\mathrm{i}\omega)}{1+F_\alpha(\mathrm{i}\omega)F_m(\mathrm{i}\omega)}\right|^2\Phi_{ff}(\omega)\mathrm{d}\omega。\tag{16.50}$$

利用拉格朗日乘子法。这个以方程(16.50)为拘束条件，求 $\overline{e^2}$ 的极小值问题，可以变成求 $\overline{e^2}+\lambda\sigma^2$ 的极小值问题，λ 是放大器的常数。所以求极小的积分是

$$\overline{e^2}+\lambda\sigma^2=\frac{1}{2}\int_{-\infty}^{\infty}\Big\{[F(\mathrm{i}\omega)-1][F(-\mathrm{i}\omega)-1]\Phi_{ff}(\omega)+F(\mathrm{i}\omega)F(-\mathrm{i}\omega)\frac{\lambda\Phi_{ff}(\omega)}{F_m(\mathrm{i}\omega)F_m(-\mathrm{i}\omega)}\Big\}\mathrm{d}\omega,\tag{16.51}$$

其中，

$$F(s)=\frac{F_\alpha(s)F_m(s)}{1+F_\alpha(s)F_m(s)}。\tag{16.52}$$

把方程(16.51)和方程(16.15)的那个积分加以比较。我们看到现在的问题等价于 $F_1(s)=1$，$\Phi_{fn}=\Phi_{nf}=0$ 的过滤器问题，等价的噪声功率谱是

$$\Phi_{nn}(\omega)=\frac{\lambda\Phi_{ff}(\omega)}{F_m(\mathrm{i}\omega)F_m(-\mathrm{i}\omega)}。$$

被分解的函数 $\Phi(\omega)$是

$$\Phi(\omega)=\psi(\mathrm{i}\omega)\psi(-\mathrm{i}\omega)=\left[1+\frac{\lambda}{F_m(\mathrm{i}\omega)F_m(-\mathrm{i}\omega)}\right]\Phi_{ff}(\omega)。\tag{16.53}$$

根据方程(16.23)，最优过滤器的传递函数是

$$F(s)=\frac{1}{\psi(s)}\left[\frac{\Phi_{ff}(s/\mathrm{i})}{\psi(-s)}\right]_+。\tag{16.54}$$

除了一个常数 λ 而外，方程(16.52)和方程(16.54)确定了最优放大器的传递函数 $F_\alpha(s)$。这个常数 λ 要根据方程(16.50)，由功率水准 σ^2 来决定。

前面几段的讨论表明许多种类型的问题可以由维纳-阔尔莫果洛夫理论解决。实际上，第 9.12 节叙述过的输入是随机函数的伺服控制设计问题，也可以用这一理论解决。对伺服系统的这种应用是第十四章详细讨论过的根据指定积分条件进行设计的另一

例子。

只要这种准则能够给出,最优的系统特性就完全确定了。进一步讲,由于所选择的特殊类型的准则以及控制系统的性质,得出的控制系统是线性常系数系统,这样一个关于伺服系统更为特别的设计概念,比先前几章讨论过的反馈伺服设计原理前进了一步。勃克森包姆和诺威克(D. Novik)可能是首先提出过滤器理论的这种特殊应用的人①。

16.6 最优检测过滤器

在很多控制系统中,常常提出这样的问题:在强烈的噪声干扰下要把信号 $f(t)$ 探测出来。在这类问题里,信号的形状通常是知道的,所要探测的是当信号达到预期值 $f(t_0)$ 时,经过的时间 t_0。例如,我们知道雷达是具有某种固定形状的脉冲。问题在于要知道信号什么时候达到它的最大强度。假设在 t_0 的时候达到最大值,那么,在时刻 t_0 过滤器应该给出最小的信号变形。所以最优过滤器必须如此设计,使得经过了过滤作用的信号 $f_0(t)$ 在 t_0 时刻实际上和 $f(t_0)$ 相同。这里的拘束条件就是

$$f_0(t_0)=f(t_0)=\text{const}。\tag{16.55}$$

进入过滤器的噪声是 $n(t)$;相应的输出是 $n_0(t)$。我们希望通过过滤作用后尽可能消除噪声的影响,这种要求可以写成

$$\overline{n_0^2(t)}=\min。\tag{16.56}$$

问题是在 $f(t)$ 和 t_0,以及表示噪声特征的 R_{nn} 或者 Φ_{nn} 已给定的情况下,确定过滤器的传递函数 $F(s)$,或者确定过滤器对于单位冲量的反应函数 $h(t)$。把提出的要求写成

$$\overline{n_0^2(t)}-2\lambda f_0(t_0)=\min,\tag{16.57}$$

其中 λ 是拉格朗日乘子。具有普遍形式的这种问题已经由扎第(L. A. Zadeh)和拉格基尼(J. R. Ragazzini)解决了②。下面叙述他们的结果。

如果 $\Phi_{nn}(\omega)$ 能够分解

$$\Phi_{nn}(\omega)=\psi(\mathrm{i}\omega)\psi(-\mathrm{i}\omega),\tag{16.58}$$

其中,$\psi(s)$ 的极点和零点在左半 s 平面上。通常我们考虑两个串联的放大器,其中一个的传递函数等于 $1/\psi(s)$,另外一个的传递函数等于 $\psi(s)$,再把他们和过滤器串联起来,如图 16.7 所示。这一系统和原来的系统等价。我们用 $F'(s)$ 表示后面两个传递函数的乘积,也就是

$$F'(s)=\psi(s)F(s),\tag{16.59}$$

① A. S. Boksenbom, D. Novik, *NACA TN*, 2939(1953)。

② L. A. Zadeh, J. R. Ragazzini, *Proc. IRE.*, 40, 1223-1231(1952)。

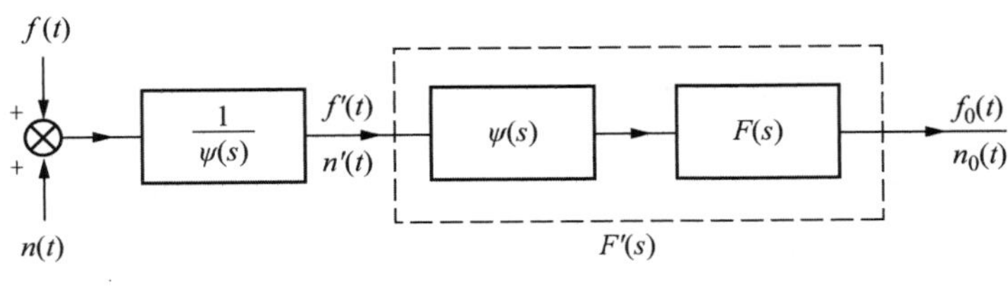

图 16.7

它对于单位冲量的反应函数用 $h'(t)$表示，加到 $F'(s)$的信号用 $f'(t)$表示，噪声用 $n'(t)$表示。假设 $S(\mathrm{i}\omega)$是信号 $f(t)$的富氏变换，也就是

$$S(\mathrm{i}\omega)=\int_0^\infty f(t)\mathrm{e}^{-\mathrm{i}\omega t}\,\mathrm{d}t, \tag{16.60}$$

于是，

$$f'(t)=\frac{1}{2\pi}\int_{-\infty}^{\infty}\frac{S(\mathrm{i}\omega)}{\psi(\mathrm{i}\omega)}\mathrm{e}^{\mathrm{i}\omega t}\,\mathrm{d}\omega。 \tag{16.61}$$

根据方程(9.71)，$n'(t)$ 的功率谱就是

$$\frac{\Phi_{nn}(\omega)}{\psi(\mathrm{i}\omega)\psi(-\mathrm{i}\omega)}=1。$$

所以现在的噪声是白色噪声，它的自相关函数是

$$R_{n'n'}(\tau)=\delta(\tau)。 \tag{16.62}$$

现在系统的输出可以写成

$$f_0(t)=\int_0^\infty h'(\tau)f'(t-\tau)\mathrm{d}\tau, \tag{16.63}$$

以及

$$n_0(t)=\int_0^\infty h'(\tau)n'(t-\tau)\mathrm{d}\tau。 \tag{16.64}$$

噪声输出的平均平方就是 $n_0^2(t)$ 的系集平均值，也就是

$$\begin{aligned}\overline{n_0^2(t)}&=\int_0^\infty \mathrm{d}\tau\int_0^\infty \mathrm{d}\tau' h'(\tau)h'(\tau')\,\overline{n'(t-\tau)n'(t-\tau)}\\&=\int_0^\infty\int_0^\infty h'(\tau)h'(\tau')R_{n'n'}(\tau-\tau')\mathrm{d}\tau\,\mathrm{d}\tau'。\end{aligned}$$

但是噪声 $n'(t)$的相关函数由方程(16.62)给出，因此

$$\overline{n_0^2}=\int_0^\infty [h'(t)]^2\mathrm{d}t。 \tag{16.65}$$

所以利用方程(16.63)和方程(16.65)可以把方程(16.57)写成

$$\int_0^\infty [h'(t)]^2 \mathrm{d}t - 2\lambda \int_0^\infty h'(t) f'(t_0 - t) \mathrm{d}t = \min, \tag{16.66}$$

但是原来问题中已经给定了 $f(t)$ 和 $\Phi_{mn}(\omega)$，所以 $f'(t)$ 是可以由方程(16.61)计算出来的一个确定的函数。所以方程(16.66)的第二个积分是一个固定的常数。第一个积分是正的或者等于零，因为要求两个积分相加起来取极小值，方程(16.66)中第一个积分必须等于零，于是只有假设积分里方括号内的那些量等于零才行。这样就得出

$$h'(t) = \lambda f'(t_0 - t) \quad 其中\ t \geqslant 0。 \tag{16.67}$$

自然，实际上可实现的系统，当 $t < 0$ 时，$h'(t) \equiv 0$。换句话说，对于正的 t，F' 对单位冲量的最优反应函数恒等于 $f'(t)$ 对 $t_0/2$ 点的镜像。对于噪声是白色噪声的特殊情形，在早些时候这个结果就已经知道了，首先推导出这个结果的是诺斯(D. O. North)。

采用方程(16.17)的结果，并且借助于方程(16.59)和方程(16.61)，可以把原来问题的最优过滤器传递函数 $F(s)$ 直接写出来：

$$F(s) = \frac{\lambda}{2\pi\psi(s)} \int_0^\infty \mathrm{d}t\, \mathrm{e}^{-st} \int_{-\infty}^\infty \frac{S(-\mathrm{i}\omega)}{\psi(-\mathrm{i}\omega)} \mathrm{e}^{\mathrm{i}\omega(t-t_0)} \mathrm{d}\omega, \tag{16.68}$$

其中 λ 是根据方程(16.55)的常数 $f(t_0)$ 来确定的，这个结果和方程(16.24)所给出的那个维纳的最优过滤器非常相似，实际上我们可以写成

$$F(s) = \frac{\lambda}{\psi(s)} \left[\frac{\mathrm{e}^{-st_0} S(-s)}{\psi(-s)} \right]_+, \tag{16.69}$$

其中$[\quad]_+$仍然表示取括号内的函数只有极点在左半 s 平面的那一部分，也就是要使得传递函数实际上是可实现的。方程(16.68)和方程(16.69)是由扎第和拉格基尼给出的最优检测过滤器公式。由于处理的是与另一个系统等价的问题，在那个系统中输入所包含的噪声分量是白色噪声(见图 16.7)，所以，理论的推导就被简化了。这种办法对于简化复杂的最优过滤器问题是非常有效的。

16.7 其他的最优过滤器

前面讨论的过滤器理论中，基本假设之一是关于信号或者噪声等随机函数的平稳性。如果时间相当长，因为系统的自然变化，或者由于在系统运转时有目的地加以改变的缘故，平稳性就不见得成立了。随机输入往往只在一定的时间间隔 T 内是平稳的，如果时间间隔比 T 长一些，随机函数就不再是平稳的了。所以，假设对于某一平稳随机函数设计一个过滤器，假设过滤器的特性时间比 T 来得大，实际的性质就会与理论结果不相符合，过滤器的性能也就会非常差。在这种情况下，把理论上“最优的”过滤器加以改变而采

用一个特性时间较短的过滤器会好一些。

一个更为合适的解答是把时间 T 明显地包含在我们的理论考虑之内，我们可以这样做，我们要求过滤器对单位冲量的反应函数 $h(t)$ 在间隔 $0 \leqslant t \leqslant T$ 以外等于 0，于是从 $x(t)$ 就可以算出 $y(t)$：

$$y(t)=\int_0^T h(\tau)x(t-\tau)\mathrm{d}\tau。\tag{16.70}$$

这个方程说明这样的事实，只有从现在起的一段时间间隔 T 内，输出依赖于输入。所以这种过滤器可以叫做**有限记忆过滤器**。前面讨论过的过滤器相当于 $T\to\infty$ 的情形，是**无限记忆过滤器**。

扎第和拉格基尼曾经讨论过有限记忆过滤器。他们①给出和前面一节类似的检测问题最优过滤器的解答，他们也给出一个更加复杂的最优过滤器问题的解答②，其中输入信号包括两个组成部分，一个平稳的随机函数和另外一个表示成 t 的多项式的不平稳随机函数。对于有限记忆过渡器，性能准则是首先消除平均误差，其次使得平均平方误差最小。因为信号中包含不平稳的随机函数，所以平均误差不见得自然就会消除。他们所给出这一理论的解答，通常很难用简单的电阻电容线路来实现。实际上，甚至于像无穷记忆过滤器那样比较简单的问题，由方程(16.68)和方程(16.69)所给出的解答有时候也难于实现。实际的过滤器只可能近似于理论上最优的过滤器。所以理论上的解答主要在于指导设计，给理想的性能提出一个参考性的标准。

16.8　一般的过滤问题

如果我们放弃不完善的电阻电容线路，而用一个模拟计算机或者甚至于用数字计算机作为过滤器，自然还能够采用复杂的理论上最优的过滤器设计，而且可以达到理论上的最优的性能。可是把一个机械-电子计算机当作元件加到控制系统里，就大大地增加了整个系统的复杂程度，所以只有在万不得已的时候才这样做。如果我们已经使得系统非常复杂，而且付出了很大的费用，我们还是可以怀疑是否真正得到最好的性能。前面几节讨论过的最优性能只是在理论中那些假定的限制条件下的“最优”而已。例如，对于两个有同样关联函数或者同样功率谱的随机信号。根据已有的理论，就要求用相同的过滤器。这在某种意义上，是对控制性能准则的一定放松。肯定地说，如果我们关于信号的了解除了功率谱以外，还知道更多的统计特性，那么我们将可以区别这两种信号，并且利用这些更多的知识来改善我们的设计。于是我们能够得到比以前的所谓“最优”过滤器还要好一些的性能。很明显，解决过滤问题的更一般做法一定要求更高深的概率论知识。最近发

① L. A. Zadeh, J. R. Ragazzini, *Proc. IRE*, 40, 1223 - 1231(1952)。
② L. A. Zadeh, J. R. Ragazzini, *J. Appl. Phys.*, 21, 645 - 654(1950)。

展起来的信息论这一门科学也可以在这里找到很大的用途。在这方面已经开始“概率地”去处理在噪声中检测一个信号的问题[①]，但是还留下许多有待于完成。

维纳-阔尔莫果洛夫最优过滤器理论是以平均平方误差这一准则为基础的。由于采用这一准则，我们基本上是着重于使那些大的误差较小，而没有考虑那些小的误差。但是很多情况下，我们的兴趣在于使那些一般的误差尽可能地小。不只是特别考虑那些不常出现的大误差。概率分布函数形状也可能是不对称的，平均值离众数很远。像这种情况，平均平方误差准则就完全不适用。作为一个简单的例子，我们考虑伯德和申南引用过的问题[②]，这个问题是预卜明天是否晴天，因为大多数都是晴天，不可能有负的降雨天去和降雨天相平衡，所以概率分布函数非常不对称。以这个分布函数的平均值为基础得到的最小平均误差将表示有小雨的那种天气。对于准备去野餐的人说来，这样一种预卜完全没有任何意义。他的兴趣在于知道真正是晴天的概率。因为即使有小雨，野餐也只好作罢。

这一章里关于最优过滤器理论仍然假定所讨论的是线性过滤器，输出和输入的关系是用一个常系数线性微分方程表示的。很清楚，这是一个我们自己加上去的限制，这样做的目的在于使理论变得简单，而且这种过滤器可以用电阻电容线路综合而成。对于特性随时间改变的系统，比如第十三章的火箭导航问题，这种过滤器显然是不合适的。在变系数系统的情形，合适的过滤器也必须具有随时间而变化的特性，如果过滤器仍然是线性的，那么还可以应用叠加原理，输出和输入的关系也还可以通过单位冲量的反应函数来确定。但是这时候的反应函数 h 是两个变数 t 和 t^* 的函数。t 是系统有反应的时刻，t^* 是冲量作用的时刻，所以输出 $y(t)$ 可以根据输入 $x(t)$ 由下列公式算出：

$$y(t)=\int_0^{\infty} h(t,\ t-\tau)x(t-\tau)\mathrm{d}\tau。\tag{16.71}$$

在这种情形里，最优过滤器的设计问题就是首先确定 $h(\tau,\ t)$，然后想办法实际上找出这种单位冲量的最优反应函数。

---

① 例如，P. M. Woodward, I. L. Davies, *Phil. Mag.*, 41, 1001－1017(1950); *Proc. IRE* 39, 1521－1524(1951); *J. Inst. Elec. Engrs. London*, 99,(3), 37－51(1952);以及 T. G. Slattery, *Proc. IRE.*, 40, 1232－1236(1952)。

② H. W. Bode and C. E. Shannon, *Proc. IRE*, 38, 417－425(1950)。

第十七章 自行镇定和适应环境的系统

前几章里，我们已经指出，如何可以设计成功高度复杂的控制系统，使它几乎能够具有任何一种指定的性能。自然，系统越是复杂，那么由于整个系统装配上的误差，或者因为个别元件的损坏而发生失灵现象的可能性也就越大。所以，对于复杂的系统，在实际运行中设计的可靠性问题就变得极为重要了。在这一章和最后一章，我们将以两种不同的观点考虑这个问题。

本章里，我们将讨论在系统里建立可靠的和能适应环境性能的这种可能性，使得系统在没有人帮助的情况下，本身能够自动地改正那些设计中偶然的或不能预料到的误差。控制系统本身就能"理解"如何正确地行动的这种性质(自然这里的理解二字需要加引号)，很像生物的适应性机能，这种机能保证生物在周围环境变化的情况下能够生存。在复杂的系统里，自行调整的这一概念是从有关生物的生活状态的研究中很自然地得出来的，因为对于生物这种特征是十分明显的。在这一章里，我们的讨论是以阿施贝(W. R. Ashby)写的一本著名的书[①]为基础，那本书中研究了关于神经系统产生适应行为的独特能力的由来。关于一个动物的脑子到底是如何构成的，对于这个问题可能有不同的看法。但是我们的目的只在于指出利用机械办法有可能得到适应环境的性能。至于提出来的机构是否是唯一可能的一种，我们就不去考虑了。

17.1 自行镇定系统

为简单起见，我们考虑由两个变量 y_1 和 y_2 确定的自持系统(在第 10.5 节已经讨论过这种类型的系统)，相平面就是 y_1y_2 平面。假设 t 表示时间，于是决定系统运动状态的联立方程可以写成

$$\left.\begin{aligned}\frac{\mathrm{d}y_1}{\mathrm{d}t}&=f_1(y_1,\ y_2;\ \zeta),\\ \frac{\mathrm{d}y_2}{\mathrm{d}t}&=f_2(y_1,\ y_2;\ \zeta)。\end{aligned}\right\}\tag{17.1}$$

① W. R. Ashby, *Design for a Brain*, John Wiley & Sons., New York, (1952)。

这里函数 f_1 和 f_2 里包含一个外加的参数 ζ,只有当 ζ 确定时,表示 $\mathrm{d}y_1/\mathrm{d}t$ 和 $\mathrm{d}y_2/\mathrm{d}t$ 之间的函数关系,以及 y_1 和 y_2 本身才能确定。作为一种特殊情况,我们让 ζ 取一系列离散值。根据点(y_1, y_2)的轨迹曲线就确定了系统的运动状态形式,这些轨迹曲线是由相平面上不同的初始点出发,随着时间增加而得到的曲线。很清楚地看到,参数 ζ 能取多少个不同的值,系统就会有同样数目的运动形式。例如,在第 10.5 节讨论过的线性系统(相当于 $y_1=y, y_2=\dot{y}$) 中有参数 ζ,假设 ζ 能够取五个不同的值,一个是比 -1 小的负数,一个是 -1 和 0 之间的负数,一个等于 0,一个是 0 和 1 之间的正数,还有一个是大于 1 的正数,五个运动形式由图 10.12 到图 10.16 表示出来。现在还可以举出另外一个例子

$$\left.\begin{aligned}\frac{\mathrm{d}y_1}{\mathrm{d}t}&=a_{11}(\zeta)y_1+a_{12}(\zeta)y_2,\\\frac{\mathrm{d}y_2}{\mathrm{d}t}&=a_{21}(\zeta)y_1+a_{22}(\zeta)y_2,\end{aligned}\right\}\tag{17.2}$$

其中,系数 a_{11}, a_{12}, a_{21} 和 a_{22} 是 ζ 的单调函数,于是 ζ 取多少种不同的值就有多少组不同的系数,每一组系数给出一个一定的运动形式。

如果在相平面上系统所有的运动曲线趋向某一点(稳定平衡点),那么运动形式是稳定的;如果系统的运动曲线由平衡点发散出去,系统的运动形式就是不稳定的。满足需要的系统自然应当是稳定的。如果我们能够使系统自动摈弃那些不稳定的运动形式,而保留稳定的运动形式,那么,就能使系统得到我们所需要的合适的运动状态。

如果把所需要的系统的平衡点用一个封闭的边界包围起来,并且建立一套开关装置,每当系统的运动曲线到达边界上,那么参数 ζ 就会改换成另外一个不同的值,我们来观察一下这将会发生什么情况。假设有像图 17.1(a)表示的一个由 P_0 点开始的运动形式,这是一个不稳定的运动形式,系统将会在 P_1 点和边界相碰,碰到边界的状态就促使开关装置发生动作,于是 ζ 跳到另外一个不同的值,系统的运动形式变成图 17.1(b)那样,这个形式也是不稳定的,系统从 P_1 点运转到 P_2 点和边界相碰,开关装置又改变 ζ 的值,运动形式变成图 17.1(c)的样子,其中虽然包含一个稳定平衡点,但是这时候系统仍然向边界外面运转,开关装置又第三次发生作用,运动形式变成图 17.1(d)表示的那种样子,系统由 P_2 点运转到平衡点 P_3,这个形式将保留下来,因为在稳定条件下,系统将不会和边界相碰,因此开关装置不发生作用,ζ 也就不会再改变。

所以,只要加上一套开关装置和一个事先就规定在相平面里的开关边界,系统就自动地摒弃那些不稳定的形式,保留稳定的运动形式,而自动达到稳定状态。更进一步,使参数 ζ 改变的开关装置,它的作用可以完全是随机的。如果开关只动作一次就达到稳定的形式,这当然比较好。但是无论开关作用了一次或者作用了三次,得到的结果总是一样,终归能达到稳定状态。由此可见,我们可以借助纯粹机械的方法产生有目的的运动状态。这样的系统自动地达到稳定状态,它并不是具有那种事先设计好的稳定性,而是通过“理

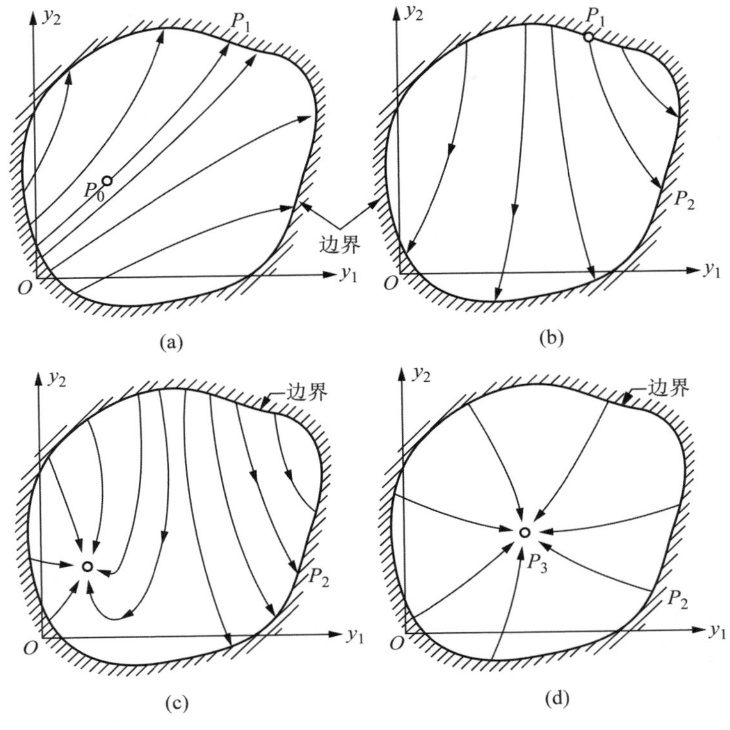

图 17.1

解”而变成稳定的(不言而喻,既使对于每一个借助于开关装置而实现的参数 ζ,这个系统总是稳定的。如果系统的结构完全不稳定,也即对于任何一个参数 ζ 系统都不稳定,那么这种方法就不可能获得成功)。所以它有更加高超的稳定性质,在阿施贝的书中把这种系统叫做“自行镇定系统”。

我们可以把两个变量的自持系统推广到 n 个变量 y_i 的系统,这里 $i=1, \cdots, n$。于是微分方程可以写成

$$\frac{\mathrm{d}y_i}{\mathrm{d}t}=f_i(y_1, y_2, \cdots, y_i, \cdots, y_n; \zeta) \quad (i=1, \cdots, n), \tag{17.3}$$

其中,ζ 是一个参数。每当相空间 y_i 里系统的运动曲线碰到开关边界,ζ 就由原来的值跳到另外一个不同的值。此处的开关边界是 n 维空间里的一个 $n-1$ 维超曲面。这样一个系统也同样是自行镇定的系统。

17.2　自行镇定系统的一个例子

为了说明自行镇定系统的运动状态,阿施贝做了一个比较简单的模型①。这个模型

---

① W. R. Ashby, *Electronic Eng.*, 20, 379(1948)。

包含四个变量,四个变量 y_1, y_2, y_3 和 y_4 分别表示四根磁铁的转角;磁铁在运动时受到很大的阻尼,采用四个线圈去控制每一根磁铁的位置,通到每个线圈的电流又分别由四根磁铁的转角决定。因为阻尼很大的缘故,磁铁的运动相当缓慢,可以把惯性力忽略不计,根据由线圈产生的那些力矩应该等于阻尼力矩的关系,得到运动方程:

$$\left.\begin{aligned}\frac{dy_1}{dt}&=a_{11}y_1+a_{12}y_2+a_{13}y_3+a_{14}y_4,\\ \frac{dy_2}{dt}&=a_{21}y_1+a_{22}y_2+a_{23}y_3+a_{24}y_4,\\ \frac{dy_3}{dt}&=a_{31}y_1+a_{32}y_2+a_{33}y_3+a_{34}y_4,\\ \frac{dy_4}{dt}&=a_{41}y_1+a_{42}y_2+a_{43}y_3+a_{44}y_4。\end{aligned}\right\}\tag{17.4}$$

方程里那些系数 a 的大小可以由实验者用一个可变电位计调节通到线圈里的电流加以改变。a 的符号也可以利用安装在线圈线路中的换向器加以改变。此外,对于每一根磁铁,控制它的位置的四个线圈中,有一个线圈的电流经过一个转换开关,转换开关共有 25 个可能的位置。每当磁铁的转角在正方向或者负方向偏转到 45°的时候,转换开关就随机地跳到另外一个位置。这样一来,系数 a_{ij} $(i, j=1, 2, 3, 4)$ 中的四个系数,每个都能由四个转换开关随机地选取 25 个值中的一个。对于每一根磁铁,或者说每一个变量 y_i,我们可以画出一个像图 17.2 那样的方块图。

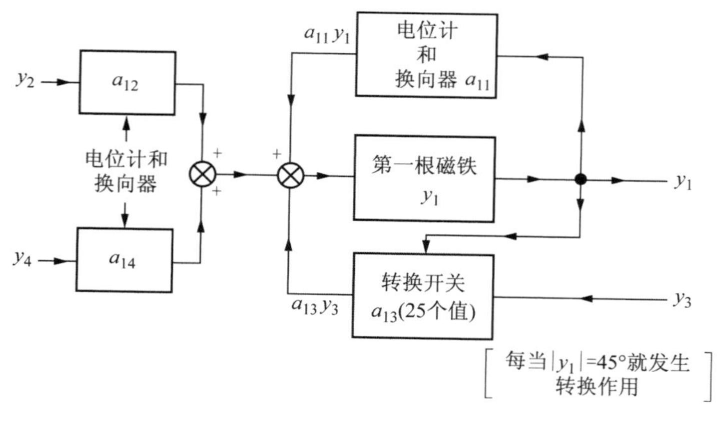

图 17.2

这里的开关边界是四维相空间里以原点为中心边长和 90°转角相应的“立方体”。对于实验者每给出一次 a 的安排来说,四个转换开关能够给出被它们决定的 $25^4=390\ 625$ 种四个系数的组合。所以我们用手变动一次可变电位计,这个模型就有 390 625 种运动形式。这些形式中有些是稳定的,有些是不稳定的。不稳定的形式将被自动地摒弃掉。

现在可以把自行镇定的性质做一个形象化的说明。首先,为了简单起见,我们先看一根磁铁,使它的反馈线路经过一个转换开关回到它本身,把其他的线圈隔断。图 17.3 表示这根磁铁的运动形式。图中上面的曲线代表磁铁的转角,下面的曲线表示转换开关的动作。在 D_1,用手拨动磁铁;但是转换开关的位置给出一个稳定运动形式,磁铁就很快地回复到原来的位置。在 R_1,用手把反馈线路倒转,现在转换开关原先的位置使得系统变成不稳定,磁铁的转角到达开关边界(图 17.3 中用虚线表示的部分)。于是转换开关发生作用,转换开关跳动一次后,形式变成稳定的,根据在 D_2 时刻加一个外扰所引起的变动得知系统确实是处于稳定状态中了。在 R_2,再用手把反馈线路倒转,这时候转换开关随机地跳动了四次才使系统达到稳定状态。在 D_3 系统又是稳定的了。

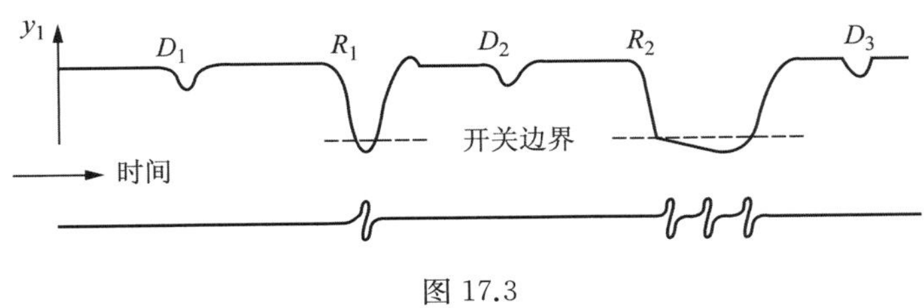

图 17.3

现在再来讨论下面一个例子,这时,有两根互相影响的磁铁,分别用 y_1 和 y_2 表示他们的转角。系数 a_{21} 由实验者给定,系数 a_{12} 由转换开关随机地取值,其余的系数都取为零。对于每次给定的一个 a_{12},由于转换开关能够随机地取 25 个值中的一个,于是就有 25 种不同的运动形式。实验所得的结果用图 17.4 表示,图中上面的两条曲线分别代表两根磁铁的转角 y_1 和 y_2;最底下的曲线表示转换开关的动作。在 D_1,转换开关的位置给出的是一个稳定的运动形式,转角 y_1 和 y_2 是同方向的。在 R_1,倒转第 2 根磁铁线圈的极性(通入这个线圈的电流由第 1 根磁铁的转角决定),因而改变了系数 a_{21} 的符号,这时系统就不稳定了,转角 y_1 到达开关边界,转换开关跳动一次后系统又变成稳定的。在 D_2,由一个试验性外扰表明系统是稳定的,y_1 和 y_2 的方向正如预料那样是相反的。在 R_2,把 a_{21} 的符号又换成在 D_1 时刻的符号;转换开关作用后,系统又是不稳定的了。直到转

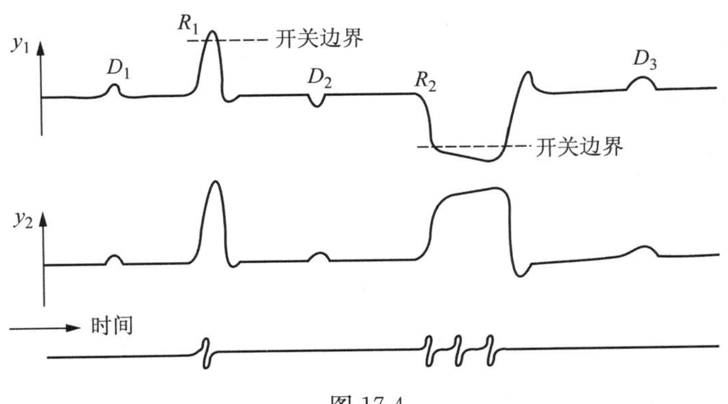

图 17.4

换开关跳动三次以后系统才达到稳定。在 D_3,可以看出系统又是稳定的,y_1 和 y_2 偏转的方向相同。

最后举一个例子说明,甚至于直到系统设计成功后都未曾预料到的情况发生时,自行镇定的系统也会自动地适应环境。我们考虑图 17.5 表示的具体过程。这里有三根互相影响的磁铁分别用 y_1,y_2 和 y_3 表示它们的转角。在 D_1 的情形表明,最初系统是稳定的。转角 y_1 和 y_3 方向相同,但是 y_2 的方向和它们相反。现在在时刻 J,我们使模型遭到一种新的,没有预料到的情况,我们把第一根磁铁和第二根磁铁联系在一起了。这样一来他们转动的方向就必须永远一致。加入这种限制以后,转换开关的动作情况和以前可能的动作情况有所不同。两根磁铁连在一起以后,系统变成不稳定了,结果转角增大使转换开关发生作用,一连摒弃三个不稳定的运动形式才达到稳定形式,如 D_2 所示。在 R,把第一根和第二根磁铁间的联系解除掉,系统又变成不稳定的,这时就又要求转换开关发生新的动作。

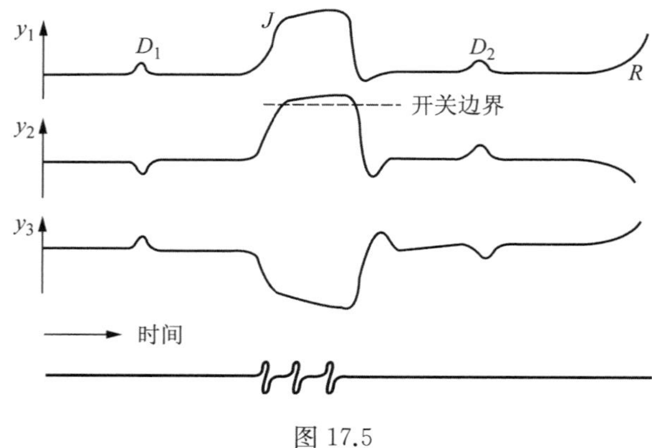

图 17.5

17.3 稳定的概率

前面一节,我们已经说明自行镇定的系统在某些情况下寻找稳定形式的那种具有适应能力的特征。自然会发生下面的问题:关于稳定的寻求是否总能成功呢?成功的概率等于多少?如果我们考虑方程(17.3)所确定的那种具有 n 个变量的自持系统,离散参数 ζ 的每一个值给出一个普通的动力系统,于是和所有 ζ 值对应的那些 n 个变量的自持系统组成一个系集。我们可以在带有开关边界的相空间里把稳定的概率确定如下:在相空间里取一点 $P(y_i)$,考虑围绕着 P 点的一个无穷小邻域 $\mathrm{d}V$,在上述动力系统组成的系集里具有稳定平衡点在体积 $\mathrm{d}V$ 中的百分数是 $\mathrm{d}p$。在开关边界围绕的相空间内求 $\mathrm{d}p$ 的积分,这样就给出对应于特定的开关边界的系统稳定的一般概率 p。

不言而喻,真正要计算这个稳定的一般概率是一个非常困难的数学问题,为了得到关于这个概率的一些了解,阿施贝对下面一类线性系统的系集做了一些实验分析

$$\frac{\mathrm{d}y_i}{\mathrm{d}t}=\sum_{j=1}^{n}a_{ij}y_j \quad (i=1,\ 2,\ \cdots,\ n) \tag{17.5}$$

这里只有原点是一个平衡点。必须研究下面的行列式方程才能解决系统的稳定问题，

$$|a_{ij}-\delta_{ij}\lambda|=0,\quad \begin{array}{l}\delta_{ij}=1,\text{当 } i=j,\\ \delta_{ij}=0,\text{当 } i\neq j。\end{array} \tag{17.6}$$

假设所有的根 λ 的实数部分都是负实数，那么系统就是稳定的。通常这些根 λ 称为方阵 a_{ij} 的特征根。在系集里有些方阵的全部特征根实数部分都是负实数，这种方阵出现的概率等于系统稳定的概率。阿施贝考虑了最简单的分布，即均匀分布的情形，具体地说，就是方阵 a_{ij} 中每个元素以同样的可能性取包含在-9到$+9$之间的每一个整数值。一般说来，可以借助记载随机数目的表来完成选取 a_{ij} 的值。当 $n=1$，稳定的概率显然等于 1/2。对于其他阶数的系统，阿施贝利用胡尔维茨（A. Hurwitz）的规则①试验稳定情况。他所得到的结果列在表 17.1 内。可以看出稳定的概率为随着系统阶数的增加而逐步减少，这个概率近似地等于 $1/2^n$。

表 17.1

n	试验次数	找到稳定的次数	稳定的百分比
2	320	77	24
3	100	12	12
4	100	1	1

如果我们对 a_{ij} 加上某些适当的限制，那么稳定的概率就会增大。例如，我们使方阵对角线上的元素等于零，或者等于负数，假设变量之间互相不发生影响，那么系统就总是稳定的。对于一个变量，或者 $n=1$ 的系统，稳定的概率显然等于 1。当 $n=2$，概率等于 3/4。把阿施贝的实验结果列在表 17.2 内。

表 17.2

n	试验次数	找到稳定的次数	稳定的百分比
2	120	87	72
3	100	55	55

由表中看到稳定的概率增大了一些，但是无论如何，当变量的数目增加时，稳定的概

① A. Hurwitz，*Mathematischen Annalen*，46，273(1875)。

率就一定会减小。从这些研究材料中,得出下面的结论:系统稳定的概率将随着系统逐渐变复杂而按一定的规律逐渐减小。那些庞大的系统不稳定的可能性就比稳定的可能性大。

17.4 终点场

按照阿施贝的做法,对于某个给定的参数值 ζ 所得到的运动形式我们都给它一个固定的名称,把相空间里的运动形式称为运动状态曲线场。这种场随着参数的改变而有所不同。经过开关作用后与某个参数值对应的最后的稳定场称为终点场。这样一来,求出到达终点场所必须的开关动作次数的平均数 N,就非常重要。这个数目 N 和自行镇定系统稳定的概率 p 之间有简单的关系。开关第一次作用后能达到终点场的概率显然就等于 p。没有达到终点场的概率是 $q=1-p$。假设开关完全随机地起作用,于是第二个场(第二次开关作用后得到的场)是稳定的概率仍然等于 p,不稳定的概率仍然等于 q。所以第二个场达到终点场的条件概率等于 pq;而第二个场仍然不是终点场的概率等于 q^2。以此类推,我们知道开关作用 m 次以后才达到终点场的条件概率等于 pq^{m-1},达到终点场所必须的开关作用次数的平均数 N 就是

$$N=\frac{\sum_{m=1}^{\infty}mpq^{m-1}}{\sum_{m=1}^{\infty}pq^{m-1}}=\frac{(1-q)^{-2}}{(1-q)^{-1}}=\frac{1}{1-q}=\frac{1}{p}。\tag{17.7}$$

如果 p 非常小,对于那些庞大的系统来说,达到终点场的开关动作次数的平均数 N 就非常大,这样看来,就需要经过一段漫长的过程,需要很长的时间才能找到终点场。

在一个场里,如果只有很小一部分运动形式曲线趋向平衡点,而其他的曲线将从平衡点散开去碰到开关边界。这种特殊的场可以称为奇异终点场。只有从开关边界出发的运动曲线恰好就是上述能趋向平衡点的那些少数的曲线中的曲线,这个场才是终点场。下面我们就会看到,这种奇异终点场是不好的场。假设一个自行镇定系统所有可能出现的场中,有一部分是奇异终点场,这一部分场成为终点场的可能性非常小,为了说明这一点,我们再进行一些分析。开关边界曲面上总有这样的部分,从这部分出发的运动形式曲线趋向平衡点。设这部分面积和整个开关边界曲面面积的比值是 k,例如图 17.1(a)和(b)表示的那两个场 $k=0$,图 17.1(c)表示的场中,k 差不多等于 1/2。图 17.1(d)表示的场,$k=1$。在自行镇定系统所有可能的那些场中,如果有 k 在 k 到 $k+\mathrm{d}k$ 之间的百分数等于 $f(k)\mathrm{d}k$。$f(k)$ 就是自行镇定系统可能有的场分布函数,按照定义

$$\int_0^1 f(k)\mathrm{d}k=1。\tag{17.8}$$

因为只有那些从开关曲面上 k 那一部分出发的运动曲线才可以产生一个终点场。于是 k 在 k 与 $k+\mathrm{d}k$ 之间产生终点场的条件概率等于 $kf(k)\mathrm{d}k$。由此可知,终点场的分布函数 $g(k)$ 和自行镇定的系统可能有的场的分布函数关系如下:

$$g(k)=\frac{kf(k)}{\int_0^1 k'f(k')\mathrm{d}k'}。\tag{17.9}$$

显然,

$$\int_0^1 g(k)\mathrm{d}k=1。\tag{17.10}$$

如图 17.6 所画的那样,终点场的分布集中在那些 k 值较大的地方,因此,k 很小的奇异终点场是不好的场。

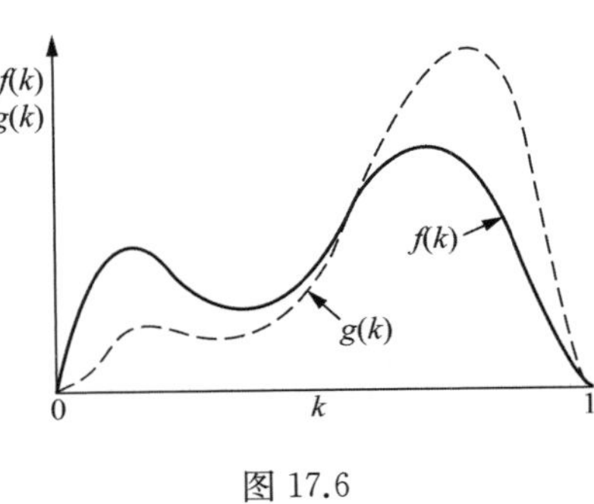

图 17.6

然而,真正的终点场的分布与公式(17.9)得到的那种可能的终点场的分布并不相同。其原因在于,系统的平衡状态会遭到一些随机干扰的作用,如果相空间里的平衡点靠近开关边界,那么即使相当微小的干扰也会使系统的瞬时状态跑过边界,而把原来的场破坏掉。所以,有随机干扰作用的时候,如果一个终点场保持稳定状态的概率很大,那么平衡点必须在开关边界内靠近中心的地方。例如图 17.7 的三个场中,c 场就比 a 场和 b 场来得稳定一些。其中 b 场同时包含一个不稳定的平衡点和一个极限环线。

为了把这样一个在随机干扰作用下的稳定性概念表达成定量的形式。我们引入在一个干扰作用后终点场保持不变下的概率 σ。如果场里只包含一个稳定平衡点 P,如图17.7 所示,并且假设干扰使系统由 P 点离开的分布函数已经确定(譬如说按照一个高斯分布),那么,把这个分布函数在相空间中开关边界所包围的区域内求积分,就得到 σ。如果终点场包含一个极限环线 S,那么,把极限环上的每一点先看作是一个平衡点,然后按照

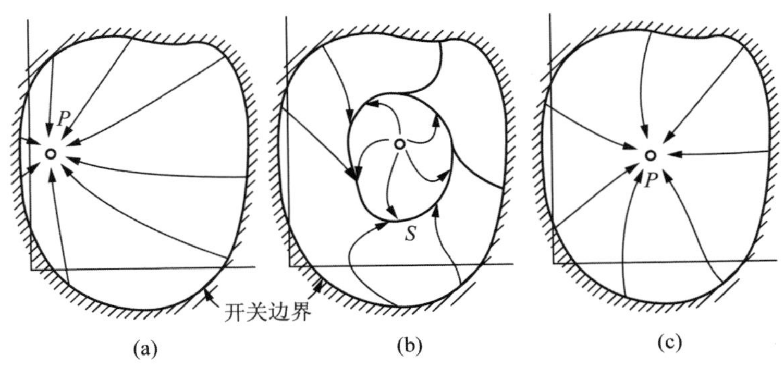

图 17.7

稳定平衡点的办法求出相当的概率，最后根据系统将在这些点耗费的时间的比例，求出这些概率的平均值σ，这个平均值σ就是场保留下来的概率。我们可以认为每一个终点场都有一个这样的概率σ。用$\varphi(\sigma)$表示终点场在σ的概率分布函数；也就是σ在σ到$\sigma+\mathrm{d}\sigma$之间找到一终点场的概率等于$\varphi(\sigma)\mathrm{d}\sigma$。显然

$$\int_0^1 \varphi(\sigma)\mathrm{d}\sigma = 1。\tag{17.11}$$

用$\psi(\sigma)$表示真正的终点场的分布函数，

$$\int_0^1 \psi(\sigma)\mathrm{d}\sigma = 1。\tag{17.12}$$

我们将借助$\varphi(\sigma)$来计算$\psi(\sigma)$。我们既然假设$\psi(\sigma)$是真正最后终点场的分布函数。这个分布函数将不会因为随机干扰的作用而有所改变。此外，在一个随机干扰作用以后，有值σ在σ到$\sigma+\mathrm{d}\sigma$之间而百分数是$\psi(\sigma)\mathrm{d}\sigma$的场，保留下来的概率等于$\sigma$，遭到破坏的概率等于$1-\sigma$。由于一个随机干扰的作用，而被破坏掉的场的总百分数是

$$\int_0^1 (1-\sigma)\psi(\sigma)\mathrm{d}\sigma。$$

新的终点场根据可能的终点场的分布而决定；也就是根据$\varphi(\sigma)$。所以在一个随机干扰作用后，在σ到$\sigma+\mathrm{d}\sigma$中间终点场的总百分数等于

$$\sigma\psi(\sigma)\mathrm{d}\sigma + \varphi(\sigma)\mathrm{d}\sigma\int_0^1 (1-\sigma')\psi(\sigma')\mathrm{d}\sigma'。$$

因为随机干扰不会影响最后的分布$\psi(\sigma)$，所以上面的数目和$\psi(\sigma)\mathrm{d}\sigma$成正比。如果$C$代表比例常数，那么

$$C\left[\sigma\psi(\sigma) + \varphi(\sigma)\int_0^1 (1-\sigma')\psi(\sigma')\mathrm{d}\sigma'\right] = \psi(\sigma)。$$

把这个公式的两端从$\sigma=0$到$\sigma=1$对σ求积分，根据方程(17.11)和方程(17.12)就可知道C等于1，所以我们得到

$$\sigma\psi(\sigma) + \varphi(\sigma)\int_0^1 (1-\sigma')\psi(\sigma')\mathrm{d}\sigma' = \psi(\sigma)。$$

上面方程里的积分是一个与σ无关的常数。可以看出$\psi(\sigma)$和$\varphi(\sigma)/(1-\sigma)$成比例关系，或者，由方程(17.12)得到

$$\psi(\sigma) = \frac{\varphi(\sigma)}{(1-\sigma)\displaystyle\int_0^1 \frac{\varphi(\sigma')\mathrm{d}\sigma'}{(1-\sigma')}}。\tag{17.13}$$

根据方程(17.13)可以由可能的终点场的分布函数得到真正的终点场的分布函数。因为可能的终点场的分布,可以通过计算系统里所有可能得到的场的分布,利用方程(17.9)求得。我们至少能够在理论上根据自行镇定系统的特性得到真正终点场的分布。方程(17.13)表明,真正的终点场的分布 $\psi(\sigma)$ 与 $\varphi(\sigma)$ 比较起来更加集中在那些 σ 值大的地方。这一事实从图17.8中可以清楚地看到,同时也是我们在以前的直观的讨论中所预料到的。我们需要注意,特殊类型的随机干扰,将仅仅影响分布函数 $\varphi(\sigma)$ 的计算。至于方程(17.13)所确定的 $\varphi(\sigma)$ 和 $\psi(\sigma)$ 之间的关系不会因干扰的类型不同而有所改变。

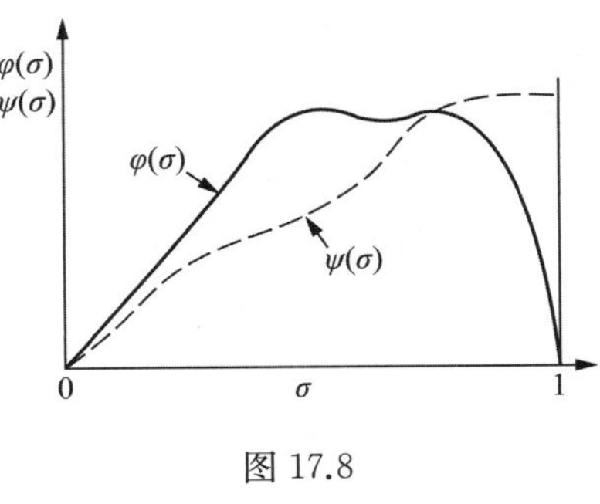

图 17.8

17.5　适应环境的系统

前一节已经说明,达到一个终点场需要开关作用的次数 N 等于 $1/p$,这里,p 是一个自行镇定系统那些场稳定的一般概率。因为我们已经知道对于庞大的系统来说,p 降低成非常小的数值,N 就很大,比如说,假设系统包含 100 个变量,$p \approx 1/2^{100}$,$N = 2^{100} \approx 10^{30}$。即使我们使得开关每秒钟动作 10 次,达到终点场所需要的时间仍然要等于 3×10^{19} 个世纪,如此长的时间完全可以认为是无穷大的。因此实际上自行镇定的系统将永远达不到终点场。所以对于系统很庞大的情况,同时也正是自动寻求稳定状态的原理处于重要地位的情况,我们却发现这个概念是不现实的。

为了弥补上述缺陷,我们必须使系统稳定的概率加大。可以采取一个折中的办法。我们按照下面的方式进行设计,系统的场限制是那些在希望的运转条件下稳定的场。只有局部和少量地方才需要开关作用来调整。换句话说,我们根据普通的方法来设计系统,而不采用自行镇定这种原理。只有当预先估计会有扰乱时才采用新的原理和开关装置。例如,我们可以根据前面几章讨论过的原理,设计一套自动驾驶飞机的装置。但是我们有一个顾虑,整套机械可能使自动驾驶装置传送到副翼上的信号发生错误,以致要求副翼向下的信号实际上产生副翼向上的运动。假设机械果真产生了这种错误,于是自动驾驶装置就不能使飞机稳定,自动驾驶着的飞机这一系统也就不稳定了,飞机就要发生旋转运动。但是,如果恰好在这一点上采用自行镇定的原理,那么就可以消除设计者的顾虑了。当飞机旋转超过预定值,而碰到开关边界的时候,开关就自动地发生作用。这时系统就是包含两个场(一个稳定的场和一个不稳定的场)的自行镇定的系统了,无论自动驾驶的飞机这一系统中可能有许多个变量,但是开关顶多动作一次就达到稳定。这里所采取折中办法的主要看法是,并不让每一个变量都随机地变化。差不多所有的条件下,我们可以有运转稳定的设计,由于需要考虑的只是那些预料可能发生的偶然事件,这样就大大地减少了关于表示系统行为的场的选择。因此,这是介于一般控制设计原理和自行镇定原理之间的一种折中办法。

对于生物来说,不可能预先假定周围是什么样的情况,所以要想限制系统性能的场的选择而增加稳定的概率是办不到的。阿施贝发现另一种增加稳定概率的途径。他对一个非常复杂的、包含很多变量的系统进行观察,结果发现某一种干扰或者运转条件的变更只直接影响这些变量中相当少的若干个变量。这样,假设直接受到扰动的这些变量可与其他变量分离开来,把他们组成一个自行镇定的系统,那么,对于那些特殊类型的干扰,稳定的概率可以大为增加。例如在这一节第一段的讨论中,假设直接受到干扰的变量,不是原来的 100 个,而是 5 个,如果开关每秒钟动作 10 次,那么预料达到终点场的平均时间只是 3.2 秒。这样一来,假设 100 个变量可以分成 20 组,每组有 5 个变量,形成 20 个自行镇定的系统,那么要求完全适应一个新的运行条件的时间总数只是 20×3.2 秒$=64$ 秒。对于一个包含 100 个互相有关联的变量的自行镇定系统来说,从 3×10^{19} 世纪变为 64 秒,这的确是一个惊人的改进!

自然,由 20 个不同的系统(每个系统各包含 5 个变量)组合而成的一个系统,就不如一个包含 100 个变量而变量之间互相有影响互相有关联的系统那样灵活,也不会有那样好的反应。但是,如果某种干扰只直接作用到 5 个变量,因为我们可以适当地按照干扰的性质进行变量的组合,使得每一个干扰都只影响到某一个子系统的 5 个变量,于是有 5 个变量的 20 个子系统组成的大系统和具有 100 个变量的系统是等价的。假设,受到干扰的变量是 y_1, y_2, y_3, y_4 和 y_5,于是这 5 个变量结合而成一个具有 5 个变量的自行镇定的系统。如果又有一个干扰作用于变量 y_2, y_5, y_{10}, y_{98} 和 y_{99},于是这五个变量也结合成一个自行镇定的系统。这种根据运转条件不断地改变系统变量的组合而形成各种子系统的现象,阿施贝称之为运动状态的**分散现象**。当点 $(y_1, y_2, \cdots, y_n)$ 在相空间内某一定范围时,方程(17.3)中函数 $f_i(y_1, y_2, \cdots, y_n; \zeta)$ 等于零,就可以真正做到运动状态的分散。这时那些 y_i 是时间的常数函数,实际上只是其他变量的参数而已。在我们上面提到的例子中,对于第一个干扰来说,点 $(y_1, y_2, \cdots, y_n)$ 在相空间中某一个区域内,除了 $i=1, 2, 3, 4, 5$ 以外,f_i 都等于 0。对于第二个干扰来说除了 $i=2, 5, 10, 98, 99$ 以外,其余的 $f_i=0$。很明显,函数 f_i 的这种运动状态只是意味着对于各个微商 $\mathrm{d}y_i/\mathrm{d}t$ 来说存在着各种阈限。在实际的系统里这种阈限自然是可以预料到的。因此分散的现象是不难做到的。

阿施贝把具有分散现象的自行镇定系统叫做**适应环境的系统**。一个适应环境的系统自然具有能适应环境的性能,因为它由自行镇定的子系统组成。它和有同样多个变量的自行镇定系统不同的地方在于达到终点场的时间不一样。适应环境的系统达到稳定所需的时间比较起来是短得多的,因此就使得自行镇定的原理实际上能够实现。而且,一个适应环境的系统,对接连出现的干扰的反应是接连的尝试性的变化着适应,这种系统表示逐步理解的过程,或者继续适应的过程,这是在生物中经常可以看到的特征。更进一步,因为对于一个干扰的第二次以及以后的适应必然会改变系统的参数。与第一个干扰恒等的干扰重复出现时，一般说来系统不再产生第一次所适应的状态，这是真正的运动状态的分散现象，换句话说，系统变得更“老练”更“聪明”了，现在它不仅能够抵抗那一个主要的干扰，而且还能适应更多的运转条件了。

第十八章 误差的控制

在上一章里，我们已经介绍了自行镇定的原理：由于有一个简单的装置，每当系统处于不稳定的时候，这个装置就会改变系统的性能，使系统能够不受那些偶然的误差以及元件发生无法预料的失效现象的影响。因为一个自行镇定的系统能够自动地达到稳定状态，所以，设计这种控制系统的时候，实际上，那些不稳定的运动状态场和那些稳定的运动状态场同样地被引进系统中来了。换句话说，在设计一个自行镇定系统的过程中，我们并不企图把稳定性和不稳定性区分开来，也不设法把错误的运动状态场与正确的运动状态场加以区分。在那里，我们只是从概率的观点处理运动状态的误差，并没有采用其他的处理方法。本章中，我们将从另外一种不同的观点讨论一个复杂系统的可靠性问题。我们将要故意把误差引入系统中，然后提出问题：系统应该如何设计才能使系统可以不顾误差的影响而还可以给出合适的性能。那就是，我们希望知道如何控制误差。

关于控制误差的问题现在还处于发展的初期。目前还只能对那些最简单的作用关系讨论误差的控制，现在的理论全都是由冯・诺伊曼(J. von Neumann)①提出来的。我们这一章的讨论是冯・诺伊曼工作的一个说明。这样做的目的在于引入这个非常重要的题目，并且指出需要在这方面进行更进一步的研究。

18.1 用加倍的办法改进可靠性

根据一般的常识，用简单的加倍办法常常可以增加系统的可靠程度。例如，以图 18.1(a)所表示的系统而论，假设它有这种特性：如果它的运转失效仅仅是没有输出而已，这时为了保证系统有较小的失效概率，我们用加倍的办法可以把同样的系统并联起来，如图 18.1(b)所示。假设原来系统失效的概率等于 p(p 是一个在 0 与 1 之间的数)，于是在并联的系统中每一个单元失效的概率也是 p。如果并联而成的系统中，各个单元相互无关，只有当每一个单元都失效的时候并联而成的系统才会失效。并联而成的系统失效的概率

① J. von Neumann, "Probabilistic Logics and the Synthesis of Reliable Organisms from Unreliable Components"，这是作者在美国加州理工学院(California Institute of Technology)作过的一篇讲演的印本，出版于 1952 年，现已收入下列文集中：*Automata Studies*, Princeton Univesity Press, Princeton, N. J. (1956)，这个文集已有俄文译本文献[60]。

于是就等于 p^n。使倍数 n 增加，我们就可以使得这个概率非常小。

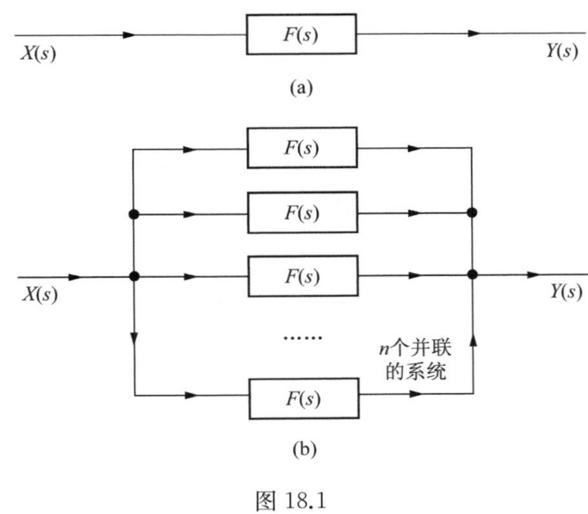

图 18.1

但是，一般说来，控制系统中的某一个元件的失效，并不使它的输出等于零。与上一段的情形相比较，这时的失效影响会更坏些，这时系统仍然还有一个输出，但是这是个错误的输出，因此，像上面谈到的加倍方法，就不可能解决问题，因为一个错误的信号混杂在正确的信号中，其结果仍然是错误信号。因此，对于防止失效说来，如果系统中有这种失灵情况，并联而成的系统失灵的概率和单独一个系统失灵的概率相等；结果，可靠性并没有得到改善。所以误差的控制问题并不像最初想象那么简单而是一个比较深刻、比较困难的问题。虽然如此，以后还会看到，加倍的原理，也即需要增加元件数目这一原理仍然是基本的想法。主要的问题在于如何把这些元件按新的方式组合起来才能有效地控制误差，因为像图18.1(b)那样简单的并联组合并不总是有效的。

18.2 基本元件

为了分析起来简单，我们不来讨论输入和输出都是连续变数的情形，我们选择一个简单的元件作为对象，它的输出和输入只可能取两个离散值：0 或者 1，也就是说，输入或者是“开”(激发)或者是“关”，输出或者是“开”(激发)或者是“关”。这时，元件的特性由输入和输出的关系所决定。此后我们总是假定元件只能有一个输出，但是可以有几个输入。这里输出和那些输入之间也可以有一个时滞，这里，时滞的意义是说，输入激发后，一定要经过一定的时间输出才激发。所以，这样一种元件具有继电器线路的性质。

为了描述元件的特征，我们引入四种类型的输入：刺激输入；抑制输入；恒定刺激输入；以及一类永不起作用的输入，也就是接地输入。它们是用图18.2 的符号表示的。这里，用一个圆圈表示元件，输入画在圆圈的左端，输出画在圆圈的右端。而且在圆圈中间有一个数字 k，k 的意义就是：起刺激作用的输入的数目必须至少比起抑制作用的输入的数目多 $k-1$ 个，系统的输出才是开。图 18.3(a)所表示的元件，只有当输入 a 和 b 都是开的时候，输出才是开，这可以叫作 ab 元件。图 18.3(b)表示另一个元件，如果输入 a 和 b 之中有一个是开那么它的输出是开，这可以叫作 $a+b$ 元件。图 18.3(c)表示只有当输入是关的时候输出才是开的元件，可以叫作 a^{-1} 元件。如果我们考虑的

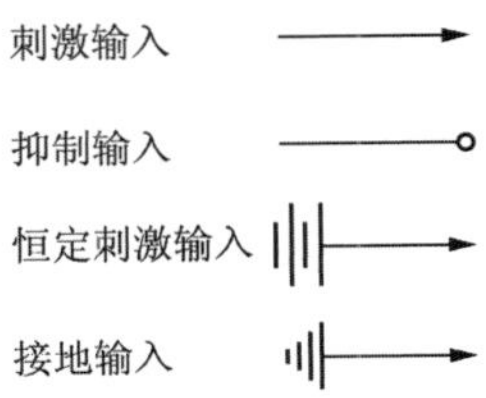

刺激输入
抑制输入
恒定刺激输入
接地输入

图 18.2

输入是表示某个断言是正确(开)还是不正确(关)的条件,那么,图 18.3 的三个元件恰好表示布尔(Boole)代数的三个基本运算(这些元件有时候也叫做基本逻辑元件)。在一个采用二进位制的数字计算机中,这些元素是运算的基本元件。如果计算运算中需要记忆装置,这种装置可以由图 18.3 的元件经过反馈而得到,如图 18.4 那样。原因是这样的:输入 a 激发了一次以后,不论在下一次运算中 a 是开还是关,输入总是开的。

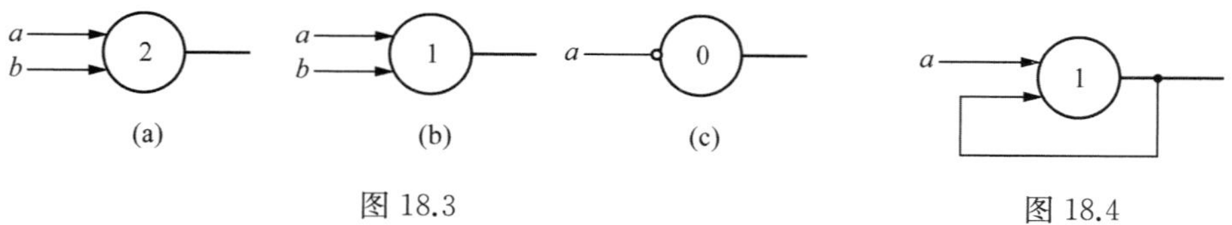

图 18.3

图 18.4

对于以后的讨论来说,同时用三种基本元件去处理问题有些不方便。但是,所有这三种元件实际上是一种基本元件的特殊情形。考虑图 18.5 所表示的**谢弗元件**(Scheffer stroke)。因为两条恒定刺激输入线是一直起作用,我们可以把他们从图中去掉,把谢弗元件用下面的图表示。输出在这样的情形下是开,如果 a 和 b 都不是开,或者 a,b 中有一个是开,输出就是开的。但是如果 a 和 b 都开那么输出就是关。上一段谈到的三个基本元件可以用谢弗元件按图 18.6 的方式构成。ab 元件和 $a+b$ 元件都包含两个串联的谢弗元件,所以这两种元件的时滞自然等于那种只包含一个谢弗元件的 a^{-1} 元件的时滞的两倍。但是因为我们对于时滞的了解只在于指出输入的作用先于输出若干时间,时滞真正的大小并不重要。所以,我们把只在时滞的大小上有差别的运算考虑做等价的运算。所以这三种运算全都可以用一种简单的谢弗元件表示。

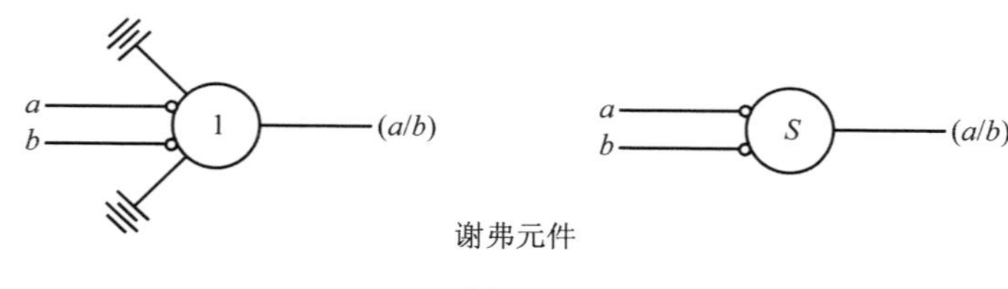

谢弗元件

图 18.5

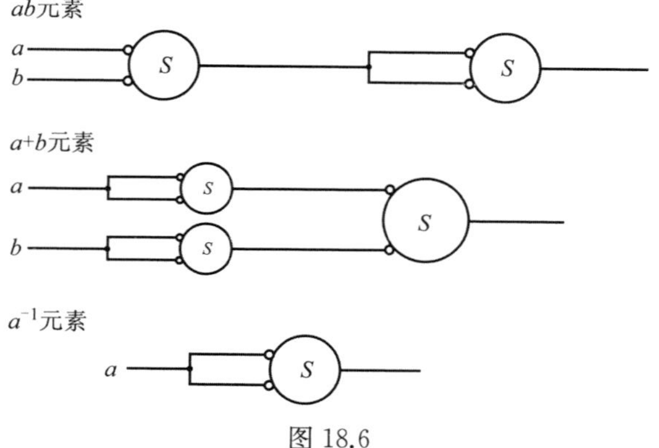

图 18.6

关于基本元件的选择方法自然并不是唯一的。除了谢弗元件外还可以选用其他的元件。但是,我们选择了谢弗元件,可以使以后的讨论方便。我们将首先考虑用谢弗元件表示的一个运算中的误差控制问题,然后,由谢弗元件组成的任何复杂运算也可以类似地进行设计。

18.3 复合方法

利用增加元件数目来改善可靠性的这一个概念，我们用包含 n 根输入的一束输入代替一个输入。这样一来，在单独一个谢弗元件的系统中，对于 a 输入线我们将有 n 根线，写作 a_i，其中 $i=1, 2, \cdots, n$；对于 b 输入线也有 n 根，写作 b_i，其中 $i=1, 2, \cdots, n$；输出也是有 n 根的一束线，然后我们规定一个分数 δ，$0<\delta<\frac{1}{2}$，如果输出线束中超过 $(1-\delta)n$ 根线是开(或者关)，我们就认为从整体来看输出就是开(或者关)。如果输出线束中有不到 δn 根线是开(或者关)，作为一个整体来看就被考虑为关(或者开)。其他任何中间情况都当作是失灵现象。δ 就是置信水平。问题在于如何利用谢弗元件组成一个系统，当输入线束中误差的概率一定，以及单独元件发生失灵现象的概率一定时，可以使得整个系统发生失灵的概率减小。

作为问题的初步处理，我们从输入线束 a 中取出一根线 a_i，从输入线束 b 中取出一根线 b_i，把这两根线当作一个谢弗元件的输入线。系统的组成情况像图 18.7 那样。很明显，如果两束输入线中差不多所有的线都是开，那么输出线束中差不多所有的线都是关。如果两束输入线中差不多所有的线都是关，那么输出线束中差不多所有的线都是开。这样一个总的运转状态看起来似乎是合乎需要的，但是更仔细地考虑一下就会发现实际情况并不是像上面所说那样。因为，如果要求谢弗元件的输出是关，那么两根输入线都必须是开才行。在 a 束或者 b 束中发生一个误差将使得输出线束中也产生一个误差。所以，对于输出是关的情形来说在输出线束中产生的误差相当于输入线束中所产生的那些误差的总和。同样，在只有一根输入是关而输出是开的情况下，输出线束中所产生的误差和输入线束中产生的误差相等。在两根输入线都是关而输出是开的情况下，只有两束输入线束同时产生误差那么输出才产生误差；所以，输出线束发生误差的情形比较输入线束发生误差的情况要少。因此，输出的误差和输入的误差并不是一致，有时误差增加，也有时误差减少。于是，就发生了误差

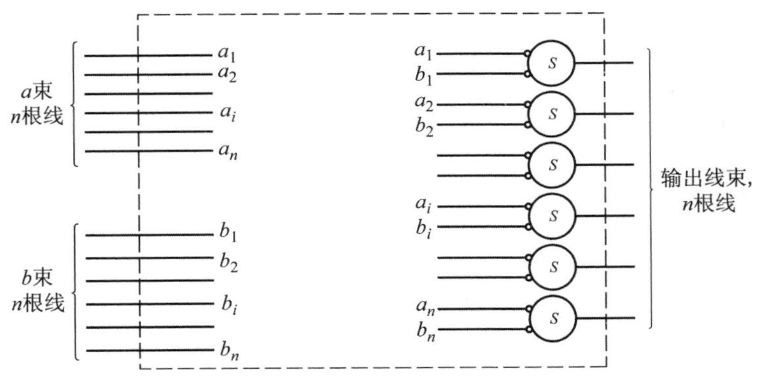

图 18.7

的分散情况。这是我们所不希望发生的情况，因为误差的分散现象会使得输出线束中激发线的数目在 δn 根线和 $(1-\delta)n$ 根线这个区域中间，这样一来就增加了系统运转失灵的机会。

为了抵制误差的分散现象，我们按照以下的方式引入系统的一个复原机构，我们从图 18.7 所表示的执行机构中（“执行”的意思就是整个系统的这种用谢弗元件表示的运算方式）取出每一根输出线，然后把它分成两根线，于是我们得到了 $2n$ 根线，然后，再把这 $2n$ 根线排列起来，排列的次序是随机的。相继取出一对对的线来，把这样的每一对线作为一个谢弗元件的输入，于是我们又得到包含 n 根的一束输出线。这种做法用图表示成图 18.8 的样子。如果原来的线束中有 $\alpha_0 n$ 根激发线，那么，在统计的意义上输出中未激发线所占的百分数是 $\alpha_0\alpha_0=\alpha_0^2$。输出中激发线所占的百分数就是

$$\alpha_1=1-\alpha_0^2。\tag{18.1}$$

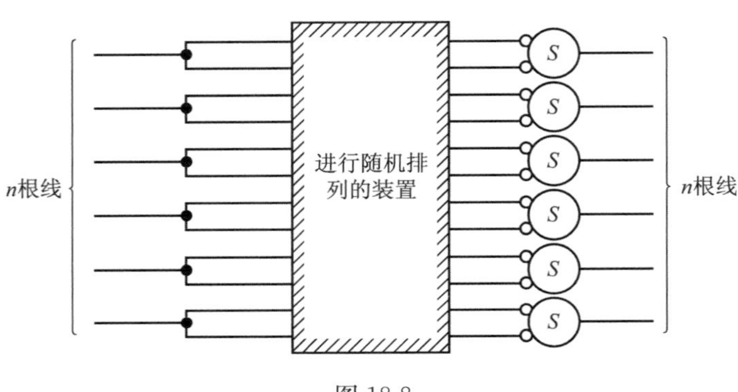

图 18.8

假设开初的那些线中激发的概率是 α_0，那么，只要 n 很大，使得变换后的激发线的概率就是 α_1，所以这还不是一个复原机构。但是，如果我们把这样的两个单元串联起来，那么最后那些线激发的概率 α_2 可以写成

$$\alpha_2=1-\alpha_1^2=1-(1-\alpha_0^2)^2=2\alpha_0^2-\alpha_0^4。\tag{18.2}$$

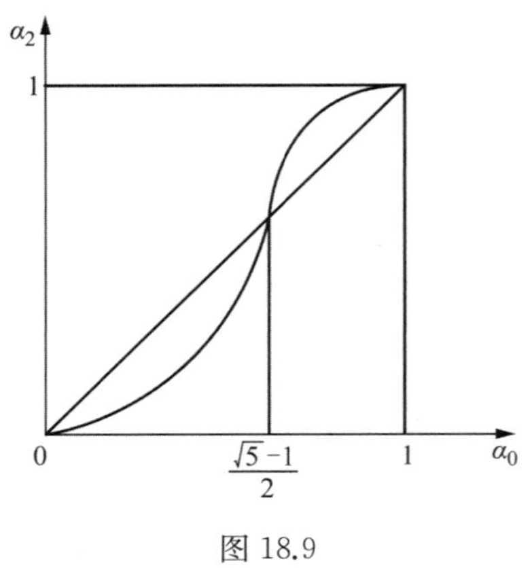

图 18.9

由于以下的理由，可以知道串联起来的两个单元是一个复原机构，图 18.9 表示出 α_0 和 α_2 之间的关系，当下面关系式成立的时候 α_2 等于 α_0，

$$\alpha_0^4-2\alpha_0^2+\alpha_0=0,$$

或者说，$\alpha_0=0, \frac{1}{2}(\sqrt{5}-1)$，或者 1。所以，如果 α_0 在 0 和 $\frac{1}{2}(\sqrt{5}-1)$ 之间，

$$\frac{1}{2}(\sqrt{5}-1)=0.618\,034,$$

α_2 就比 α_0 小；如果 α_0 在 $\frac{1}{2}(\sqrt{5}-1)$ 和 1 之间，α_2 就比 α_0 大，因此复原机构的作用在于使得输出中激发线的概率趋向 0 和 1，因此，就减小了执行机构所引起的误差分散现象。

根据上面的讨论的基础，控制误差的系统就是由包含 n 个谢弗元件的一个执行机构和一个复原机构组成的，复原机构是由图 18.7 表示的两个单元（每个单元包括 n 个谢弗元件和一个随机排列的装置）组成。所以，对于每个谢弗元件都完全精确的情况，我们必须把系统扩大到包含 $3n$ 个谢弗元件。我们看到，当给定了某个置信水平 δ，给出输入线束中产生误差的概率以及谢弗元件产生误差的概率以后，用增加元件数目 n 的办法就可以使系统的可靠程度提高到我们所需要的任何程度。所以，基本上，我们还是采用了把元件加多的原理。但是我们在这一节里的分析，给出怎样把这些元件组合起来的办法。冯·诺伊曼把这种用许多不可靠的元件组合成一个非常可靠的系统的特殊方法，叫做“复合方法”。整个系统就称为“复合系统”。

18.4　执行机构中的误差

现在我们来计算由谢弗元件组合起来的复合系统的误差，具体的组合情况上一节已经叙述过了。现在我们来证明误差的确受到了控制。首先，我们看到，在执行机构或者复原机构中，误差的直接来源是每一个谢弗元件本身。假设每个谢弗元件发生错误的概率是 ε。假设有 r 个并联的谢弗元件，并且它们的运转相互无关，因而系统中元件失效的概率仍然是 ε。所以在 r 个元件中，平均有 εr 个会发生错误，这个数目也是 r 个并联起来的元件中，最可能发生错误的数目，其他数目的元件发生错误的概率比较小。实际上，由 r 个元件并联而成的系统中，如果每个元件失效的概率等于 ε，那么，决定有 ρ 个元件发生错误的概率 $p_0(\rho,\varepsilon,r)$ 这种问题是随机采样的古典问题。当 r 很大的时候，已经知道①

$$p_0(\rho,\varepsilon,r)\approx\frac{1}{\sqrt{2\pi}\sqrt{\varepsilon(1-\varepsilon)r}}\mathrm{e}^{-\frac{1}{2}\frac{(\rho-\varepsilon r)2}{\varepsilon(1-\varepsilon)r}}。\tag{18.3}$$

所以概率分布 $p_0(\rho,\varepsilon,r)$ 是按平均值等于 εr，而方差等于 $\varepsilon(1-\varepsilon)r$ 的正态分布。

执行机构中，误差的另外一个来源是从输入线束到各个谢弗元件的那些线配置不当而产生。例如，图 18.7 的输入线束 a 中，如果激发线的百分数等于 ξ，输入线束 b 中，如果激发线的百分数等于 η，我们希望输出线束中有同样百分数的抑制线。但是如果某 i 个元件的输入线 a_i 激发了，而 b_i 未激发，甚至于元件的其他部分并没有毛病，第 i 个元件的输出仍然是激发的情形。用 ζ 表示执行机构的输出线束中激发线所占的百分数。于是输出线束中实际的抑制线有 $(1-\zeta)n$。a 束中所有激发线的数目等于 ξn，在 b 束中等于 ηn。

---

① 可以参阅 H. Margenau and G. M. Murphy, *The Mathematics of Physics and Chemistry*, p.422. D. Van Norstrand Company. Inc., New York, (1943)。

有效的数目,或者配置适当的数目,a 束中只是 $(1-\zeta)n$,其余 $[\xi-(1-\zeta)]n$ 根线没有生效。b 束中没有生效的数目是 $[\eta-(1-\zeta)]n$,所以有效的输出线等于 $(1-\zeta)n$,由于 a 束中激发线配置不当而有 $[\xi-(1-\zeta)]n$ 根输出线没有生效,由于 b 束中激发线配置不当而有 $[\eta-(1-\zeta)]n$ 根输出线没有生效,最后由于未激发输入线而使输出线没有生效的数目是

$$\{1-(1-\zeta)-[\xi-(1-\zeta)]-[\eta-(1-\zeta)]\}n=(2-\xi-\eta-\zeta)n。$$

因此,这一类输出可能的有效组合的数目是[①]

$$\frac{n!}{[(1-\zeta)n]!\ \{[\xi-(1-\zeta)]n\}!\ \{[\eta-(1-\zeta)]n\}!\ [(2-\xi-\eta-\zeta)n]!}。$$

另一方面,在输入方面,a 输入线束中有 ξn 根激发线,$(1-\xi)n$ 根未激发线,这 n 根线可能的组合数是

$$\frac{n!}{(\xi n)!\ [(1-\xi)n]!},$$

b 输入线束中,有 ηn 根激发线,$(1-\eta)n$ 根未激发线,这 n 根线可能的组合数是

$$\frac{n!}{(\eta n)!\ [(1-\xi)n]!},$$

如果每一个谢弗元件是不发生故障的理想元件,两束输入中激发线的百分数分别是 ξ 和 η,而输出中激发线的百分数等于 ζ 的概率 p_1 可以由下面公式得到

$$\begin{aligned}p_1(\xi,\ \eta,\ \zeta;\ n)&=\frac{\dfrac{n!}{[(1-\zeta)n]!\ \{[\xi-(1-\zeta)]n\}!\ \{[\eta-(1-\zeta)]n\}!\ [(2-\xi-\eta-\zeta)]!}}{\dfrac{n!}{[\xi n]!\ [(1-\xi)n]!}\ \dfrac{n!}{[\eta n]!\ [(1-\eta)n]!}}\\&=\frac{[\xi n]!\ [(1-\xi)n]!\ [\eta n]!\ [(1-\eta)n]!}{\begin{array}{c}[(1-\zeta)\eta]!\ \{[\xi-(1-\zeta)]n\}!\ \{[n-(1-\zeta)]n\}!\\ [(2-\xi-\eta-\zeta)n]!\ n!\end{array}}。\end{aligned}\tag{18.4}$$

很清楚,为了使得计算有意义,前面一段讨论过的四类输出线不能小于零,只要发生小于零的情况,概率就等于零。也就是说,只要违背了下述条件中的任何一个的时候,p_1 就等于零,

$$\left.\begin{aligned}&1-\zeta>0,\\&\xi-(1-\zeta)>0,\\&\eta-(1-\zeta)>0,\\&2-\xi-\eta-\zeta>0。\end{aligned}\right\}\tag{18.5}$$

① 参看 H. Margenau and G.M. Murphy 的书,第 415 页。

我们将要在 n 很大的假设下化简方程(18.4)。当 n 很大，由斯特灵(Stirling)公式，阶乘(!)可以用它的渐近值表示

$$n! \approx \sqrt{2\pi}\,\mathrm{e}^{-n} n^{n+\frac{1}{2}}。 \tag{18.6}$$

利用方程(18.6)我们可以写出 p_1 的近似式

$$p_1(\xi,\eta,\zeta;n)=\frac{1}{\sqrt{2\pi n}}\sqrt{a}\,\mathrm{e}^{-\theta n}, \tag{18.7}$$

其中，

$$a=\frac{\xi(1-\xi)\eta(1-\eta)}{(\xi+\zeta-1)(\eta+\zeta-1)(1-\zeta)(2-\xi-\eta-\zeta)} \tag{18.8}$$

以及，

$$\begin{aligned}\theta=&(\xi+\zeta-1)\log(\xi+\zeta-1)+(\eta+\zeta-1)\log(\eta+\zeta-1)+\\&(1-\zeta)\log(1-\zeta)+(2-\xi-\eta-\zeta)\log(2-\xi-\eta-\zeta)-\\&\xi\log\xi-(1-\xi)\log(1-\xi)-\eta\log\eta-(1-\eta)\log(1-\eta)。\end{aligned} \tag{18.9}$$

把 θ 对 ζ 求微商，我们得到

$$\frac{\partial\theta}{\partial\zeta}=\log\frac{(\xi+\zeta-1)(\eta+\zeta-1)}{(1-\zeta)(2-\xi-\eta-\zeta)}, \tag{18.10}$$

以及，

$$\frac{\partial^2\theta}{\partial\zeta^2}=\frac{1}{\xi+\zeta-1}+\frac{1}{\eta+\zeta-1}+\frac{1}{1-\zeta}+\frac{1}{2-\xi-\eta-\zeta}。 \tag{18.11}$$

由于这些方程我们找到在 $\zeta=1-\xi\eta$，$\theta=\frac{\partial\theta}{\partial\zeta}=0$。更进一步，因为方程(18.5)的条件，$\frac{\partial^2\theta}{\partial\zeta^2}$ 总是正数，所以 θ 只有一个零点在 $\zeta=1-\xi\eta$。于是假设 n 很大，方程(18.7)中的负幂说明我们只需要考虑 θ 在它的零点附近的情况就够了。但是，在 θ 的零点，$\zeta=1-\xi\eta$，

$$\frac{\partial^2\theta}{\partial\zeta^2}=\frac{1}{\xi(1-\eta)}+\frac{1}{\eta(1-\xi)}+\frac{1}{\xi\eta}+\frac{1}{(1-\xi)(1-\eta)}=\frac{1}{\xi(1-\xi)\eta(1-\eta)}。$$

在 $\zeta=1-\xi\eta$ 的附近，θ 可以近似的写成

$$\theta\sim\frac{1}{2}\,\frac{[\zeta-(1-\xi\eta)]^2}{\xi(1-\xi)\eta(1-\eta)}。 \tag{18.12}$$

a 是 ζ 的函数，当 n 很大的时候，它和方程(18.7)的指数比较起来是一个变化缓慢的函数。所以，我们可以取 a 在点 $\zeta=1-\xi\eta$ 的值，或者

$$a \sim \frac{1}{\xi(1-\xi)\eta(1-\eta)}。\tag{18.13}$$

因此,最后当 n 很大时, $p_1(\xi, \eta, \zeta; n)$ 的近似表达式是

$$p_1(\xi, \eta, \zeta; n) \approx \frac{1}{\sqrt{2\pi\xi(1-\xi)\eta(1-\eta)n}} e^{-\frac{1}{2}\frac{[\zeta-(1-\xi\eta)]^2 n}{\xi(1-\xi)\eta(1-\eta)}}。\tag{18.14}$$

所以, p_1 也是 ζ 的正态分布函数。

当 n 很大的时候,我们来把概率表达式 $p_1(\xi, \eta, \zeta; n)$ 进行修改,而得到连续的分布函数 $W(\zeta; \xi, \eta; n)$。假设 $W(\zeta; \xi, \eta; n)\mathrm{d}\zeta$ 表示输出中激发线的数目在 ζn 与 $\zeta n+1=n(\zeta+1/n)$ 之间的概率,于是 $\mathrm{d}\zeta=1/n$,而这个概率就等于 $p_1(\xi, \eta, \zeta; n)$。所以

$$W(\zeta;\xi,\eta;n)=np_1=\frac{1}{\sqrt{2\pi\xi(1-\xi)n(1-\eta)/n}} e^{-\frac{1}{2}\left[\frac{\zeta-(1-\xi\eta)}{\sqrt{\xi(1-\xi)\eta(1-\eta)/n}}\right]^2}。\tag{18.15}$$

于是 $W(\zeta; \xi, \eta; n)$。$\mathrm{d}\zeta$ 通常表示当输入线束中激发线的百分数分别是 ξ 和 η 时,输出线束中激发线的百分数在 ζ 和 $\zeta+\mathrm{d}\zeta$ 之间的概率。线束的大小由线数 n 决定。W 是一个平均值是 $1-\xi\eta$ 而方差等于 $\xi(1-\xi)\eta(1-\eta)/n$ 的高斯分布。可以用等价的方式表达这个结果,写成

$$\zeta=(1-\xi\eta)+\sqrt{\frac{\xi(1-\xi)\eta(1-\eta)}{n}}\,y,\tag{18.16}$$

其中, y 表示一个随机变量,这个变量的分布是平均值等于 0、而方差等于 1 的标准高斯分布。方程(18.16)表示 ζ 的分布是平均值等于 $1-\xi\eta$ 而方差等于 $\xi(1-\xi)\eta(1-\eta)/n$ 的高斯分布。所以方程(18.15)和方程(18.16)表示同一个事实,但是方程(18.16)用起来更加方便些。

我们现在把误差的两种来源合在一起考虑,把各个不完善的谢弗元件的影响加到 ζ 的分布函数方程(18.16)上。和方程(18.16)相似,方程(18.3)可以写成

$$\rho=\varepsilon r+\sqrt{\varepsilon(1-\varepsilon)r}\,y。\tag{18.17}$$

在执行机构中有两类谢弗元件。假定输出是激发线的 $n\zeta$ 个元件算一类。发生一个错误就会把激发线的数目减少一个。在这一类元件中 q 个元件发生错误的概率由方程(18.17) 给出

$$q=\varepsilon\zeta n+\sqrt{\varepsilon(1-\varepsilon)\zeta n}\,y。\tag{18.18}$$

此外,假定输出是未激发的 $(1-\zeta)n$ 个元件算作另一类。一个错误将会增加一根激发输出线,这一类元件中有 q' 个发生错误的概率分布是

$$q'=\varepsilon(1-\zeta)n+\sqrt{\varepsilon(1-\varepsilon)(1-\zeta)n}\,y,\tag{18.19}$$

所以 $q'-q$ 表示由于元件本身的误差使激发输出线增加的数目。根据方程(18.18)和方程(18.19),我们得到

$$q'-q=2\varepsilon\left(\frac{1}{2}-\zeta\right)n+\sqrt{\varepsilon(1-\varepsilon)(1-\zeta)n}\,y-\sqrt{\varepsilon(1-\varepsilon)\zeta n}\,y, \tag{18.20}$$

上面方程中最后两项是两个按照正态分布的随机变量的差。我们可以证明两个按正态分布的随机变量的差仍然是一个按照正态分布的随机变量。

考虑两个按照正态分布的随机变量 z_1 和 z_2,它们的平均值都是 0,方差分别等于 σ_1^2 和 σ_2^2,因而

$$\left.\begin{aligned} z_1&=\sigma_1 y,\\ z_2&=\sigma_2 y。\end{aligned}\right\} \tag{18.21}$$

或者,用 $W_1(z_1)$表示 z_1 的概率分布函数,$W_2(z_2)$表示 z_2 的概率分布函数,

$$W_1(z_1)=\frac{1}{\sigma_1\sqrt{2\pi}}\mathrm{e}^{-\frac{1}{2}\left(\frac{z_1}{\sigma_1}\right)^2},$$

$$W_2(z_2)=\frac{1}{\sigma_2\sqrt{2\pi}}\mathrm{e}^{-\frac{1}{2}\left(\frac{z_2}{\sigma_2}\right)^2}。$$

现在假设两个随机变量相互独立,z_1 在 z_1 与 $z_1+\mathrm{d}z_1$ 之间,z_2 在 z_2 与 $z_2+\mathrm{d}z_2$ 之间的联合概率是

$$W_1(z_1)W_2(z_2)\mathrm{d}z_1\mathrm{d}z_2。$$

我们现在引入新的变量 x_1 和 x_2,它们定义如下:

$$x_1=z_1-z_2,$$

$$x_2=z_1+z_2,$$

$$z_1=\frac{1}{2}(x_1+x_2),$$

$$z_2=\frac{1}{2}(x_2-x_1)。$$

新变量的联合概率是

$$\frac{1}{2}W_1\left(\frac{x_1+x_2}{2}\right)W_2\left(\frac{x_2-x_1}{2}\right)\mathrm{d}x_1\mathrm{d}x_2。$$

把这个联合概率从 $-\infty$ 到 ∞ 对 x_2 积分,我们就得到概率 $W_1(x_1)\mathrm{d}x_1$,其中 $W_1(x_1)$ 是 $x_1=z_1-z_2$ 的概率分布函数。这样

$$W(x_1)=\frac{1}{2}\int_{-\infty}^{\infty}W_1\left(\frac{x_1+x_2}{2}\right)W_2\left(\frac{x_2-x_1}{2}\right)\mathrm{d}x_2$$

$$=\frac{1}{4\pi\sigma_1\sigma_2}\int_{-\infty}^{\infty}\mathrm{e}^{-\frac{1}{2}\left[\left(\frac{x_1+x_2}{2\sigma_1}\right)^2+\left(\frac{x_2-x_1}{2\sigma_2}\right)^2\right]}\mathrm{d}x_2$$

$$=\frac{1}{4\pi\sigma_1\sigma_2}\mathrm{e}^{-\frac{1}{2}\frac{x_1^2}{\sigma_1^2+\sigma_2^2}}\int_{-\infty}^{\infty}\mathrm{e}^{-\xi^2}\frac{\mathrm{d}\xi}{\sqrt{(1/8\sigma_1^2)+(1/8\sigma_2^2)}}$$

$$=\frac{1}{\sqrt{2\pi}}\frac{1}{\sqrt{\sigma_1^2+\sigma_2^2}}\mathrm{e}^{-\frac{1}{2}\left(\frac{x_1}{\sqrt{\sigma_1^2+\sigma_2^2}}\right)^2}。$$

所以我们可以写

$$z_1-z_2=\sqrt{\sigma_1^2+\sigma_2^2}\,y。\tag{18.22}$$

把联合概率对 x_1 求积分,我们可以得到

$$z_1+z_2=\sqrt{\sigma_1^2+\sigma_2^2}\,y,\tag{18.23}$$

因此两个按正态分布的相互独立随机变量,它们的和以及差仍然是按正态分布的随机变量,新概率分布函数的方差等于原来两个随机变量的方差的和。按正态分布而且平均值等于 0 的随机变量相加或者相减所具有的这种特性是可以预料到的,因为它们对于正值和负值概率相等。

借助方程(18.22)的关系式,我们可以写出方程(18.20)的结果

$$q'-q=2\varepsilon\left(\frac{1}{2}-\zeta\right)n+\sqrt{\varepsilon(1-\varepsilon)n}\,y。$$

令 $(q'-q)/n=\Delta\zeta$ 表示对于不完善的谢弗元件所占的百分数 ζ 的修正量,我们就得到

$$\Delta\zeta=2\varepsilon\left(\frac{1}{2}-\zeta\right)+\sqrt{\frac{\varepsilon(1-\varepsilon)}{n}}\,y,\tag{18.24}$$

现在我们可以把方程(18.16)与方程(18.24)结合起来,于是修正了的输出线中激发线的百分数 ζ' 是

$$\zeta'=\zeta+\Delta\zeta=\zeta+2\varepsilon\left(\frac{1}{2}-\zeta\right)+\sqrt{\frac{\varepsilon(1-\varepsilon)}{n}}\,y$$

$$=(1-\xi\eta)+2\varepsilon\left(\xi\eta-\frac{1}{2}\right)+(1-2\varepsilon)\sqrt{\frac{\xi(1-\xi)\eta(1-\eta)}{n}}\,y+$$

$$\sqrt{\frac{\varepsilon(1-\varepsilon)}{n}}\,y,\tag{18.25}$$

方程(18.25)的最后两项表示两个按正态分布的随机变量相加。这样,我们也就可以用方

程(18.23)了。所以,最后,用 ζ 代替 ζ',从方程(18.24)我们得到

$$\zeta=(1-\xi\eta)+2\varepsilon\left(\xi\eta-\frac{1}{2}\right)+\sqrt{\frac{(1-2\varepsilon)^2\xi(1-\xi)\eta(1-\eta)+\varepsilon(1-\varepsilon)}{n}}\,y, \tag{18.26}$$

其中,y 是按正态分布的随机变量,平均值等于 0 而方差等于 1。方程(18.26)描述了由谢弗元件组成的复合系统中执行机构的性质,这个系统中输入激发线的百分数分别是 ξ 和 η,输出激发线的百分数是 ζ,各个谢弗元件失效的概率等于 ε。

18.5　复合系统的误差

分析了由谢弗元件组成的复合系统中执行机构的性质以后,我们进行其他的计算就非常容易了。复原机构的每一个单元(图 18.8)实际上等价于一个执行机构。对于复原机构的第一个单元,输入线是把执行机构的输出线分开而成的。所以我们可以只用同一个百分数 ξ 来代替两个不同的百分数 ξ 和 η,因此,假设 μ 是第一个单元输出激发线的百分数,于是根据方程(18.26)

$$\mu=(1-\zeta^2)+2\varepsilon\left(\zeta^2-\frac{1}{2}\right)+\sqrt{\frac{(1-2\varepsilon)^2\zeta^2(1-\zeta^2)+\varepsilon(1-\varepsilon)}{n}}\,y。 \tag{18.27}$$

与此类似,假设 v 是复原机构中第二个单元的输出中激发线的百分数,那么

$$v=(1-\mu^2)+2\varepsilon\left(\mu^2-\frac{1}{2}\right)+\sqrt{\frac{(1-2\varepsilon)^2\mu^2(1-\mu)^2+\varepsilon(1-\varepsilon)}{n}}\,y。 \tag{18.28}$$

方程(18.27)和方程(18.28)中,第一项的形式和方程(18.1)完全一样。附加项是由于不完善的元件以及从误差的统计分布所产生的。

只要给定了 ξ, η, ζ, ε 和 n 时,我们就可以利用方程(18.26)到方程(18.28)来计算 v 的分布函数,v 是谢弗元件组成的整个系统中输出激发线的百分数。把表达式回复到原先的概率分布函数形式。我们可以看得比较清楚,例如,方程(18.26)等价于

$$W(\zeta;\ \xi,\ \eta;\ n)=\frac{\exp\left\{-\frac{1}{2}\left[\frac{\zeta-\left[(1-\xi\eta)+2\varepsilon\left(\xi\eta-\frac{1}{2}\right)\right]}{\sqrt{\frac{(1-2\varepsilon)^2\xi(1-\xi)\eta(1-\eta)+\varepsilon(1-\varepsilon)}{n}}}\right]^2\right\}}{\sqrt{2\pi\frac{(1-2\varepsilon)^2\xi(1-\xi)\eta(1-\eta)+\varepsilon(1-\varepsilon)}{n}}}。$$

只要把 ζ, μ 和 v 的联合概率对 ζ 和 μ 求积分,于是我们就可以得到 v 的概率分布函数 $W(v;\ \xi,\ \eta;\ n)$,也就是

$$W(v;\xi,\eta;n)=\frac{1}{(2\pi)^{\frac{3}{2}}}\frac{1}{\sqrt{\frac{(1-2\varepsilon)^2\xi(1-\xi)\eta(1-\eta)+\varepsilon(1-\varepsilon)}{n}}}\int_{-\infty}^{\infty}\mathrm{d}\mu\cdot$$

$$\int_{-\infty}^{\infty}\frac{\mathrm{d}\zeta}{\sqrt{\frac{(1-2\varepsilon)^2\zeta^2(1-\zeta)^2+\varepsilon(1-\varepsilon)}{n}\,\frac{(1-2\varepsilon)^2\mu^2(1-\mu)^2+\varepsilon(1-\varepsilon)}{n}}}\cdot$$

$$\exp\left\{-\frac{1}{2}\left[\frac{\zeta-\left\{(1-\xi\eta)+2\varepsilon\left(\xi\eta-\frac{1}{2}\right)\right\}}{\sqrt{\frac{(1-2\varepsilon)^2\xi(1-\xi)\eta(1-\eta)+\varepsilon(1-\varepsilon)}{n}}}\right]^2-\right.$$

$$\frac{1}{2}\left[\frac{\mu-\left\{(1-\zeta^2)+2\varepsilon\left(\zeta^2-\frac{1}{2}\right)\right\}}{\sqrt{\frac{(1-2\varepsilon)^2\zeta^2(1-\zeta)^2+\varepsilon(1-\varepsilon)}{n}}}\right]^2-$$

$$\left.\frac{1}{2}\left[\frac{v-\left\{(1-\mu^2)+2\varepsilon\left(\mu^2-\frac{1}{2}\right)\right\}}{\sqrt{\frac{(1-2\varepsilon)^2\mu^2(1-\mu)^2+\varepsilon(1-\varepsilon)}{n}}}\right]^2\right\}。\tag{18.29}$$

我们现在可以证明在适当的条件下,如果 n 增大,那么由谢弗元件组成的系统就能够具有合乎理想的性质。考虑一个给定的置信水平 δ,如果两束输入线束中激发线所占的百分数分别用 ξ 和 η 表示,v 表示输出线束中未激发线所占的百分数,要求系统具有理想的性质,就必须有 $\xi\geqslant1-\delta$ 并且 $\eta\geqslant1-\delta$ 时,有 $v\leqslant\delta$;以及当 $\xi\leqslant\delta$ 并且 $\eta\geqslant1-\delta$ 时,或者当 $\xi\geqslant1-\delta$ 并且 $\eta\leqslant\delta$ 时,$v\geqslant1-\delta$;以及 $\xi\leqslant\delta$ 并且 $\eta\leqslant\delta$ 时,$v\geqslant1-\delta$。我们假定 n 相当大,ε 相当小,以至于方程(18.26)到方程(18.28)中数量级与 ε 和 $1/\sqrt{n}$ 相同的项都可以略去不计。于是就有

$$\zeta\approx(1-\xi\eta),\quad \mu\approx1-\xi^2,\quad v\approx1-\mu^2。$$

或者当 $n\gg1$, $\varepsilon\ll1$ 时,

$$v\approx1-(2\xi\eta-\xi^2\eta^2)。\tag{18.30}$$

现在令 $\xi=1-\alpha$, $\eta=1-\beta$, 并且 α, $\beta\leqslant\delta$; 这样 $\xi\geqslant1-\delta$, $\eta\geqslant1-\delta$, 于是方程(18.30)给出

$$v\approx2(\alpha^2+\beta^2)+\cdots。$$

因此 $v=0(\delta^2)$ ①。与此类似,如果 $\xi\leqslant\delta$, 而 $\eta\geqslant1-\delta$, 或者 $\xi\geqslant1-\delta$, $\eta\leqslant\delta$, 方程

① $0(\delta^2)$表示一个与 δ^2 同数量级的变量。

(18.30) 给出 $v=1-0(\delta^2)$。更进一步，如果 $\xi\leqslant\delta$，$\eta\leqslant\delta$ 方程也给出 $v=1-0(\delta^4)$。所以，只要 ε 和 δ 很小，当 $n\to\infty$ 时，由谢弗元件按复合法组成的系统就能真正得到极为可靠的性质。

当 n 很大但并不是无穷大时，因为要计算方程(18.29)中的积分值，计算起来就非常麻烦。虽然积分的渐近值可以用古典的方法决定，但是在这里我们不来进行这种计算了。我们将引用冯·诺伊曼举过的一个例子：如果 $\delta=0.07$，也就是线束中至少有 93%的激发线就表示一个"正"的信息；至多有 7%的激发线就表示一个"负"的信息。这时，他发现，为了控制误差，每一个谢弗元件失灵的概率 ε 必须比 0.010 7 小。如果 $\varepsilon\geqslant 0.010\,7$，整个系统失灵的概率不可能由于 n 的增加而变得任意小，对于 $\varepsilon=0.005$，或者说失效的机会是 0.5%的情形，冯·诺伊曼给出了表 18.1 的数值结果。从这个表里可以看到，甚至于线束包含了1 000根线，可靠的性能仍然非常差。实际上，它比原来的 $\varepsilon=1\%$ 还要差，但是把 n 再增加 25 倍以后，就可以得出极为可靠的性能。

表 18.1

$\delta=0.07\quad\varepsilon=0.005$

线的数目 n	失灵的概率	线的数目 n	失灵的概率
1 000	2.7×10^{-2}	10 000	1.6×10^{-10}
2 000	2.6×10^{-3}	20 000	2.8×10^{-19}
3 000	2.5×10^{-4}	25 000	1.2×10^{-23}
5 000	4×10^{-6}		

对于那些本来由谢弗元件组成的系统，前面讨论过的复合法的技巧也还可以照样应用。我们用 $3n$ 个谢弗元件代替原来系统中的每一个谢弗元件。像前面讨论的情形那样，整个系统的误差可以通过系统中各个谢弗元件的误差计算出来。实际上，这种计算非常麻烦。可是，为了估计达到规定的可靠性所需要的元件数目 n，我们可以认为整个系统等价于一个谢弗元件，而直接用整个反应的结果。这种做法将在下一节里讨论。

18.6　一些例子

为了得到关于所要求线束大小的一个概念，我们考虑有 2 500 个真空管的一个计算机，假设每一个真空管平均 5 微秒开动一次。我们要求机器在发生一个错误以前平均工作 8 小时。在这段时期内，单独一个真空管作用的次数是

$$\frac{1}{5}\times 8\times 3\,600\times 10^6=5.76\times 10^9。$$

把每个真空管当作一个谢弗元件,考虑每一个真空管是一个独立的单元,于是所要求发生失灵的概率是 $1/(5.76\times10^{9})$。但是系统里有 2 500 个真空管,2 500 个真空管中任何一个发生错误都意味着机器发生错误。所以考虑每个真空管是系统里的一个单元,发生失灵的概率只是前面谈到的 1/2 500,或者 $1/2\,500\times5.76\times10^{9}=7\times10^{-14}$。于是我们看到,这个发生失灵的概率等于把 2 500 个真空管的系统当成一个谢弗元件而得到的概率。在用复合法组成的系统中,这样做法可以大大的简化,关于要求的线数 n 的分析。

如果我们假定置信水平 δ 以及真空管失效的概率和表 18.1 内所给定的相同,那么,根据这个表,要达到上述的失灵概率需要 $n=14\,000$。所以,为了使得机器像所要求的那样可靠,需要复合 14 000 次。这表示要用有 $3n=3\times14\,000=42\,000$ 个真空管的系统去代替机器中每一个真空管。原来 2 500 个真空管的机器现在变成 105 000 000 个真空管的庞然大物。很显然这是不实际的。

现在讨论另外一个例子,我们考虑关于人类神经系统组织的合理的数量描述。神经系统所包含神经节的数目通常认为是 10^{10},但是考虑到感受的神经末梢以及其他可能的更小的自主的单元,这个数目当然是太少了,必须还要大几百倍才对。我们就取 10^{13} 为基本元件的数目,神经节在每秒钟里顶多能承受 200 次刺激。但是每秒受到刺激的平均数要少得多,比如说每秒 10 次。我们将要进一步假定我们的神经系统里发生一个错误就相当严重,因而在人的一生中都不应当发生错误。考虑不发生误差的间隔是 10 000 年,在这段时期内,包括 10^{13} 个元素的系统受到的总刺激数的数目是

$$10^{13}\times10\,000\times31\,536\,000\times10=3.2\times10^{25}。$$

于是失灵的概率应该是

$$1/(3.2\times10^{25})=3.2\times10^{-26}。$$

再假定那些基本的神经节元件有表 18.1 叙述的性质;于是从表内推出 $n=28\,000$。

但是需要修正我们的分析:假设人类的神经系统真正复合 28 000 次,那么在未复合的系统中基本元件的数目并非上面假定的 10^{13};基本元件的数目将要缩减到 $10^{13}/(3\times28\,000)$,因此,失灵的概率应该增加 $3\times28\,000$ 倍,修正后失灵的概率是 2.7×10^{-21},于是表 18.1 给出 $n=22\,000$。再重复下去,这个值将不会改变了。

这些例子说明,控制误差的复合方法虽然我们可以想象对于神经系统的微小“元件”的情形可以应用,但是在现在工艺情况下,这种方法对于工程系统的应用还是很不实际的,将来一个明显的发展方向是减小元件的体积和功率。从这个观点出发,半导体制成的晶体管比起真空管来有了巨大的改进。因此复合方法将来也许能变为实际可用。另外一个研究的方向是更加深入地分析控制误差的过程。对于谢弗元件,我们的基本系统里,执行机构和复原机构的组织方式毕竟只是一种可能的组织方式。很幸运地,在证明增加可靠性的可能性方面我们已经获得了这一个初步的成功。当然也还可能有另外一种把很多

元件组合起来的办法。利用那种方法仍然可以产生同样的可靠性能，而元件的数目比较少。莫尔(E. F. Moore)和申南[①](C. E. Shannon)曾经把继电器当作基本元件，采用一种与复合法不相同的组合方法来组成另一个“大”继电器，他们证明，为了得到一个可靠的“大”继电器，所需要的继电器的数目可以大大地减少。例如，在同样的条件下用冯·诺伊曼的方法需要的元件数目是 60 000，可是用他们提出的新方法只要 100 个元件就可以得到同样的可靠性。莫尔和申南并且给出达到某个规定的可靠性所至少需要的元件数目。总而言之，自动控制系统中误差的控制问题的研究还仅仅是一个开始。对于控制工程师而言，关于误差的控制问题仍然还没有切实可用的解决方法。

① E. F. Moore, C. E. Shannon, Reliable Circuits Using Less Reliable Relays *J. Franklin Inst.* 262 No.3, No.4, 191 - 208, 281 - 297(1956)。

俄文文献

［1］ Андрнов А.А.，Хайкинс.Э.，Теория колебаний，М.—Л.，(1937).

［2］ Ляпунов А.М.，Общая эадача об устойчивости движения М.—Л.，(1945)，2 нзд.

［3］ Четаев Н.Г.，Устойчивость движения，М.—Л.，(1955).

［4］ Дубошин Г.Н.，Основы теории устойчивости движения，иэд-во МГУ，(1952).

［5］ Труды Ⅱ—го Всесоюэново Совещания по теории и методам автоматического регулиро-вания т，Ⅰ，Ⅱ，Ⅲ，АН СССР，(1955).

［6］ Лурье А. И.，Некоторые нелинейные эадачи теории автоматическово регулирования，М.—Л.，(1951).

［7］ Летов А.М.，Устойчивостъ нелинейных регулируемых систем М.—Л.，(1955).

［8］ Немыцкий В. В.，Степанов В. В.，Қачественная теория дифференциальных уравнений М.—Л.，(1941).

［9］ 《Основы автоматического регулирования》，сб.под ред.В.В. Солодовникова М.，(1954).

［10］ Қонторович М. И.，Операционное исчиеление и нестанционарные явления в электрических цепях，М.—Л.，(1949).

［11］ Лурье А.И.，Операционное исчисление，М.—Л.，(1950).

［12］ Диткин В.А.，Куэнецов П.И.，Справочник по операционному исчислению，М.—Л.，(1951).

［13］ Ъугаков Ъ.В.，Қолебания，М.—Л.，(1954).

［14］ Лаврентъев М.А.，Шабат Ъ.В.，Методы теории функций комплексново пременного，М.—Л.，(1951).

［15］ Гарднер и Ъернс，Переходные процессы в линейных системах М.，(1950).

［16］ Джеймс Х，Николвс Н，Филлипс Р.，Теория следщих систем，М.，(1951).

［17］ Воронов А.А.，Элементы теории автоматического регулирования，М.，(1951).

［18］ Солодовников В.В.，Топчеев Ю.И.，Крутикова Г.В.，Частотных Метод построения переходных процессов，М.—Л.，(1955).

［19］ Остославский И.В.，Қалачев Г.С.，Продолъная устоичивостъ и управляемостъ самолета，М.，(1951).

［20］ Эакс Н.А.，Основы экспериментальной ародинамики，М.，(1953).

［21］ Сикорд Ч.，Вопросы ракетной техники，№ 6，78～96(1952).

［22］ Цыпкин Я.Э.，Автоматика и телемеханика，№ 2～3，107～128(1946).

［23］ Цыпкин Я.Э.，Ъромберг П.В.，Иэв. АН СССР，№12，1163～1168(1945).

［24］ Курош А.Г.，Курс высшей алгебры М.—Л.，(1952).

［25］ 《Корректирующие цени в автоматике》，сб. статей，М.，(1954).

［26］ Унттекер，Ватсон，Курс современного аналиэа，М.—Л.，(1933).

［27］ Фельдбам А.А.，Электрические систем автоматического регулнрования М.，(1954).

［28］ Крылов А.Н.，Соч.，АН СССР，т.V.

[29] Кочин Н.Е., Роэе Н.В., Теоретическая гидромеханика, М.—Л., (1938).

[30] Мур Дж. Р. и др., Следящие и авторегулируемые систем, отличающиеся от обычных систем с обратной свяэью, Прикл, мех. и Машиностр., сб. пер., № 5, (1953).

[31] Воэнесенский И.И., За советское энергооборудование, сб. статей, (1934).

[32] Айэерман М.А., Теория автомачеккого регулирования двигателей, М.—Л., (1952).

[33] Айэермаи М.А., Введение в динамику автоматического регулирования двигателей, М., (1950).

[34] Маккол Л.А., Основы теории сервомеханиэмов, М., (1947).

[35] Ъоголюбов Н.Н., Онекоторых статических методах в математической фиэке, АН УССР, (1945), стр.7.

[36] Красовский А.А., Автоматика И Телемеханека, 9, 1, (1948).

[37] Поспелов Г.С., Труды ВВА им. Жуковского, вып.335, (1949).

[38] Попов Е. П., Динамика сестем автоматического регулирования, М.—Л., (1954).

[39] Гольдфарб Л.С., Автоматика и телемеханика, № 5, 349;№ 6, 413, (1948).

[40] 《Автоматическое регулирование》, сб.статей, М., (1954).

[41] Цыпкин Я.Э., Переходные и установшиеся процессы в импульсных цепях, М., (1951).

[42] Колмогоров А.Н., Фомин С.В., Элементы теории функций и функционального анализа, Иэдго МГУ, (1954).

[43] Ведров В.С., Динамическая устойчивость Самолета, М., (1938).

[44] Фельдбаум А.А., Автоматика и телемеханика, № 4, (1949).

[45] Степанов В.В., Курс дифференциальных уравнений, М.—Л., (1937).

[46] Стокер Дж., Нелинейные колебания в механических и электрических системах, М., (1952).

[47] Фельдбам А.А., Автоматика и телемеханика, № 6, (1953).

[48] Фельдбам А.А., Автоматика и телемеханика, № 2, (1955).

[49] Льюис., Нелейных обратных свяэи, Впроссы ракетной техники, № 4, (1954).

[50] Ъулгаков Ъ.В., Прикладная теория гироскопов, М.(1954), 2 иэд.

[51] Мак-Лахлан Н.В., Теория И приложения функцнй Матье, М., (1953).

[52] Россер Дж., Нъютон Р. и Гросс Г., Математическая Теория полета неправляемых ракет, М., (1950).

[53] Ренкин Р.А., Математическая теория движения неуправляемых ракет М., (1951).

[54] Гантмахер Ф.Р., Левин М.Л., Прикл. матем. и мех., т. X, 301～312, (1947).

[55] Дреник Р., Вопроссы ракетной техники, сборник переводов, М., 5, (1952).

[56] Фельбаум А.А., Автоматика и телемеханика, Ⅸ, вып.1, 3～19, (1948).

[57] Уланов Г.М., Автоматика и телемеханика, Ⅸ, вып.3, 168～175, (1948).

[58] Красовский А.А., Труды ВВА им. Жуковского, вып.281, (1948).

[59] Лаврентьев М.А., Люстерник Л.А., Курс вариационного исчисления М.—Л., (1938).

[60] Автоматы СЪ. статей. под ред К.Э.Шеннона и Дж. Маккарти. иэд. и-л.Москва (1956).

索　引

六 画

七 画

八 画

九 画

十 画

十一画

十二画

十三画

十四画

十五画

十六画

十九画

附录

工程控制论简介[①]

工程控制论是一门为工程技术服务的理论科学。它的研究对象是自动控制和自动调节系统里的具有一般性的原则，所以它是一门基础学科，而不是一门工程技术。

什么是自动控制和自动调节的工程技术呢？这个工程技术包含生产过程自动化，机械、电机的自动调整，飞机的控制和稳定系统，以及导弹的制导系统，高射炮的炮火控制等等。而工程控制论呢？它并不单独研究生产过程自动化的理论，也不单独研究导弹的制导理论，它所研究的是具有一般性的理论。这种理论对生产过程自动化既然有用，对飞机的控制和稳定系统的设计也有用；只要是自动控制系统，只要是自动调节系统，它们的设计就得应用工程控制论。各种不同的自动系统的具体体现，因为实际情况的差别，要采用各种不同的元件。例如控制巨型水轮发电机组的元件一定是强大的，小了就不能转动重大的机械。但是控制导弹的元件就不能笨重，一定要小巧，不然就装不进导弹弹体的有限体积里面去。工程控制论既然专门研究各个不同自动系统里面的相同点，自然就不能兼顾不同系统里面的不同点，也就是不能研究自动系统里面像元件那样具体的东西。所以工程控制论是一门理论科学，是一门为工程技术服务的理论科学，我们可以叫它是一门技术科学。

工程控制论既然是一切自动控制和自动调节系统的基础理论，那么自然要等到自动系统已经在工程技术中广泛地被应用，已经从实践中取得丰富的经验，我们才有可能发展工程控制论。就因为自动控制和自动调节系统在近二十年才有了突飞猛进的发展，所以工程控制论的建立和研究也不过只有十年的历史，并且在最近这几年，才把部分的、个别的研究成果加以系统化，形成了一门比较全面的学科。

什么是工程控制论里面的主要概念呢？这里是专门研究什么控制什么、什么影响什么的，这里特别注重的是一个元件、一个部分同另一个元件、另一个部分之间的关系。所以工程控制论里面的最主要的概念是物件之间的关系，我们可以把工程控制论叫作“关系学”。这也表明了工程控制论的内容必定同其他工程技术的理论有很大的区别，在其他工

① 本文是时任中国科学院力学研究所所长的钱学森为《工程控制论》获得中国科学院自然科学奖一等奖而写的获奖内容介绍。原载于《科学大众》1957 年 5 月号。

程技术里面,我们最注重“力”“能”“功率”“速度”“加速度”“温度”等等,而这些东西在工程控制论里都不占主要的地位。因为这个着重点的差别,其他工程技术的专业者,一开头研究工程控制论总会感到陌生,感到有点“怪”,一定要钻研一段时间才能把新的着重点、新的概念代替早已习惯了的着重点和概念,才能在这里“运用自如”。

更具体地来讲,在工程控制论里面的一个最主要概念就是“反馈”。所谓反馈也就是说我们随时测定被控制系统的运行情况,利用这种情报来帮助我们决定应该怎样来控制,也就是利用控制的结果来改进我们控制的方策。其实这个反馈作用在自然界中到处都是,只要我们一分析就可以看得出来。举一个例子来说:我们人走路就非用反馈不可,不然就一定会撞到墙上或树上去。如果我们在开步走以前,仔细地辨认一下要走的道路,然后把眼睛蒙上,照我们脑筋里的印象来走,我想无论什么人也不能把路走对,不出十步就一定会开始有偏差,更不要说到达目的地了。所以我们可以说人的走路性能在本质上不是很好的。平常我们之所以能不走错路、能到达目的地,主要是靠眼睛看。看,就是测定我们走到了什么地方,就是测定被控制系统的运行结果。利用眼睛看到的情况,我们的大脑就进行计算,相应地做出校正走路方向的决定,也就是利用反馈作用控制的方策,这个方策由腿的肌肉来执行。就是这样地随时调节,我们才能避免错误。从这里我们可以体会出反馈作用的重要性,它把一个本来性能不很好的系统,比如我们的走路体系,改变成一个具有高度准确性的、灵活的系统。正如上面的例子,在一切自动控制和自动调节系统里,就包含测定装置、反馈路线、控制计算部分和控制执行部分。也正如走路这一个例子,通过自动控制和自动调节,我们能把本来性能不好的系统改变成为具有优良性能的系统。原来不准确的变为准确的,原来不稳定的变为稳定的,原来反应迟钝的变为反应灵敏的。做到这些自然是工程技术上伟大的成就,也就说明工程控制论为什么成了现在技术科学里面一个非常重要的部门。

当然,发展是不会停止的,对自动系统的要求也是越来越高的,这就推动了对工程控制论的更进一步研究,提出了新的研究方向。其中一个方向就是发展包含自动随时测量系统性质的控制方法。这又是什么呢?我们可以这样来说:要利用反馈情报进行控制计算,做出控制决定,我们自然不能没有依据,我们一定要预先知道被控制系统的性质,这是我们控制的本钱。对各种性质我们知道得越清楚、越精确,控制也就越准确;如果对被控制系统的情况糊里糊涂,就是再好的工程师也没有办法设计出性能优良的自动系统。但是我们预知系统的性质是有限度的,系统的性质可以随时因为磨损或者因为外界环境的改变而改变,既使对系统性质的资料本来很准确,也会变成不准确,因而使整个自动系统的准确度降低。要维持系统的高度准确性,我们就得随时随地不断地测量系统的性质。显然,进行这个测量必须是自动的,也必须能自动地利用这些测量的结果来校正控制计算,这就自然地把自动系统引入到更复杂的一个阶段。

系统复杂了,里面包含的元件数量必定大大地增加,这又产生了另一个新问题,就是,整个系统的可靠性问题。我们知道,如果每个元件都有一定失效的可能性,而一个元件失效就能使整个系统运转不正确,那么一般来说,元件越多,出毛病的机会也就越多,整个系统也就越不可靠。但是这并不是一定非这样不可的,我们有办法利用不十分可靠的元件做出非常可靠的系统。这自然不是随便可以做到的,元件需要有一定的组合方案,这组合方案就是工程控制论的又一个新的研究题目。我们可以看得出来,这是一个概率的问题,做这个工作就得引用统计数学。其实在工程控制论的另几个新的研究方向,像外界的干扰问题,信息传送效率问题等等,都需要引用近代统计数学里的成果。所以我们可以肯定,统计数学对工程控制论的发展是非常重要的。

最后,也许有人要问:说了半天工程控制论,那么什么是控制论呢?我们可以这样回答:控制论是更广泛的一门学问,它不但是工程技术里自动控制和自动调节系统的理论,它也包含一切自然界的控制系统,像生物的控制系统。所以反过来说,工程控制论就是控制论里面对工程技术有用的那一部分,它是控制论的一个分支。

现代化、技术革命与控制论[①]

第一版《工程控制论》原是用英文写的，出版于 1954 年[②]，俄文版是 1956 年[③]，德文版是 1957 年[④]，中文版是 1958 年[⑤]。现在回顾那个时代，恍同隔世！在这 20 多年中，我们的国家和整个世界都经历了天翻地覆的变化。我国人民经受了这一伟大时代的革命锻炼，正走上新的长征，为实现四个现代化而奋斗。《工程控制论》这一新版的作者们，正是在这一时期锻炼成长起来的中国青年控制理论科学家们。他们，尤其是宋健同志，带头组织并亲自写作定稿，完成了工作量的绝大部分，是新版的创造者。有他们这一代人，使我更感到实现四个现代化有了保障。对这一新版，我是没有做什么工作的，但为了表达对他们的敬意，同时也算是对我国 20 多年来伟大变革的纪念，纪念我们这一段共同的经历，我要为宋健等同志创作的新版写一篇序。

序的总题目，就是如何加速实现党中央号召，全国人民所向往的农业、工业、国防和科学技术现代化。实现四个现代化就必须发展生产力；而发展生产力的一个重要方面就是推进技术革命。所以，我就从技术革命讲起，最后说到本书的题目——控制论。

(一)

讲技术革命，首先要提一下其他几个有关的词汇。

20 世纪现代科学技术的伟大成就，正在对生产以及整个社会产生巨大的冲击。有人常常用"新的工业革命""第二次工业革命""第三次工业革命""科学技术革命"等等词句来表达现代科学技术伟大成就的社会意义。但是，我们在使用这些词句时，不应忽视这些词汇的背景。

这就有必要回溯到 20 世纪 40 年代末，对这些提法的来历做一番考察。

控制论的奠基人 N.维纳在 1947 年 10 月这样说过："如果我说，第一次工业革命是革

① 本文是钱学森为《工程控制论》(修订版)(1980 年)写的序言。

② Tsien, H.S., *Engineering Cybernetics*. McGraw-Hill Book Company, (1954)。

③ Цянь-Сюэ-Сзнь. Техническая Кибернетика, перевод с ангииского М. З. Литвина-Седого, под редакицией А. А. Фелдбаума, Из. Иностранной Литературы, (1956)。

④ Tsien, H.S., Technische Kybernetik, *übersetzt* von Dr.H.Kaltenecker, Berliner Union, (1957)。

⑤ 钱学森，《工程控制论》，戴汝为等译自英文版，科学出版社，1958 年。

‘阴暗魔鬼的磨房’的命,是人手由于和机器竞争而贬值;……那么现在的工业革命便在于人脑的贬值,至少人脑所起的较简单的较具有常规性质的判断作用将要贬值。”①因此,维纳是第一个把控制论引起的自动化同“第二次工业革命”联系起来的人。此后,J. D.贝尔纳在 1954 年也提出自动化是一次“新的工业革命”,他说:“我们有理由提到一次新的工业革命,因为我们引用了电子装置所能提供的控制因素、判断因素和精密因素,还有进行工业操作的速度大大增加了。巨型的自动化生产线,甚至完全自动化的工厂都有了……”②贝尔纳同时提出了“科学技术革命”这个名词,他说:“20 世纪新的革命性特征不可能局限于科学,它甚至于更寄托在下列事实,就是只有在今天科学才做到控制工业和农业。这场革命或许可以更公允地叫作第一次科学—技术革命”③。在维纳和贝尔纳之后,资本主义国家的学者日渐增多地采用这两个词,而尤以“第二次工业革命”这个词更为流行。

苏联学术界在 1955 年以前的一段时间内,曾经把“第二次工业革命”和“科学技术革命”作为美化资本主义的概念而加以拒绝;20 世纪 60 年代初,苏联态度发生转变,开始接受这两个概念;到了 20 世纪 70 年代,“科学技术革命”已经成为苏联学术界普遍接受的概念了④;虽然对“第二次工业革命”这个概念还有争论,但把它作为一个新概念接受下来已成为事实。

当然,概念上的紊乱也是存在的:诸如一面讲“自动化是新的工业革命”“计算机在工业上的应用正在引起第二次工业革命”“第二次工业革命在本世纪早期始于美国,它指在例行的重复性的工作中,用自动控制和逻辑装置代替人的智力和神经系统”,然后又说“空间时代是工业革命的第三阶段”。一面讲“现代只有在苏联才发生新的工业革命”,另外又讲“不论在社会主义国家还是在发达的资本主义国家都正在发生新的工业革命即第二次工业革命”等等。在“科学技术革命”问题上的说法也很类似,诸如一方面讲“新的工业革命即科学技术革命”,又讲“科学技术革命作为一个过程,按其内容和本质是不同于工业革命的”,还说“科学技术革命是第二次工业革命的先驱”“科学技术革命即管理工艺过程的革命”“科学技术革命是由于科学起着优先作用而实现的现代社会生产力的根本变革”等等。其实科学技术革命这个词就容易和概念上完全不同的科学革命混淆,科学革命是指人类认识客观世界的重大飞跃,在自然科学领域里的科学革命已经由库恩⑤做了详细的阐述。所以科学革命只是认识客观世界,还不是改造客观世界,它们有联系,但又是不相同的。

苏联学术界对待“第二次工业革命”和“科学技术革命”这两个概念的态度,为什么有一个曲折的过程?这也是一个值得思考的问题。1972 年,苏联《哲学问题》杂志在第 12

---

① N.维纳,《控制论》,科学出版社,1962 年,第 27 页。
② J.D.贝尔纳,《历史上的科学》,科学出版社,第 471 页。
③ J.D.贝尔纳,《历史上的科学》,科学出版社,第 752 页。
④ 费多谢耶夫,“科学技术革命的社会意义”,苏联《哲学问题》杂志,1974 年第 7 期。
⑤ T.S.库恩,《科学革命的结构》,上海科学技术出版社。

期的社论中宣称,“科学技术革命”使“生产的相互关系”“社会的状态”和“社会的结构”等等“发生了根本的变化”,“现代世界发生的深刻变化”迫使人们对马列主义基本原理做“这样或那样的修正”①。从这个观点,人们不难看出,这些人提出科学技术革命的目的是要修正马克思主义基本原理。

科学的社会科学,应该把它所有的概念同马克思主义的基础协调起来,并且实现精确化。对“第二次工业革命”“科学技术革命”这些流行概念给以必要推敲和订正,这不仅是科学的社会科学工作者的任务,而且也是自然科学技术工作者的任务。为此就有必要回到“产业革命”或“第一次工业革命”这个问题上来。

(二)

最先提出“产业革命”概念的是恩格斯。继恩格斯之后,有法国人著作中的“产业革命”概念,也有英国资产阶级经济历史学家托因比的“产业革命”概念②。必须说,只有马克思主义的“产业革命”概念才是真正科学的概念。恩格斯在1845年出版的《英国工人阶级状况》一书中,关于“产业革命”的论述,是科学的社会科学对“产业革命”概念的最早论述。恩格斯说:“英国工人阶级的历史是从18世纪后半期,从蒸汽机和棉花加工机的发明开始的。大家知道,这些发明推动了产业革命,产业革命同时又引起了市民社会中的全面变革,而它的世界历史意义只是在现在才开始被认识清楚。”“产业革命对英国的意义,就像政治革命对于法国,哲学革命对于德国一样。……但这个产业革命的最重要的产物是英国无产阶级”③。

什么是“技术革命”呢?首先给予“技术革命”概念以精确化定义的是毛主席。毛主席在20世纪50年代就使用过技术革命这个词,它往往是和技术革新并列的。但毛主席没有停留在这样一般的认识上,后来他进一步发展和总结了历史上生产力发展的规律,阐明了技术革命这一概念,指出:“对每一具体技术改革说来,称为技术革新就可以了,不必再说技术革命。技术革命指历史上重大技术改革,例如用蒸汽机代替手工,后来又发明电力,现在又发明原子能之类。”毛主席举出了三个技术革命的例子,其中两个是历史上的,一个是现代的。把它们作为技术革命的典型加以研究,会给我们什么启发?毛主席这段话的历史意义和现实意义是什么呢?

蒸汽机技术革命同18世纪工业革命既有联系,又有区别。在工场手工业时期,1688年英国人托马斯·萨弗里发明了利用蒸汽冷凝产生的真空和蒸汽压力工作的抽水用蒸汽泵;两年之后法国人巴本证实了德国人莱伯尼兹提出的蒸汽可在汽缸中推动活塞的原理;1712年英国人托马斯·纽柯门做成用蒸汽和空气压力工作的一种蒸汽泵,用于矿井抽水。但是,这些蒸汽机并没有引起工业革命,相反的,正是由于创造了工具机,才使蒸汽机

① 苏联《哲学问题》杂志,“今日之历史唯物主义:问题与任务”,1972年第10期社论。

② A. Toynbee, *Lectures on The Industrial Revolution in England*. London, (1884)。

③ 恩格斯,《马克思恩格斯全集》,第二卷,人民出版社,1957年,第281、296页。

的革命成为必要[①]。1764年出现珍妮纺纱机,1767年出现水力纺纱机,1785年出现骡机,这一系列工具机的发明促使瓦特实现了蒸汽机的革命。1764年他在格拉斯哥大学修理纽柯门机器的模型时产生了他的伟大发明,1769年他获得第一种蒸汽机专利,1784年获得第二种蒸汽机专利,1785年蒸汽机开始用来发动纺纱机,1786年建成博尔顿·瓦特蒸汽机工厂。

瓦特的蒸汽机是大工业普遍应用的第一个动力机,它取代了在生产过程中作为动力提供者的人。一台蒸汽机推动许多台工具机,形成有组织的机器体系,这就是工厂制度的诞生。从1786年到1800年,瓦特的工厂共生产了500多台蒸汽机,大大加速了工业革命的步伐,"工场手工业时代的迟缓的发展进程变成了生产中的真正狂飙时期"[②],蒸汽机成为大工业迅速发展的推动力,"推动力一旦产生,它就扩展到工业活动的一切部门里去……当工业中机械能的巨大意义在实践上得到证明以后,人们便用一切办法来全面地利用这种能量"[③]。所以是蒸汽机技术革命导致了工业革命或产业革命。

我们再看毛主席举的技术革命的第二个例子——电力的发明和应用。1831年法拉第对电磁定律的发现,为电力的发明奠定了基础。1878年,爱迪生发明了能在商业上普遍应用的双极发电机,并提出由一个公共供电系统向用户供电的计划;次年,爱迪生制成白炽灯;再下一年,爱迪生的电灯首先展示在"哥伦比亚"号轮船上。适应社会对这种前所未有的干净、明亮的照明工具的需要,很快出现了一个完全新型的工业——电力工业。1882年爱迪生的发电厂和供电系统在纽约运转;同一年在慕尼黑电气展览会上,法国物理学家马赛尔·德普勒展出了他在米斯巴赫至慕尼黑之间架设的第一条实验性输电线路,从此开始了交流电远距离传输技术的大发展。电力的发明从照明开始,但由于它解决了动力的分配、传输和转换问题,所以很快在大工业中得到普遍应用。马克思在他逝世前夕,曾以极为喜悦的心情密切注视着电力的发明。在1883年,恩格斯针对电力的发明说:"这实际上是一次巨大的革命。蒸汽机教我们把热变成机械运动,而电的利用将为我们开辟一条道路,使一切形式的能——热、机械运动、电、磁、光互相转化,并在工业上加以利用,循环完成了。德普勒的最新发现在于能够把高压电流在能量损失较小的情况下通过普通电线输送到迄今连想也不敢想的远距离,并在那一端加以利用,这件事还只是处于萌芽状态,这一发现使工业几乎彻底摆脱地方条件所规定的一切界限,并且使极遥远的水力的利用成为可能,如果在最初它只是对城市有利,那么到最后它终将成为消除城乡对立的最强有力的杠杆。但是非常明显的是,生产力将因此得到极大的发展,以至于资产阶级对生产力的管理愈来愈不能胜任。"[④]实践证实了恩格斯的科学预见,"电力工业是最能代表

---

① 马克思,《马克思恩格斯全集》,第二十三卷,人民出版社,1972年,第412页。
② 恩格斯,《反杜林论》,人民出版社,1970年,第258页。
③ 恩格斯,《马克思恩格斯全集》,第二卷,人民出版社,1957年,第291页。
④ 恩格斯,《马克思恩格斯选集》,第四卷,人民出版社,1972年,第436页。

最新的技术成就和 19 世纪末、20 世纪初的资本主义的一个工业部门”[①]，而且直到今天也仍然是如此。是电力技术革命推进了资本主义转入垄断阶段，出现了资本帝国主义，即帝国主义。

蒸汽机和电力这两个历史上的技术革命例子，使我们把科学技术的发展作为一种社会过程、社会现象来研究，从它的发展规律，能够找到一条线索：生产力的发展史是以技术革命划分阶段的。这是毛主席关于技术革命的重要论述对我们的启示。

（三）

生产力始终处在发展过程中，而这种发展过程又首先是从生产技术的改革开始的。生产力的发展水平取决于生产技术的高低。生产力的发展同一切事物一样，总是采取两种状态，即相对稳定的发展状态和飞跃变动的发展状态，换句话说，即生产力的发展呈现一种阶段性。“由粗笨的石器过渡到弓箭，与此相联系，从狩猎生活过渡到驯养动物和原始畜牧；由石器过渡到金属工具（铁斧、铁铧犁等等），与此相适应，过渡到种植植物和耕作业；加工材料的金属工具进一步改良，过渡到冶铁风箱，过渡到陶器生产，与此相适应，手工业得到发展，手工业脱离农业，独立手工业生产以及后来的工场手工业生产得到发展；从手工业生产工具过渡到机器，手工业-工场手工业生产转变为机器工业；进而过渡到机器制造，出现现代大机器工业，——这就是人类史上社会生产力发展的一个大致的、远不完备的情景”[②]。这是对生产力发展阶段性的最形象描述。在这一幅生产力发展的大致情景中，每当生产力出现一次飞跃变动，就意味着某一技术革命被引进到了社会生产之中。革命就是量变到质变的飞跃，每一技术革命的本身就是经过一个时期实践经验的累积，有时还要经历很长的孕育时期，然后才显示出来。它一出现又立即影响了整个社会生产，引起生产力的飞跃发展。人类社会生产力和整个社会的发展就是这样波浪式地前进。技术革命是那些引起生产力飞跃发展的技术变革，不是生产力持续发展的一般技术改革或技术革新。

技术、技术革命属于劳动过程或生产过程[③]，“生产过程可能扩大的比例不是任意规定的，而是技术上规定的”[④]。技术革命乃是生产力发生飞跃变化的技术根源，而生产力的飞跃发展又必然推动社会历史的阶段性变化。是蒸汽机技术革命带来了产业革命这一生产力的飞跃变化，推进了自由资本主义的兴起；而电力技术革命却加速了资本主义的历史进程，促使它进入垄断资本主义。这就是毛主席提出技术革命这一科学概念的伟大而深远的涵义。同时，我们也看到，“技术革命”一词比前几节中介绍的其他几个词汇更精确，更有利于讨论研究问题。

---

① 列宁，《列宁选集》，第二卷，人民出版社，1972 年，第 788 页。
② 斯大林，“辩证唯物主义和历史唯物主义”，《斯大林文选，1934—1952》，上册，人民出版社，1962 年，第 199 页。
③ 马克思，《马克思恩格斯全集》，第二十四卷，人民出版社，1972 年，第 44、123 页。
④ 马克思，《马克思恩格斯全集》，第二十四卷，人民出版社，1972 年，第 91 页。

为了极大地提高我国社会生产力,我们应该深入研究当前出现的几项技术革命的涵义,探索正在酝酿、即将出现的技术革命,能动地推进技术革命,加速我国四个现代化的建设。

(四)

我们先讨论核能技术革命。

核能技术是本世纪初物理科学的伟大产物。1909 年,爱因斯坦发现了质能等效性原理,预示了原子核反应所释放的能量比化学反应释放的能量大几百万倍的可能性。此后,科学家为敲开核能宝库的大门进行了不懈的努力。1932 年恰德威克发现中子,找到了分裂原子核的钥匙;1938 年末,哈恩和斯特拉斯曼用中子轰击铀,发现了铀原子核的可裂变性;次年 1 月 27 日,在美国华盛顿举行的物理学家会议上,波尔和费米介绍了上述发现的重大意义,费米首先提出了链式反应的理论;1942 年 12 月 2 日,费米在芝加哥大学建成第一个原子反应堆,首次用实验证明在可裂变的铀核中能够产生自维持的链式反应,从而迎来了核能技术的黎明。

核能是一种十分集中的新能源。1 公斤铀所含的裂变能量约相当于 2 000 吨煤。全世界有丰富的铀储量,在煤、石油、天然气日益枯竭的情况下,原子核的裂变能是一个有广阔前途的新能源;一座 100 万千瓦的核电站正常运行一年,节省的矿物燃料相当于 145 万吨石油或 236 万吨煤或 16.5 亿立方米天然气;据 1976 年国外统计资料,核电站的每千瓦时电总平均费用已低于烧煤和石油的火力发电。正如蒸汽机出现时的情形一样,当核能的巨大意义在实践中得到证明之后,人们就会全力以赴把这种现代生产力发展的巨大推动力扩展开来。自 1959 年出现第一座商用核电站以来,新兴的核能电力工业正在迅速发展,截至 1978 年 6 月 30 日,全世界已建成运行的电功率在 3 万千瓦以上的核电站已达 207 座,总电功率约达 1.08 亿千瓦;全世界正在建设的核电站有 219 座,总电功率达 1.96 亿千瓦;正在计划建设的核电站有 123 座,总电功率达 1.24 亿千瓦。预计到公元 2000 年,全世界核电站的装机容量将达 13 亿～16 亿千瓦,届时将占全世界总发电量的 45%。

早在发现核裂变前,科学家就了解到,包括太阳在内的恒星其持续发射的巨大能量来自轻元素的核聚变。但这种核聚变反应是在一个极高的温度和压力环境中维持的,人工创造这样一个环境现在还做不到。比较容易一点的是氘的聚变,而地球海洋里就有极大量的氘;一升海水中就可以提取约 33 毫克的氘,这一点氘的聚变能量就等于 300 升的汽油!但就是氘聚变也不是轻而易举的,在 1945 年 6 月 15 日首次裂变原子弹爆炸实现后,到 1952 年才实现了第一次聚变“氢弹”爆炸。现在人们正向可控制聚变反应——建设聚变反应核电站的目标前进,有可能在 20 世纪末实现。这样仅海水中的氘所含的能量就够人类用了。

(五)

对现代生产产生深远影响的第二项技术革命是电子数字计算机。

蒸汽机和电力实现了生产过程的机械化，而监督与调整生产过程的工作仍需人工来完成。工人要不断照料机器的动作，用眼、耳和神经系统来直接获取生产过程的信息，然后由大脑对这些信息进行处理，做出要不要改变机器运行状况的决定，并通过手对机器的直接调整来执行这一决定。20 世纪初以来，产生了能对各种物理量进行精确测量的感受器件，也产生了各种执行机构。获取机器生产状况的信息的工作，就由感受器件取代了人的器官；控制决定的执行，由执行机构取代了手对机器的直接调整。但是，控制决定还得由人直接做出，整个生产过程还需人的直接参与。这样一种状况影响着生产率进一步发展。对一些日益精密化、快速化的现代工业过程(如化学工程过程)，人工控制已完全不能胜任，因为在这种情况下人的思维在速度、可靠性和耐力方面都显得不够。20 世纪 50 年代出现了模拟式自动控制设备，在一些不太复杂的生产过程中实现了自动控制。但是，这种设备一般不能用于复杂的现代化工业过程，不能进行数据处理，也不能用于整个工厂或车间的全盘自动化。电子计算机的出现并应用于工业生产，才使自动控制技术产生了革命。第一，电子数字计算机具有计算精确的特点，和数字化感受器件、数字化执行机构结合，能够实现工业生产过程的精密控制；第二，电子数字计算机具有很大的计算能力，可以根据生产过程运行状况的改变而自动改变调节参数；可以计算出生产过程的发展趋势，以便决定应当预先调整哪些操作条件。所以计算机能够对复杂的工业生产过程实现自动控制；第三，计算机不仅能对生产过程进行最优控制，而且能对包括感受器件、执行机构和计算机本身在内的全部生产设备进行监督控制。所以计算机能够实现整个企业和企业体系生产过程的全盘自动化。

关于过程的信息，是调节与控制这个过程的手段。人和人需要交换信息，人和机器也需要交换信息，任何社会实践过程都需要处理信息。人处理信息的能力，直接影响着他调节与控制事物的能力。电子计算机作为最具普遍意义的信息自动化处理设备，除了用于生产过程的数字自动化控制外，还广泛用于军事技术、科学研究、天气预报、交通运输、组织管理、信息管理、财政贸易和日常生活等领域，并成为现代化社会一种最富有代表性的装备。据 1976 年年底的统计数字，每百万就业人口(不包括农业)所拥有的通用电子数字计算机，美国是 1 800 余台。日本、联邦德国是 800 余台，这个数字还在迅速增长中。

(六)

对现代生产和现代科学技术的面貌产生深远影响的第三项技术革命是航天技术。航天技术，是把航天应用于生产、科学技术和军事的一大类新技术的总称，是 20 世纪 50 年代诞生的重大技术成就。航天技术短短 20 余年的发展历史，不仅表现出在军事上的重要性,而且显示出了它在社会生产和科学技术范围内的巨大应用潜力。

航天技术首先把作为社会生产过程一般条件的通信手段提高到了一个全新的发展水平,实现了一种理想的天上中继站——通信卫星。利用卫星通信,不需要敷设电缆或微波接力站,极少受大气干扰,作用范围广,可靠性高,而且通信容量大。一颗通信卫星的通信能力与100条越洋海底电缆相当。利用卫星通信,实现了电视对广大用户的直接广播;利用卫星通信,可以把大范围内的信息处理设备沟通形成信息网络。

航天技术实现了气象观测方式的革命。气象卫星能够在全球范围内对海洋、大陆和大气层进行观测;能够昼夜提供全球性的云图照片;能够对关键性的气象参数的垂直剖面图进行精确探测;能够连续监视大片地区的天气现象,并对研究台风一类灾害性天气现象有很大的作用。航天技术还能用于监视地壳的活动现象,并对地震和火山活动的预报做出贡献。

“运输业是一个物质生产的领域”,海运、空运的导航技术与社会生产的发展紧密相关。航天技术提供了一种理想的天上无线电导航台——导航卫星,从天上直接给飞机、船舶、潜艇传送导航信号,大大提高了导航系统的经济性、可靠性和精确性。卫星导航技术的最新发展,将可以提供全球性的、连续性的、高精度的导航业务,定位误差不超过10米,测速精度为3厘米/秒,比地面无线电导航提高近100倍!

航天技术提供了一种经济、有效的自然资源大面积普查手段。地球资源卫星可以用于土壤资源的调查、规划和开发,农作物长势和病害预报,矿物资源普查,水文勘测,林业、牧业资源管理,海洋资源调查,等等。

航天技术还开辟了“天上生产”的远景。例如,在赤道同步卫星轨道上,太阳产生的能量密度率约为2 cal/(min·cm^2)[约为8.37 J/(min·m^2)——编辑注。],而且不受地球昼夜和天气变化的影响,我们可以设想在未来利用这种环境在天上建设大型太阳能电站持续发电,然后通过大功率微波器件转换成微波能量,定向发射回地面接收站,再转换成工业和民用所需的电力。

由于航天技术的最新发展,在20世纪80年代将出现一种先进的可往返使用的航天运载工具——航天飞机。航天飞机将取代先前一次使用的卫星运载火箭;将能够对在轨道上运行的通信卫星、导航卫星、地球资源卫星、气象卫星和科学卫星进行维修服务;将能把已在轨道上完成了任务的有效载荷取回地面,以便修复使用或供改进技术用;将能为航天技术提供经济的“天上实验室”;将能使利用天上无重力环境进行“天上生产”成为现实。航天飞机的发展将把航天技术革命进一步推向深入。

航天技术对生产和科学技术的发展将继续产生深远的影响。从根本上说,这是由于航天具有极其深刻的认识论意义。任何知识的来源,在于人的肉体感官对客观外界的感觉。因此,任何技术的发展都与人类眼界扩大的程度相关。航天技术提供了一个极其优越的位置,从天上来发展我们对地球、大气层和整个自然界的认识,使人的眼界有一个飞跃的扩大。在航天技术出现之前,人局限在地球上,眼界很小,对范围极其辽阔的陆地、海洋、大气层进行一番系统的考察，所需要的时间是十分长的；对范围很大的区域性、洲际性甚至全球性的自然现象，根本无法直接观察；对环境条件恶劣地区的自然现象，难以深入考察；对一些迅速变化的自然现象，人也缺乏连续观察的能力。航天技术从根本上改变了这种状况。应用目前已经成熟的技术，从数百公里高的卫星轨道上对地球拍照，一张用于地质普查的卫星照片可以覆盖地面 3.4 万平方公里，为普通航空观测照片的 340 倍！应用离地面 3.5 万多公里的赤道同步卫星，可以连续“俯视”大约半个地球表面。航天技术给我们提供了多种多样的天上观察站，以发展我们对自然界的认识：利用极地轨道卫星，可以在十多天内普查全球一次；利用赤道同步轨道卫星，可以连续不断监视地面自然现象；利用太阳同步轨道卫星，可以在太阳光照基本一致的条件下对自然特征进行对比研究。航天遥感技术还扩展了人对地表、洋面和大气层辐射的电磁波谱的识别范围，使一些表现在可见光区域以外的自然现象成为可以观察的。航天技术极大地延伸了人的眼力。以天文观察为例，最近发现的发射 X 光和 γ 射线的星源和与其相关的一系列所谓高能天文学现象，没有天文卫星这个工具是不可设想的。又如从地球用光学望远镜观察火星表面只能辨认出尺度大于 300 公里的特征；而飞往火星的航天探测器，能在几千公里的近距离拍摄火星照片并传回地球，使分辨能力一下提高了 100 倍！环绕火星的航天探测器进一步把这一能力提高到 1 000 倍以上；而在火星表面软着陆的航天探测器则能对其表面进行直接探测，并将结果传回地球。各种各样的行星探测器使人的眼力一下子延伸了数千万甚至成亿公里！

以前我们是局限于地球表面来搞科学实验的，但就在这样的条件下，我们创造了如此丰富的科学技术，如此丰富的知识宝库。今后我们可以跳出地球表面，进入太阳系的空间，我们对宇宙的认识必然会有一个飞跃！

（七）

除了以上所说的三项当代技术革命——核能技术革命、电子计算机技术革命和航天技术革命之外，我们还看到现代科学技术的重大突破正酝酿着另外几项技术革命。例如激光技术的发展将会导致新的技术革命，开创光子学、光子技术和光子工业[①]。又如遗传工程的发展也将会导致新的技术革命，开创按人的计划，创造新的生物种属，而不光是靠老天爷培育生物种属。还可能有其他技术革命。五六项技术革命同时并进，百花齐放，万紫千红，是人类历史上从未有过的局面！

但所有这些科学技术的发展，所有这些技术革命都直接与控制论联在一起。控制论的发生可以追溯到电力驱动技术，即电力技术革命，而控制论的成长则同当代几项技术革命分不开的。可以预言，控制论的进一步发展也必将同我们以上论述的技术革命的进一步发展紧密相配合。让我们看一看几十年来的历史。

① 钱学森，“光子学、光子技术、光子工业”，《激光》，1979 年第 1 期。

1944 年那一台名叫 MARK-1 的大型继电器式计算机,1945 年宾夕法尼亚大学那台采用电子管代替继电器的 ENIAC 电子计算机,都出现在控制论完全形成之前。但是,用替续的开关装置和用二进制作为电子计算机设计的最合适基础,完全是受惠于从 1942 年前后开始的控制论思想的发展:人的神经系统在做计算工作时,作为计算元件的神经元或神经细胞,实质上可以看作只具有两种动作状态的替续器。工程控制论出现以后,已日益深刻地被应用于指导电子计算机的设计。例如,能够记住主题并把以后接受的信息同这个主题联系起来的智能终端,能够识别语言波形、完全按照声音来操作的计算机,能够直接把图像转变为数字信息存储、处理的计算机,以及具有一定自学习、自组织功能的以电子计算机为心脏的机器智能等等,都是按照控制论原理来革新电子计算机体系结构的一些新发展。工程控制论正在推动电子计算机技术革命的深入。这样一个现实已经来到了人类的面前:由电子计算机和机器智能装备起来的人,已经成为更有作为,更高超的人!

工程控制论在其成形的时候,就把设计稳定与制导系统这类工程实践作为主要研究对象。虽然,作为现代火箭技术和航天技术萌芽的 V-2 火箭在控制论诞生之前好几年就出现了,但是,同应用工程控制论所实现的高精度、高可靠性的制导技术比较起来,V-2 的机电式制导系统实在是太原始了。法西斯德国向伦敦发射了 2 000 枚这种射程 300 公里的火箭,只有 1 230 枚落入市区,这其中又仅只有半数落在距目标中心 13 公里的范围之内。而现代制导技术可以达到这样的成就:射程 1 万公里的洲际导弹弹头落点圆公算偏差在 30 米以内;"海盗号"航天飞行器在远距地球 7 000 万公里之遥的火星实现了准确的软着陆。各种人造地球卫星、行星探测器、运载火箭以及航天飞机,都是高度自动化的机器。航天遥测、航天遥控、航天遥感,还有航天测控信息的远距离传递,都是工程控制论在航天技术革命发展过程中建立的里程碑。

高精度、高可靠性自动调节、自动控制和自动监测系统,对核能技术的发展极具重要性。在核电站发展的早期,一般采用常规的机电自动控制技术和仪表。1963 年,在核电站调节、控制与监测工作中首次引用了电子计算机控制,并获得了很大成功;到 20 世纪 60 年代末期,电子计算机控制已在核电站上广泛应用。全面采用电子计算机监视和控制,是当前核电站技术发展的显著特征。现代电力网建设,要求核电站在运行过程中能随电网负荷的变动而自动调整功率输出,只有应用多变量最优控制以及能预测控制变量的前馈控制等现代控制理论,才能实现这个目标。

控制论的对象是系统。所谓系统,是由相互制约的各个部分组织成的具有一定功能的整体。一个蒸汽机自动调节器是一个系统,一部自动机器是一个系统,一个生物体是一个系统,一条生产线是个系统,一个企业是个系统,一个企业体系是个系统,一项科学技术工程是个系统,一个电力调节网是个系统,一个铁路调度网是个系统;还有,一个经济协作区是个系统,一个社会组织也是一个系统。有小系统,有大系统,也有把一个国家作为对象的巨系统;有工程的系统,有生物体的系统,也有既非工程的,也非生物的系统。为了实现系统自身的稳定和功能，系统需要取得、使用、保持和传递能量、材料和信息，也需要对系统的各个构成部分进行组织。生物系统的组织是一种自组织，能够根据环境的某些变化来重新组织自己的运动的工程系统是自动控制系统。

在工程系统的实践经验基础上，20 世纪 60 年代兴起一类新的工程技术，即系统工程[①]，系统工程已从工程的系统推广应用到了非工程的系统，从工程系统工程发展到了经济系统工程和社会系统工程（简称社会工程）[②]。系统工程是各类系统的组织和管理技术。各类系统工程的共同理论基础是运筹学。但控制论研究系统各个构成部分如何进行组织，以便实现系统的稳定和有目的的行动，所以系统工程又与控制论有关。这就扩大了控制论概念的影响。

另一方面也还有这样的情况，由于机械自动调节与控制技术的发展，20 世纪 40 年代末正式形成了控制论科学。控制论原理已成功地应用于工程系统、生物系统和高级神经系统，20 世纪 50 年代诞生了工程控制论和生物控制论。20 世纪 60 年代，现代控制论发展形成的大系统理论，已把控制论的方法推广到了既非工程又非生物的系统——经济系统，从而正在出现一个新的控制论分支——经济控制论。面临这样一种发展形势，人们自然要问，控制论方法能否对比大系统更大的巨系统即社会系统发挥效用？

维纳在 1948 年曾经说过，那种认为控制论的新思想会发生某种社会效用的想法是“虚伪的希望”，“把自然科学中的方法推广到人类学、社会学、经济学方面去，希望能在社会领域里取得同样程度的胜利”，这是一种“过分的乐观”[③]。控制论的现代发展证明维纳 1948 年的观点是过于保守的。把一些工程技术方法推广应用到社会领域也不是“过分的乐观”，而是现实。运筹学已用于经济科学，并将应用于更大的社会领域。

恩格斯曾经预言，在社会主义条件下，“社会生产内部的无政府状态将为有计划的自觉的组织所代替”[④]。充分利用社会主义经济规律的调节作用，能够组织自觉运转的经济系统，这样的系统实质上也是一种自动系统；充分利用社会主义建设的客观法则和统计规律的调节作用，如恩格斯所预言的，可以实现社会生产的“有计划的自觉的组织”，实质上这就是一种巨型的系统，所以，控制论所研究的系统的运动形式，在高级形态的系统——社会系统中，也是存在的。因此，没有理由认为控制论的社会应用是一种“虚伪的希望”。这是一种已经看得见曙光的真实的希望。在社会主义条件下，一门新的科学终将诞生，这就是社会控制论。这样一门科学不会在资本主义制度下出现，因为，“资产阶级社会的症结正是在于，对生产自始就不存在有意识的社会调节”[⑤]。

---

① 钱学森，许国志，王寿云，“组织管理的技术——系统工程”，《文汇报》，1978 年 9 月 27 日。
② 钱学森，乌家培，“组织管理社会主义建设的技术——社会工程”，《经济管理》，1979 年第 1 期。
③ N.维纳，《控制论》，科学出版社，1962 年，第 162、163 页。
④ 恩格斯，《反杜林论》，人民出版社，1970 年，第 279 页。
⑤ 恩格斯，《马克思恩格斯选集》第四卷，人民出版社，1972 年，第 369 页。

(八)

作为技术科学的控制论,对工程技术、生物和生命现象的研究和经济科学,以及对社会研究都有深刻的意义,比起相对论和量子论对社会的作用有过之无不及。我们可以毫不含糊地说,从科学理论的角度来看,20 世纪上半叶的三大伟绩是相对论、量子论和控制论[①],也许可以称它们为三项科学革命,是人类认识客观世界的三大飞跃。但我们比较这三大理论,也看到它们,特别是前两者与后者的区别。相对论是处理宏观物质运动的基础理论,量子力学是处理微观物质运动的基础理论。它们有一个共同点,都是研究物质运动的;还有一个共同点,都是基础理论,即人们实践的基本总结,物质运动不管什么形式,都是以此为依据的。控制论则不然,它的研究对象似乎不是物质运动,而且好像也还没有深入到可以称为基础理论。这就发人深思了。相对论和量子力学的典型可以引导我们设想控制论的进一步发展的方向。

为什么说控制论似乎还不够深入呢?从控制论上述的形成和发展来看,它是原始于技术的,即从解决生产实践问题开始的。工程控制论首先建立,是控制工程系统的技术的总结,即从工程技术提炼到工程技术的理论,即技术科学。有了这样一门技术科学——工程控制论,就如前面讲到的,我们又发现生物生命现象中的一些问题也可以用同样的观点来考察,从而建立了生物控制论。再进而发展到经济控制论以及社会控制论。现在我们如果把这四门技术科学加在一起称为控制论,这样形成的所谓控制论还是一个混合物,没有脱离其本来技术科学的面目;特性的内容多些,普遍存在的共性内容不够突出。能不能更集中研究"控制"的共性问题,从而把控制论提高到真正的一门基础科学呢?能不能把工程控制论、生物控制论、经济控制论、社会控制论等,作为是由这门基础科学理论控制论派生出来的技术科学呢?

理论控制论的对象是不是物质的运动?因为世界是由运动着的物质构成的,控制论的对象自然还是客观世界,所以控制论的研究对象最终还得联系到物质,只不过不是物质运动本身而是代表物质运动的事物因素之间的关系。有些关系是直接的;有些关系不直接,要通过信息通道,表现为信息。此外,为了控制,即使受控对象按我们的预定要求行事,我们还加入若干控制量和控制量与事物因素以及信息之间的关系。事物因素、信息和控制量形成一个相互关联体系,表现为可以用数学表达的一系列关系。我们要注意关联必须以数学形式定下来,也就是要定量,不然就没有控制论。理论控制论的任务就是根据这些定量的关系预见整个系统的行为。有些问题在控制论中是有决定性意义的,如系统的能控性问题和能观测性问题的普遍理论。

如果这就是我们要建立的基础科学理论控制论,那我们可以从这一新版《工程控制论》看到,我们达到的离我们的目标还有一定距离,深度还很差。要真正建立这门基础科

① 童天湘,"控制论的发展和应用",《哲学研究》,1979 年第 2 期。

学，还有待于今后控制论专业工作者们的努力。为了实现我国的社会主义现代化，为了促进当前的和即将到来的各项技术革命，我认为这一努力是很有意义的。

在写这篇序的过程中，王寿云同志帮助我查阅并整理了很多资料，付出了辛勤的劳动，我在此对他表示感谢。

写于 1978 年 12 月 24 日
修改于 1979 年 11 月 29 日

编后记

钱学森是一位杰出的科学家，同时也是一位杰出的思想家。

在长达70多年丰富多彩的科学生涯中，钱学森曾建树了许多科学丰碑，对现代科学技术发展和我国社会主义现代化建设做出了杰出贡献。钱学森对我国火箭、导弹和航天事业的开创性贡献，是众所周知的，人们称他为“中国航天之父”。但从钱学森全部科学成就与贡献来看，这只是其中的一部分。实际上钱学森的研究领域十分广泛，从科学、技术、工程直到哲学的不同层次上，在跨学科、跨领域和跨层次的研究中，特别是不同学科、不同领域的相互交叉、结合与融合的综合集成研究方面，都做出了许多开创性的独特贡献。而钱学森在这些方面的科学成就与贡献，从现代科学技术发展来看，其意义和影响可能更大也更深远。

钱学森的科学历程大体上可分为三个阶段。第一阶段是从20世纪30年代中期到50年代中期。这二十年是在美国度过的，主要从事自然科学技术研究，特别是在应用力学、喷气推进以及火箭与导弹研究方面，取得了举世瞩目的成就。与此同时，还创建了物理力学和工程控制论，成为当时国际上著名的科学家，这些成就与贡献形成了钱学森的第一个创造高峰。

第二阶段是20世纪50年代中期至80年代初。这一时期钱学森的主要精力集中在开创我国火箭、导弹和航天事业上。这个时期的工作主要是工程实践，要研制和生产出型号产品来。航天科学技术与工程具有高度的综合性，需要广泛地应用自然科学领域中多种学科和技术并综合集成到工程实践中。钱学森在自然科学领域中的渊博知识以及高瞻远瞩的科学智慧，使他始终处在这一事业的“科技主帅”位置上。在周恩来、聂荣臻等老一辈无产阶级革命家的直接领导下，钱学森的科学才能和智慧得以充分发挥，并和广大科技人员一起，在当时十分艰难的条件下，研制出我国自己的导弹和卫星来，创造出国内外公认的奇迹，这是钱学森的第二个创造高峰。

第三阶段是20世纪80年代初至21世纪初。80年代初，钱学森从科研一线领导岗位上退下来以后，把自己的全部精力投入学术研究。这一时期，钱学森学术思想之活跃、涉猎学科之广泛，原创性之强，在学术界是十分罕见的。他通过讨论班、学术会议以及与众多专家、学者书信往来的学术讨论，提出了许多新的科学思想和方法、新的学科与领域，并发表了大量文章，出版了多部著作，产生了广泛的学术影响，这些成就与贡献也就形成了钱学森的第三次创造高峰。

在这个阶段中，钱学森花费心血最多、也最具有代表性的是他建立系统科学体系和创建系统学的工作。从现代科学技术发展趋势来看，一方面是已有学科不断分化，越分越细，新学科、新领域不断产生，呈现出高度分化的特点；另一方面是不同学科、不同领域之间相互交叉、结合与融合，向综合性、整体化的方向发展，呈现出高度综合的趋势。这两者是相辅相成、相互促进的。系统科学就是这后一发展趋势中，最有基础性的学问。钱学森不仅善于从各学科、各领域吸收营养来构建系统科学，如创建系统学、发展系统工程技术等，还能从系统科学角度和综合集成思想去思考一些学科和领域的发展，从而提出新的学科和新的领域。如把人脑作为复杂巨系统来研究，提出了"思维科学"；把地球表层作为复杂巨系统来研究，提出了"地理科学"；把人体作为复杂巨系统来研究，提出了"人体科学"等等。这些新的学科和领域不仅与原来相关的学科和领域是相洽的，同时还融入新的科学思想和科学方法。

在钱学森的科学理论与科学实践中，有一个非常鲜明的特点，就是他的系统思维和系统科学思想。在这个阶段，钱学森的系统科学思想和系统方法有了新的发展，达到了新的高度，进入新的阶段。特别是钱学森的综合集成思想和综合集成方法，已贯穿工程、技术、科学直到哲学的不同层次上，形成了一套综合集成体系。综合集成思想与综合集成方法的形成与提出，是一场科学思想和科学方法上的革命，其意义和影响将是广泛而深远的。

钱学森的科学成就与贡献不仅充分反映出他的科学创新精神，还深刻地体现了他的科学思想和科学方法。这是我们宝贵的知识财富和精神财富，值得我们认真学习和研究，以便把他所开创的科学事业继续发展下去并发扬光大。正是由于这个原因，我们编辑出版《工程控制论(典藏版)》。

2007年再版的《工程控制论(新世纪版)》为再现当年原版书的风貌，除将当年的中文繁体字改为中文简体字外，按原来的全部内容付印。《工程控制论》一书是于1954年用英文发表的。该书中文版的面世是1958年。有趣的是这本被公认为是自动控制领域的经典著作，也许为了纪念该书在1954年出版英文版，当年出版时该书的印刷数量竟然是1954册，以至于2007年再版时，编委会竟然一时拿不出一本中文版书供编辑用。《工程控制论(新世纪版)》出中文后广受欢迎和好评，已先后重印多次。

为了让读者对《工程控制论》的科学思想有一个更完整的了解，特将钱学森院士的另外两篇文章作为附录收入本书，一篇是"工程控制论简介"——为该书因获中国科学院自然科学奖而写的获奖内容介绍；另一篇是"现代化、技术革命和控制论"——为《工程控制论(修订版)》写的序。之所以以附录的形式出现，仅仅表明它们不是原版《工程控制论(中文版)》的内容，只是后增加的钱老文章而已。